U0872598

普通高等教育机电类系列教材

电气制图与电子线路 CAD

主　编　邵群涛
副主编　葛红宇
参　编　樊红梅　刘汉中
主　审　郭永贞

机械工业出版社

本书是以培养和训练学生具有绘制电气图和阅读电气图能力为目的的一本电类工科专业的专业基础课教材。

本书主要内容包括两个部分：第一部分介绍电气制图以及构成电气图基础的电气简图用图形符号，第二部分介绍计算机绘制电气图，使学生通过学习 Protel DXP 这一典型的电子路线 CAD 软件，掌握计算机绘制包括电路（原理）图、印制电路板图在内的电气图制图技能和相应的计算机仿真技能。通过本书的学习，能使学生掌握电气制图与电气图用图形符号的国家标准，并据此能正确阅读电气图和绘制电气图。

本书可作为高等学校电气、电子、自动化、数控、计算机应用及机电一体化等电类各专业本科教材，也可作为以上专业的高职高专、中等专业学校、成人教育等电气制图与电子线路 CAD 课程的教材或作为贯彻国家电气制图新标准的实用教材。

图书在版编目(CIP)数据

电气制图与电子线路 CAD/邵群涛主编. —北京：机械工业出版社，2005.8(2024.9 重印)
普通高等教育机电类系列教材
ISBN 978-7-111-17117-1

Ⅰ.电…　Ⅱ.邵…　Ⅲ.①电气-制图-高等学校-教材②电子电路-电路设计:计算机辅助设计-高等学校-教材　Ⅳ.①TM02②TN702

中国版本图书馆 CIP 数据核字(2005)第 089439 号

机械工业出版社(北京市百万庄大街 22 号　邮政编码 100037)
责任编辑：路乙达　版式设计：冉晓华　责任校对：李秋荣
封面设计：姚　毅　责任印制：张　博
北京雁林吉兆印刷有限公司印刷
2024 年 9 月第 1 版第 13 次印刷
184mm×260mm · 15.5 印张 · 379 千字
标准书号：ISBN 978-7-111-17117-1
定价：42.00 元

电话服务　　网络服务
客服电话：010-88361066　　机 工 官 网：www.cmpbook.com
010-88379833　　机 工 官 博：weibo.com/cmp1952
010-68326294　　金 书 网：www.golden-book.com
封底无防伪标均为盗版　　机工教育服务网：www.cmpedu.com

前　言

《电气制图与电子线路 CAD》是以培养和训练学生具有绘制电气图和阅读电气图能力为目的的一本工科电类本科专业的专业基础课教材。作为电气、电子、自动化、数控、计算机应用等电类及以电为主的机电一体化工科专业的专业基础课，该课程的教学目的在于使学生掌握电气制图与电气图用图形符号的国家标准，并据此能正确阅读电气图和绘制电气图。学生通过学习一种典型的电子路线 CAD 软件 Protel DXP，掌握计算机绘制包括电路（原理）图、印制电路板图在内的电气图制图技能和相应的计算机仿真技能。本书中，因软件关系，在用 Protel DXP 绘制的原理图中，有一些元器件采用了非现行国家最新标准的图形符号。

电气图是用图的形式来表达电路的功能或信息的一种技术文件。在现代工业生产中，各种电气设备、电子仪器、电工产品，不管是简单普通的，还是复杂精密的，它们的制造、装配、调试、使用和维护都要以各种电气图为依据。在学术交流、科技合作、经贸洽谈，经营管理中，电气图又是一种必不可少的技术语言，成为人们在电气领域统一思想的交流工具和传递信息的媒体介质。

本课程是以电气图以及构成电气图基础的电气图形符号为基本内容来学习、掌握绘制和阅读电气图的基本理论和基本方法的，因此《电气制图与电子线路 CAD》是电类专业包括电气、电子、自动控制（数控）、计算机应用及机电一体化类各专业培养获得电气工程师初步训练的高级工程技术人才的一门重要课程。本教材是在数控、自动化、车辆电子电气和测控等专业本科教学改革的基础上编写的，适用于电气、电子、自动化、数控、计算机应用及以电为主的机电一体化等电类本科各专业。本书也可作为以上这些专业的高职高专、中等专业学校、成人教育等电气制图与电子线路 CAD 课程的教材或作为贯彻国家电气制图新标准的实用教材。

本书由邵群涛任主编，葛红宇任副主编。书中第一～四章由邵群涛编写，第五、八章由葛红宇编写，第六、七、九章由樊红梅编写，第十、十一章由刘汉中编写。全书由邵群涛统稿和定稿。

本书由南京工程学院的郭永贞教授主审，郭永贞教授认真审阅了全书的书稿，并提出了许多宝贵意见，在此深表感谢。

本书编写过程中还参考了大量的参考资料，也在此一并感谢相关作者。由于编者水平有限，书中难免有错误和不妥之处，恳请读者批评指正。

编　者

2005 年 5 月于南京

目　录

第一章　电气制图概述

第一节　电气制图与机械制图

在产品的工程设计和制造过程中，人们一般用图的形式来表示信息。电气图和机械图是工程中常用的两类不同的工程图。这两类图所要表达的对象不同，所采用的方法也不同。

在机械产品的设计过程中，人们用机械图样来表达各种机械零件和它们之间的装配关系及技术要求。从“机械制图”课程中，我们已知道，机械图样主要是反映物体的形状和位置的，所以它是建立在投影法的基础上的。如图 1-1 所示的机械零件的三视图，能惟一确定此物体的空间形状和大小，是全面、准确表达物体形状信息的一种好办法。由于这种三视图的度量性好，且作图较简单，所以广泛用于工程技术的各个领域，成为在机械工程设计、制造、安装、检验、使用、维护及技术交流等方面的公共语言。

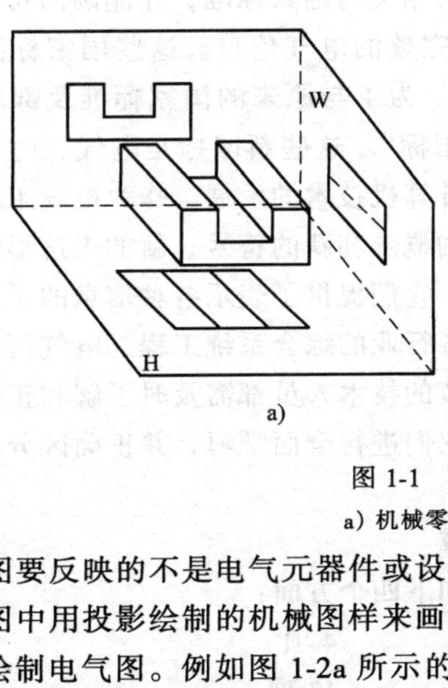

a)

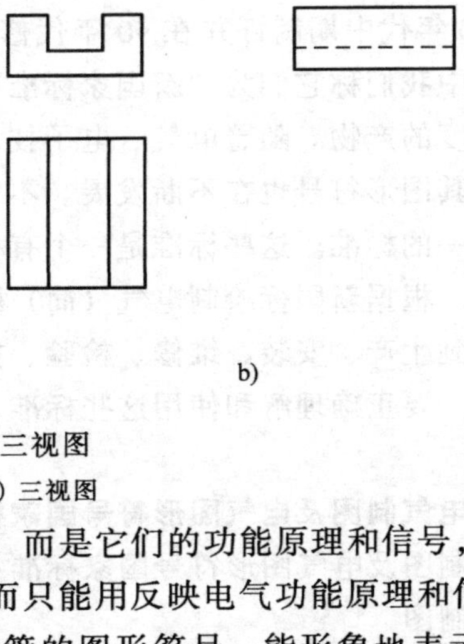
b)

图 1-1　机械零件的三视图

a) 机械零件的投影　b) 三视图

电气图要反映的不是电气元器件或设备的外形，而是它们的功能原理和信号，所以不能像机械制图中用投影绘制的机械图样来画电气图，而只能用反映电气功能原理和信号的图形符号等来绘制电气图。例如图 1-2a 所示的晶体二极管的图形符号，能形象地表示出晶体二极管的单向导电功能，并实际指出这个晶体二极管的正极（阳极）、负极（阴极）。图 1-2b 及 c 所示分别是一个三极开关和一个二输入端与门的图形符号，以示三相触点式开关的控制功能及二进制逻辑元件的逻辑功能。很显然，这些器件用三视图投影法是无法表达它们所具有的功能原理和输出、输入之间的信号关系的。

正是由于电气图表示信息的原理与机械图表示信息的原理有根本的区别，所以其表达形式及表示方法等都与机械图有很大区别。当使用计算机绘制工程图时，两者使用的工具软件也完全不同，绘制机械图使用 AutoCAD，而绘制电气图一般使用 Protel，因此学了机械制图并不能说明就能绘制电气图、阅读电气图。为了掌握阅读电气图和绘制电气图的技能，必须学习电气制图及其图形符号的基本原理及基本规则。电气制图就是研究电气图样的绘制（画

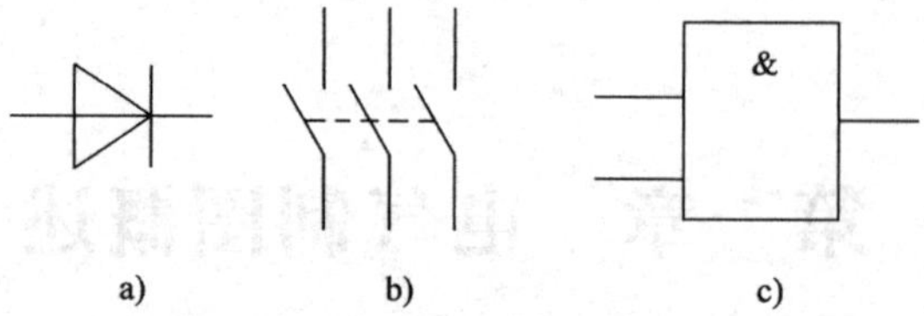

图 1-2 电气简图用图形符号举例
a）晶体二极管 b）三极开关 c）二输入端与门

电气图）和识读（看电气图）规律与方法的一门学科。当然，由于电气制图与机械制图的目的都是为了读画工程图，有些规则还是可以统一起来的，如图样、图线、字体等方面基本一致，这方面，电气制图的标准基本上是往技术制图标准靠陇。

第二节 电气制图与图形符号的国家标准

绘制电气图、阅读电气图的基本依据是电气制图与电气简图用图形符号的国家标准。电气制图的国家标准 GB/T 6988⊖也称“电气技术文件编制”，它与电气简图用图形符号的国家标准 GB/T 4728 共同构成电气制图的基本依据。在编制电气技术文件和绘制各种电气图时，只有正确应用电气制图、电气简图用图形符号及其相关的国家标准，才能画出符合标准要求的，适合国内外交流的统一的各种电气图，表达完整的电气信息。这些国家标准是我国在20世纪80年代中期制订并在90年代修订完成的。为了与原来的国家标准及部颁标准相区别，本书中我们称它们为“新国家标准”或“新国标”。这些新国标是电气、电子技术发展到一定程度的产物。随着电气、电子技术特别是计算机技术的发展，作为电气工程语言的电气制图及其图形符号也在不断发展。不断提出新的概念和新的符号、新的表达形式，并逐步形成了统一的标准。这些标准是一个有机的整体，它们提供了表示各种信息的手段和灵活使用的方法。根据新国标绘制电气（简）图是涉及各行业的综合系统工程，电气设备及电气系统从设计到生产、安装、维修、检验、操作等环节的技术人员都需及时了解和正确掌握新国标的内容。要正确理解和使用这些标准，就应对它们进行全面学习，并正确区分新、旧标准的规则。

一、电气制图及电气图形符号国家标准的组成

电气制图及电气图形符号国家标准主要包括如下四个方面：

电气制图	4 项
电气简图用图形符号	13 项
电气设备用图形符号	2 项
主要的相关国家标准	13 项

1．电气制图国家标准 GB/T 6988

GB/T 6988 等同或等效采用国际电工委员会 IEC 有关的标准。这个国家标准的发布和实施使我国在电气制图领域的工程语言及规则得到统一，并使我国与国际上通用的电气制图领

⊖ “GB/T”是推荐性国家标准的标准代号，国家标准分为强制性和推荐性两类。“6988”表示该标准的编号，编号后可标以标准的发布年份，例如 GB/T 6988.1—1997，表示 GB/T 6988.1 这个标准是 1997 年发布的。

域的工程语言和规则协调一致，促进了国内各专业之间的技术交流，加快了我国对外经济技术交流的步伐。这个标准的前三部分等同采用 IEC1082 的第 1 ~ 3 部分，而第四部分等效采用 IEC848（1988）的《控制系统功能表图的绘制》。

GB/T 6988 目前由以下 4 部分组成：

（1）电气技术用文件的编制　第一部分：一般要求　GB/T 6988.1—1997

（2）电气技术用文件的编制　第二部分：功能性简图　GB/T 6988.2—1997

（3）电气技术用文件的编制　第三部分：接线图和接线表　GB/T 6988.3—1997

（4）控制系统功能表图的绘制　GB/T 6988.6—1993

有关以上电气制图国家标准的详细资料可参见中国标准出版社的《电气制图国家标准汇编》一书。

2. 电气简图用图形符号国家标准 GB/T 4728

GB/T 4728《电气简图用图形符号》国家标准共有 13 项，其中 GB/T 4728.2 ~ GB/T 4728.13 这 12 个国标都是等同采用最新版本的国际电工委员会 IEC617 系列标准修订后的新版国家标准。

GB/T 4728 由以下 13 部分组成：

（1）电气图用图形符号　总则　GB/T 4728.1—1985

（2）电气简图用图形符号　第 2 部分：符号要素、限定符号和其他常用符号　GB/T 4728.2—1998

（3）电气简图用图形符号　第 3 部分：导体和连接件　GB/T 4728.3—1998

（4）电气简图用图形符号　第 4 部分：基本无源元件　GB/T 4728.4—1999

（5）电气简图用图形符号　第 5 部分：半导体管和电子管　GB/T 4728.5—2000

（6）电气简图用图形符号　第 6 部分：电能的发生与转换　GB/T 4728.6—2000

（7）电气简图用图形符号　第 7 部分：开关、控制和保护器件　GB/T 4728.7—2000

（8）电气简图用图形符号　第 8 部分：测量仪表、灯和信号器件　GB/T 4728.8—2000

（9）电气简图用图形符号　第 9 部分：电信：交换和外围设备　GB/T 4728.9—1999

（10）电气简图用图形符号　第 10 部分：电信：传输　GB/T 4728.10—1999

（11）电气简图用图形符号　第 11 部分：建筑安装平面布置图　GB/T 4728.11—2000

（12）电气简图用图形符号　第 12 部分：二进制逻辑元件　GB/T 4728.12—1996

（13）电气简图用图形符号　第 13 部分：模拟元件　GB/T 4728.13—1996

有关以上电气简图用图形符号国家标准的详细资料可参见中国标准出版社出版的《电气简图用图形符号国家标准汇编》一书。

3. 电气设备用图形符号国家标准 GB/T 5465—1996

电气设备用图形符号是指用在电气设备上或与其相关的部位上，用以说明该设备或部位的用处和作用的标志。GB/T 5465—1996 由以下两部分组成：

电气设备用图形符号绘制原则　GB/T 5465.1—1996

电气设备用图形符号　GB/T 5465.2—1996

由于本书主要讨论电路图等电气简图的绘制和阅读，不需要采用电气设备用图形符号，所以书中对 GB/T 5465 的图形符号不作讨论。

4. 与电气制图有关的相关国家标准

与电气制图有关的相关国家标准主要有下面的13项。但在电气制图及其图形符号的国家标准中所引用的国家标准和国际标准还有很多，可以参见相关的标准，这里不一一列举。

(1) 电器设备接线端子和特定导线端子的识别和应用字母数字系统的通则 GB/T 4026—1992

(2) 绝缘导线的标记 GB/T 4884—1985

(3) 电气技术中的项目代号 GB/T 5094—1985

(4) 印制电路板制图 GB/T 5489—1985

(5) 电气技术中的文字符号制定通则 GB/T 7159—1987

(6) 电气系统说明书用简图的编制 GB/T 7356—1987

(7) 导体的颜色或数字标识 GB/T 7947—1997

(8) 技术制图　标题栏 GB/T 10609.1—1989

(9) 技术制图　明细栏 GB/T 10609.2—1989

(10) 技术制图　图纸幅面和格式 GB/T 14689—1993

(11) 技术制图　字体 GB/T 14691—1993

(12) 信号与连接线的代号 GB/T 16679—1996

(13) 电气工程 CAD 制图规则 GB/T 18135—2000

以上13种与电气制图相关的国家标准详细资料可参见中国标准出版社出版的《电气制图国家标准汇编》一书中的相关标准部分。除了以上这些相关标准外，在《电气制图》和《电气简图用图形符号》国家标准中，还引用了大量IEC、ISO国际标准和GB国家标准。各项电气制图标准中都已详细列有这些标准的目录，学习本标准时可以据此查找标准中有关内容制定的依据。

二、新国标的特点

20世纪80年代中期开始制订并经陆续修订完成的新的电气制图、电气简图用图形符号国家标准是电气科学技术迅速发展的产物。与60年代的老标准相比，这套新标准有几个显著的特点。

1. 尽可能采用国际标准

20世纪70年代末以来，随着对外开放政策的实行，国家已明确制定了"积极采用国际标准"的方针。电气制图标准作为电气领域中的基础标准更应该尽量向国际标准靠拢。因此电气制图领域在认真研究IEC标准和文件，及其他国际组织和工业发达国家有关标准的基础上制定的这批电气制图标准，最大限度地采用了有关国际标准的规定。例如在电气简图用图形符号和电气设备用图形符标准中采用了国际标准中的全部内容；电气制图标准中则采用了IEC中已提出的全部规则；而编制技术文件和绘图所用的项目代号标准等采用了IEC提出的国际通行规则；对图形符号中的文字符号及其他场合出现的文字符号，一律按国际标准规定采用拉丁字母等而不采用汉语拼音。因此，这批标准的制定和贯彻将有利于国内外经济技术交流。按这些标准绘制电气图的产品，在出口贸易时，技术文件中可直接使用这些电气图，而不必国内生产是一套图样，产品出口需另外一套图样，在产品出口时需重新对电气图进行设计绘制，从而使这些产品更具国际竞争力。

国际上制订电气制图及电气图形符号标准的权威机构为国际电工委员会IEC的第三技术委员会，简称IEC/TC3（International Electrical Committee/Technological Committee3）。目前我国的电气制图、电气简图用图形符号和电气设备用图形符号新国标全部都是“等同采用”、“等效采用”或“参照采用”IEC 的相应标准，即这些国标基本上是完全往 IEC 标准靠拢。例如 GB/T 4728 所有 13 个标准都是“等同采用”IEC617“简图用图形符号”的 13 部分的技术内容和编写规则。

2．图形符号尽可能准确表达元器件的功能

新的《电气简图用图形符号》国家标准能尽量准确地表达电气图中各元器件的功能。用尽可能简单的图形符号尽量准确地表达电气电子元器件的功能是对电气简图用图形符号的一项基本要求。但要达到这样的要求并非易事，特别是在电子技术飞速发展的时代。这方面最明显的是 GB/T 4728.12—1996《二进制逻辑元件》的图形符号。数字集成电路的发展，使建立在分列元件上的旧的国标《二进制逻辑元件》的图形符号无法表达集成电路的逻辑功能。为此，必须建立一套以集成电路为基础的能表达包括复杂逻辑功能集成电路在内的二进制逻辑元件的图形符号，GB/T 4728.12—1996 的图形符号不仅能表达一般二进制逻辑元件的逻辑功能，并且还可以根据二进制逻辑元件的图形符号写出该电路的逻辑表达式。当然为了做到这一点，二进制逻辑元件的图形符号本身也要相应复杂一些。由于二进制逻辑元件的图形符号是逻辑图的主要组成部分，而逻辑图又是当前使用广泛的一种电气图，因此本书在第五章对逻辑图和二进制单元图形符号进行专门讨论。

新国标二进制逻辑元件的图形符号能准确全面表达电路的逻辑功能，例如图 1-3a 所示的 3 线～8 线代码转换器（74LS138），根据图形符号不但可分析得到其译码功能，而且还可以根据该图形符号的限定符号，写出其逻辑表达式。而图 1-3b 所示的用旧国标画的符号完全不能反映其译码功能。

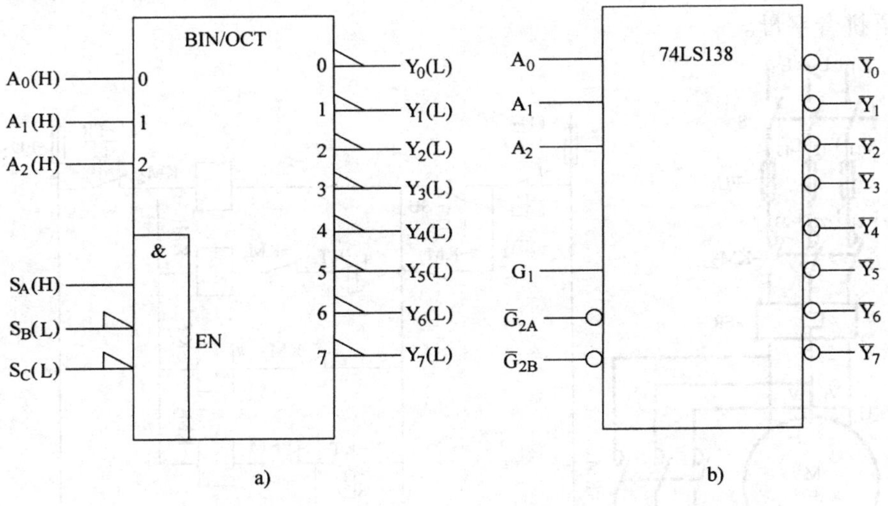

图 1-3　3 线～8 线代码转换器 74LS138 的新旧电气图形符号对比

a）新国标　b）旧国标

新、旧国标图形符号的差别是很明显的。例如三相笼型电动机和直流电动机（他励）的新、旧国标图形符号分别如图 1-4a、b 所示。

3．适当考虑了技术发展的要求

由于基础标准使用周期较长，所以在制订这批电气制图及电气图形符号标准时，要既立

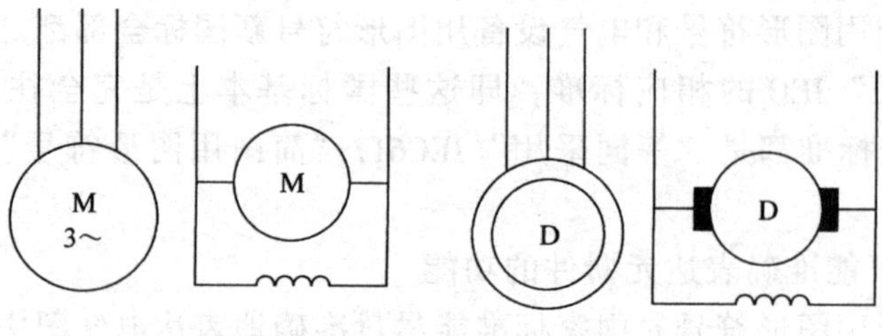

图 1-4　电动机的电气图形符号

a）新国标 GB/T 4728.6—2000　b）旧国标 GB 312～316—1964

足于当前的现状，又要考虑到未来和发展。例如所设计的电气简图用图形符号既可用于手工绘制，也可适应计算机辅助绘图以及复印、缩微等技术的要求，尤其值得指出的是，在《电气简图用图形符号—二进制逻辑元件》国家标准中专门考虑了新器件符号的组合问题，为复杂逻辑功能新技术和新器件的不断发展留有扩展余地。

当然，图形符号还需要补充，特别是半导体器件、光纤、逻辑元件、医疗电器设备、电信设备等方面的符号，《电气制图》国家标准的内容尚不够完整，个别地方还不很成熟，需要在贯彻中及时总结，为修订补充积累资料，待时机成熟加以修订。

三、新、旧国标电气图举例

图 1-5 和图 1-6 分别是根据新国标 GB/T 6988、GB/T 4728 及旧国标 GB 312、GB 315、GB 316 所绘制的三相异步电动机的 Y—△减压起动控制电路图。从这两幅图中可以看出其不同之处主要有这样两点：一是所采用的图形符号不同，一般新国标图形符号更能反映其功能，能简洁处尽可能简洁；二是文字符号完全不同，新国标采用的是英文缩写字母，而旧国标使用的是汉语拼音字母。

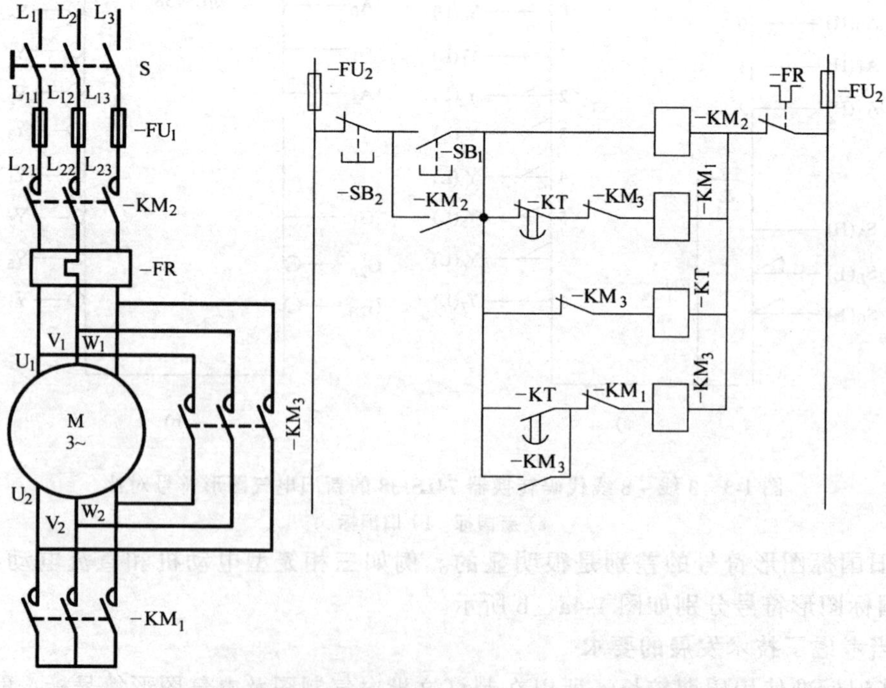

图 1-5　新国标绘制的三相异步电动机 Y—△减压起动控制电路图

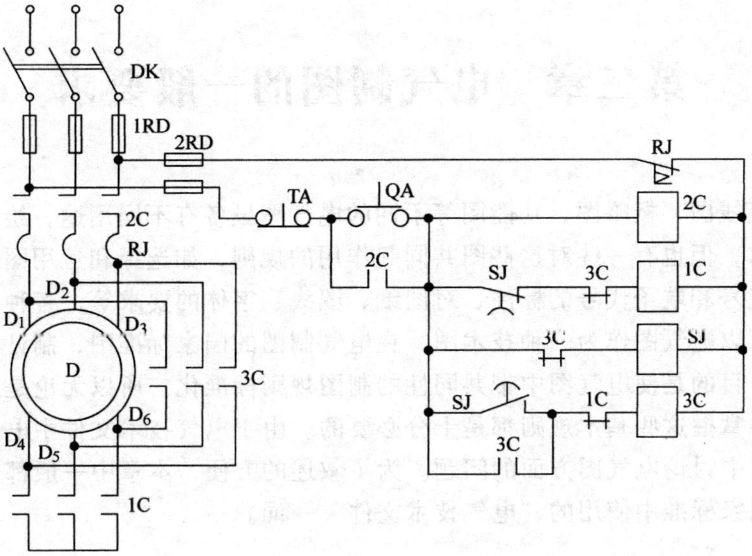

图 1-6　旧国标绘制的图 1-5 所示的电路图

第二章　电气制图的一般要求

电路图、接线图、概略图、功能图等不同的电气图虽各有不同用途，绘制这些图也有各自的规则和要求，但也有一些对这些图共同起作用的规则，如选择和运用图形符号、连接线的画法、项目代号和端子代号的标注、对图纸、图线、字体的要求等，各种电气图都有共同的规则要求。所以电气图作为一种技术图，在电气制图的国家标准中，制订了《电气制图一般规则》标准，目的是使电气图中带共同性的制图规则标准化，所以无论是画电气图还是读电气图，了解和掌握这些基本规则都是十分必要的。由于电气技术文件中电气图是其核心部分，故本书将集中讨论电气图方面的问题。为了叙述的方便，本章中一般都用“电气图”替代在电气制图国家标准中使用的“电气技术文件”一词。

第一节　电气制图的基本规定

一、电气制图标准中使用的基本术语

电气制图标准中使用的基本术语有以下三种：

1．媒体（medium）

用以记录信息的材料，如纸张、缩微胶片、磁盘或光盘。

2．文件（document）

媒体上的信息。通常，文件按照信息的种类和表达方式来命名，例如概略图、接线表、功能表图。

3．图（drawing）

用图形表达信息的文件，它可以包含注释。

上述各类信息、表达形式、数据媒体形式和文件分类之间的相互关系如图 2-1 所示。

二、电气制图中信息的表达方式

1．图样（pictorial form）

通常按比例描述零件或组件的形状、尺寸等的图示形式。

2．平面图（plan）

表示水平、断面或剖面的图。

3．简图（diagram）

采用图形符号和带注释的框来表示包括连接线在内的一个系统或设备的多个部件或零件之间关系的图示形式。

4．地图（map）

一个设施与其周围地形关系的图示形式。

5．表图（chart，graph）

描述系统的特性（例如两个或多个可变量、操作或状态之间关系）的图示形式。

6．表格（table，list）

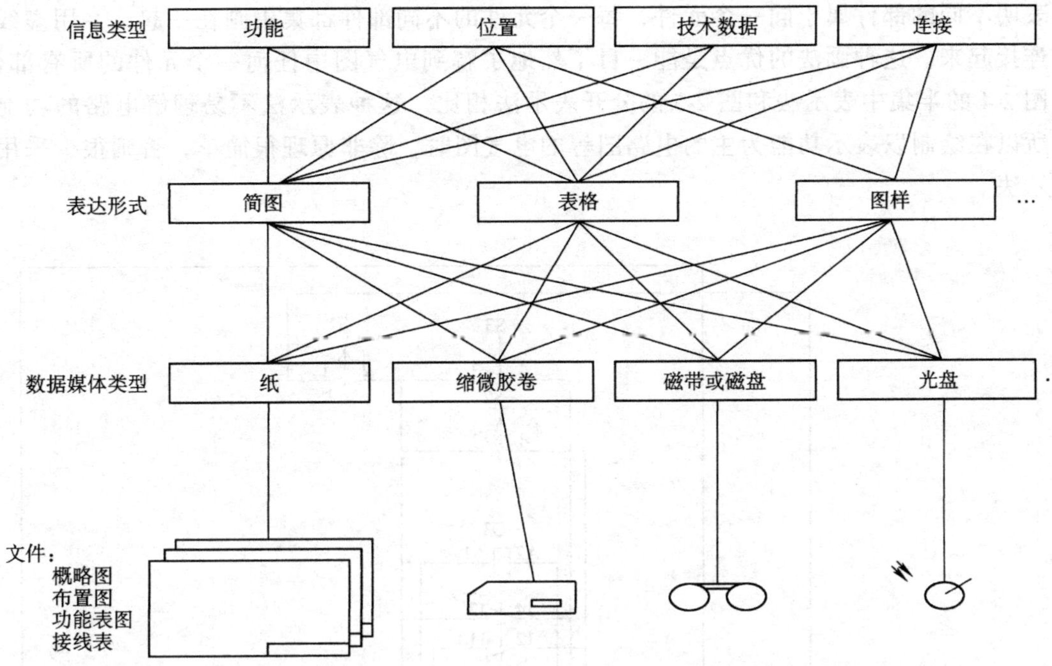

图 2-1　各类信息、表达形式、数据媒体形式和文件分类之间的相互关系

采用行和列的表达形式。

7．文字形式（textual form）

一种应用文字的表达形式，例如说明书和说明中的文字。

三、简图中元件和连接线的表示方法

（一）元件中功能相关各部分的表示方法

1．集中表示法

这是一种把一个复合符号的各部分列在一起的表示法，如图 2-2a、图 2-3 和图 2-6a 所示。例如图 2-3 中的刀开关“－Q1”、接触器“－Q2”、“－Q3”和热继电器“－K1”等，为

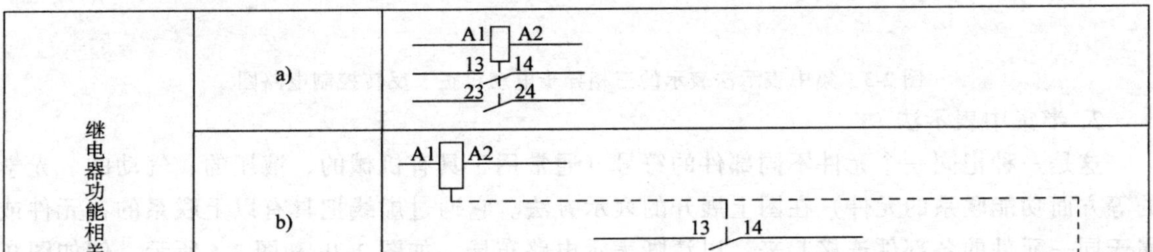

图 2-2　元件中功能相关各部分集中、半集中和分开表示法符号

a）集中表示法　b）半集中表示法　c）分开表示法

了能表明不同的部件属于同一个元件，每一个元件的不同部件都集中画在一起，并用虚线把它们连接起来。这种画法的优点是能一目了然地了解到电气图中任何一个元件的所有部件。但与图 2-4 的半集中表示法和图 2-5 的分开表示法相比，这种表示法不易理解电路的功能原理。所以在绘制以表示功能为主的电路图等的电气图时，除非原理很简单，否则很少采用集中表示法。

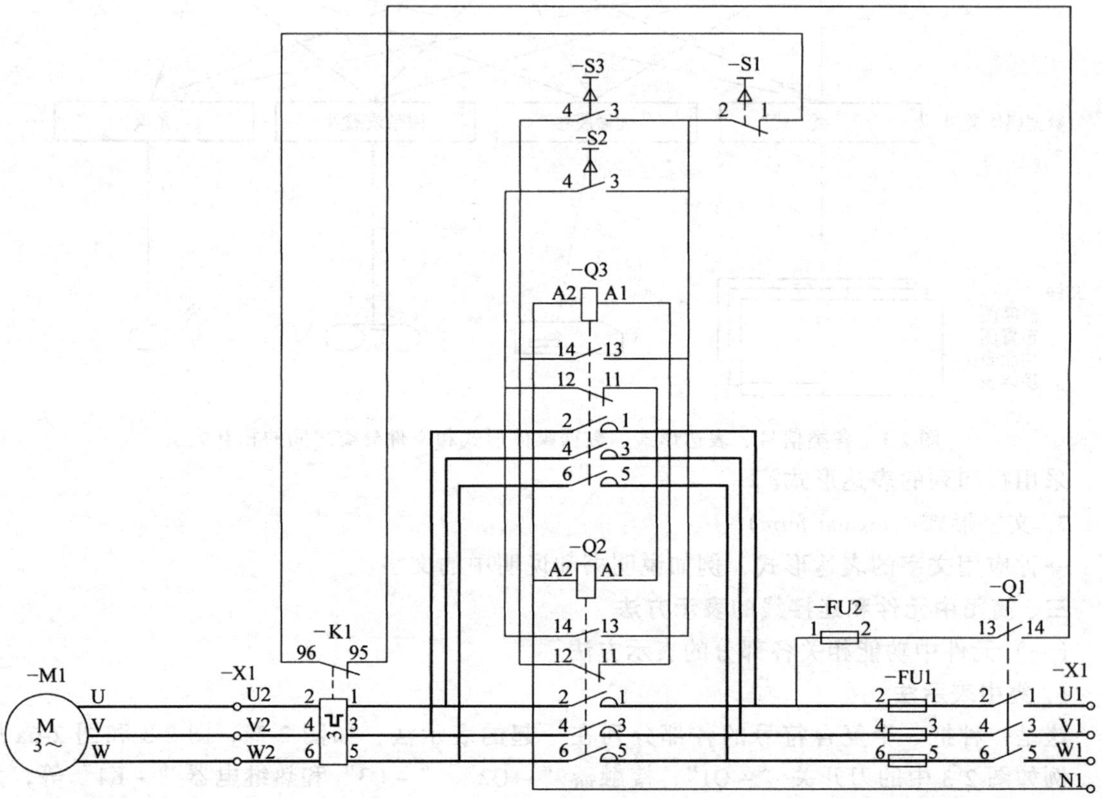

图 2-3　集中表示法表示的三相异步电动机正、反转控制电路图

2. 半集中表示法

这是一种把同一个元件不同部件的符号（通常用于具有机械的、液压的、气动的、光学的等方面功能联系的元件）在图上展开的表示方法。它通过虚线把具有以上联系的各元件或属于同一元件的各部件连接起来，以清晰表示电路布局，如图 2-2b 和图 2-4 所示。例如图 2-4 中的接触器“-Q3”的不同部件，根据电气功能要求分别画在不同的电路中，但用虚线把它们连接起来，表明同属-Q3。与图 2-3 的集中表示法相比，这种画法的优点是易于理解电路的功能原理，而且也能通过虚线一目了然地找到电气图中任何一个元件的所有部件。但和图 2-5 的分开表示法相比，这种表示法不宜用于很复杂的电气图。

3. 分开表示法

这是一种把同一个元件不同部件的图形符号（用于有功能联系的元件）分散于图上的表示方法，采用其同一个元件的项目代号表示元件中各部件之间的关系，以清晰表示电路布

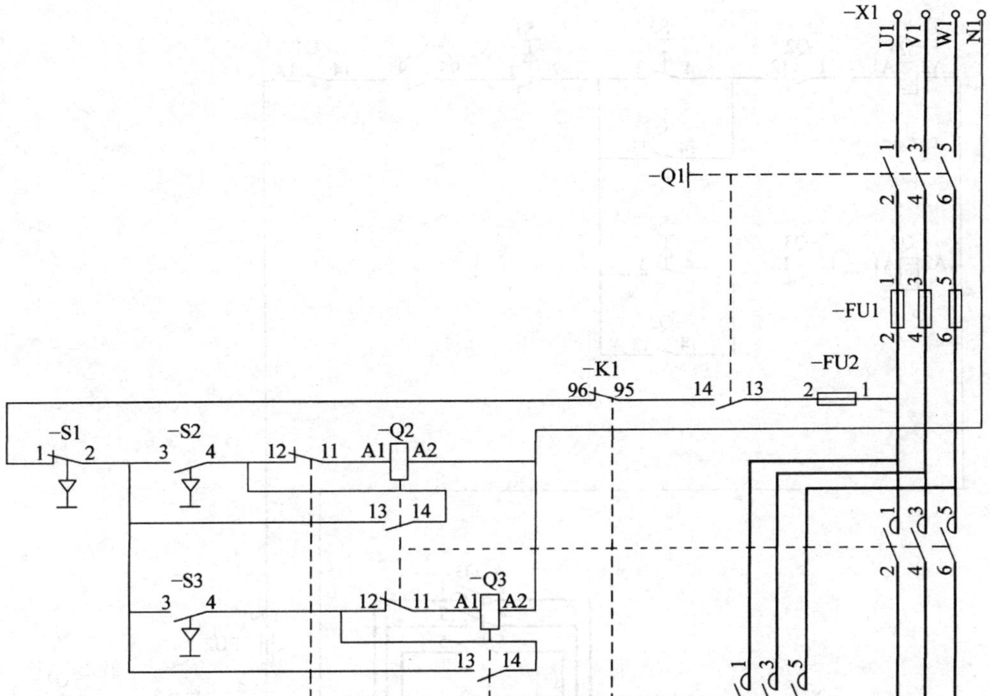

图 2-4 半集中表示法表示的三相异步电动机正、反转控制电路图

局，如图 2-2c 和图 2-5 所示。与图 2-3、图 2-4 相比，虽然图 2-5 也是表示同样的异步电动机正、反转控制电路，但其电路图要简明得多。同样的“－Q3”，不需通过虚线把它的不同部件连接起来或集中起来，而只要通过在其每一个部件（如线圈、主触点和控制触点）附近标注上“－Q3”即可。显然，这种画法对读图者来讲，最容易理解电路的功能。

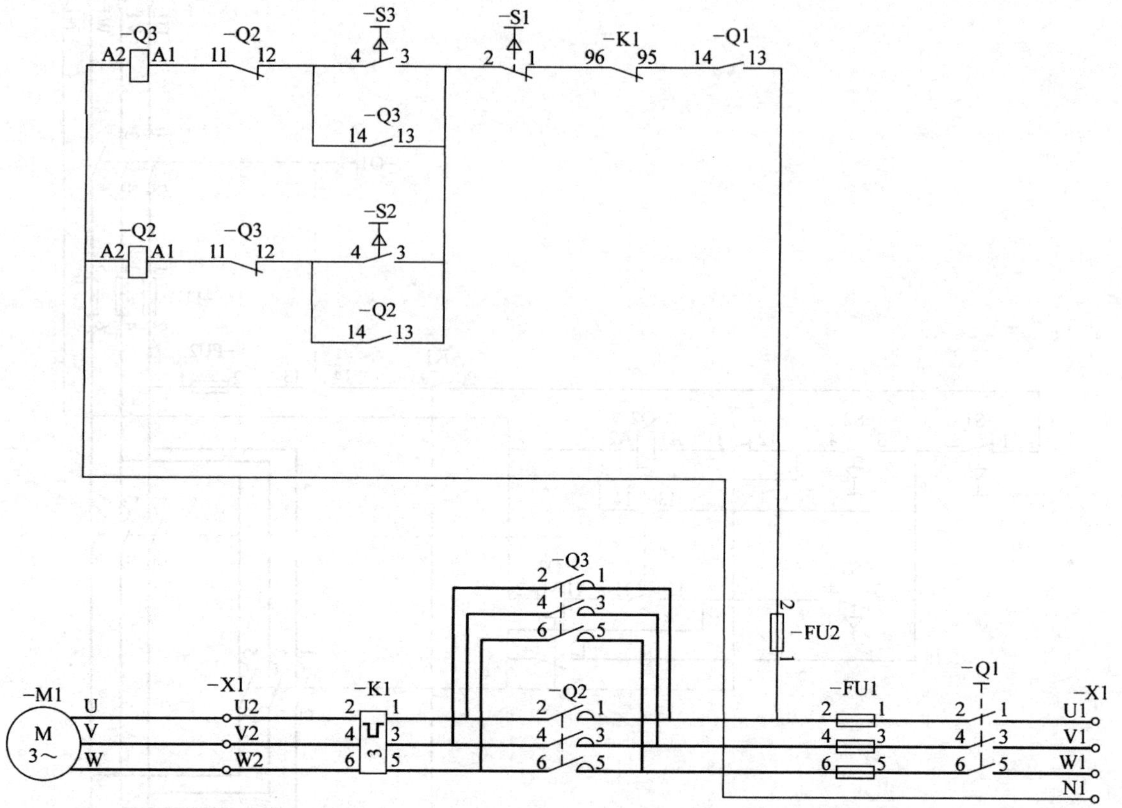

图 2-5　分开表示法表示的三相异步电动机
正、反转控制电路图

4．重复表示法

这是一种把一个复杂符号（通常用于有电功能联系的元件，例如用含有公共控制框或公共输出框的符号表示的二进制逻辑元件）示于图上的两处或多处的表示方法，同一项目代号只代表同一个元件，如图 2-6a、b 所示（图 2-6 表示的是二进制逻辑元件多路选择器）。

（二）元件中功能无关各部分的表示方法

1．组合表示法

这种表示法可按以下两种方式中的一种表示元件中功能无关的各部分：

1）符号的各部分画在点划线框内，如图 2-7 表示一个封装了两只继电器的元件的组合表示法。

2）符号的各部分（通常是二进制逻辑元件或模拟元件）连在一起。如图 2-8 表示了一个有四个 2 输入端与非门封装单元的组合表示法。

2．分立表示法

这是一种把在功能上独立的符号的各部分分开示于图上的表示方法，通过其项目代号使电路和相关的各部分的布局清晰。如图 2-9 是图 2-7 所示元件的分立表示法示例。

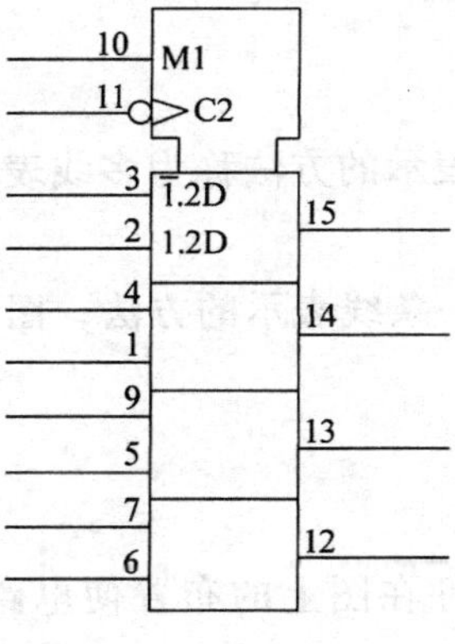

a)

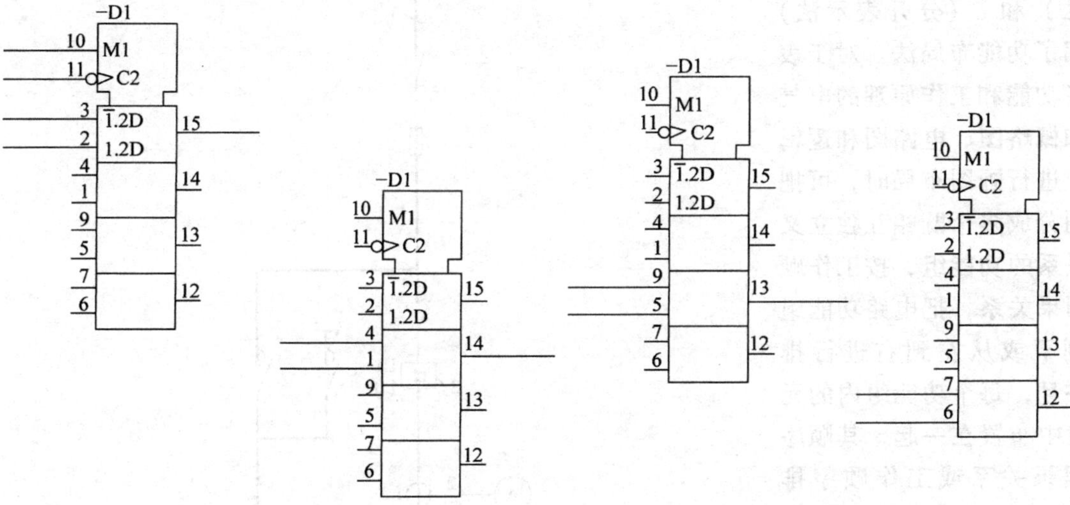

b)

图 2-6　元件中功能相关各部分集中表示法和重复表示法符号

a）集中表示法　b）重复表示法

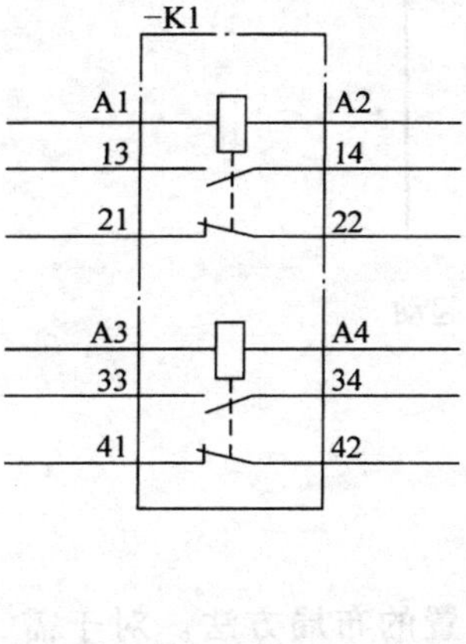

图 2-7　一个封装了两只继电器的元件的组合表示法

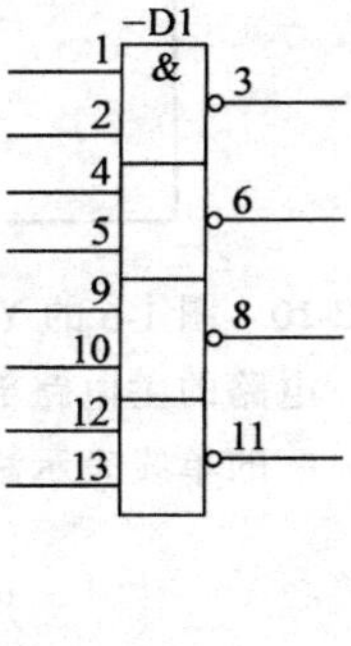

图 2-8　一个有四个 2 输入端与非门封装单元的组合表示法

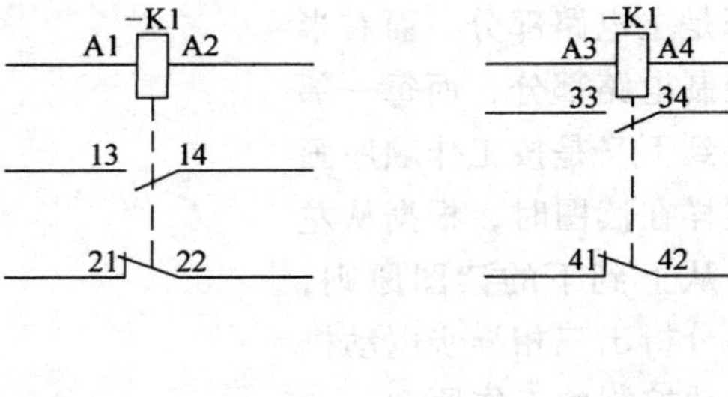

图 2-9　图 2-7 所示元件的分立表示法

（三）电路的表示方法

1. 多线表示法

电路中的每根连接线用一条图线表示的方法称为多线表示法，见图 1-5。

2. 单线表示法

电路中的两根或多根连接线只用一条线表示的方法，图 1-5 的主电路部分的单线表示法如图 2-10 所示。

四、简图布局方法

1. 功能布局法

功能布局法是元件或元件的各部件在图上的布置使电路的功能关系易于理解的布局方法。图 1-6 及图 2-2b（半集中表示法）和 c（分开表示法）均采用了功能布局法。对于表示设备功能和工作原理的电气图，如概略图、电路图和逻辑图等，进行画图布局时，可把电路划分成多个既相互独立又相互联系的功能组，按工作顺序或因果关系，把电路功能组从上到下或从左到右进行排列，并且，每个功能组内的元器件集中布置在一起，其顺序也按因果关系或工作顺序排列，这样才能便于读图时分析电路的功能关系。一般电路图都采用这种布局的方法，例如图 1-5 所示的三相异步电动机 Y-△减压起动控制电路图，其左半部是主电路部分，而右半部是控制电路部分，而每一部分从上到下又是按工作顺序画出。这样在读图时，根据从左向右，从上到下的读图原则，很容易分析出三相异步电动机 Y-△起动控制的工作原理。

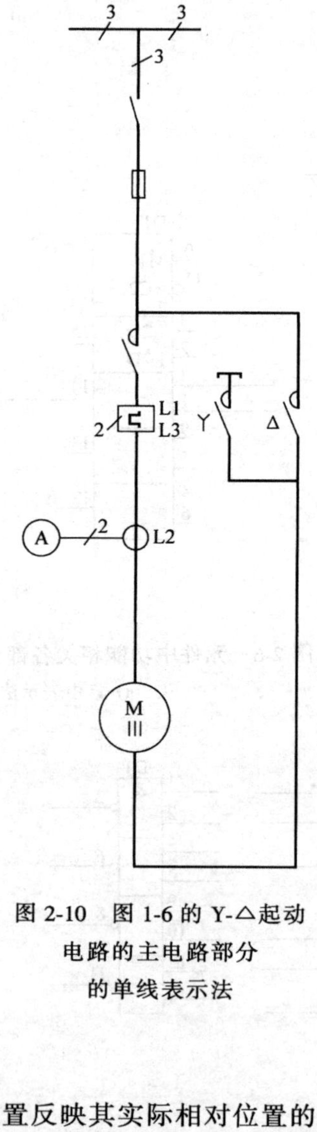

图 2-10 图 1-6 的 Y-△起动电路的主电路部分的单线表示法

2. 位置布局法

位置布局法是在元件布置时使其在图上的位置反映其实际相对位置的布局方法。对于需按照电路或设备的实际位置绘制的电气图，如接线图或电缆配置图，进行画图布局时，可把元器件和结构组按照实际位置布置，这样绘制的导线接线的走向与位置关系也与实物相同，以利装配接线及维护时的读图。图 2-11 是采用位置布局法的接线图示例。

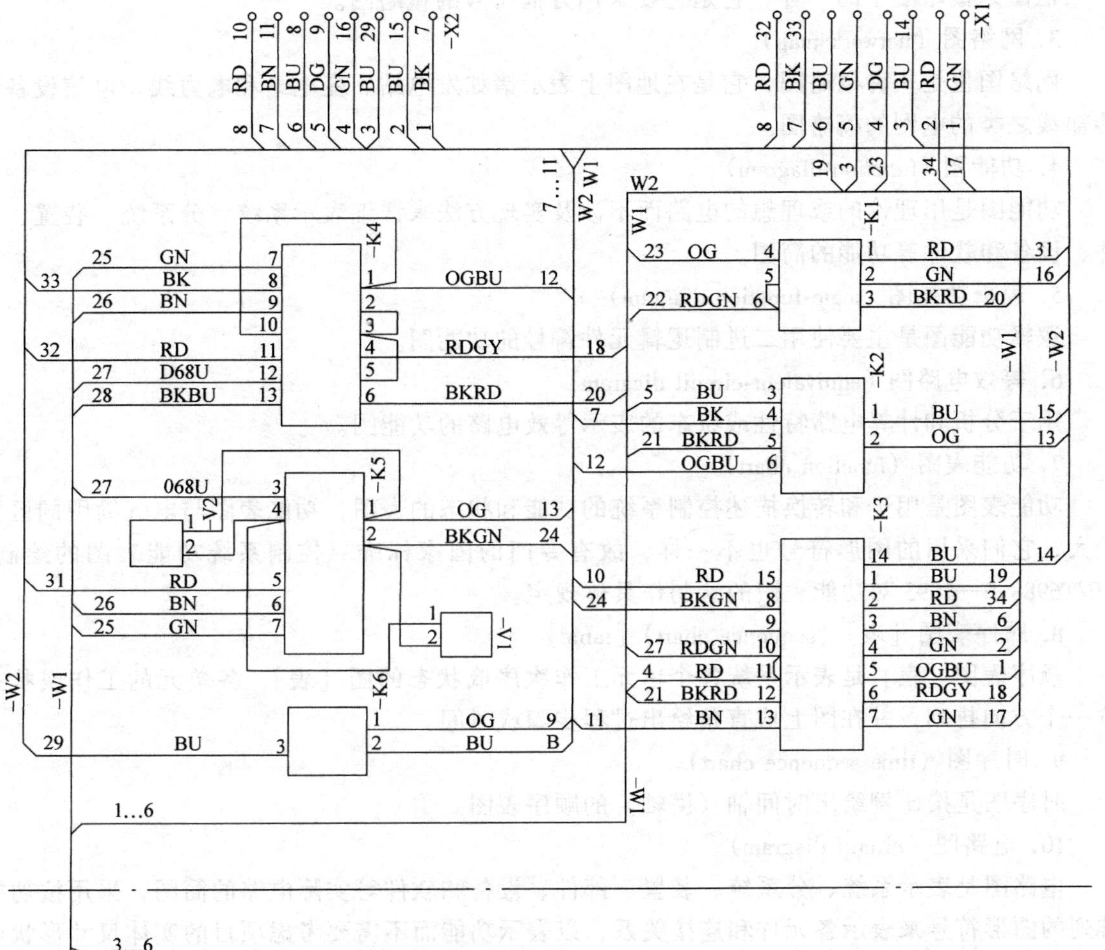

图 2-11　采用位置布局法的接线图

第二节　电气图的类别

一、功能性文件

1．概略图（overview diagram）

概略图是表示系统、分系统、装置、部件、设备和软件等各项目之间的主要关系和连接的相对简单的简图，通常用单线表示法。

2．框图（block diagram）

框图是概略图中的一种，它是主要采用方框符号的概略图。

3．网络图（network map）

网络图也是一种概略图，它是在地图上表示诸如发电站、变电站和电力线、电信设备和传输线之类的电网的概略图。

4．功能图（function diagram）

功能图是用理论的或理想的电路而不涉及实现方法来详细表示系统、分系统、装置、部件、设备和软件等功能的简图。

5．逻辑功能图（logic-function diagram）

逻辑功能图是主要使用二进制逻辑元件符号的功能图。

6．等效电路图（equivalent-circuit diagram）

用于分析和计算电路特性或状态的表示等效电路的功能图。

7．功能表图（function chart）

功能表图是用步和转换描述控制系统的功能和状态的表图，功能表图与电气简图的区别较大，它们采用的图形符号也不一样，故有专门的国家标准《控制系统功能表图的绘制》GB/T6988.6—1993对功能表图的绘制作具体规定。

8．顺序表图［表］（sequence chart）［table］

顺序表图［表］是表示系统各个单元工作次序或状态的图［表］，各单元的工作或状态按一个方向排列，并在图上成直角绘出过程步骤或时间。

9．时序图（time sequence chart）

时序图是按比例绘出时间轴（横轴）的顺序表图。

10．电路图（circuit diagram）

电路图是表示系统、分系统、装置、部件、设备和软件等实际电路的简图，采用按功能排列的图形符号来表示各元件和连接关系，以表示功能而不需要考虑项目的实体尺寸形状或位置，见图1-5和图2-4。

11．端子功能图（terminal-function diagram）

端子功能图是表示功能单元的各端子接口连接和内部功能的一种简图。可以利用简化的（假如合适的话）电路图、功能图、功能表图、顺序表图或文字来表示其内部的功能。

12．程序图［表］［清单］（program diagram）［table］［list］

程序图是详细表示程序单元、模块的输入输出及其互连关系的简图［表］［清单］，其布局应能清晰地识别其相互关系。

二、位置文件

1．总平面图（site plan）

总平面图是表示建筑工地服务网络、道路工程、相对于测定点的位置、地表资料、进入方式和工区总体布局的平面图。

2．安装图［平面图］（installation drawing［plan］）

安装图［平面图］是表示各项目安装位置的图。

3．安装简图（installation diagram）

安装简图是表示各项目之间连接的安装图。

4．装配图（assembly drawing）

装配图是通常按比例表示一组装配部件的空间位置和形状的图。

5. 布置图（arrangement drawing）

布置图是经简化或补充以给出某种特定目的所需信息的装配图。

三、接线文件

1. 接线图［表］（connection diagram［table］）

接线图［表］是表示或列出一个装置或设备的连接关系的简图［表］。图 2-11 所示为一接线图的示例。在电气制图的国家标准中，关于接线图和接线表单独有 GB/T 6988.3—1997《电气技术文件的编制第三部分：接线图和接线表》标准规定它们的绘制规则。当需要绘制接线图或接线表时，请按照此标准的规定，本教材中限于篇幅，不对这些规定进行论述。

2. 单元接线图［表］（unit connection diagram［table］）

单元接线图［表］是表示或列出一个结构单元内部连接关系的接线图［表］。

3. 互连接线图［表］（interconnection diagram［table］）

互连接线图［表］是表示或列出不同结构单元之间连接关系的接线图［表］。

4. 端子接线图［表］（terminal connection diagram［table］）

端子接线图［表］是表示或列出一个结构单元的端子和该端子上的外部连接（必要时包括内部接线）的接线图［表］。

5. 电缆图［表］［清单］（cable diagram［table］［list］）

电缆图［表］［清单］是提供有关电缆，诸如导线的识别标记、两端位置以及特性、路径和功能（如有必要）等信息的简图［表］［清单］。

四、项目表

1. 元件表、设备表（parts list）

元件表、设备表是表示构成一个组件（或分组件）的项目（零件、元件、软件、设备等）和参考文件（如有必要）的表格。

2. 备用元件表（spare parts list）

备用元件表是表示用于防护和维修的项目（零件、元件、软件、散装材料等）的表格。

五、安装说明文件

安装说明文件是给出有关一个系统、装置、设备或元件的安装条件以及供货、交付、卸货、安装和测试说明或信息的文件。

六、试运转说明文件

试运转说明文件是给出有关一个系统、装置、设备或元件试运转和起动时的初始调节、模拟方式、推荐的设定值以及对为了实现开发和正常发挥功能所需采取措施的说明或信息的文件。

七、使用说明文件

使用说明文件是给出有关一个系统、装置、设备或元件的使用的说明和信息的文件。

八、维修说明文件

维修说明文件是给出有关一个系统、装置、设备或元件的维修程序的说明和信息的文件。例如维修或保养手册。

九、可靠性和可维修性说明文件

可靠性和可维修性说明文件是给出有关一个系统、装置、设备或元件的可靠性和可维修性方面的说明和信息的文件。

十、其他文件

可能需要的其他文件，例如手册、指南、样本、图样和文件清单等。

第三节　电气技术文件的编制原则

当前由于计算机、电气及电子技术的飞速发展，使电气技术领域的设备或系统变得更加复杂，新工艺及其应用层出不穷，用户和社会依附于复杂的系统，同时对安全的、通过文件容易操作和维护的成套设备或系统的需求正在增长。这些发展使得有必要把成套设备或系统作为一个整体，而把各个单元作为成套设备整体的一部分来加以考虑，这种全局的观点对工艺过程和包括电气图在内的电气技术文件的编制方法都是极为重要的。电气技术文件的编制应考虑能在设备或系统的整个寿命期内都可正常起作用。

一、电气技术文件编制的目的

包括电气图在内的电气技术文件编制的目的就是以最简单实用的形式提供电气设备或系统的有关信息。电气技术文件用于成套设备或系统的管理、试生产、测试、使用和维修。由于电气技术文件规定正常的工作条件，又把安全纳入成套设备或系统的设计中，这就进一步提高了包括电气图在内的电气技术文件的重要性。电气技术文件是设备供应合同重要的组成部分，也是售后服务过程中的重要依据。所以电气技术文件应提供包括成套装置在其寿命期内所经历的所有阶段所需的硬件和软件信息，并且电气技术文件还应做到说明详尽，正确扼要，易懂，符合预期目的，且易于携带和保管。

二、电气技术文件的结构

成套设备或系统的信息能用树状的结构为基础进行编排。这种结构表示该过程或产品细分为更小的过程或产品组成部分的方法。文件应对这些产品、过程、产品组成或子过程之一加以描述。根据此目的，可以识别不同的结构，例如功能分层结构和位置分层结构。符合标准结构的电气技术文件编制为转包和自动进行维修工作提供了一种手段。

三、电气技术文件的编制

详细的包括电气图在内的电气技术文件应提供设备的功能的说明（如电路图）和设备结构的说明（如接线文件）。更要强调的是，电气技术文件的编制和表达方式应以实际应用为目的，具体要求如下：文件中的说明、简图和图解清晰；文字简明扼要、易懂；电气图中要采用项目代号体系供使用者快速识别所选取设备的项目；文件的编制应提供系统开发更新的可能性。

四、不同类型电气技术文件之间的相互关系

因同一信息常常用于不同类型的电气技术文件，在这些文件之间存在着相互关系。不同类型电气技术文件与其编制顺序之间的相互关系如图 2-12 所示。为了获得协调一致的整套电气技术文件，在决定文件编制次序时，必须考虑文件之间的相互关系。作为一般原则，文件的编制应从概略图开始，而后从一般到较特殊的更详细级的图。例如，可以分为三种级别的简图：概略图、功能图和电路图。同样，描述功能的文件应放在描述实现功能的文件之前，如图 2-12 所示。

五、计算机辅助设计和电气技术文件编制

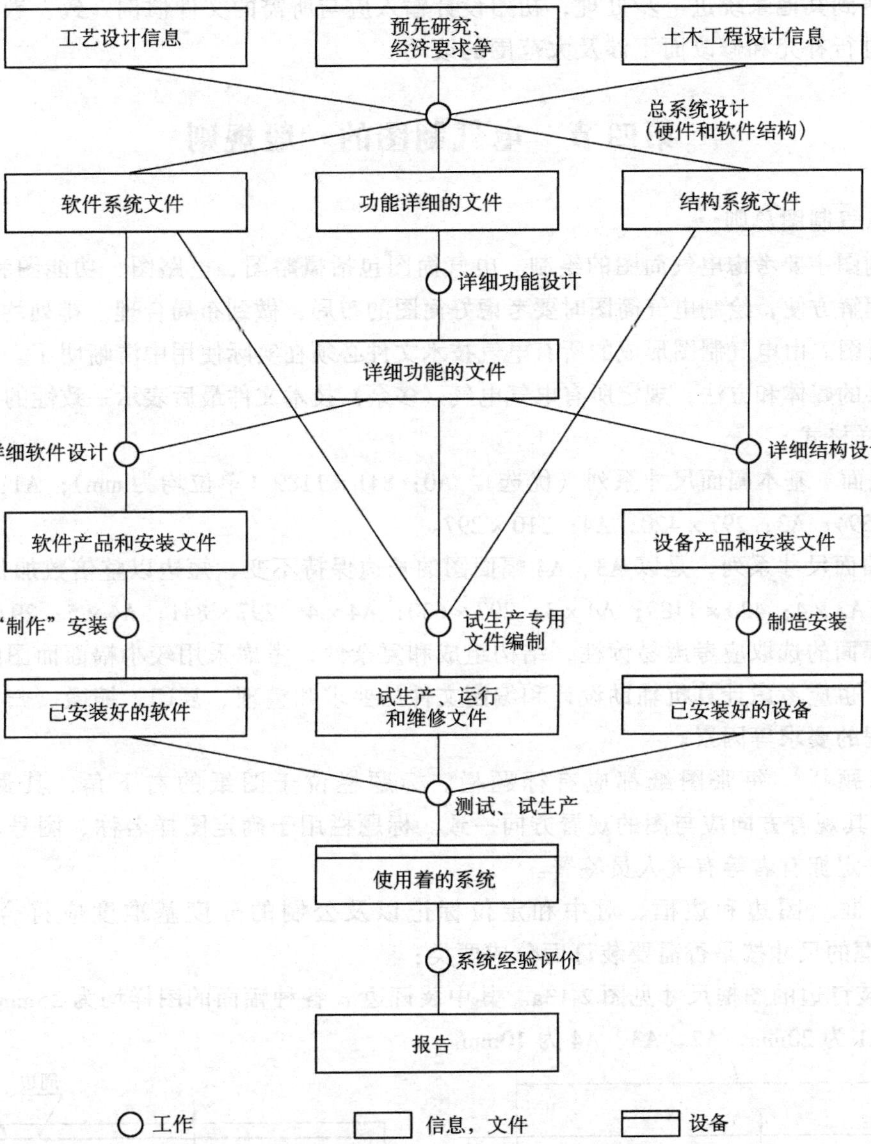

图 2-12　不同类型电气技术文件之间的相互关系

近年来，随着计算机辅助设计的迅速发展，包括电气图在内的电气技术文件的编制基本上都是通过计算机实现的。为了充分利用计算机在电气技术文件编制方面的优点，应遵守以下规则。

设计数据应储存在文件或数据库中，即保持所有电气技术文件之间以及在成套设备和文件之间的一致性。

假如需要在计算机系统之间交换设计数据，若初始的计算机辅助设计输入系统采用公认的标准数据格式和字符集，该过程就可以加以简化。

设计输入终端正日益成为良好设计和文件编制的一种重要方式。当选择和应用这些终端时，规定下列一些专门的原则会获得较好的结果：在符号、字符和所需格式方面，终端应支持适用的工业标准；在数据库和相关图表设计输入方面，系统应支持标准化格式，以便将设计信息传送到其他系统进一步处理；初始设计输入应与所需的文件惯例一致，数据的编排应考虑到能进行补充和修改而不涉及大范围的改动。

第四节 电气制图的一般规则

一、电气制图总则

电气制图主要考虑电气简图的绘制。电气简图包括概略图、电路图、功能图和接线图等。为了读图理解方便，绘制电气简图时要考虑好简图的布局，做到布局合理，排列均匀，图面清晰，便于看图。由电气制图形成的所有电气技术文件必须在实际使用中清晰明了。不考虑文件产生和储存的媒体和方法，规定所有电气电气（多余）技术文件最后表示一致性的准则。

1．图样格式

（1）幅面　基本幅面尺寸系列（优选）。A0：841×1189（单位均为 mm）；A1：594×841；A2：420×594；A3：297×420；A4：210×297。

加长幅面尺寸系列，是以 A3、A4 幅面图的长边保持不变，短边以整倍数加长。A3×3：420×891；A3×4：420×1189；A4×3：297×630；A4×4：297×841；A4×5：297×1051。

图纸幅面的选取应考虑易读性，结构组成和复杂性，考虑采用较小幅面而图纸张数较多的可能性，也应考虑计算机辅助设计和编制文件的要求和整理、复印、缩微、归档和其他文件加工过程的要求等因素。

(2) 标题栏　每张图纸都应有标题栏。标题栏位于图纸的右下角，其最大长度是 170mm，而其观看方向应与图的观看方向一致。标题栏用于确定图样名称、图号、张次、更改及图样法定拥有者等有关人员签署。

(3) 图框　图边和边框、对中和定位标记以及公制的分度基准度应符合国标 GB/T 14688。图框的尺寸按是否需要装订而分成两类：

1）留装订边的图框尺寸见图 2-13a。其中装订边 a 各种幅面的图样均为 25mm，周边宽 c 为：A0、A1 为 20mm，A2、A3、A4 为 10mm。

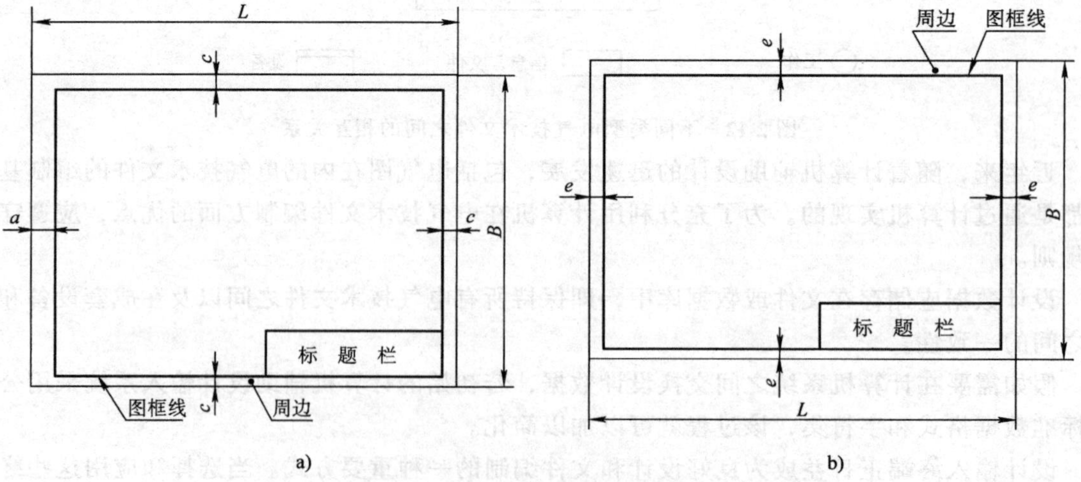

图 2-13　图框的尺寸

a）留装订边的图框　b）不留装订边的图框

2）不留装订边的图框尺寸见图 2-13 b。其四周边宽 e 均相等：A0、A1 为 20mm，A2、A3、A4 为 10mm。

(4) 图幅分区　图幅分区是为使当图上的内容很多时，能迅速找到图上的某内容的分区方法。图 2-14 横向边框标注的 1、2、3、4、5、6 及纵向边框标注的 A、B、C、D 把图中每一部分划为确定区域。每个分区长度不大于 75mm，不小于 25mm。

图幅分区一般从左上角开始分区编号，如图 2-14 所示。也允许从右下角开始分区编号。

2. 图号、张次号

每张图样都要在各自标题栏中编有自身的图号，以区分不同图样。多张图中的每张图都必须按照彼此相关的方法来编张次号。如果在同一张图样上有几种类型的图，应注意使每个图都能清晰地分辨出来，例如，通过附加号的方法。编号规定由各设计单位自行制订。

3. 图线

电气图中所用的各种线条称为图线。

(1) 图线的形式　电气图中的图线可分为四种形式，它们在图中的用途见表 2-1。图线在其他图中应用可参见 GB 4458.1—1984《机械制图　图样画法》。

表 2-1　图线形式

图线名称	图线形式	一般应用
实线	——	基本线，简图主要内容用线，可见轮廓线，可见导线
虚线	---	辅助线、屏蔽线、机械连接线，不可见轮廓线，不可见导线，计划扩展内容用线
点划线	—·—	分界线，结构围框线、功能围框线、分组围框线
双点划线	—··—	辅助围框线

(2) 图线的宽度　图线的宽度有 0.18mm、0.25mm、0.5mm、0.7mm、1.0mm、1.4mm、2mm，共 8 种。由于某些复制方法有困难，应避免采用 0.18mm 线宽。若在同一张图纸中采用两种宽度的图线时，粗线对细线宽度之比应不小于 2:1。

(3) 图线的间距　电气图中平行图线边缘的间距最小不得小于图中粗线的两倍（两平行线等宽时，其中心间距应至少为线宽的 3 倍，且不得小于 0.7mm，这主要是考虑复制和缩微的要求）。对电气简图中的平行线，其中心间距至少为字体的高度。对于有附加信息的连接线，例如信号标识代号，其间距至少为字体高度的两倍。

4. 字体和字体取向

电气图中的字包括汉字、字母和数字，它们也是电气图的重要组成部分。通常应采用直体字母。汉字应为长仿宋体，线宽与字高比例应采用 GB/T 14691 中的 B 型字体（线宽 d/字高 h 应为 1/10）。图中的字体要端正，笔划清楚，排列整齐、间距均匀。字号（字高）共有 20、14、10、7、5、3.5、2.5 七种（单位为 mm）。字宽等于字高的 2/3。

电气图中字体取向（边框内图示的实际设备的标记或标识除外）采用从文件底部和从右面两个方向来读图的原则。

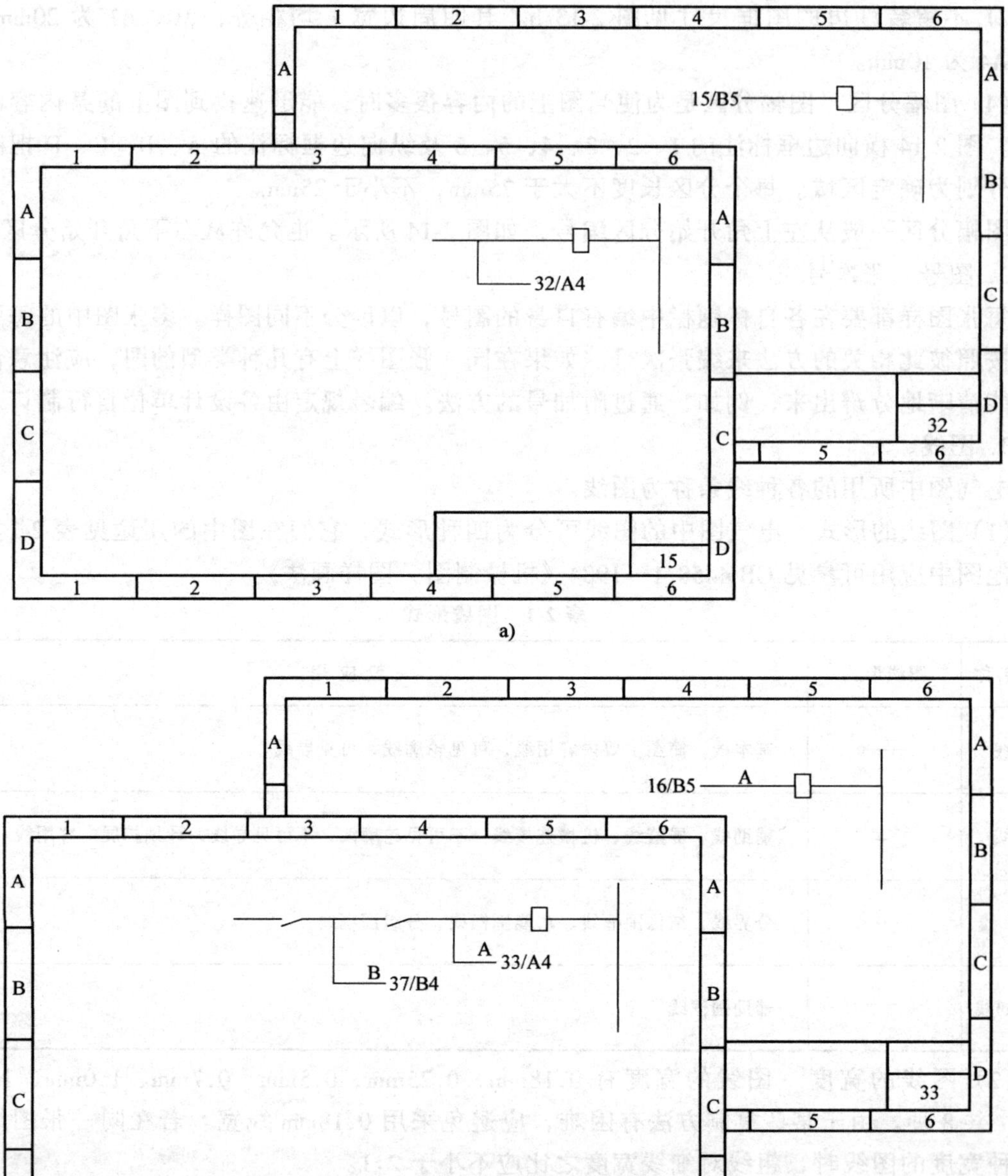

图 2-14　图幅分区和中断线标记方法

a）采用张次、图幅分区标记　b）同一张图上采用几种中断标记

5. 箭头和指引线

（1）箭头　电气图中使用的箭头有两种画法，一种是开口箭头如图 2-15a 所示，用来表示能量或信号的传播方向；另一种是实心箭头，如图 2-15b 所示，用于指向连接线等对象的指引线。

另外在图中的箭头也可表示可调节性（如 GB/T 4728 中 02-03-01 所示）和力或运动方向

（如 GB/T 4728 中 02-04-01 所示）等信息。

a)　　b)

图 2-15　两种形状箭头

a）开口箭头　b）实心箭头

（2）指引线　指引线是用于指示电气图中注释对象的。指引线由细实线及其末端的标记组成：当末端在轮廓线内时，加一黑点，见图 2-16a；当末端在轮廓线上时，加一实心箭头，见图 2-16b；当末端在连接线上时，加一短斜线，见图 2-16c。

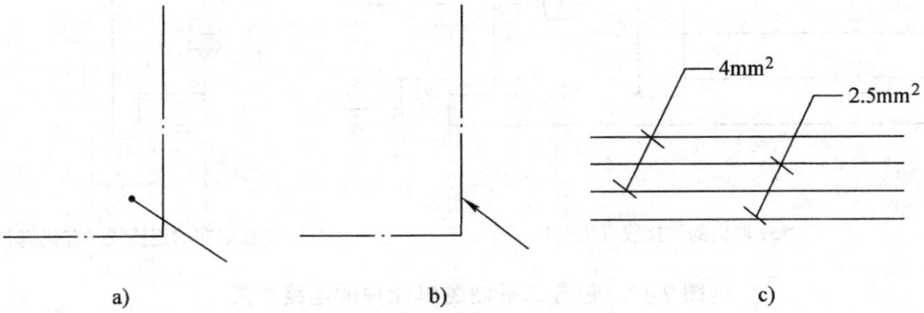

图 2-16　指引线末端标记

a）当末端在轮廓线内　b）当末端在轮廓线上　c）当末端在连接线上

6. 尺寸线终点和起点标记

尺寸线的画法必须遵照 GB 4458.4 的规定。起点标记的直径应为尺寸线宽度的 10 倍左右。

二、电气简图的布局

绘制电气简图时要考虑好图的布局，做到布局合理，排列均匀，图面清晰，便于理解。

1. 信号流方向

对概略图、功能图和电路图，信号的主要流向应是从左向右，或从上到下。因此，用于信号处理的多数方框符号以及二进制逻辑元件和模拟元件的符号，其信号流向均被设计成从左向右。用这种符号的电路应按此布局。一个包含二进制逻辑元件的电路布局的示例如图 2-17 所示。其中左图（水平取向的连接线）电路的信号流向即为从左向右。

如果单一信号流向不明显或当流向与上述的习惯流向不同时，在连接线上必须画上开口箭头，如图 2-18 所示。这些箭头不可触及任何元件的图形符号。

2. 符号的布局

电气简图应按本章第一节之四（简图布局方法）介绍的规定采用功能布局法或采用位置布局法。符号和电路应按顺序排列，以便强调功能关系或实际位置。

在功能布局的电气简图中，当需要注释而且在不拥挤的情况下，功能相关的符号应分组并且其位置应彼此靠近。如合适，电路应按其工作顺序布局。在表示控制系统的电气简图中，主控系统的功能组应放在被控系统的功能组的左边或上边，见图 1-5。在位置布局的电气简图中，符号应分组，并且其位置应表示相应元件的相对实际位置。

三、电气简图的图形符号

图形符号是用于电气图和其他文件中的表示项目或概念的一种图形、记号或符号，是电气技术领域中最基本的工程语言。电气简图主要是由图形符号绘制的，因此，图形符号应符

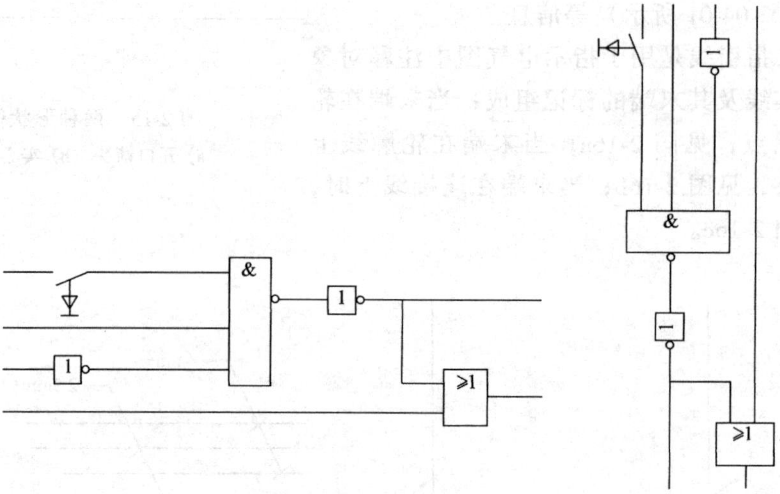

图 2-17　包含二进制逻辑元件的电路布局

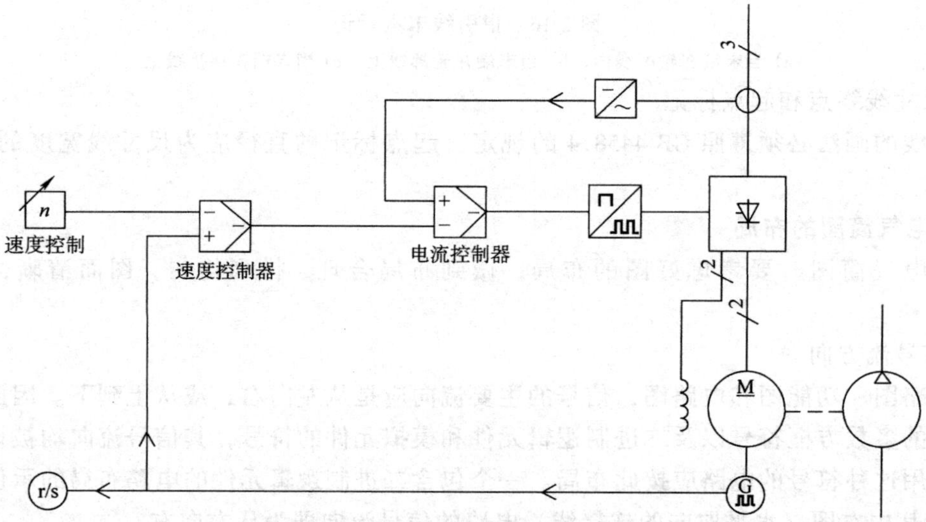

图 2-18　控制系统功能分组和信号流方向指示

合 GB/T 4728 的规定。对于图形符号，我们不仅要熟悉它，还要会熟练地应用它，把它绘制到各种电气简图中去。如果标准中没有所需的图形符号，则可按 GB/T 4728 中的原则，从标准符号中组合一个符号。对 GB/T 4728 范围之外的项目，应贯彻相应的图形符号标准。如果需要的符号未被标准化，则所用的符号必须在图上或支持文件用的注释中加以说明。

1．符号的选择

如果同一种元件可以采用不同形式的 GB/T 4728 符号时，选择符号应：

1）尽量采用优选的符号形式；

2）采用适用于简图特殊用途的符号的形式，例如：

①　对于概略图，尤其是采用单线表示法，在许多情况下，使用一般的或简化形式的符号，如图 2-19a 所示。

②　对于需要详细研究的电气简图，通用符号可能不够用。例如变压器，可能需要充实

一般符号，则可按 GB 1094.4 对矢量组的规定，增加表示绕组联结方法的限定符号和标记，如图 2-19 b 所示。

③ 对于用于电路图的符号，必须使用完整形式的图形符号，如变压器的所有部分，即绕组、端子及其代号应表示清楚，如图 2-19 c 所示。

从上面分析中可以看出，在满足需要情况下，应尽量采用最简单形式的符号。绘图时应根据所绘制的不同图种所要表达的元件的不同详细程度来决定选用详略不同的图形符号。

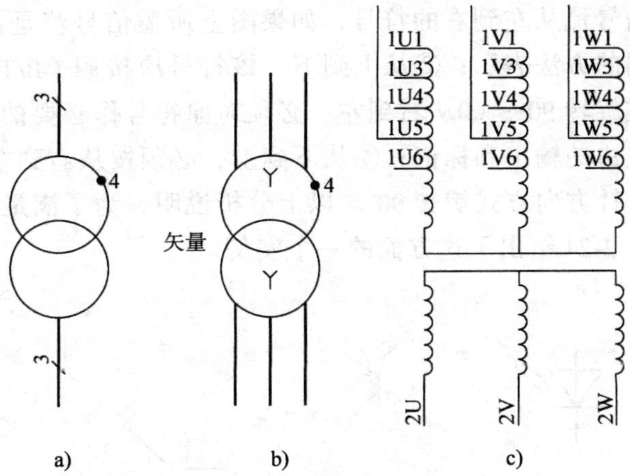

图 2-19 不同详略程度的有 4 个抽头的三相变压器图形符号

a) 简化形式图形符号 b) 补充联结方法和矢量组的符号 c) 详细符号

2. 图形符号的大小

一般情况下，图形符号的大小和组成图形符号的图线的粗细不影响符号的含义，图形符号的含义是由其形状和内容所确定的。但在下列情况下可采用大小不等符号画法：为了强调突出某一部分的作用，使读图者留有深刻的印象，如图 2-20（发电机组的励磁机的符号小于主发电机的符号，以便表明其辅助功能）所示；为了便于补充信息，如图 2-21（具有“非”输出的逻辑“与”元件的符号被放大了，以便填入补充信息）所示；为了增加输入或输出线符号；为了把符号作为限定符号来使用。但即使在这种情况下，还应保持符号的一般形状，并应尽可能保持相应的比例。

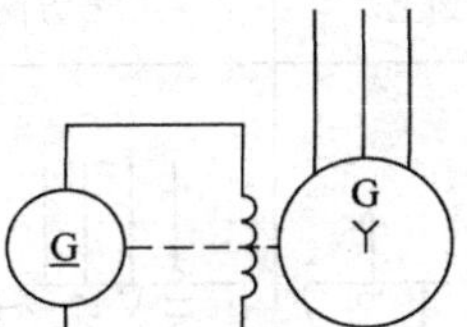

图 2-20 发电机组的励磁机和主发电机符号大小不同的表示方法

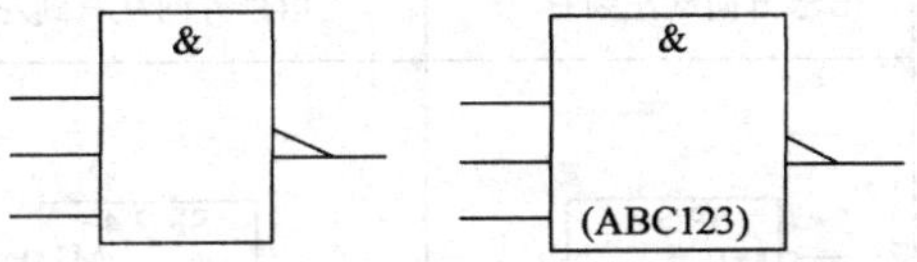

图 2-21 有/无补充信息的具有“非”输出的逻辑与的大小不同符号

3. 符号的取向

电气图中的符号大多数取向任意，但由于 GB/T 4728 中的许多符号都已设计成自左向右的信号流方向，所以应将这个基本取向应作为主要的准则加以遵守。当需要改变取向时，可根据图面布置需要，按 90°角倍数旋转或取其镜像形态。对于辐射符号，当相关符号旋转时，其辐射符号方向应保持不变，如图 2-22 所示。

有时为了简化电气图，画图时，可把图形符号旋转 45°，如图 2-23 所示，这样的桥式整流电路不但图形简单，而且读图时使整流电路的输入，输出端更易看得清楚。

方框形符号、二进制逻辑元件符号以及模拟元件符号，包括文字、限定符号、图形或输入/输出标记的取向，当从图的底边或右边看图时，必须能够识别。因此，对于 GB/T4728 中信号流从左到右的符号，如果图上所需信号流是：①从左到右，该符号应按照 GB/T4728 相同的方法表示；②从上到下，该符号应按照 GB/T4728 相同的方法表示，并按顺时针方向方式旋转 90°；③从右到左，必须对原符号作必要的改动，以便表示在右边的输入和标记以及左边的输出和标记；④从下到上，必须按从右到左的方法对原符号进行改动，并将符号按顺时针方向方式旋转 90°。以上分析说明，为了满足四种可能的信号流方向，仅需要两组符号，图 2-24 给出了这方面的一个实例。

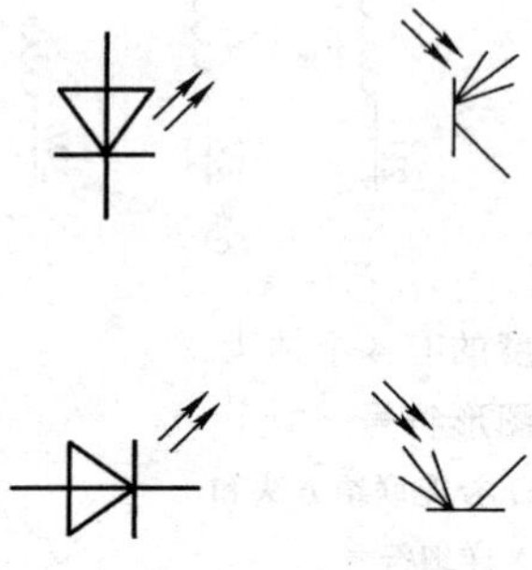

a)　　b)

图 2-22　按 90°角倍数旋转图形符号

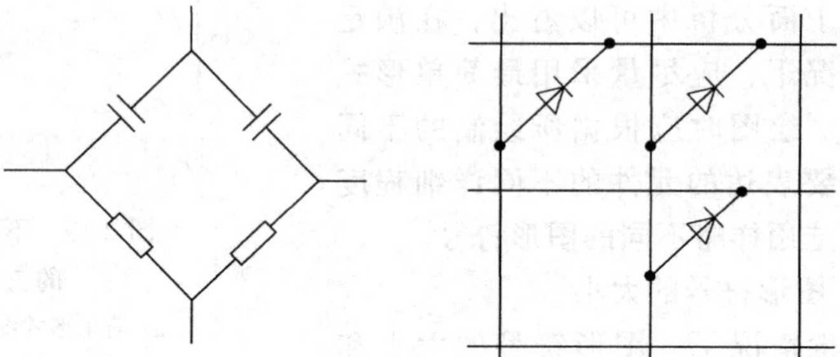

图 2-23　按 45°角倍数旋转图形符号

序号	水平连线		垂直连线	
	信号方向从左到右	信号方向从右到左	信号方向从下到上	信号方向从上到下
14	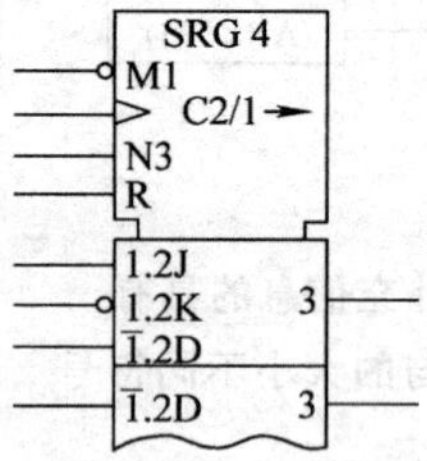	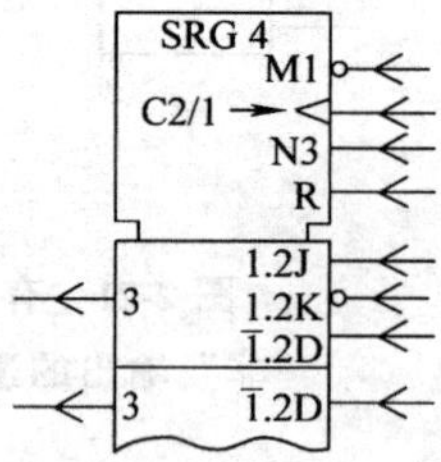	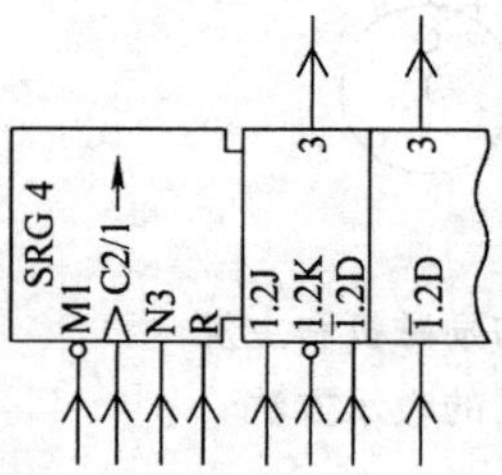	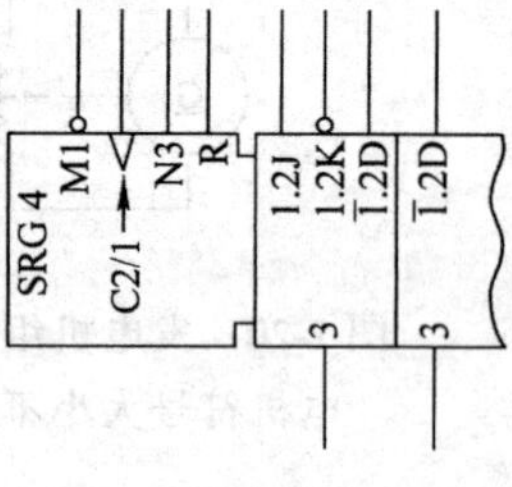

图 2-24　四种不同信号流方向时图形符号采用规则

4．图形符号的端子的表示法

电气图用图形符号一般都是没有端子符号的，所以在绘制电气图时图形符号的引出线末端不需画出端子符号（一小圆圈○或一黑圆点·）。如图 2-25 所示的 4 个电阻在引出线末端不需画端子符号，而是直接把引出线相连即可。但是如果端子符号是图形符号的一部分，则端子符号必须画出。如图 2-26 的接通电路的连接片的端子，其端子符号必须画出。

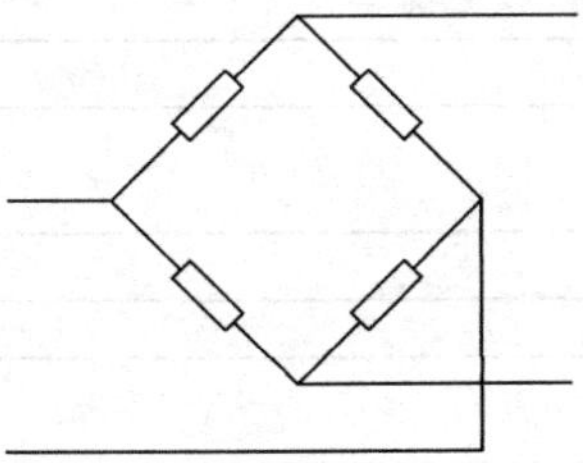

图 2-25　桥式电路中的电阻图形符号不需画端子符号

图 2-26　接通连接片的端子符号不可省

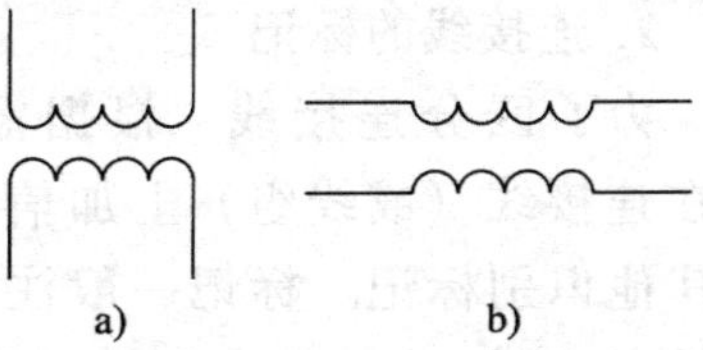

图 2-27　变压器图形符号的两种引线表示

a) 从符号的平行方向引出

b) 从符号的垂直方向引出

5．引出线的表示方法

作为标准的图形符号，引线在符号上的位置已经确定。但绝大多数的图形符号只把这些位置作为引线位置的示例。画电气图时，在不改变符号含义的原则下，引线可以根据需要画到其他位置上去，如图 2-27 和图 2-28 所示。例如，变压器的图形符号既可用 2-27a 所示的符号，也可用 2-27b 所示的符号来表示。在某些情况下，电气图中使用某些符号的引线位置不受限制，如图 2-28 所示的倍频器。

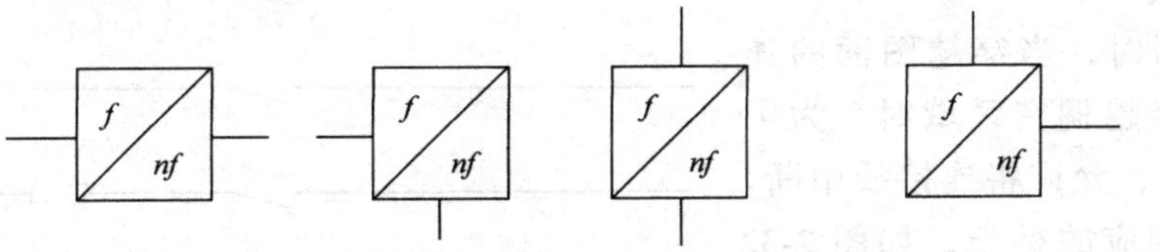

图 2-28　不同引线方向的倍频器图形符号

但是有些图形符号的引线位置的改变将引起符号意义的改变，这些符号必须遵守图形符号的标准画法。例如，接触器、继电器线圈的引线，如图 2-29b 所示是从长方形的长边引出，而电阻的引线如图 2-29a 所示，是从长方形的短边引出。如果把继电器线圈的引线画错了，画到了在短边引出，那么，这个符号在读图时，只能把它当作电阻了。

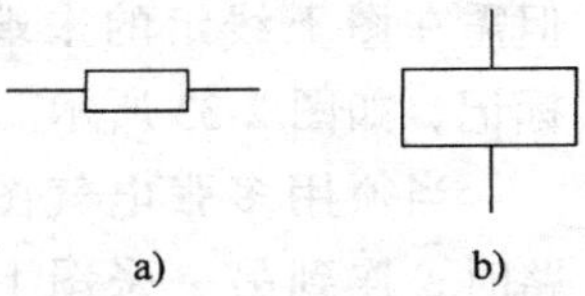

图 2-29　由引线方向确定的两种不同图形符号

a) 电阻　b) 接触器、继电器线圈

四、连接线

1．连接线的绘制方法

电路图中，图形符号的连接线，按照本节第一小节中图线形式的规定，应采用实线来表示，计划扩展的连接线用虚线表示。一般情况下，同一张电气图中，所有的连接线的宽度都相同，具体线宽应根据所选图幅和图形的尺寸来决定。但有些电气图中，为了突出某些电路或为了区分不同电路，可以采用不同粗细的连接线的表示方法，如图 2-4 所示的三相异步电动机正、反转控制电路。其中主电路用粗实线表示，而控制电路用细实线表示。以此来区分主、辅电路。

画连接线应避免出现在与另一条连接线交叉处改变方向，也应避免出现穿过其他连接线的连接点的画法。不然的话都会引起读图的误解或出现无法读图的现象。

如果平行的连接线数量很多，为了便于读图，应把连接线按功能分组画出，若不能按功能分组时，可以任意分组，每组不多于三条。线组间的距离应大于线间距离，如图 2-30 所示。

2. 连接线的标记

为了区分连接线，根据需要，可在连接线（或线组）上加信号名或其他识别标记。标记一般注于连接线的上方（水平布置）或左方(垂直布置)，也可注于连接线的中断处，如图 2-31 所示。

图 2-30　连接线分组画法

有的情况下，为了便于读图理解，可在连接线上标出信号波形。这些波形应标在靠近连接线的上方，但不能与连接线相接触，波形一般按示波器屏上显示的形状绘制，必要时可画出 *X* 轴和电平值等。如果离开连接线一段距离画波形，可用指引线指向连接线，同时用一圆圈把波形圈起来。当波形很复杂或很多而无法画时，也可以把波形移到图的空白处，而用加注标记的方法来说明各条连接线上的波形。

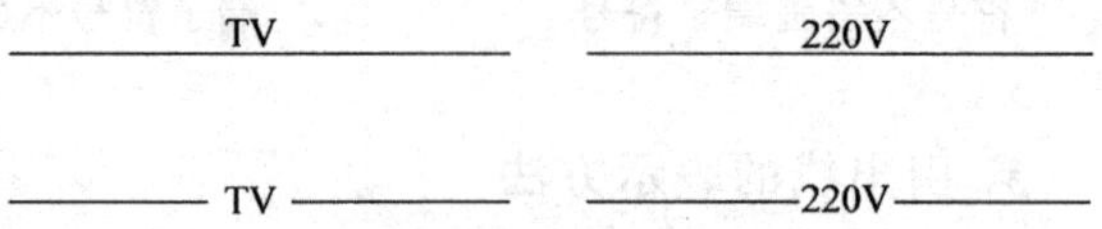

图 2-31　连接线标记注法

3. 中断线

画电气图时，当穿越图面的连接线较长或穿越稠密区域时，为了保持图面清晰，允许将连接线中断，在中断处加相应的标记，如图 2-32 所示，两处标记 A，A 为同一连接线的中断处。

平行走向的连接线组也可中断，但需在图上线组的末端加注适当的标记，如图 2-33 所示。

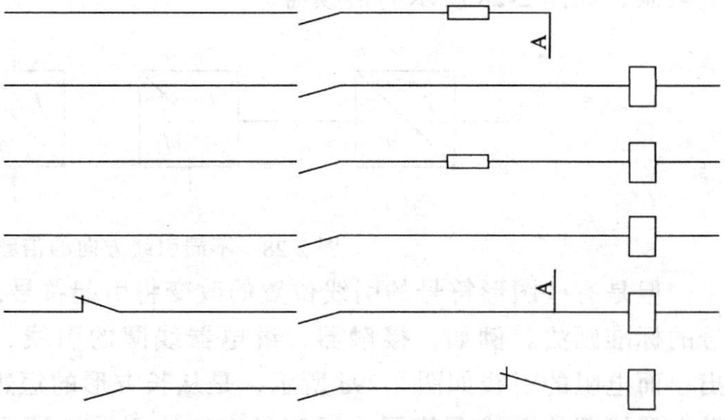

图 2-32　带标记 A 的中断线

当须用多张电气图来表示一电路时，连到另一张图上的连接线，应画成中断形式，并在中断处注明图号、张次、图幅分区代号等标记，见图 2-14a。如在同一张图上有两条或两条以上中断线，必须用不同的标记把它们区分开，例如用不同的字母来表示，见图 2-14b。这种中断也可以用连接线功能的标记来加以区分。

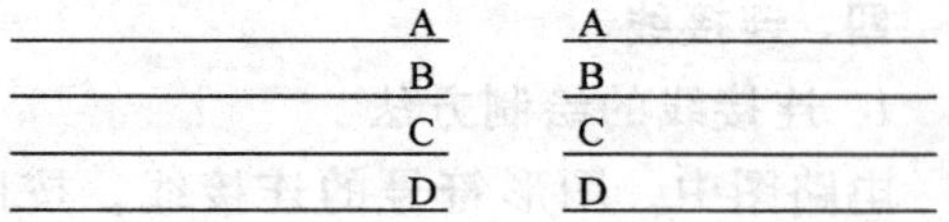

图 2-33　带标记的中断线组

4. 连接线的接点

连接线的接点应采用 GB 4728.3 中的 T 形连接表示。当布局条件妨碍惟一采用 T 形接法时，可按照在此标准的 03-02-07 符号中所示方法采用双重接点（十字连接处用小圆点接点）。但在同一份图上，只能采用其中一种方法，如图 2-34a 和 b 所示，这两个电路是等效的。

但必须注意的是在采用小圆点表示连接点的图中，所有连接点都应加上小圆点，不加小圆点的十字交叉线被认为是两线跨接而过，并不相连。

计算机辅助设计系统所画的电气简图需要在每个接点上加一个小圆点。

5. 平行连接线

1）如果有 6 根或 6 根以上的平行走向的连接线，就应将它们分组排列。在概略图、功能图和电路图中，应按照功能来分组。

2）线束　多根平行走向连接线可采用下列两种方法中的一种用一根图线（连线组）来表示：①平行连接线被中断，留有一点间隔，画上短垂线，其间隔之间的一根横线即线束，如图 2-35 所示；②单根连接线汇入线束时，应倾斜相接，当电气图（如接线图）中，有单根连接线汇入用单线表示的一组连接线的线束时，应在连接线的两端注上标记符号，并在汇入处用斜线表示，使读图时斜线的方向易于识别连接线汇入或离开线束的方向，如图 2-36 所示。

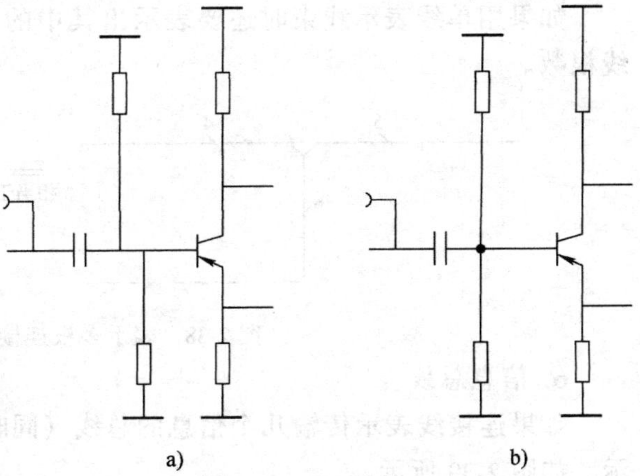

图 2-34　连接点的两种画法

a）采用 T 形连接（不用小圆点）

b）采用小圆点的双重接点

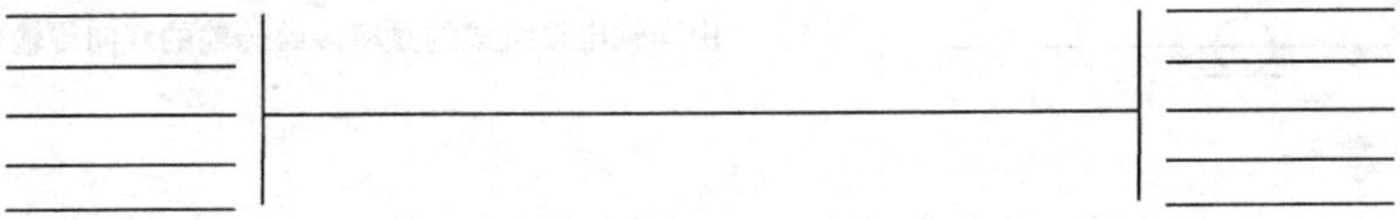

图 2-35　单线表示法一（平行连接线被中断）

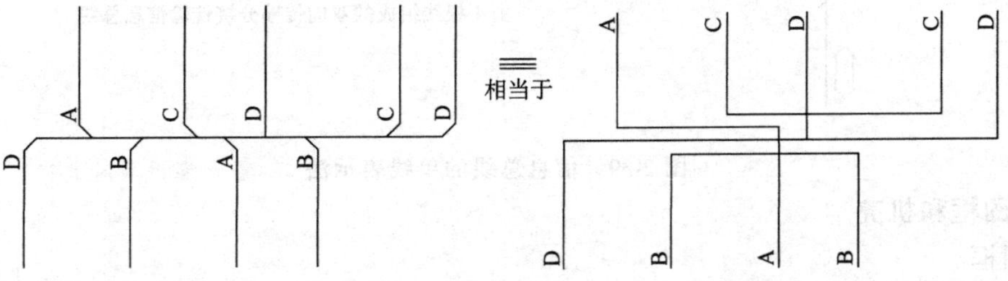

图 2-36　单线表示法二（单根连接线汇入线束）

如电气图的一线束中，当某一连接线的两端处在不同位置时，则两端应标以相同编号，建立一一对应关系，如图 2-37 所示。图中 A 连接线的左、右端各在第一、第四位置上。

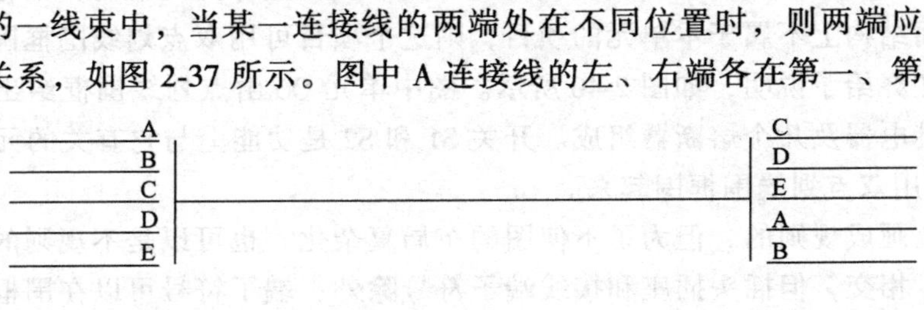

图 2-37　线组两端不同位置时的单线表示法

如果用单线表示线束时还要表示出其中的连接线数，则可按图 2-38 所示方法表示连接线根数。

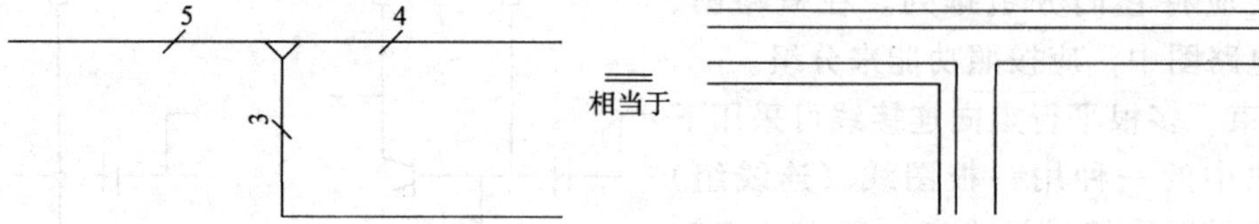

图 2-38　表示多根连接线根数的单线表示法

6. 信息总线

如果连接线表示传输几个信息的总线（同时的或时间复用的）可用带总线符号的单线表示，如图 2-39 所示。

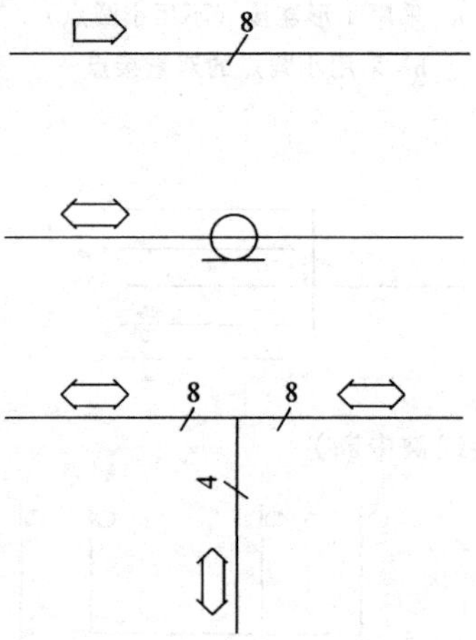

图 2-39　信息总线的单线表示法

五、围框和机壳

1. 围框

当需要在电气图上显示出其中一部分所表示的是功能单元、结构单元或项目组（如电器组、继电器装置）时，可以用点划线组成的围框表示。在这样的围框内，如存在有电路功能上属于本单元而结构上不属于本单元的项目，则这个项目可用双点划线围框围起来，并在框内加注代号或注释给予说明，如图 2-40 所示。图中单元 Q6 由点划线围框给出，它由一个接触器，一个热继电器及几个熔断器组成。开关 S1 和 S2 是功能上与它有关的元件，但不装在单元 Q6 内，故用双点划线围框围起来。

围框一般应画成规则的，但为了不使图的布局复杂化，也可以是不规则的。围框线不应与任何元件符号相交，但插头插座和接线端子符号除外：端子符号可以在围框线上，也可在围框线内，或者把端子符号省略而只用端子代号来表示。

2. 导电的机架、机壳和屏蔽罩

应采用 GB/T 4728 中的符号，清楚地表示出与结构单元相关的导电机架、机壳或屏蔽罩的连接：用 02-15-04 符号表示接机壳或接底板；用 02-01-04 或 02-01-05 符号表示接外壳或接管壳；用 02-01-07 符号表示屏蔽；用 03-02-01 符号表示导线的连接。

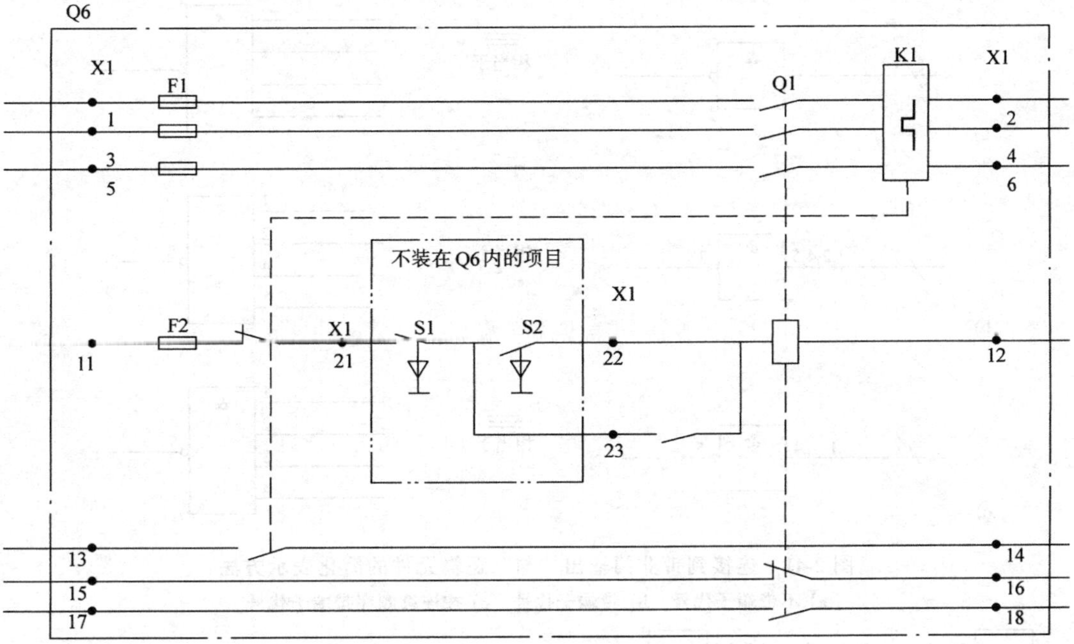

图 2-40　功能单元框及其内部的特殊围框

六、电气图的简化方法

对电气图进行简化是为了增加每张图上所表达的信息量或通过删去重复的信息来减少图面的零乱。只要是对电气图的识图不会带来问题的任何方法都可以用于电气图的简化。如果使用不是本标准所规定的其他简化方法，则必须在所简化的图中相关的技术文件中将其阐明。

1. 端子

一个元件的多个端子可用一个端子的形式来表示，如图 2-41a 所示。可以采用端子代号表示，并用逗号隔开，如图 2-41b 所示。如果端子是连续编号的，只要不会产生混淆，只需按顺序标明第一个和最后一个端子代号，并用省略号“…”隔开即可，如图 2-41c 所示。如果两个或多个元件相互连接并采用图 2-41b 或图 c 所示的方法，端子代号的顺序应表示为一个元件的从左到右（或从上到下）的顺序相应于其他元件的从左到右（或从上到下）的顺序，如图 2-42 所示。

2. 相同符号构成的符号组

如果电气图中有几个相同符号构成的符号组可用一个符号表示，这种情况下，此符号要加上一条短斜线和表示此符号所代表的元件符号数的数字。另一种特别适用于长方形符号的方法是在方括号内用一个数字加上乘号来表示元件符号的数量。例如［6×］，如图 2-43 所示。

3. 重复表示法

重复表示法可以通过将符号中连接线未示出的部分加以省略而简化，如图 2-44 和图 2-45 所示。这两个图中的符号与图 2-6 相比，其每个符号不代表完整元件，但可以补充功能标记。

4. 围框内的连接器或端子板

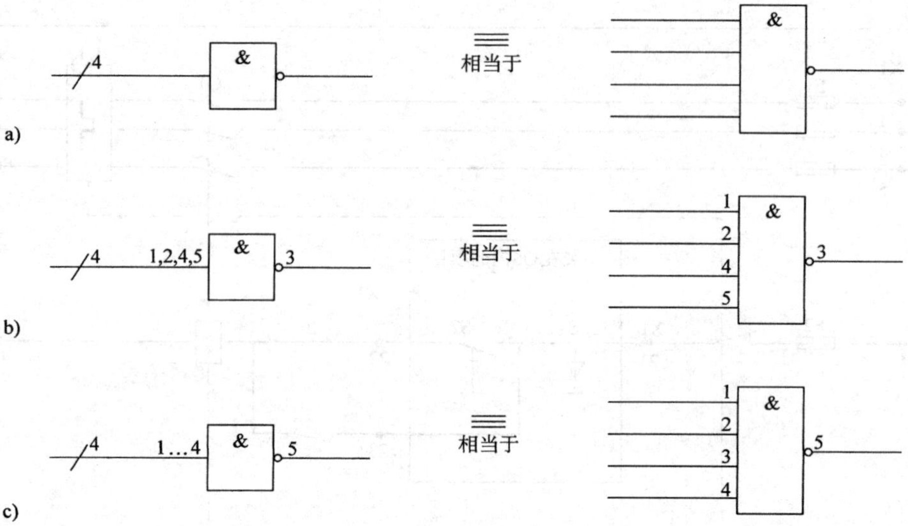

图 2-41　连接到带非门输出“与”逻辑元件的简化表示方法

a）不带端子代号　b）带端子代号　c）按连续顺序带端子代号

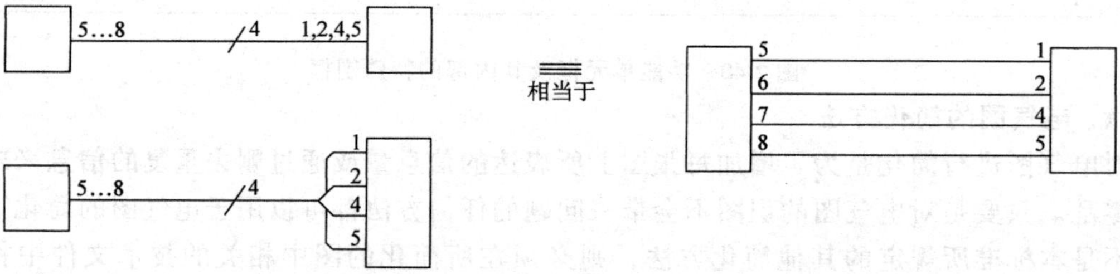

图 2-42　采用图 2-41b 和 c 方法的端子代号的顺序表示方法

如果把电气图的围框内电路作为一个单元，则此单元整体部分的连接器或端子板符号可以省略，这样做对读图的理解不会造成困难，如图 2-46 所示。

5．用围框表示的一个单元内的电路

如果有更详细的说明，例如一个端子功能图，则在一个单元内用围框表示的电路可用简化形式表示。

七、项目代号和端子代号

绘制电气图应按 GB/T 5094—1985《电气图电气技术中的项目代号》要求使用 项目代号和端子代号。项目代号是用来识别项目的特定代号。在电气图中标注项目代号主要是为了读图时便于查找和区分各种图形符号所表示的元件、器件、装置和设备等。把它标注在各个图形符号近旁，以便在图形符号和实物之间建立起确定的对应关系。端子代号是项目代号的一部分，它反映的是装置或设备中同外电路进行电气连接的导电件的代号，一般用于表示接线端子、插头、插座、塞孔和连接片之类元件上的端子。

为了试验和故障查找而需在现场连接的连接器件（端子、端子板和连接器等）的每一个连接点都必须标注端子代号。

对于一些常用的代号，在 GB/T 5094 中按惯例选用一些确定的字母作代号，例如在电源电路中的接触器选用字母代号 Q；对用于保护的测量继电器，选用字母代号 K。当然，在实

序号	单线表示法	等 效	说 明
1	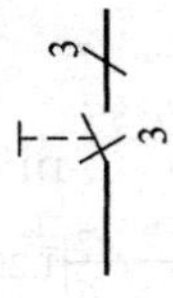	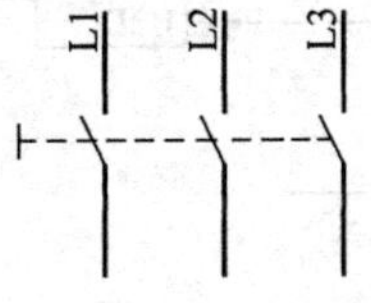	一个手动三极开关
2	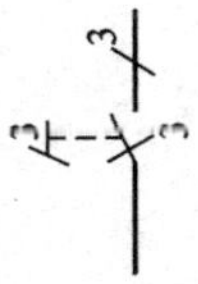	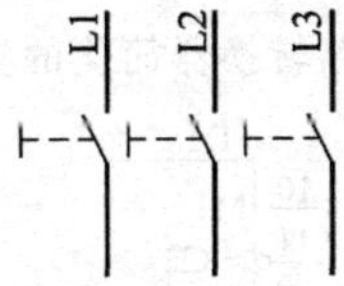	3个手动单极开关
3	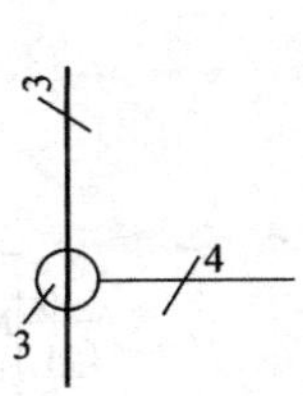	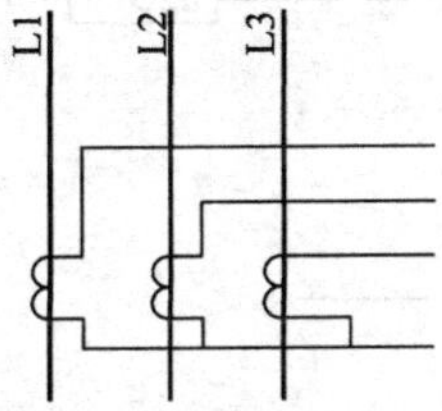	3个电流互感器，4个二次侧引线引出
4	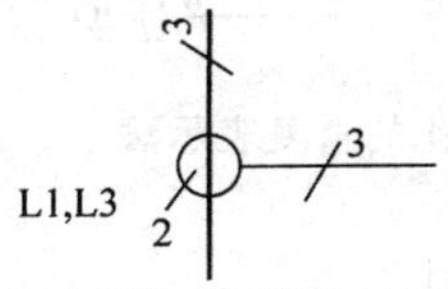	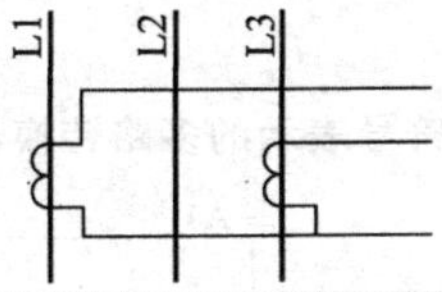	两个电流互感器，导线L1和导线L3；3个二次侧引线引出
5	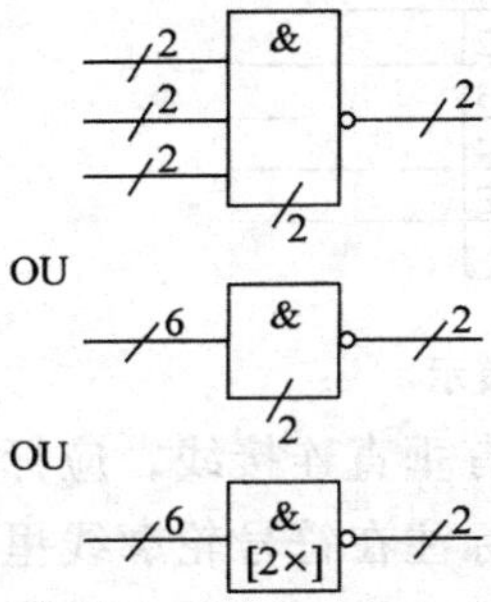	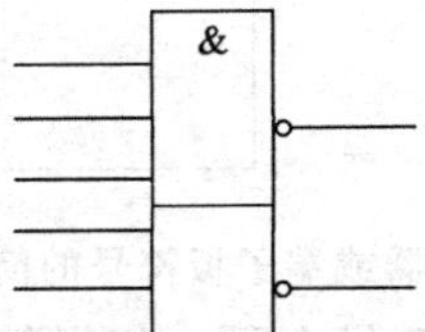	两个相同的三输入与门（带有非输出）
6	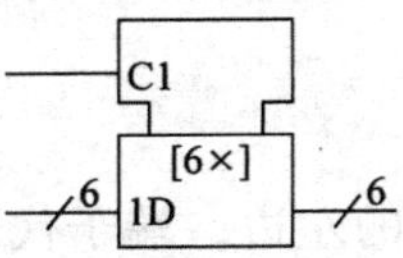	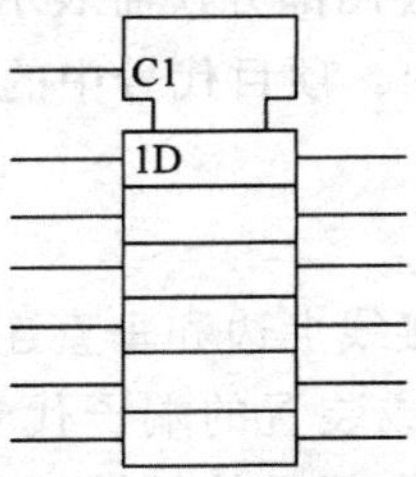	带有公共控制框的6个相同的D–寄存器

图 2-43 元件和连接线的单线表示法

际应用中，也可参照相关标准采用其他的惯例。

1．项目代号的位置和取向

每个表示元件或其组成部分的符号都必须标注其项目代号，如图 2-3～2-5 和图 2-7～2-9 所示。一套文件中所有代号（包括项目代号和端子代号）应一致。项目代号应标注在符号的

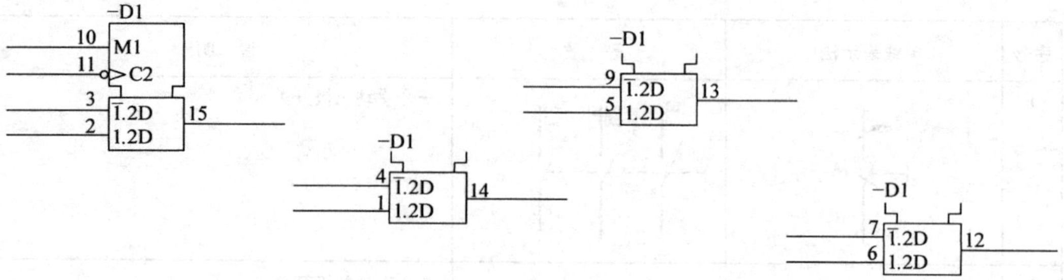

图 2-44　有公共控制框的四路转换器简化的重复表示法

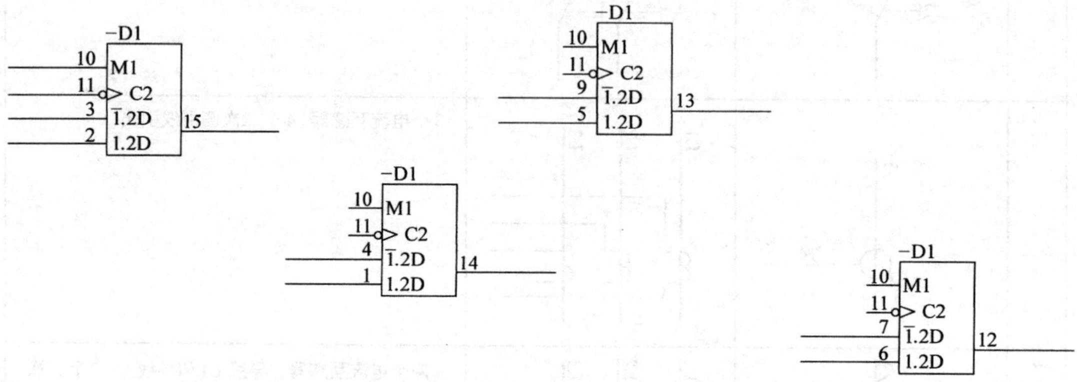

图 2-45　采用没有公共控制框符号表示的多路转换器简化的重复表示法

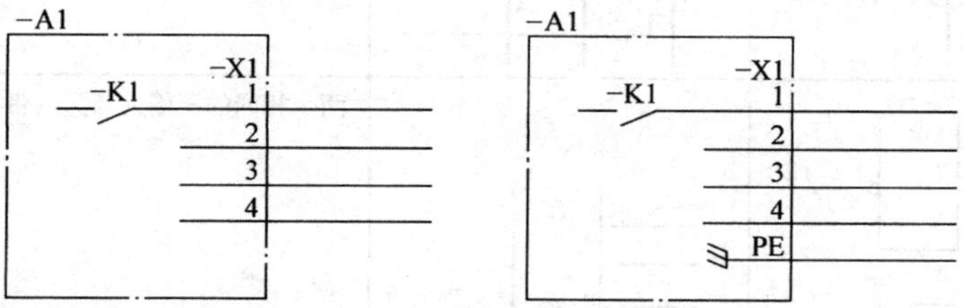

图 2-46　省略连接器或端子板符号的简化表示

旁边，如果符号有水平连接线，应标注在符号上面；如果符号有垂直连接线，应标注在符号左边。必要时，可把项目代号标注在靠近符号的其他地方，或标注在符号轮廓线里面。表示在一张图上的所有或多数元件项目代号的公用部分仅需表示在标题栏中。项目代号应尽可能地水平取向，如图 2-47 所示。在图 2-47c 中，项目代号中的高层代号已被列在标题栏中（图中没有示出）。

2. 端子代号的位置和取向

端子代号应靠近端子，最好在水平连接线上边和垂直连接线的左边，端子代号的取向应与连接线方向一致，如图 2-47 所示。元件或装置的端子代号应位于该元件或装置轮廓线和围框线的外边，如图 2-47 所示。一个单元内部元件的端子代号应标注在该单元轮廓线或围框线里边，见图 2-46。

八、位置标记、技术数据和说明性标记

1. 字母符号

关于电气图中使用的量和单位的字母符号应符合 IEC 27 和 GB 3102 的规定。按 IEC 规

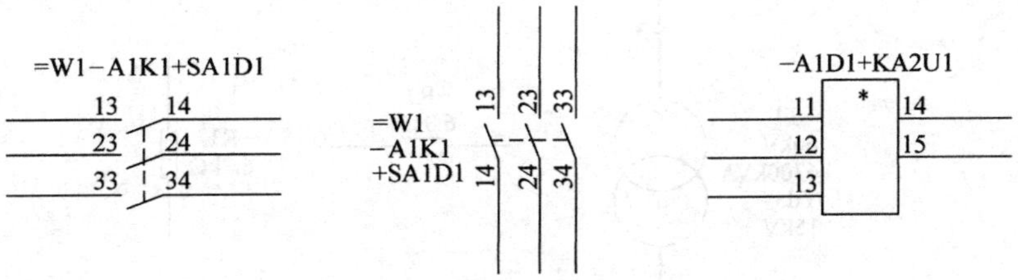

图 2-47　项目和端子代号位置和取向规则

定，如果图形符号表示的物理属性十分明显，这些数值则可简化。例如：6.3kΩ、0.6pF、5mH 等可简化为：电阻为 6.3k，电容为 0.6p，电感为 5m。

2. 位置标记

关于位置标记，电气图中主要推荐图幅分区法，这种表示方法适用于各种电气图。由于图幅分区可由代表行的字母和代表列的数字组成的字母数字组合来表示。所以图中每个符号或元件在图中的位置可直接用其所在区的字母数字组合来表示其所处位置。必要时，还需注明图号、张次，在某些应用中，也可引用项目代号，如表 2-2 所示。

当符号或元件的图幅分区代号与实际设备的其他代号有可能引起混淆时，则图幅分区代号应用括号括起来或将分区标记放在统一位置。

表 2-2　符号或元件在图上位置的表示方法

符号或元件的位置	标记写法
同一张图样上的 B 行	B
同一张图样上的 3 列	3
同一张图样的 B3 区	B3
具有相同图号的第 34 张图上的 B3 区	34/B3
图号为 4568 单张图上的 B3 区	图 4568/B3
图号为 5796 的第 34 张图上的 B3 区	图 5796/34/B3
= S1 系统单张图上的 B3 区	= S1/B3
= S1 系统多张图上第 34 张的 B3 区	= S1/34/B3

3. 元件的技术数据

电气图中元件的技术数据的表示方法有以下几种：

1）把元件的技术数据直接标注在图形符号旁。水平布置时，技术数据尽可能标在图形符号的下方，如图 2-48a 所示；垂直布置时，则标在项目代号下方，如图 2-48b 和 c 所示。

2）有些技术数据，如继电器线图的电阻值可标注在图形符号内。

3）有些电气图，如电路图上的元件技术数据可以用表格形式（如元件表）绘出。

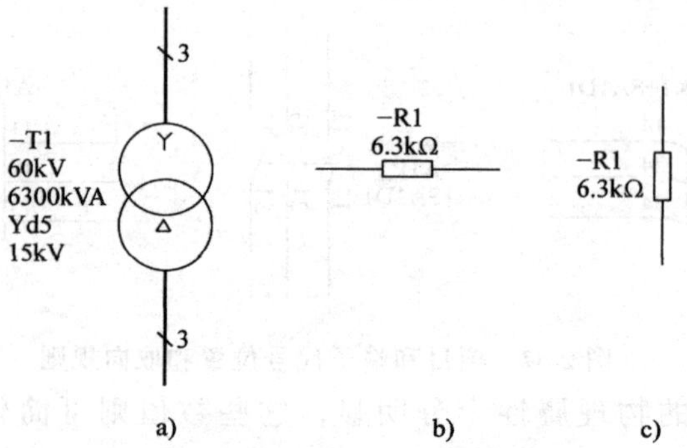

图 2-48　元件的技术数据标注方法
a）变压器（垂直）
b）电阻（水平）　c）电阻（垂直）

4. 信号的技术数据

波形可用一种规范化的方式来表示，如图 2-49 所示。也可按示波器屏幕上正常显示的波形，尽量满足应用需要详细地加以表示。必要时，应表示波形坐标轴电压电平等。技术数据应顺着连接线的方向放在水平连接线的上边或垂直连接线的左边，不得与连接线接触或相交。如果不可能靠近连接线表示信息，则应表示在远离连接线的封闭符号内（最好在圆圈内）通过一个引线到连接线上，如图 2-50 所示。技术数据也可以放在其有关连接线的其他地方，例如用信号代号或项目代号和端子代号来表示，如图 2-51 所示。

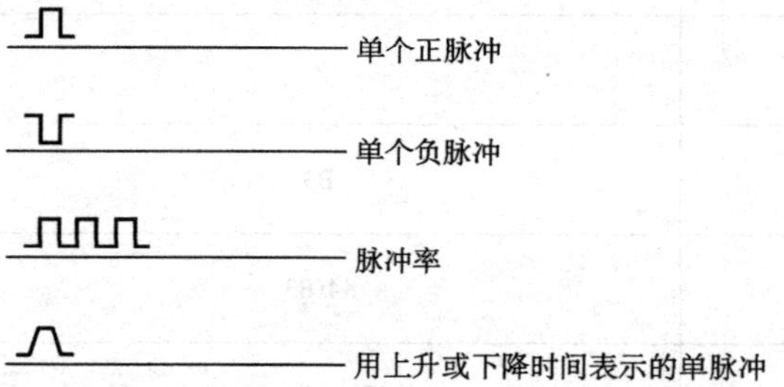

图 2-49　信号波形表示的技术数据

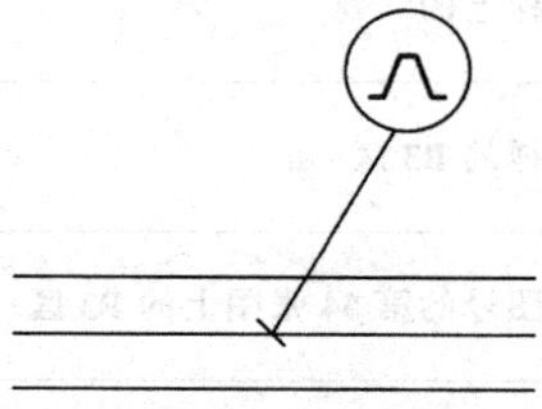

图 2-50　在远处表示信号波形

5. 注释和标识

（1）注释　画电气图时，当遇到含义不便于用图示形式表达清楚的情况时，可采用文字注释。注释有两种表达方式：一是简单的注释可直接放在所要说明的对象附近；二是当对象附近不能注释时，可加标记，而将注释放在图上的其他位置。如图中有多个注释时，应把这些注释集中起来，按标记顺序放在图框附近，以便于阅读。对于一份多张的电气图，应把一般性的注释写在第一张图上，其他注释写在有关的张次上。

（2）标识　如果在设备面板上有人— 机控制功能等的信息标识时，则应在有关电气图的图形符号附近加上同样的标识。

6. 二进制逻辑元件符号所含信息

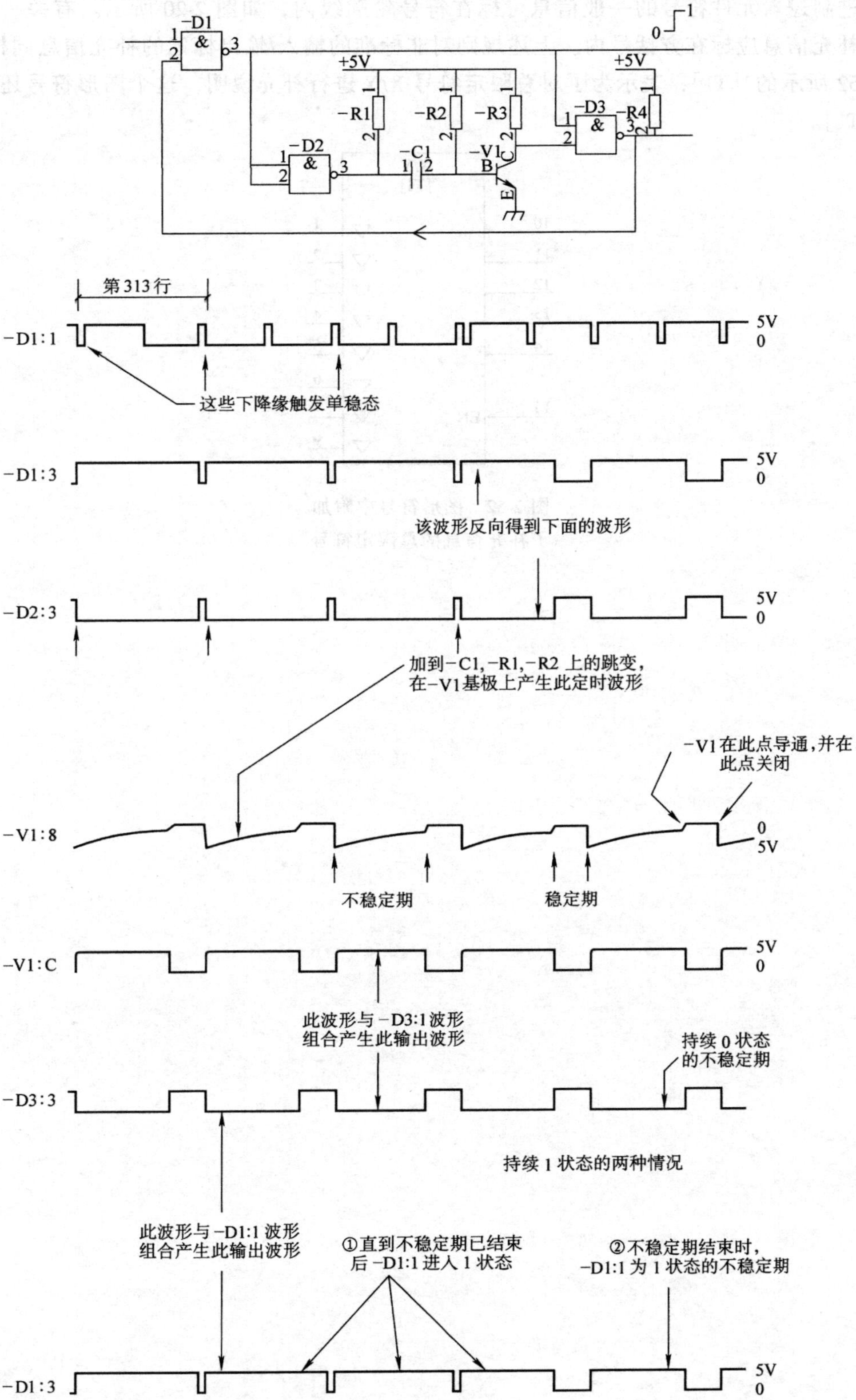

图 2-51　单稳延时波形发生器在电路图中表示出波形和文字说明

二进制逻辑元件符号的一般信息可标在符号轮廓线内，如图 2-20 所示。有关一般限定符号的补充信息应标在方括号内。上述规则对非标准的输入/输出标记的补充信息同样适用，如图 2-52 所示的［T1］，表示为了对总限定符号 X/Y 进行补充说明，这个图形符号还有一个附表［T1］。

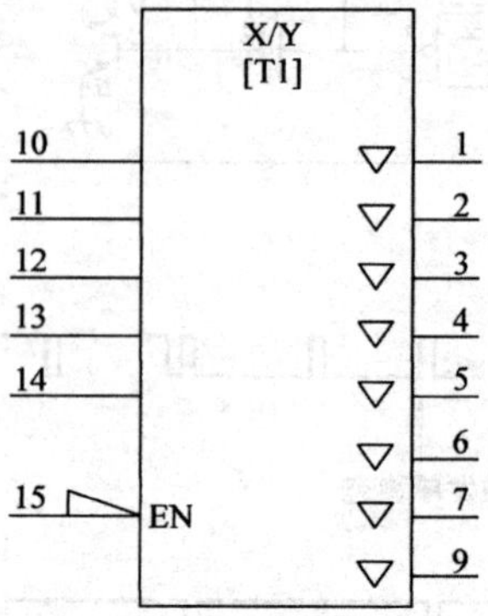

图 2-52　图形符号中附加了补充信息的总限定符号

第三章　功能性简图

本章主要论述电气图中一类最基本的简图——功能性简图及其所属的概略图和功能图的绘制规则。功能性简图是一类主要描述电气系统的过程和（或）信号流以及元件间的功能关系的电气图，它主要包括概略图、功能图和电路图等电气简图。对于这几种电气简图，本书根据各自的特点在论述时侧重点也有所不同。其中电路图由于是使用最广、特性最典型的一种电气图，本书把它单独列为一章，即第四章。另外，虽然在 GB/T6988.2 —1997《功能性简图》中将逻辑图（二进制逻辑电路图）归入电路图中，但由于数字控制已成为控制领域特别是高新技术领域中的主要控制手段和发展方向，且逻辑图（二进制逻辑电路图）绘制及二进制逻辑元件图形符号使用又是电气制图中的一大难点，故本书将逻辑图（二进制逻辑电路图）从电路图中剥离开来，在第五章中对逻辑图（二进制逻辑电路图）绘制及二进制逻辑元件图形符号使用进行较为详细的论述。而概略图和功能图，相对而言较易理解也较易绘制，故这两类图均在此章内各安排一节论述。

第一节　功能性简图的通用规则

一、功能性简图的布局

功能性简图中的图形符号和电路的布置，应着重强调电气系统的过程和（或）信号流以及元件间的功能关系。必要时，可在简图中补充元件的位置信息，但这种补充做法不能影响简图中电路的布局。为了强调图中的信号流向，元件间的连接线应尽可能保持直线。对于常用的基础电路，应采用下面将要提及的本节第八小节所示的模式。为了强调电路所实现的功能和各元件间的功能关系，功能上相关项目的图形符号应集中在一起，彼此靠近，尽可能方便读图者对电路功能的理解，如图 3-1 所示。在功能性简图的绘制中，当出现强调信号流和强调功能关系有矛盾时，应按下列要求考虑：

1）在功能组内的电路，以及规模较小和不太复杂的设备，绘制功能性简图时应优先考虑信号流。

2）对于系统和复杂设备，应强调总的功能结构，优先考虑系统和复杂设备的功能分组。这种情况下，虽然多个功能组之间的信号流可能比各功能组内更复杂，但功能关系还是可以表达得比较清楚。

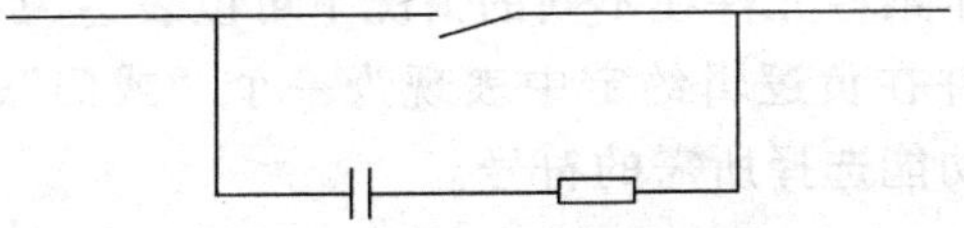

图 3-1　功能相关的元件

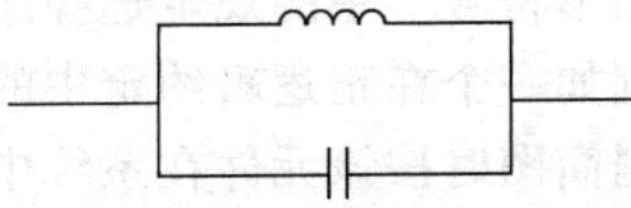

图 3-2　同等重要的并联支路

绘图时，功能性简图中同等重要的并联支路应相对于公共通路对称布置，如图 3-2 所示。垂直（水平）的分支电路中平行的相似项目应水平（垂直）对正。垂直分支电路中平行的相似项目应水平对正的示例如图 3-3 所示。

二、位置表示法

为了在阅读功能性简图时便于寻找图形符号或中断线末端在图中的位置等，在绘制时应采用位置表示法。位置表示法有以下三种：

1．图幅分区法

图中每个符号或元件在图中的位置可直接用其所在分区号，即代表行的字母和代表列的数字组合来表示其所处位置。如其所处位置在第B行、第5列，则该处的区域分区代号为B5，如图2-14所示。由于图幅分区法能迅速确定图上的位置，所以采用此法后，读图时能很快确定所要找的元器件或连接线等在电气图中的位置。

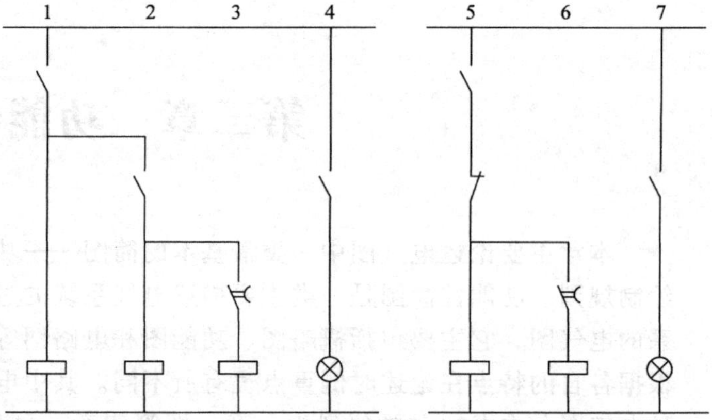

图3-3 采用电路编号法的继电器—接触器控制电路

（垂直分支电路中平行的相似项目应水平对正）

这种分区代号也可简化。绘图时，在采用图幅分区法的电路图中，为了查找水平布置的电路，一般只需标明“行”的标记；而垂直布置的电路，则只需标明“列”的标记；只有当电路布置更为复杂时，才需标明“行”与“列”的组合标记。必要时还需注明图号、张次。在有些应用中也可引用项目代号，如前述的表2-2和图2-14所示。

2．电路编号法

电路编号法是对电路或分支电路采用数字编号来表示其位置的方法，编号的数字按自左向右（垂直布置）或自上到下（水平布置）的顺序排列。这种方法常用于多分支电路，如继电器—接触器控制和保护电路等，因为在这种表示方法中，一个数字代表一条支路，阅读电路迅速而方便。图3-3所示为一继电器—接触器控制电路的电路编号法的实例。

3．表格法

在电路图的边框附近绘制一个以项目代号分类的表格称为表格法。其具体方法是在表格中重复列出图中所标出的项目代号，并使其与图中对应的图形符号在垂直（垂直布置）或水平（水平布置）方向对齐。项目代号应排列在表格的行（或列）内，对最通用的元件（如电容器、电阻器和继电器等），每类各占一行（或列），其他所有的元件共占一行（或列）。如图3-4所示。图中表格的三行分别为电容器、电阻器和其他，这样继电器和晶体管等各项目代号都放在其他这一行中。

三、图形符号

图形符号在功能性简图中用于表示功能和功能件，绘制时应根据第二章第四节的“电气简图的图形符号”中的规定选择所需符号。由于某些元件在不同的情况下可以表达为不同的功能，例如一个在正逻辑约定中的“与门”元件在负逻辑约定中表现为一个“或门”，所以应在绘制简图时按该元件在系统中实际执行的功能选择所需的符号。

1．功能和实际元件

电气简图用图形符号GB/T 4728中的多数图形符号都可以既表示功能，又表示能执行这些功能的实际元件。当某些功能无法用上述标准中的图形符号表达时，可以用在方框内加限定符号或代号的办法来表示功能，如图3-5所示为一派生的表示阻抗功能的图形符号。必要时应在图中或相关文件中对此派生符号加以说明。

电容器				−C5
电阻器	−R14 −R15 −R16	−R17	−R18 −R19	−R20
其　他	−V18	−V6		−K1 −V7

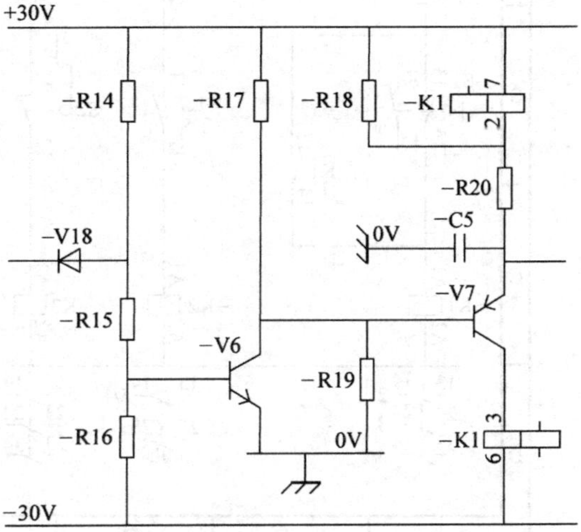

图 3-4　采用表格法的电路

2. 借助软件实现的功能

如果需要表明简图中的某个功能是借助软件实现的，则应在图中使用 ISO 3511—4 中的六角形符号作限定符号。

3. 元件表示法

第二章第一节的“简图中元件和连接线的表示方法”中已规定了电气图中采用的集中表示法、半集中表示法、分开表示法、重复表示法、组合表示法和分立表示法等六种元件表示法，其中任何一种或其全部六种都均可在同一功能性简图中使用。当电路较简单时，使用集中表示法或组合表示法即可满足要求；当电路比较复杂时，可采用其他表示方法。这些表示法中的重复表示法、组合表示法和分立表示法对集成电路特别适用。电气简图用图形符号国家标准 GB/T 4728 中的符号采用的都是集中表示法或组合表示法。其他四种表示方法分别适用以下规则。

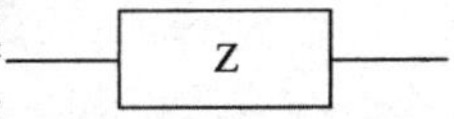

图 3-5　表示阻抗功能的派生图形符号

(1) 半集中表示法　半集中表示法是把一个元件的某些部分的图形符号分开布置，它们之间的关系用机械连接线（GB/T 4728 的 02-12-01）来表示的方法。其目的是得到清晰的电路布局。机械连接线可为直线，可以折弯，分支和交叉，这种表示方法显然适用于内部有机械联系的元件，也可用于二进制逻辑元件。在半集中表示法中，应清晰地表示出不易受到外部影响且功能上相关联的元件内部各组成部分之间的联系或连接。如图 2-4 中的刀开关 - Q1，热继电器 - K1，接触器 - Q2 和 - Q3 等所示。

(2) 分开表示法　分开表示法是把一个元件各个组成部分的图形符号分开布置，它们之间的关系用同一项目代号来表示的方法，其目的也是可以得到清晰的电路布局。这种表示方法显然适用于内部具有机械的，磁的或光的功能联系的元件。

在分开表示法中，功能上有关的各组成部分之间的内部联系和连接是隐含的，只有当内部联系像继电器线圈和相应触点那样明显时才应采用分开表示法。采用分开表示法时，同一元件的各部件都应采用同一项目代号使电路相关各部分的布局清晰，如图 2-5 中的刀开关 - Q1，热继电器 - K1，接触器 - Q2 和 - Q3 等所示。

分开表示法在必要时还应给出从激励（驱动）部分到其他部分的位置检索标记或从其他部分到激励（驱动）部分的位置检索标记。从同一元件的激励（驱动）部分到其他部分的位置检索标记可以制成插图或插表，并把它们置于激励（驱动）部分的附近，如图 3-6 所示。图中， - K1 ~ - K3 的线圈符号下部采用了插图或插表的位置检索标记。如激励（驱动）部分符号附近没有空余，也可把它们置于图内的其他位置或单独的文件中。在后一种情况下，应把查阅该文件的标记加到激励（驱动）部分的符号上。

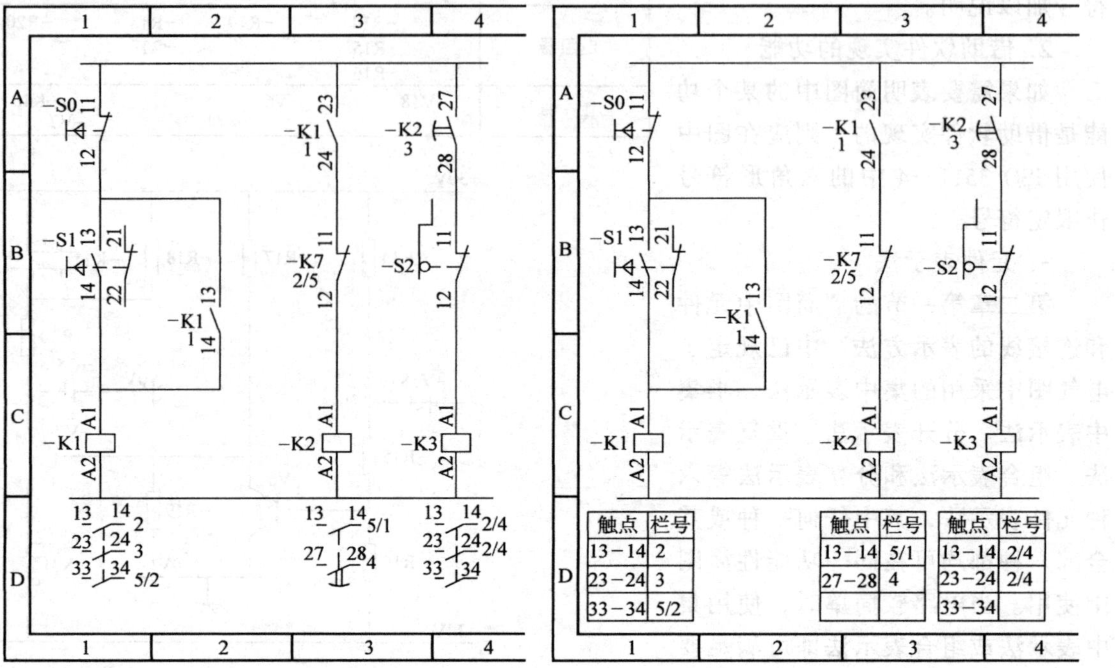

a）　　　　　　　　　　　　　b）

图 3-6　插图和插表的应用

a）应用插图的电路图　b）应用插表的电路图

在位置检索标记（插图或插表）中，受激励（驱动）部分的限定符号应与该部分的符号一同给出，表示激励（驱动）部分的限定符号或整个元件共用的限定符号应和激励（驱动）部分的符号一同给出。对于手动装置，也可采用简化重复表示法。

（3）重复表示法　使用重复表示法时，元件中每个具有独立功能的组成部分在几处用集中表示法给出，而每一处只部分连接。图中多次出现的同一端子都应标注端子代号，但连接只需在一处给出，如图 2-6 b 所示。如果能表达清楚，连接线或其他连接标记也可以全部给出。

如果需要标识重复的信息，可把重复的端子代号加括号，或使用特殊的识别符，在图中加以说明。

（4）分立表示法　绘制时，如元件中具有独立功能的各组成部分之间，不存在连接或联系，则这些组成部分的符号可以用分立表示法表示。表示元件组成部分的每个符号上应标注项目代号，以便与表示同一元件的其他符号相关联。

（5）以上几种表示方法的结合使用问题　在功能性简图中，元件功能上独立的组成部分的两种表示法（组合或分立表示法），可以和功能有关的组成部分的几种表示法（集中、半集中、分开或重复表示法）之一结合使用。

4．组成部分可动的元件表示方法

（1）工作状态　具有可动部分的元器件，如开关等，具有两种或两种以上的工作状态。因此在功能性简图中规定凡是可动部分（如触点）的元器件，其在图中所示的工作状态通常应在非激励或不工作的状态或位置：

1）单一稳定状态的手动或机电元件，例如继电器、接触器、制动器或离合器等在非激励或断电状态，例如图 2-5 中的接触器“－Q2”、“－Q3”的各触点都处在其线圈没有通电的状态，热继电器“－K1”的触点处在没有过载动作时的状态。在特定情况下，为了有助于对图的理解，也可以表示在激励或通电状态，但此时应在图中作相应说明。

2）断路器或隔离开关在断开（OFF）位置，例如图 2-3～2-5 中的刀开关“－Q1”。对于有两个或多个稳定位置或状态的其他开关装置，可表示在其中任何一个位置或状态。必要时须在图中说明。

3）标有断开（OFF）位置或带零位的有多个稳定位置的手动控制开关表示在断开（OFF）或零位位置。未标有断开（OFF）位置或不带零位的控制开关表示在图中的规定的位置。

应急、备用、警告和测试等用途的手动控制开关，应表示在设备正常工作时所处的位置，或其他规定的位置。

4）由凸轮、变量（如位置、高度、速度、压力和温度等）控制的引导开关表示在图中规定的位置。

（2）功能说明　对于功能复杂的手动控制开关，如需要理解功能，应在图中增加表图，如图 3-7 所示。

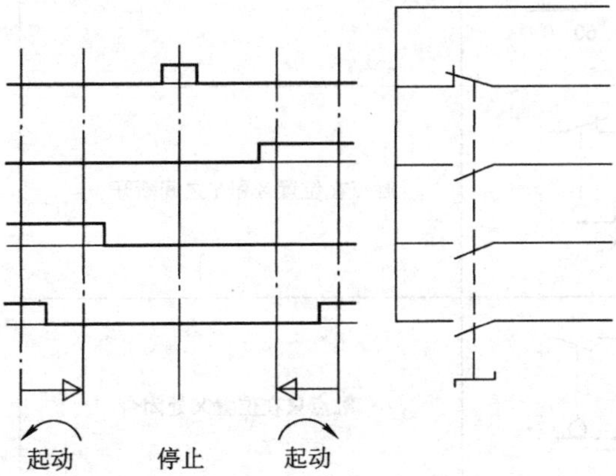

图 3-7　描述复杂手动控制开关功能的表图

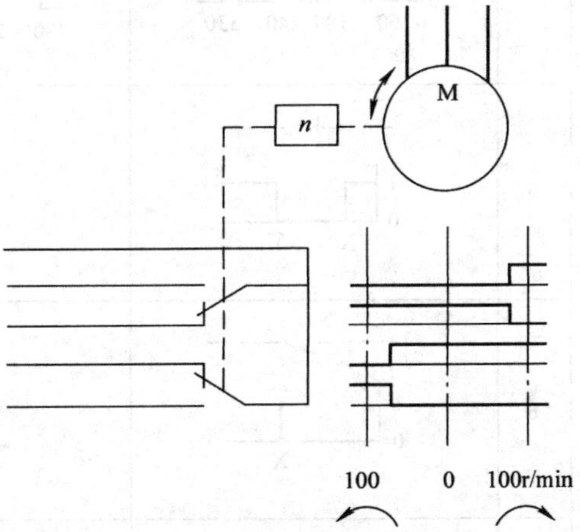

图 3-8　描述速度监测用引导开关（速度继电器）功能的表图

对于引导开关，应在其符号附近增加功能说明，该说明可以包含：

1）表图。表图如图 3-8 和图 3-9 所示。在图 3-9 的这些示例中，Y 轴上的标记“0”代表“触点断开”，“1”代表“触点闭合”。若不会引起混淆，这些标记可以省略，如图 3-8 所示。

2）驱动装置的符号。对于凸轮控制装置或类似的控制装置，可以采用图 3-9 所示的符号。

3）注释、代号或表格。图中采用的注释说明如图 3-10 所示。

5. 用触点符号表示半导体开关的方法

用动合触点符号或动断触点符号所表示的半导体开关应按其初始状态即辅助电源已合的

序号	电路图说明用		说　明
	表　图	凸轮符号	
1	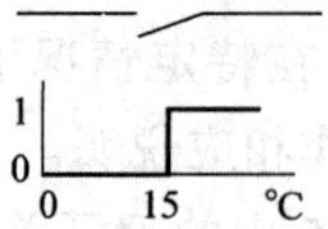		温度等于高于15℃时触点闭合
2	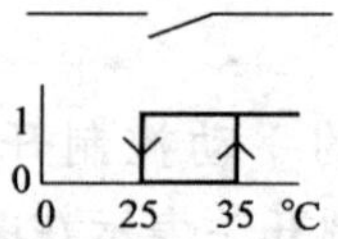		触点在温度升高时于35℃闭合，而后，在温度下降到25℃时断开（注）
3	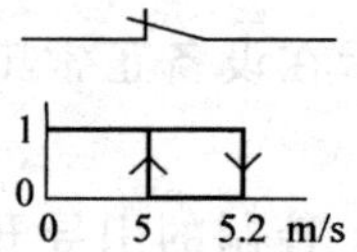		当速度上升时，触点在0m/s处闭合，在5.2m/s处断开，而当速度下降时，在5m/s处闭合
4	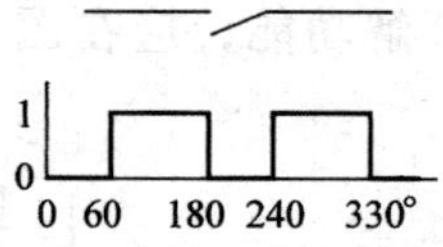	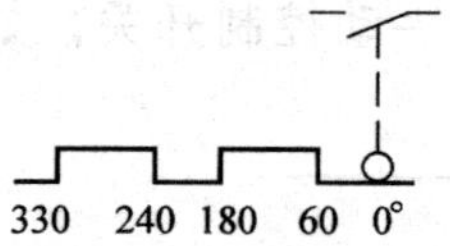	触点在60°～180°之间，240°～330°之间闭合
5	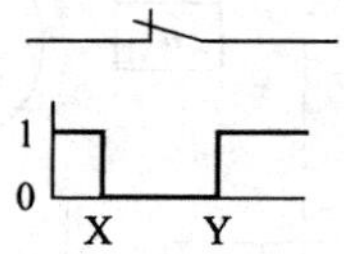	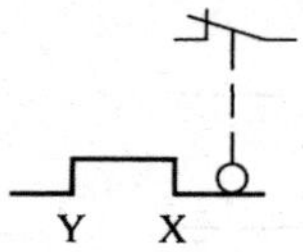	触点在位置X和Y之间断开
6	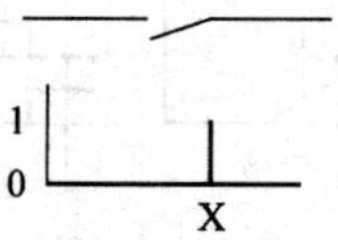	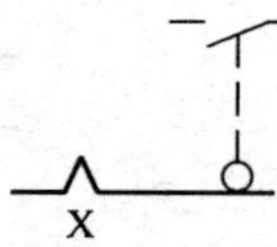	触点只在位置X处闭合
7	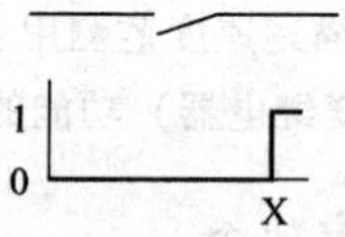	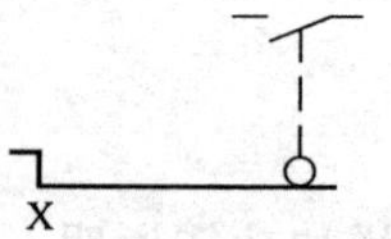	触点在位置X的末端及以外闭合
注：如果对返回值无兴趣，可加括号或略去。			

图 3-9　描述触点功能的表图和凸轮符号

时刻绘制。

6．触点符号的取向

为了与设定的动作方向一致，触点符号的取向应该是：当元件受激时，水平连接线的触点，动作向上（受力自下向上），如图 2-4 半集中表示法表示的电路图中控制电路元件所示；垂直连接线的触点，动作向右（受力自左向右），如图 2-4 半集中表示法表示的电路图中的主电路元件所示。这一点在当元件的完整符号中含有机械锁定、阻塞装置、延迟装置等符号时，显得特别重要。在触点排列复杂而无机械锁定装置的电路中，当采用分开表示法时，为了图面布局清晰，减少连接线交叉，可以改变触点符号的取向。

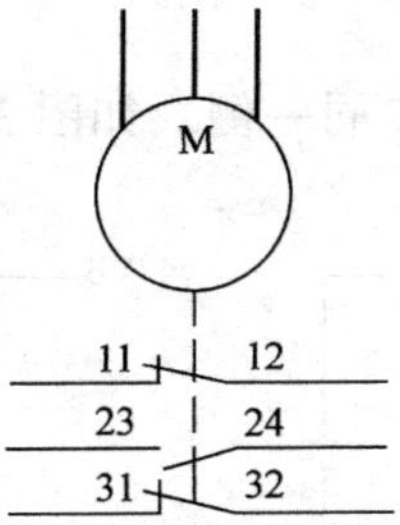

11−12	合	在	$n=0$
23−24	合	在	$100r/min<n\leqslant 200r/min$
31−32	断	在	$n\geqslant 1400r/min$

图 3-10　描述速度监测用引导开关（速度继电器）功能的说明

四、电源电路的表示方法

电路图中应表示出满足元件供电要求的连接，电源连接在其他一般简图中也可以示出。此种连接可以用图表示，也可以用表格或注释说明，如图 3-11 所示。

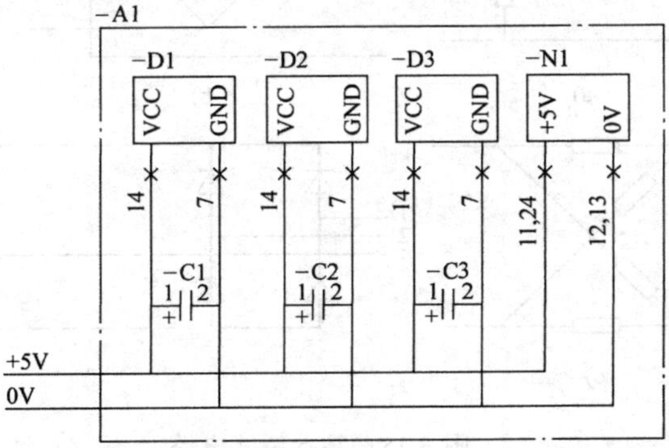

	+5V	0V
−D1	14	7
−C1	1	2
−D2	14	7
−C2	1	2
−D3	14	7
−C3	1	2
−N1	11,24	12,13

图 3-11　电源连接表示法

电源线应在电路的各个支路的两侧给出；或集中到一侧：上部或下部。根据 GB/T 6988.1— 1997 中的 4.4.6，电源线也可允许中断。方框符号上的电源线，一般绘制成与信号流成直角的方向。以上这些方法也可用在功能单元或结构单元内。当一个元件用两个或更多符号表示时，只须在其中一个符号上示出电源连接。

五、电与非电组合电路的表示方法

在功能性简图中，非电功能与电功能之间的关系应表示清楚，如图 3-12 所示。图中箭头一端的圆点表示电动机的运转方向和相应的电阻器滑动触点的运动方向相关联。

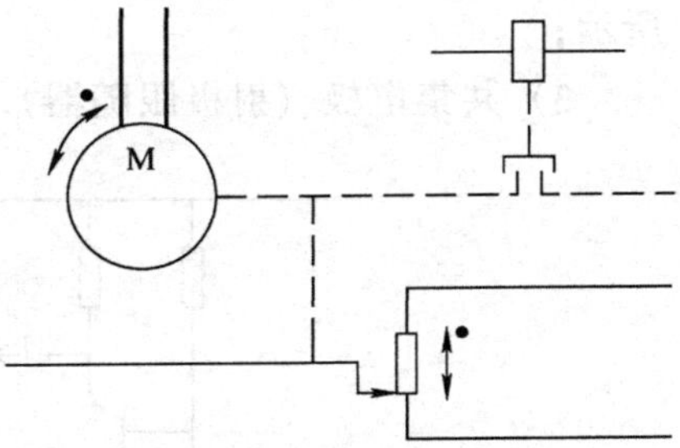

图 3-12　机械功能与电气功能相关联

六、电流方向、磁通方向、电压极性

支路中的电流基准方向标记、磁通方向标记、电压基准极性和耦合电路的电压极性之间的对应关系应按 GB 8445 的规定来确定。

七、常用基础电路的模式

常用基础电路应有固定的模式。增加的元件应合理排列，使基本模式仍能辨认。

1. 网络

无源二端网络的两个端点应绘制在同一侧，如图 3-13 所示。

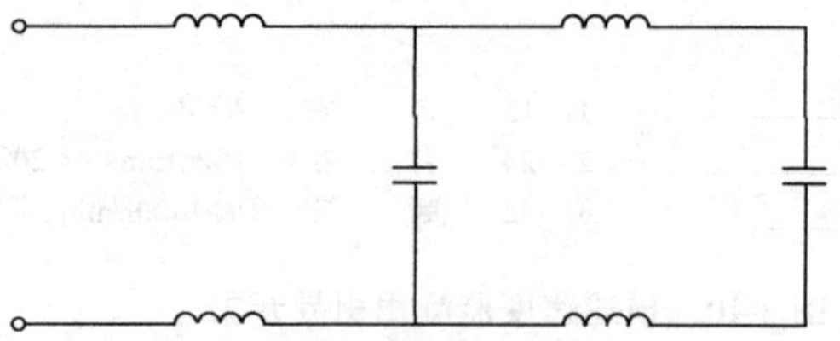

图 3-13 无源二端网络

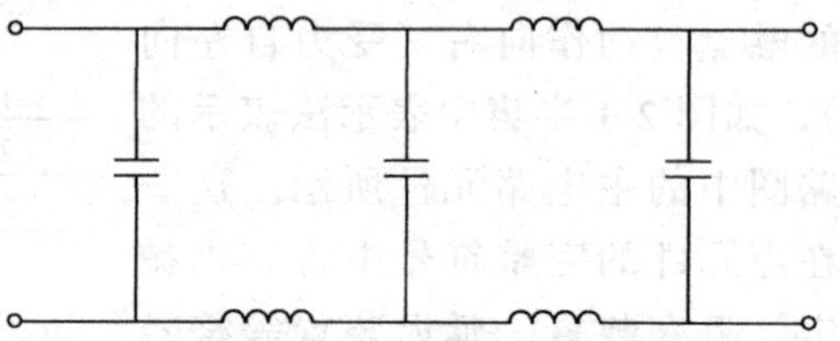

图 3-14 无源四端网络

无源四端网络，如滤波器、平滑电路、衰减器和移相网络等的四个端点应绘制在假想矩形的四角，如图 3-14 所示。

2. 基本桥式电路

基本桥式电路如图 3-15 所示。其中图 a、图 b 和图 c 是同一个电桥电路的三种不同画法。这三个图中，图 b 是使用最多的习惯模式。图 d 是三相桥式整流电路。

3. RC 耦合放大级

RC 耦合放大级应按下列三条规定所示布置：

1）共基极（两种可任选的模式），如图 3-16a 所示；

2）共发射极，如图 3-16b 所示；

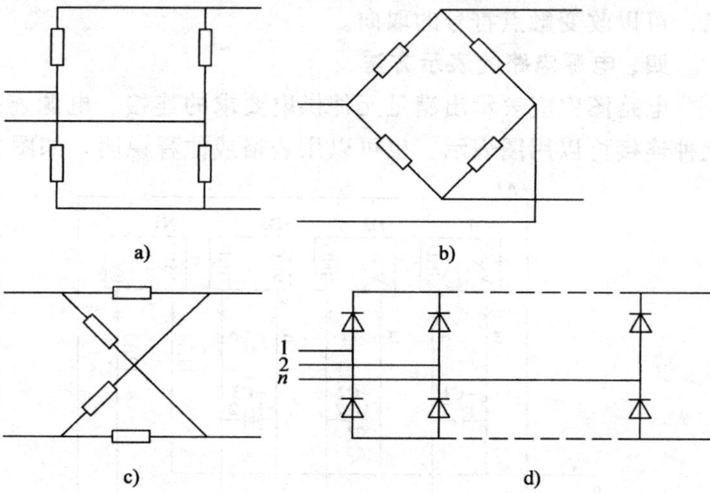

图 3-15 基本桥式电路

a）电桥电路形式一 b）电桥电路形式二

c）电桥电路形式三 d）三相桥式整流电路

3）共集电极（射极跟随器），如图 3-16c 所示。

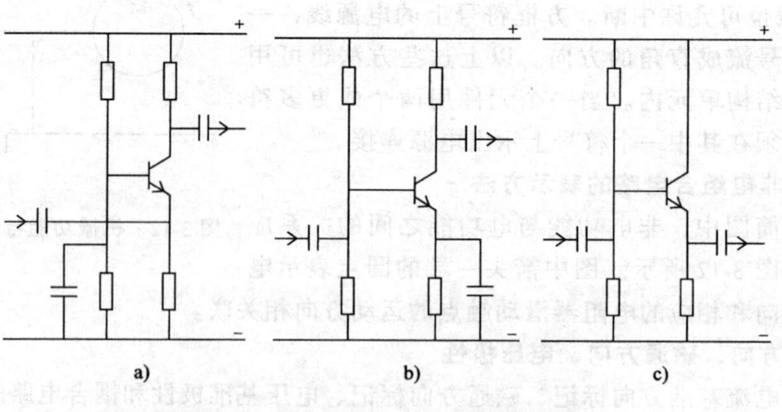

图 3-16 RC 耦合放大级的三种电路模式

a）共基极耦合放大级 b）共发射极耦合放大级

c）共集电极（射极跟随器）耦合放大级

4. 基本双稳电路

基本双稳电路的基础元件符号的布置也有一种很易理解的交叉输入输出的习惯模式，如图 3-17 所示。

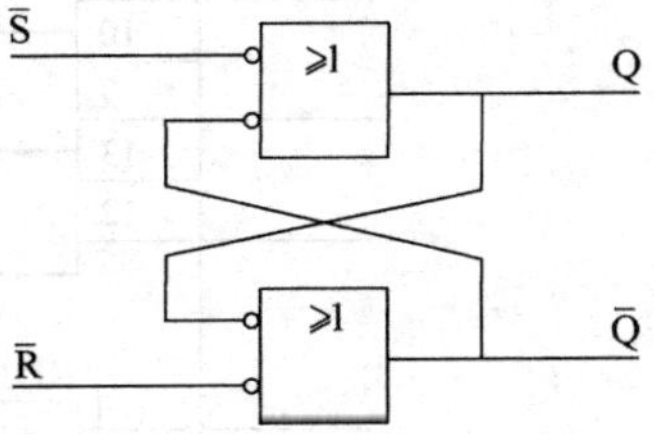

图 3-17　基本双稳电路

5. 带星—三角起动器的电动机电路

带星—三角起动器的电动机电路原则上应按图 3-18 所示绘制。当起动器如图 3-22 所示用端子功能图表示时，所有外接端子应按同一相序绘制。

八、与内支路相连的端子

与内支路相连的端子，其端子代号的位置和取向一般按第二章第四节的“项目代号和端子代号”的要求规定。对于与内支路相连的端子，例如元件几个触点的公共端子，其端子代号应位于最外一个结点的外面。

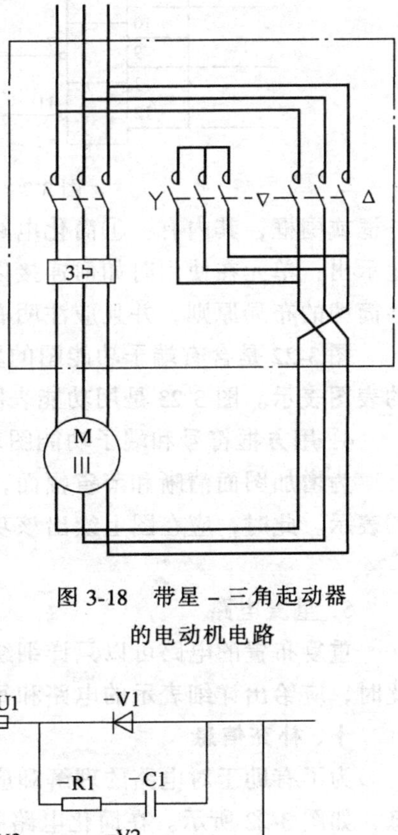

图 3-18　带星－三角起动器的电动机电路

九、简化方法

1. 多路连接

电路中的两个或多个同样的支路可以只绘制一个支路，并用 GB/T 4728.3 中的符号 03-02-09 来表示，如图 3-19 所示。

电路中的两个或多个同样的支路也可以采用第二章第四节的“线束”和“相同符号构成的符号组”规定的方法简化，如图 3-20 所示。

2. 多功能端子

如果二进制逻辑元件中多功能输入或输出的所有功能都要求同样的极性符号和动态符号，而且，那些标记适用于输入和输出功能不会引起混淆，则可以只绘制一个端子，并用斜线（/）把有关的独立功能的标记分开，如图 3-21 所示。

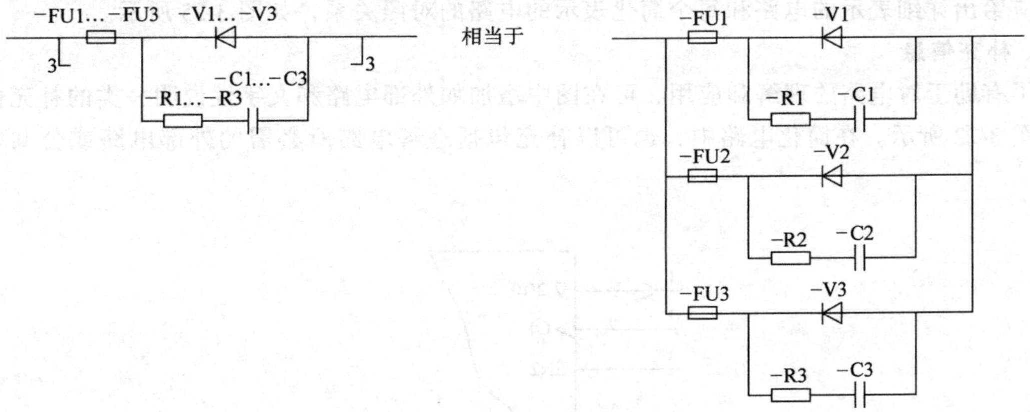

图 3-19　多路连接的简化方法

3. 端子功能图

功能单元、功能组或结构单元的内部功能可以用端子功能图表示。端子功能图应有一个

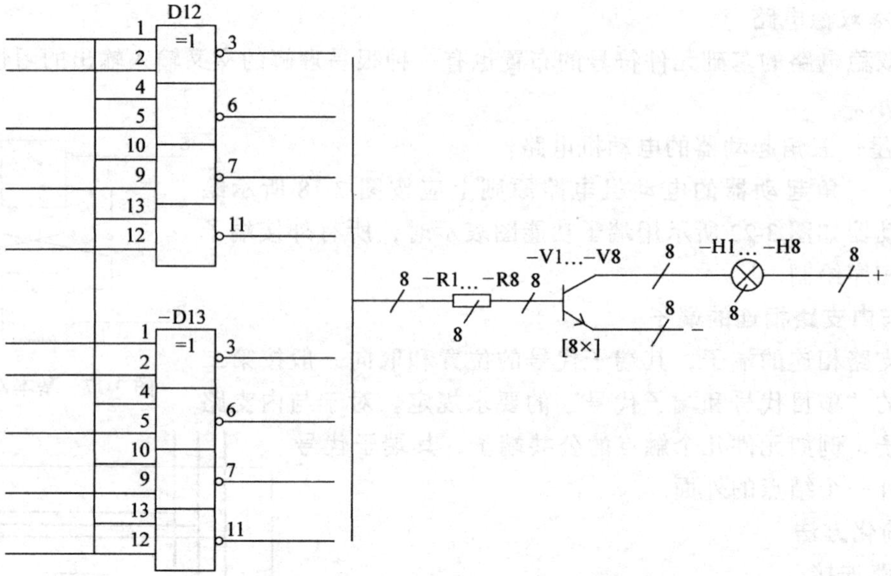

图 3-20　8 个同样电路用单线表示法简化绘制

外框或围框，其内有：①简化电路图；②功能图；③功能表图或时序图；④文字。它应清楚地示出：单元在使用时如何连接以及在何处进行必要的测量。端子功能图的布局应遵循功能性简图的布局原则，并且应注明有关详细文件的检索标记。

图 3-22 是含有端子功能图的星－三角起动器的示例，其功能用简化电路图和图左下角的表图表示。图 3-23 是用功能表图描述功能的端子功能图。

4．用方框符号和端子功能图表示的电路

为增加图面清晰和节省幅面，功能单元或功能组可以用图形符号如方框符号或端子功能图表示。此时，应在图上绘出该功能单元或功能组更详细信息的检索标记，见图 3-19 和图 3-24。

5．重复电路

重复布置的电路可以只详细绘制一次，而对每个重复的电路采用适当的简化表示方法。此时，应给出详细表示的电路和每个简化表示的电路的对照关系，如图 3-25 所示。

十、补充信息

为了有助于对电路的理解和应用，可在图中增加如外部电路和文字性说明一类的补充信息，如图 3-22 所示。在简化电路中，也可以补充包括理解电路所必需的外部电路或公共电路。

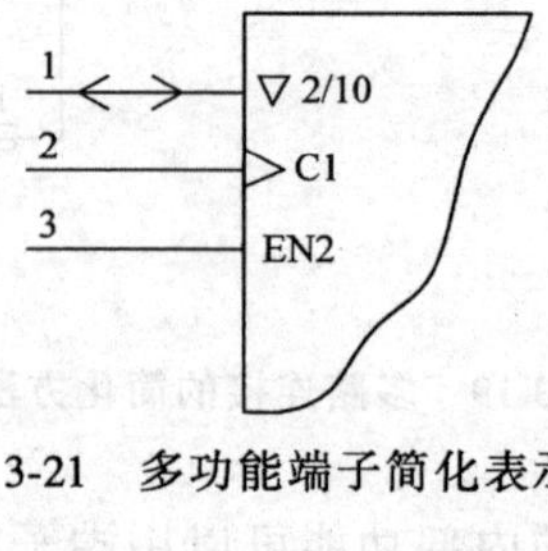

图 3-21　多功能端子简化表示法

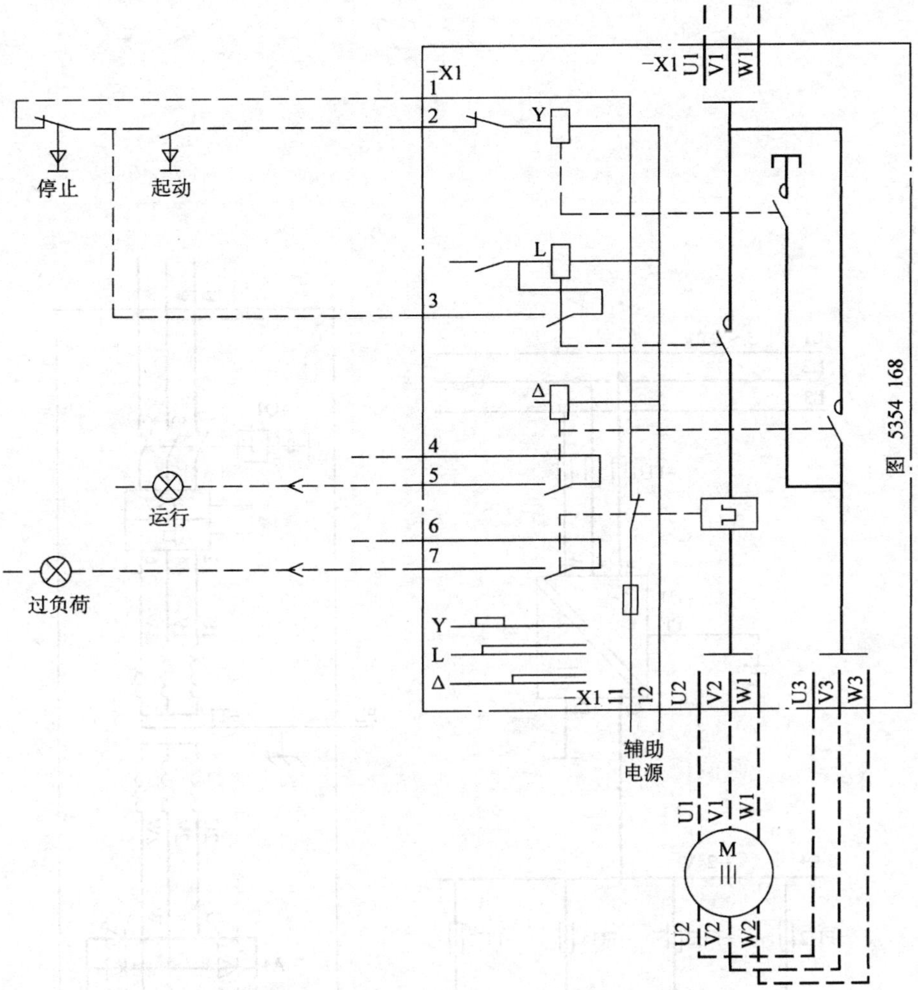

图 3-22　示出补充信息的星—三角起动器的端子功能图

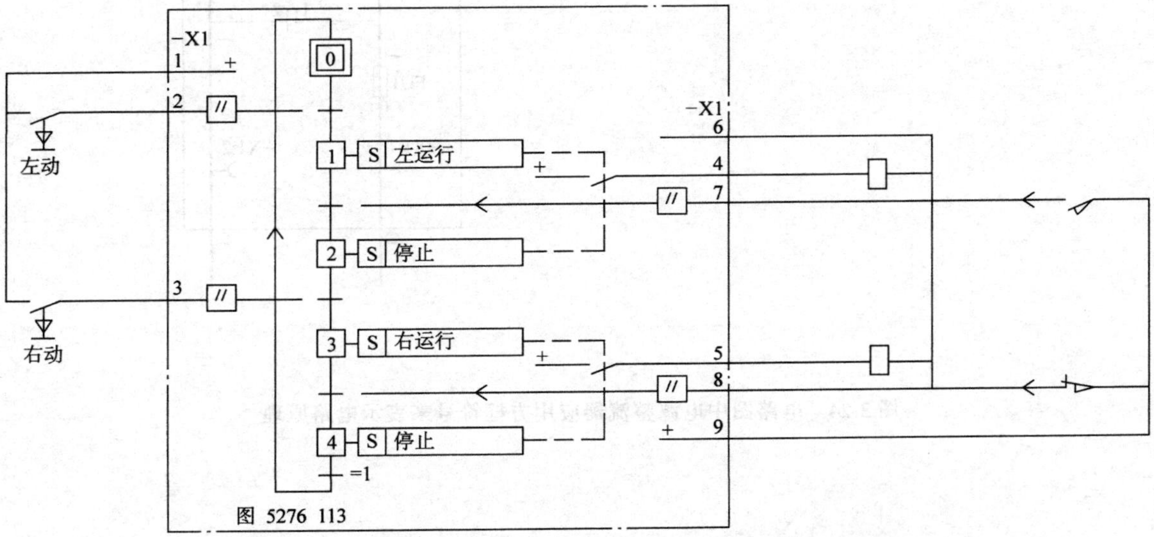

图 3-23　采用功能表图和示出补充信息的逻辑单元端子功能图

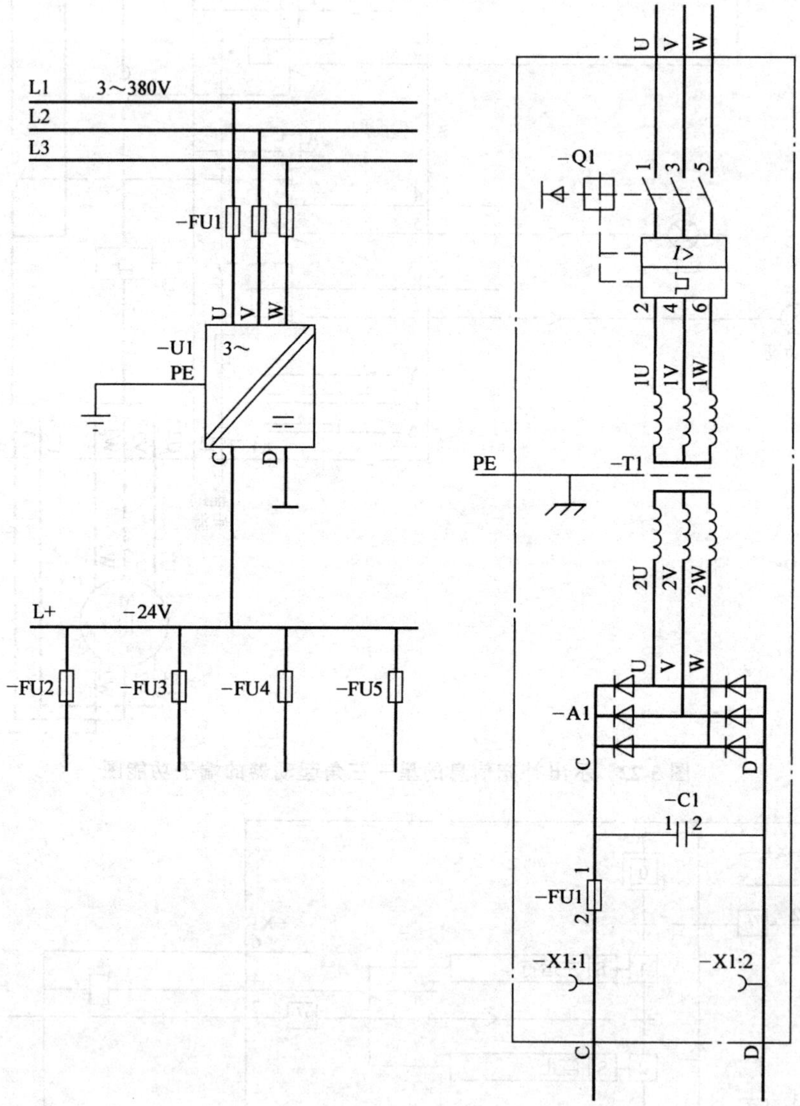

图 3-24 电路图中电源整流器应用方框符号来表示电路原理

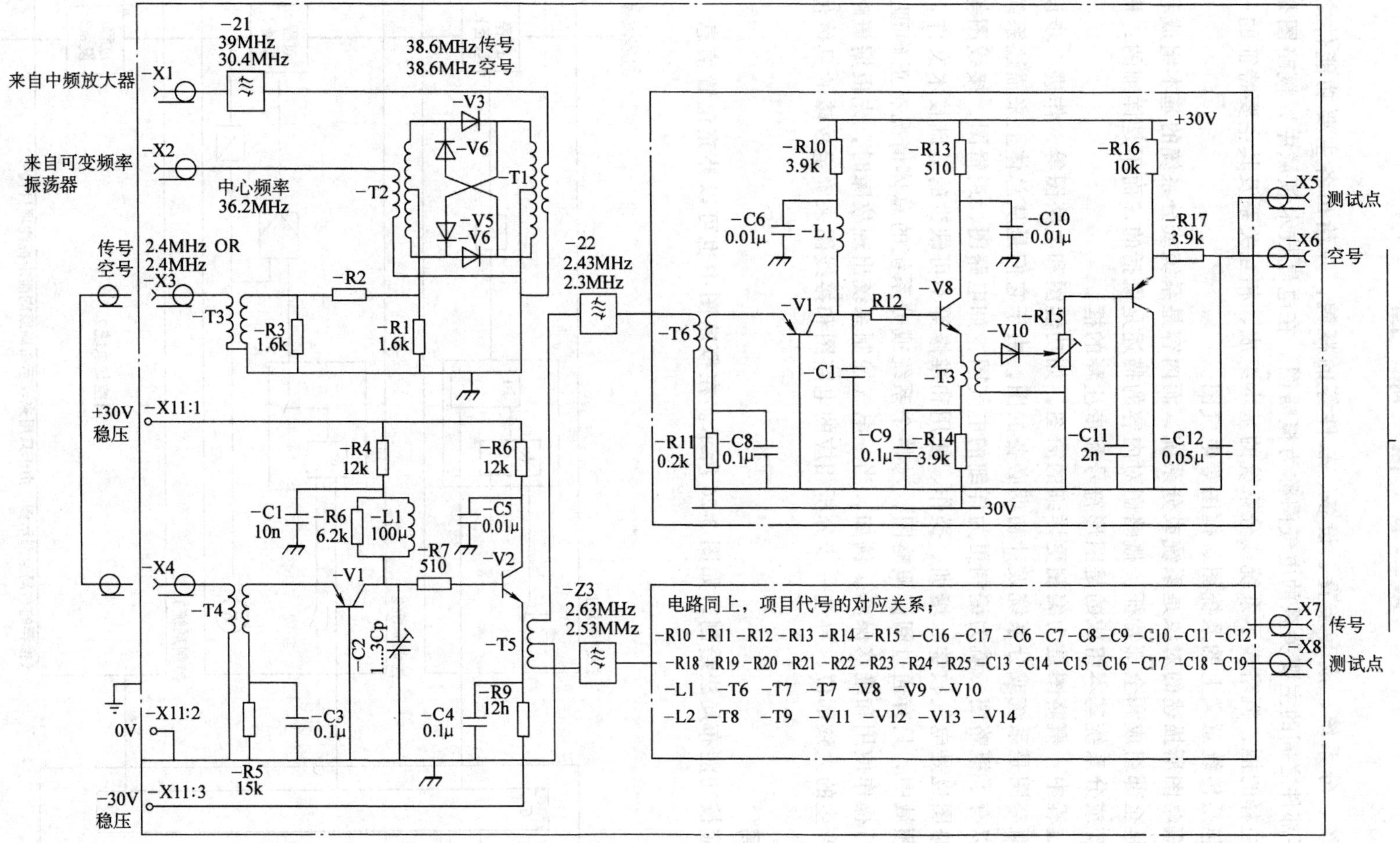

图 3-25　纸页打印收报机电路图

第二节 概 略 图

表示系统、分系统、成套装置、设备、软件等的概貌，并给出各主要功能件之间和(或)各主要部件之间的主要关系的电气图称为概略图。在电气技术领域中，概略图是一种用符号或带注释的框，概略表示系统或分系统的基本组成、相互关系及其主要特征的一种简图。概略图包括传统意义上的系统图、框图等电气图。

因此，概略图所描述的对象是系统或分系统，而内容是系统或分系统的基本组成和主要特征，而不是全部组成和全部特征。概略图对内容的描述是概括的，而不是详细的；概略图中，表示系统或分系统基本组成的是图形符号和带注释的框。

在设计过程中，概略图是为编制更详细的简图，如功能图和电路图等，作进一步设计工作的依据。概略图是系统或分系统设计初期必备的图，由于它们是从总体上来描述系统或分系统的，所以有了概略图，就为编制更为详细的电气图，如电路图，逻辑图，接线图等打下了基础。概略图也是电气教学、培训、操作、使用和维修等不可缺少的基础技术文件，因为在电气技术领域中，只有通过阅读概略图，对整个系统或分系统的总体情况有正确理解后，才有可能进行操作使用和维修保养。例如，当一电气控制系统出现故障时，先根据概略图初步确定故障产生的大致部位，再进一步分析相应的电路图和接线图来确定故障的具体位置和元器件。

一、布局

概略图应按功能布局法绘制，如图 3-26 所示。在概略图中也可以补充位置信息，如图 3-27 所示。

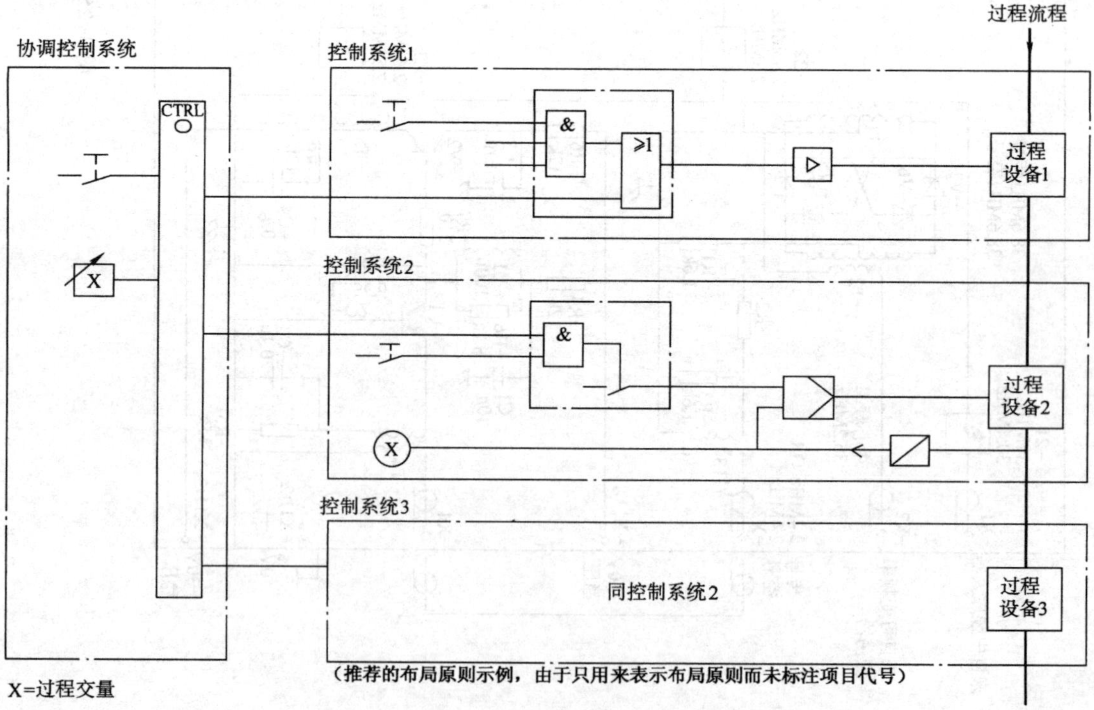

图 3-26 概略图

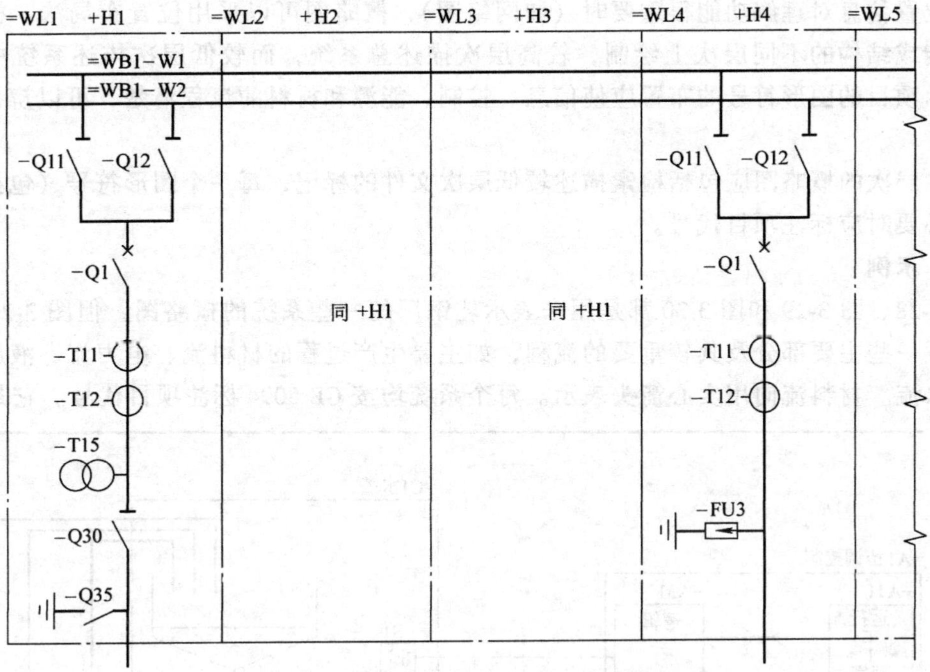

图 3-27　附加位置信息的高压开关柜概略图

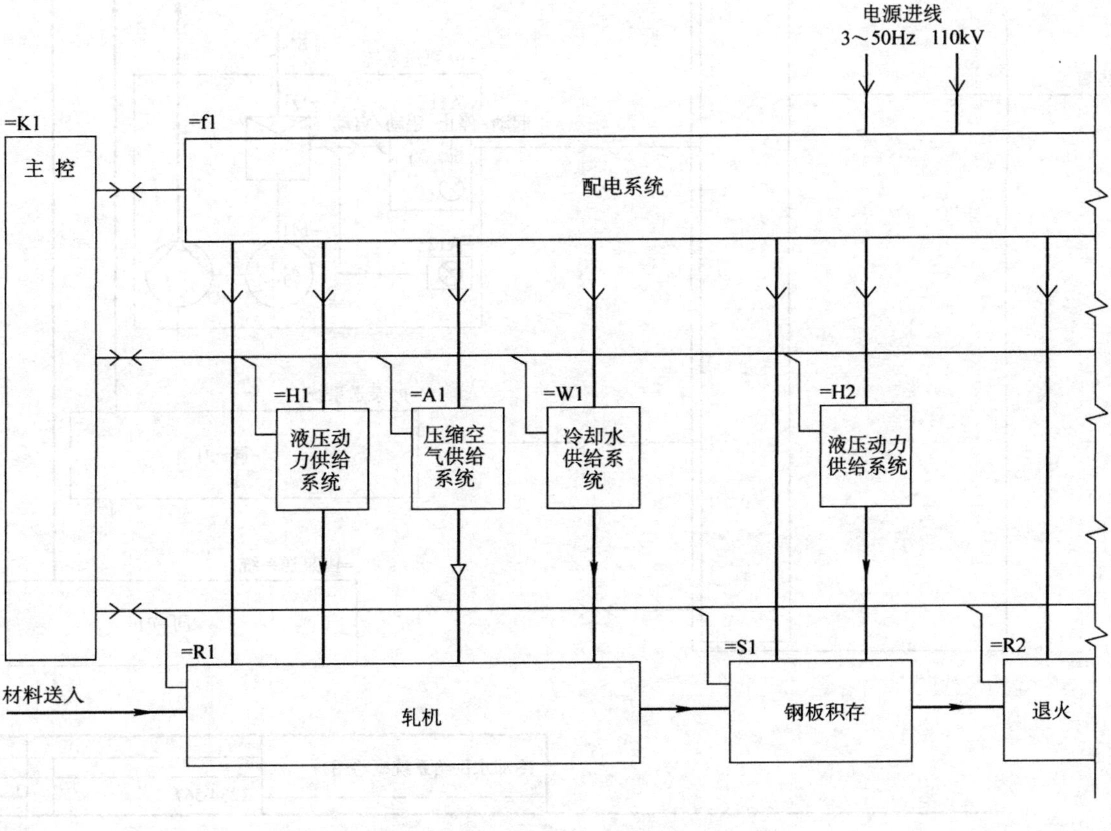

图 3-28　轧钢厂的概略图

当位置信息对理解功能很重要时（如网络图），概略图可以采用位置布局法。概略图可以在功能或结构的不同层次上绘制，较高层次描述总系统，而较低层次描述系统中的分系统。表示项目的图形符号的布置应使信息、控制、能源和材料的流程清楚，可以辨认，可以区别。

某一层次的概略图应包括检索描述较低层次文件的标记，每一个图形符号（包括方框符号）在必要时应标注项目代号。

二、示例

图 3-28、图 3-29 和图 3-30 都是用来表示轧钢厂的一些系统的概略图，但图 3-28 示出的是轧钢厂一些主要部分及其较重要的流程，如主要生产过程的材料流、电力流、液压动力流和冷却水流。材料流向用实心箭头表示。每个系统均按 GB 5094 标注项目代号。它是在较高

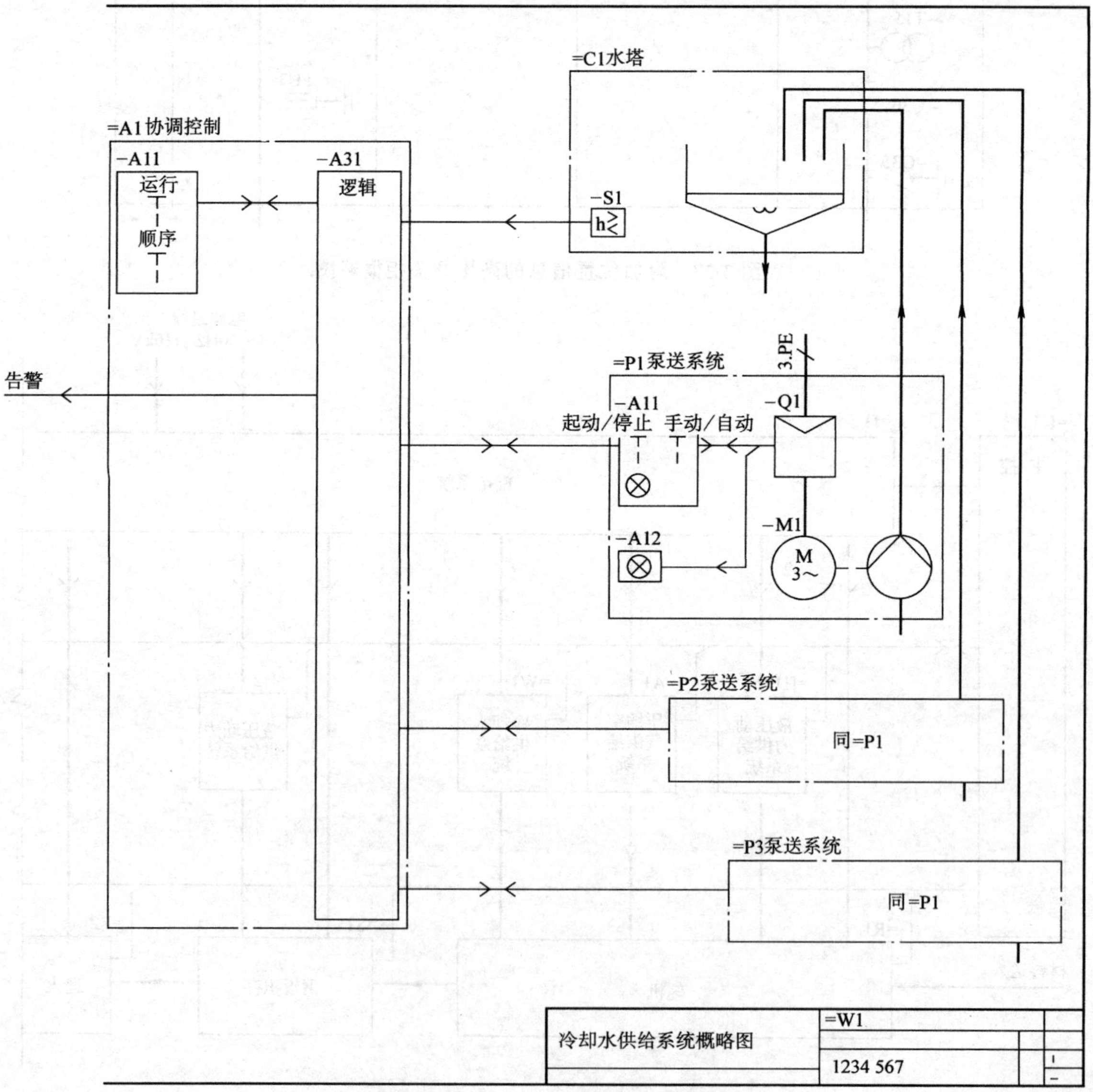

图 3-29　图 3-28 中 = W1 冷却水供给系统的概略图

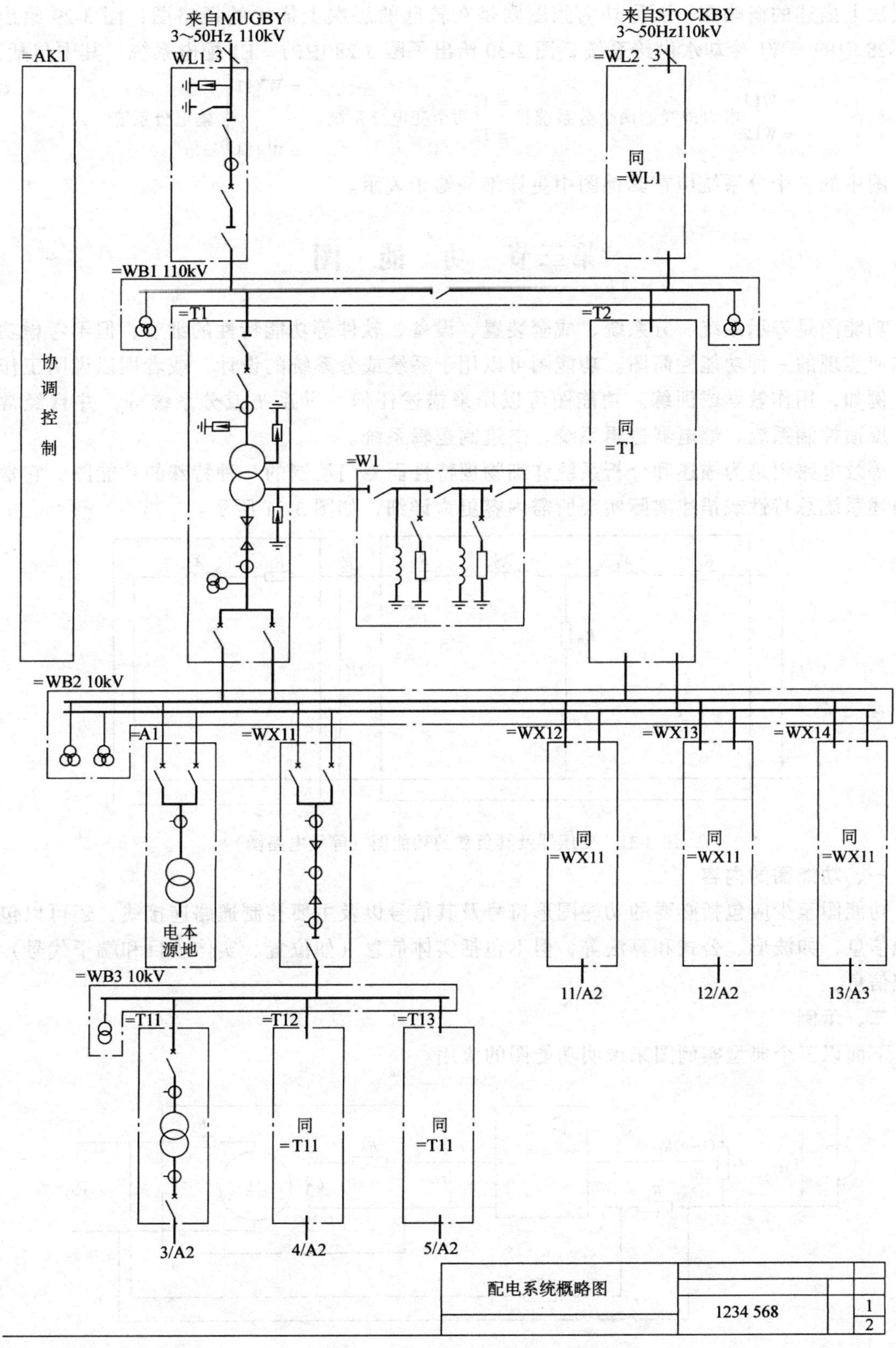

图 3-30 图 3-28 中 = f1 配电系统的概略图

的层次上描述的概略图。而另外两张图则是在较低的层次上描述的概略图：图 3-29 给出了图 3-28 中的 = W1 冷却水供给系统，图 2-30 给出了图 3-28 中的 = E1 配电系统，其中包括：

= WL1、= WL2 电力进线的两个分系统；= T1、= T2 两个变电分系统；= WX11 … = WX14 输电分系统

图中的各个分系统应在其他图中更详细地给予表示。

第三节 功 能 图

功能图是表示系统、分系统、成套装置、设备、软件等功能特性的细节，但不考虑功能是如何实现的一种功能性简图。功能图可以用于系统或分系统的设计，或者用以说明工作原理，例如，用作教学或训练。功能图可以用来描述任何一种系统或分系统等，并且经常用于：反馈控制系统，继电器逻辑系统，二进制逻辑系统。

等效电路图是为描述和分析系统详细物理特性而专门绘制的一种特殊的功能图。它常常比描述系统总特性或描述实际实现所需内容更为详细，如图 3-31 所示。

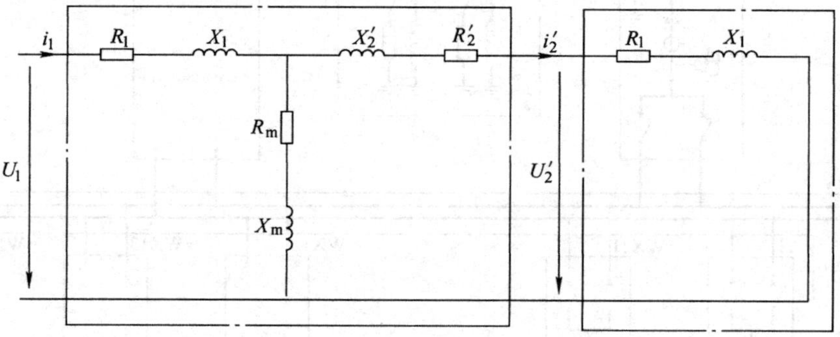

图 3-31 变压器及其负载的功能图（等效电路图）

一、功能图的内容

功能图至少应包括必要的功能图形符号及其信号以及主要控制通路连接线，还可以包括其他信息，如波形、公式和算法等，但不包括实体信息（如位置、实体项目和端子代号）和组装信息。

二、示例

下面以三个典型实例图来说明功能图的应用。

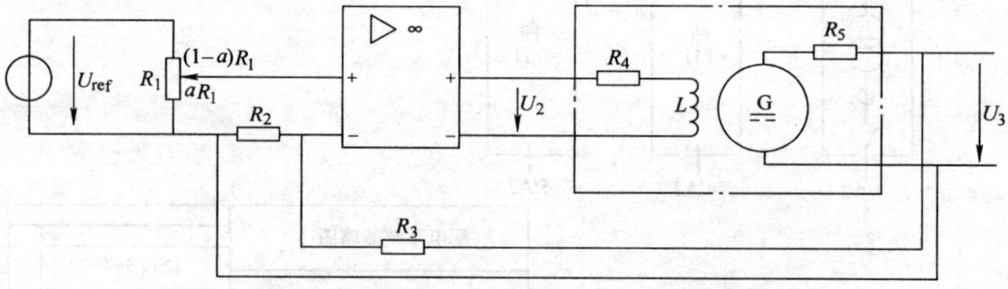

图 3-32 恒值发电机的功能图（等效电路图）

1）变压器及其负载的等效电路图，即功能图，如图 3-31 所示。

2）恒值发电机的等效电路图，即功能图，如图 3-32 所示。

3）定时脉冲发生器的逻辑功能图，如图 3-33 所示。

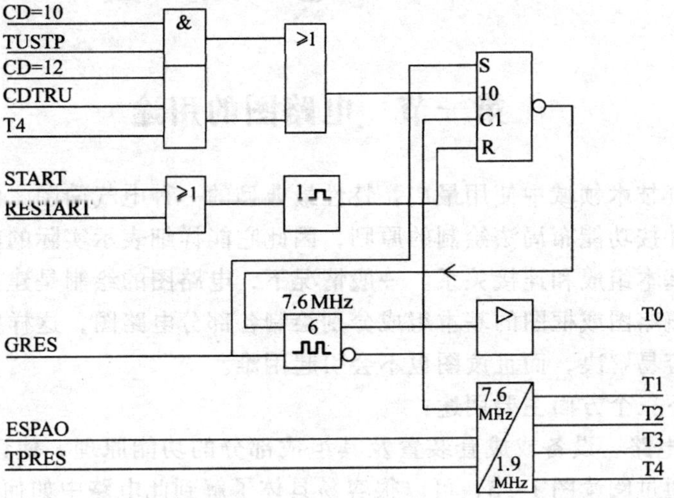

图 3-33　定时脉冲发生器的逻辑功能图

第四章　电　路　图

第一节　电路图的用途

电路图是电气技术领域中使用最广，特性最典型的一种电气简图。由于电路图采用电气简图用图形符号并按功能布局法绘制的原则，因此它能详细表示实际的电路、系统、设备或成套装置的全部基本组成和连接关系。一般情况下，电路图的绘制是建立在概略图或框图的基础上的，根据概略图或框图的基本组成分别绘制各部分电路图，这样对于复杂的电路，不但电路图的绘制容易解决，而且读图也不会引起困难。

电路图有以下三个方面主要用途：

1）详细表达电路、设备或成套装置及其组成部分的功能原理，使读图者能了解电路所起的作用。例如通过阅读图 1－5，可以很容易具体了解到此电路中如何通过对起动按钮 SB_1 的操作，在接触器 KM_1、KM_2、KM_3 和时间继电器 KT 的控制下，在起动时，首先把电动机的定子绕组接成 Y 联结进行减压起动，延时后又自动把它接成△联结进行正常运行这一控制功能。有时为了能读懂电路图，可能还需要表图、表格、程序文件或其他电气简图等补充资料的帮助；

2）用于测试和寻找故障。仍以图 1－5 所示的三相异步电动机 Y－Δ 减压起动控制电路为例，如在工作过程中，电动机自动停止运转，而检查熔断器和按钮都没有问题，但按下起动按钮电动机就是不起动，甚至没有一个接触器被吸合，那末从图 1－5 上可以分析得到很可能是热继电器 FR 的动断触点因电动机过载动作后没有复位引起控制电路的断开，此时只要把这种非自动复位热继电器进行人工复位即可使电路恢复正常。当电路较复杂时，仅凭电路图要进行测试和寻找故障会有一定困难，有时可能还需要用到手册、接线图或接线表等补充文件；

3）为绘制接线图、编制接线表等接线文件提供基本依据。接线文件与电路图的关系是很清楚的，如图 2-11 所示的接线图中每一根连接导线连接的两个端子都是根据电路图的连接情况确定的，每一个端子上的端子代号必须与电路图一致。因为器件安装的要求不同，所以有时除了电路图外，编制接线文件可能还需要用到结构设计方面的资料。

从上述这些用途中可以知道，电路图与其他电气简图等电气技术文件是有机地联系在一起的。要完全达到这些用途的目的，有时仅仅依靠电路图还不够，还要其他电气技术文件的帮助，如其他简图、表图、表格、手册及结构图等。

另外由于电路图描述的连接关系主要是功能关系，而不是实际导线间的连接，因此电路图不能代替接线文件，一般情况下，电气技术文件中还应包含接线图或接线表等接线文件。

第二节　电路图的绘制

电路图属于功能性简图，所以第三章第一节《功能性简图的通用规则》的内容基本上都适用于电路图。由于第三章第一节中已论述过的关于图形符号和电路的布置，关于图幅分区法、电路编号法和表格法等三种位置表示法，关于图形符号的绘制，关于电源电路的表示方法，关于电与非电组合电路的表示方法，关于电流方向、磁通方向、电压极性，关于常用基础电路的模式，关于与内支路相连的端子和电路的简化方法等绘制原则，故本章将不再重复。读者在绘制电路图时，当需要用到这些绘制原则时，可参照第三章第一节的相关内容。

一、电路图的内容

电路图中应包括以下这些主要内容：

1）表示电路中元件或功能件的图形符号；

2）元件或功能件之间的连接线；

3）项目代号；

4）端子代号；

5）用于逻辑信号的逻辑（电平）约定；

6）电路寻迹必须的信息（信号代号、位置检索标记）；

7）了解功能件必需的补充信息。

发电厂或工厂控制系统的电路图对主电路的表示还应便于研究主控系统的功能。对主电路或其一部分一般采用单线表示法表示。需要时也可以采用多线表示法，例如，表示互感器的连接。

二、引出端数量很多的图形符号

对于引出端数量很多的元件（如有数百个引出端），如果其图形符号在单张简图上所占位置过大，应采用以下的方法：

1）如果元件有若干个功能上独立的部分，则可以用第三章第一节中的“分立表示法”来表示。

2）如果元件有若干个功能上相关联的部分，则可以用第三章第一节中的“半集中表示法”来表示。

3）如果元件可用内部功能图表示，则可用功能图内的符号和（内部）连接线代替其符号，并把各个符号置于适当位置。

4）通过用单个端子符号来表示多个端子（最好是相关的）的方法使符号简化。多端子输入或输出全部细节在单独的表格中说明。端子的简化按第二章第四节中的有关规定绘制，如图 4-1 所示。

5）如果没有替代方法只能用单一符号表示元件，则可把符号框分成几部分，采用第三章第一节中的“分开表示法”来表示。

三、未使用部分的表示

在电路图或相关文件中，元件未使用的功能上相关的部分，如未使用的触点、绕组和阵列中的元件，应予以给出或注明。元件未使用的功能上独立的部分，如双列直插开关组件中的未使用的开关或组件中未使用的门，可以给出或注明。电路图中，元器件中未使用的部分，例如触点，端子等均可绘在图上，但应加适当的标注。用半集中表示法时，未使用部分的图形符号与其他部分的图形符号用机械连接符号（虚线）连接；用分开表示法时，对于未用部分，在插图或表格中不标注其位置信息，或如图 4-2 所示用短横线表示元件中未用的触点。

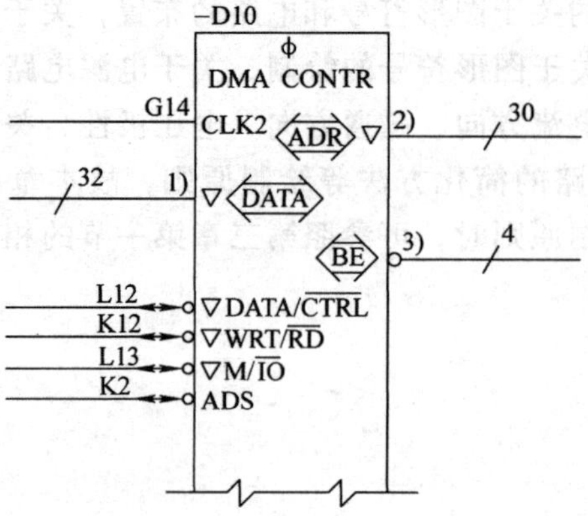

-D10的输入/输出

1)DATA	2)ADR	3)BE
0 – J14	2 – H3	0 – L1
1 – H14	3 – J1	1 – K1
2 – F13	4 – H2	2 – J3
3 – E12	5 – H1	3 – J2
4 – C13	6 – G3	
5 – B12	7 – G2	
6 – B10	8 – G1	
7 – A9	9 – F1	
8 – K14	10 – F2	
9 – G13	11 – F3	
10 – F12	12 – E1	
11 – D14	13 – E2	
12 – C12	14 – E3	
13 – C10	15 – D2	
14 – A10	16 – D3	
15 – C8	17 – C2	
16 – H13	18 – C3	
17 – G12	19 – B2	
18 – E14	20 – C4	
19 – D13	21 – B3	
20 – B13	22 – B4	
21 – B11	23 – C5	
22 – C9	24 – B5	
23 – B8	25 – A5	
24 – J13	26 – C6	
25 – F14	27 – B6	
26 – E13	28 – A6	
27 – D12	29 – B7	
28 – C11	30 – C7	
29 – A11	31 – A7	
30 – B9		
31 – A8		

图 4-1 引出端数量很多的符号及其单独的输入/输出表格

四、分布连接（线“与”、线“或”）

在 GB/T 4728.12《电气简图用图形符号——二进制逻辑元件》国家标准中，表示分布“与”功能有两种基本的方法，表示分布“或”功能也有两种基本的方法。在以上两种情况中，方法 1 是采用连接点加逻辑功能的限定符号表示。方法 2 是采用符号框代替连接点，在符号框内含有限定符号“&”或“≥1”，其后为“分布连接”的限定符号“◇”，表示逻辑功能是靠分布连接实现而不是靠外加元件实现的，如图 4-3 所示。

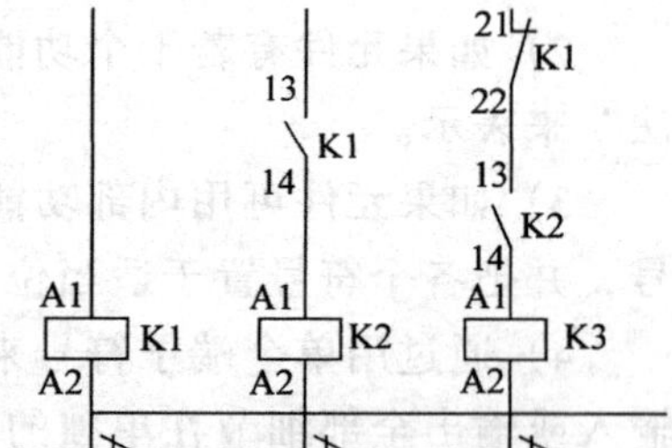

图 4-2 未使用触点用标号“–”表示的简化表格

方法 2 对正逻辑和负逻辑这两种逻辑约定，都允许使用“逻辑非”输入和“逻辑非”输出限定符号；对逻辑极性表示法，允许使用“逻辑极性指示符”限定符号。这些限定符号与符号框一起使用的方式与用分立逻辑门完成逻辑功能使用的限定符号相同，但有一种情况除外：即所有的输入和输出必须给出同样的限定符号，因为此时分布连接不能完成逻辑非或反相。

就方法 1 来说，由于没有方框，因此不可能使用输入和输出限定符号。为了了解分布连接所完成的逻辑，应考虑连接在一起的各输出的类型。

连接在一起的 L 形开路输出（例如 NPN 开集电极）不是完成高有效“与”功能，就是完成低有效“或”功能。连接在一起的H形开路输出（例如NPN开发射极）不是完成高有效“或”功能，就是完成低有效“与”功能，如图4-4所示。

图4-4假定，同样的“逻辑非”符号或“逻辑极性指示符”符号可用于激励输出和受激输入，虽然如此，如果在图中所有的点不可能遵循这一推荐的方法，则非输出或低有效输出限定符号的有或无并不影响何种逻辑类型“与”或“或”是适合的。在图4-5中，“与”和“或”表示法是等效的。

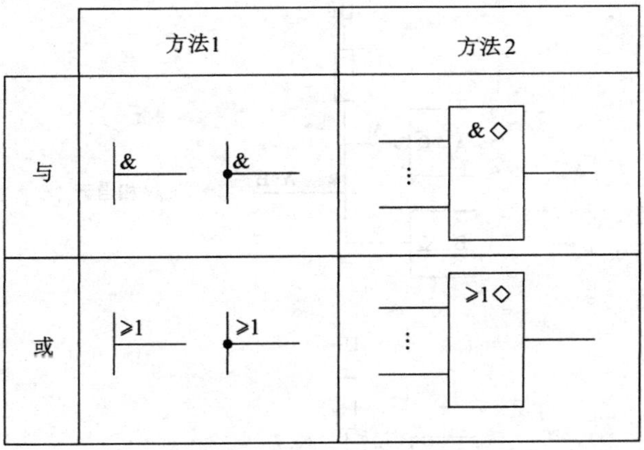

图4-3　分布连接的表示方法

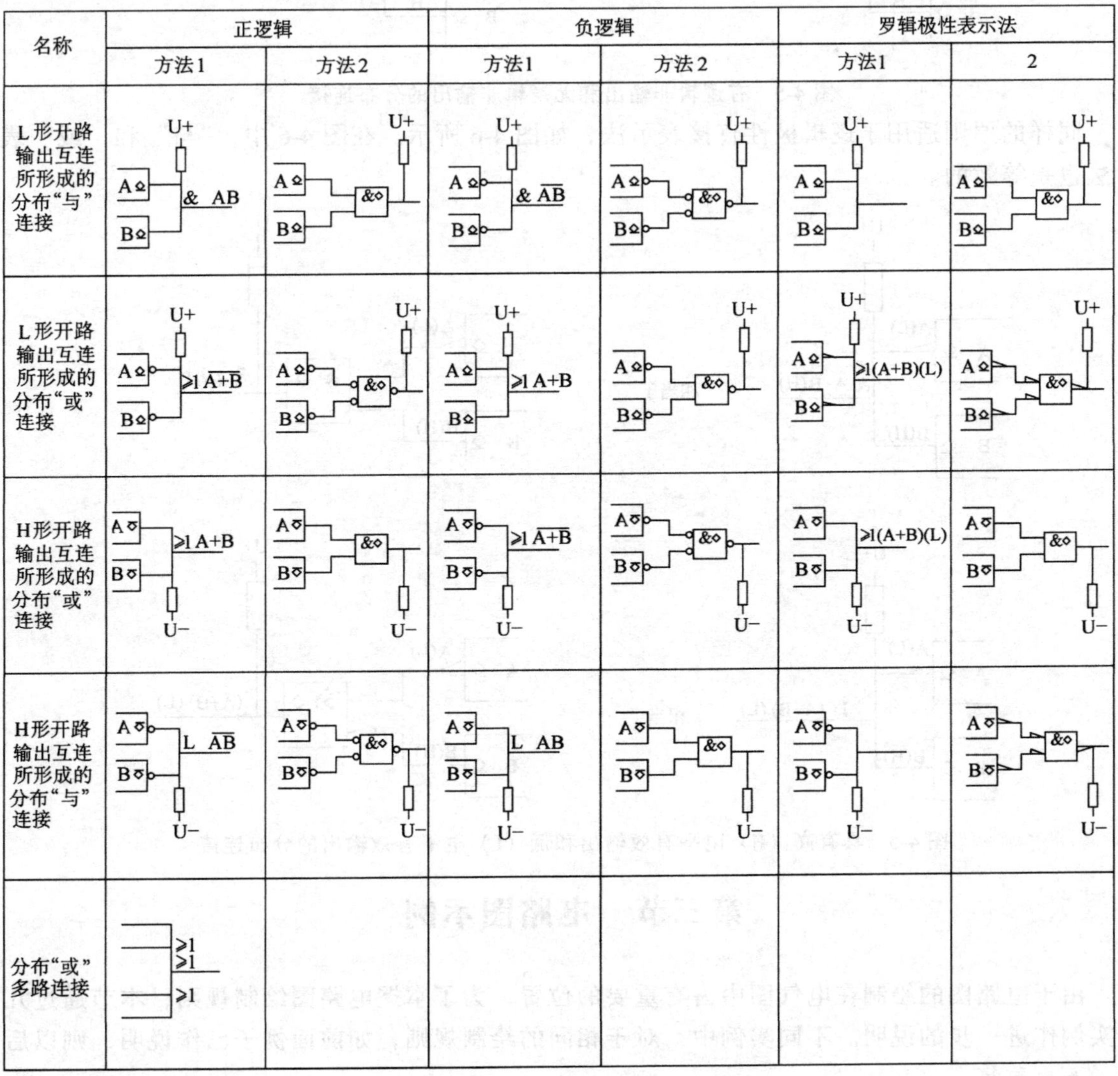

图4-4　分布连接表示

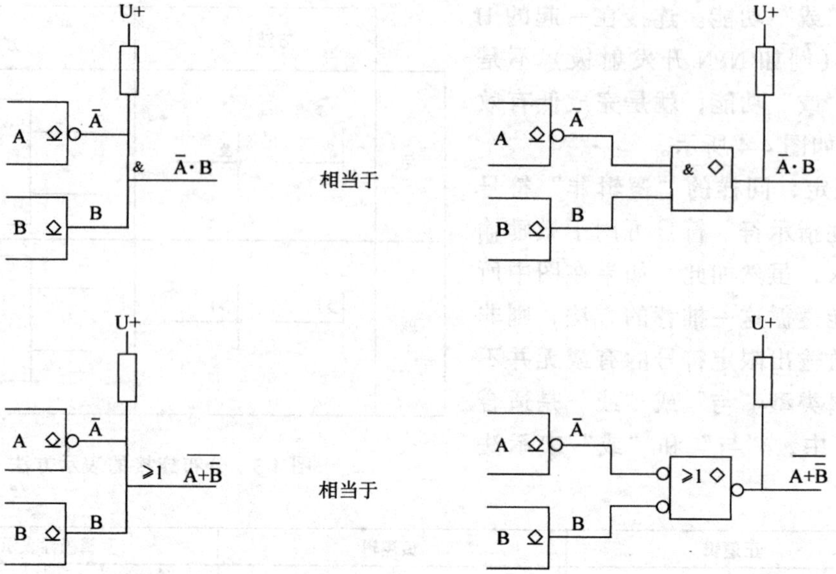

图 4-5　有逻辑非输出和无逻辑非输出的分布连接

同样的原则适用于逻辑极性直接表示法，如图 4-6 所示。在图 4-6 中，“与”和“或”表示法也是等效的。

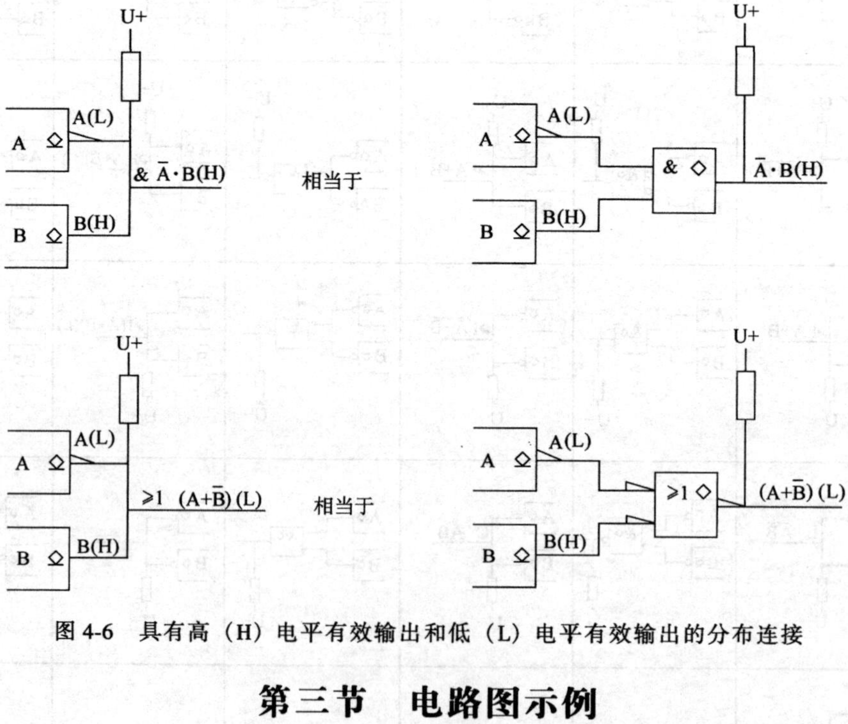

图 4-6　具有高（H）电平有效输出和低（L）电平有效输出的分布连接

第三节　电路图示例

由于电路图的绘制在电气图中占有重要的位置，为了掌握电路图绘制规则，本节通过几个实例作进一步的说明。不同实例中，对于相同的绘制规则，如前面例子已作说明，则以后例子不再重复。

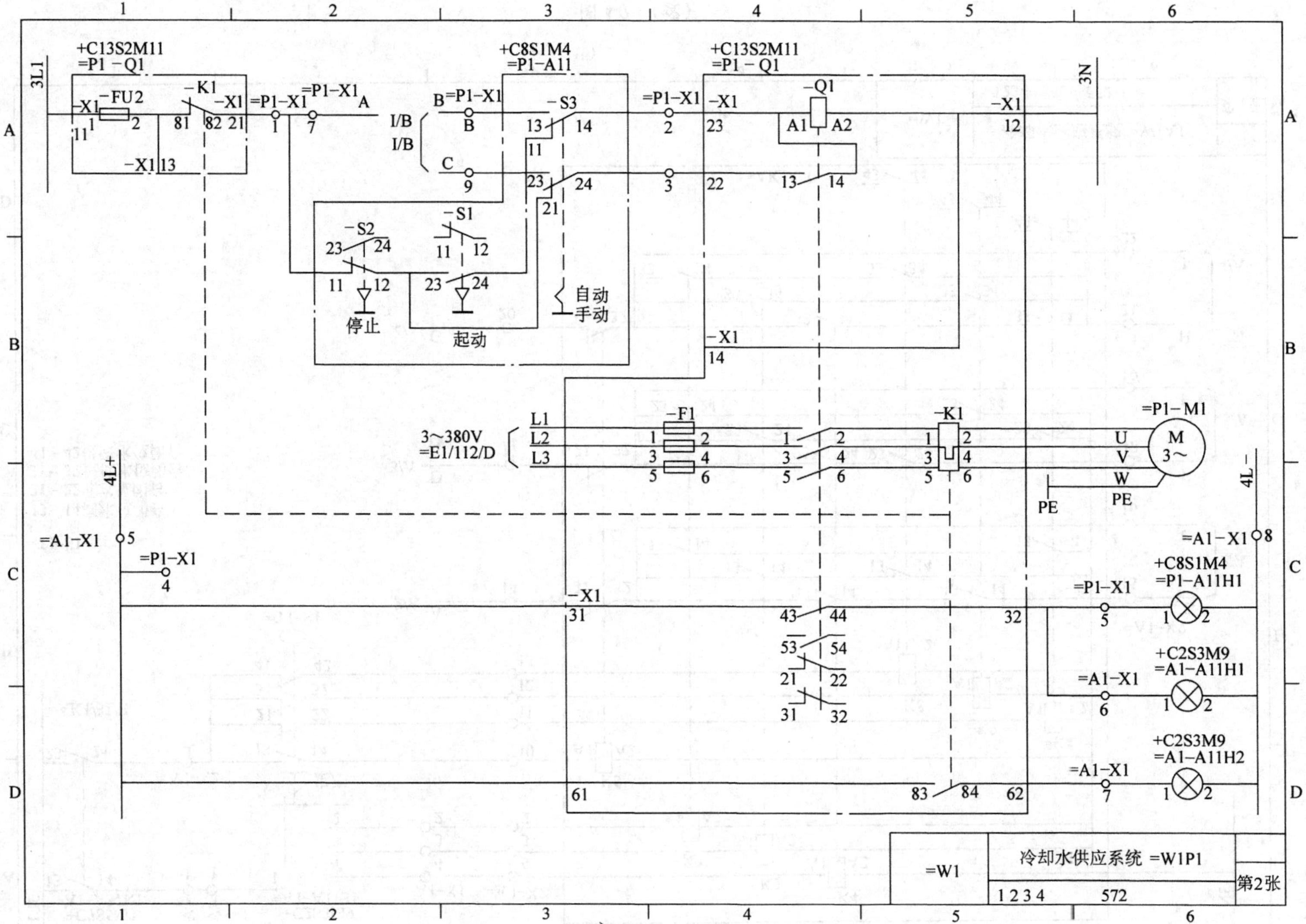

a)

图 4-7 采用半集中表示法水平布置的电路图(冷却水供应系统)

a）主电路 b）控制电路

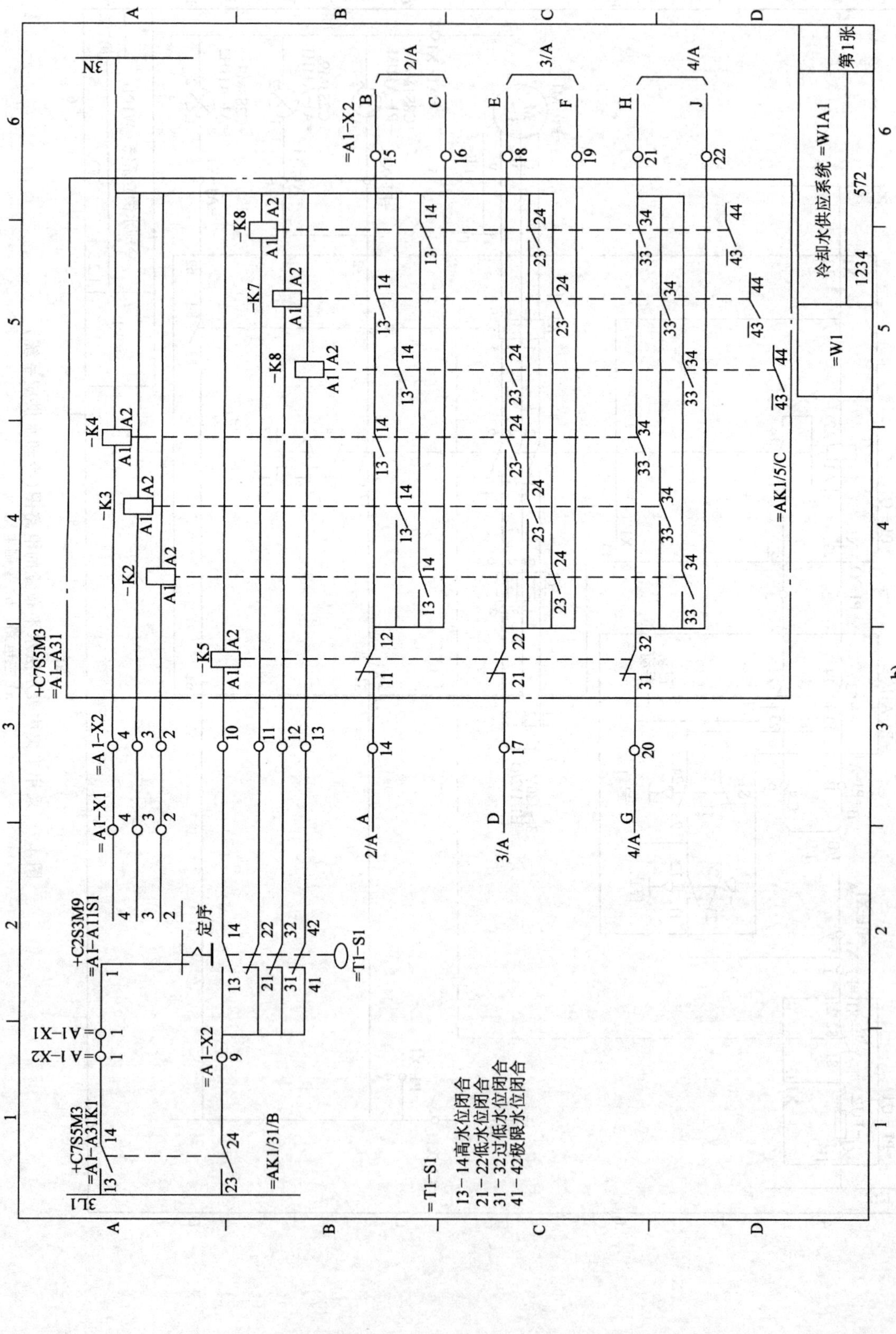

3L1
3N
+C7S5M3
=A1−A31K1
=A1−X2
=A1−X1
+C2S3M9
=A1−A11S1
定序
=T1−S1
=AK1/31/B
+C7S5M3
=A1−A31
−K5
−K2
−K3
−K4
−K8
−K7
=A1−X2
=AK1/5/C
2/A
3/A
4/A
13－14高水位闭合
21－22低水位闭合
31－32过低水位闭合
41－42极限水位闭合
冷却水供应系统 =W1A1
=W1
1234
572
第1张

b)

图 4-7 （续）

一、采用半集中表示法水平布置电路的例子

1）图 4-7 中具有可动部分的元器件大多采用半集中表示法绘制。每个元器件不同部分的图形符号用虚线相连。虚线多数绘制成直的，图 4-7b 上无分支、折弯和交叉，图 4-7a 上只有个别地方出现分支、折弯和交叉。这种半集中表示法的元件的图形符号的项目代号只需标注一次。

2）此电路图采用水平布置，这种方式中，类似部分各符号在垂直方向上对齐。例如图 4-7b 上各个继电器的触点与众多的接线端子以及三组中断线标注和位置信息。再如图 4-7a 上的熔断器与指示灯等。

3）图中对接到另一张图的连接线使用了中断画法，并在中断处加注了标记 A、B、C 等，并同时注明了对应端子的位置信息。例如图 4-7b 的 B 区有标记为 B 和 C 的中断线，标出位置信息为 2/A，因此在图 4-7a 的 A 行便能找到对应标记为 B 和 C 的中断线，同时在该处也可见到 1/B 的位置信息。

4）为了便于读图，水平布置的电路按功能分组绘制。属于同一功能的几条线画得靠近些，组与组间隔较远。

5）图 4-7b 中，液位控制开关 - S1 采用文字注释方式。由于此注释离“ - S1”的图形符号较远，因此采用此开关的项目代号 = T1 - S1 作为引证标记，以便读图时较易查找此开关的注释说明。

6）此图有几个地方省略了端子的图形符号，而直接标注端子代号在连线与框线的交界处。例如图 4-7a 上 A1 图区的 = P1 - Q1 框内的 11、13 和 21 三个端子，以及图中部 = P1 - Q1 框内的全部端子。

7）图中的电源采用符号表示或者同时采用图线和符号表示。使用的符号如 3L1、3N、4L +、4L - 和 L1、L2、L3 等均符合国家标准 GB/T 4026—1992 所规定的要求。

8）图中与三相供电系统相连的电动机的端子采用了国家标准 GB/T 4026 - 1992 所规定的端子标记 U、V 和 W，以及保护接地端子 PE。

9）图中按 GB/T 5094—1985 规定标注所有项目代号。图中所有单元的项目代号的公共部分为：图 4-7b 的高层代号 = W1A1，图 4-7a 的高层代号 = W1P1，它们分别标注在各自的标题栏内。各点划线图框内的项目代号的公共部分项目代号标注在围框外部框线的上方。由于同一张图上的端子代号不会与其他代号相混淆，因此端子代号的前缀符号“:”全部省略。

二、半集中表示法与分开表示法结合使用的例子

图 4-8 是用另一种绘制法来表示图 4-7 的相同内容。图 4-8a 是第二张图（见图 4-7b）的一部分，而图 4-8b 是第二张图和第一张图（见图 4-7a）的一部分，为了节省幅面而排在一起。在图 4-8a 上，触点符号直接画在驱动线圈的下方并标明各触点的位置信息。在图 4-8b 上，左面采用分开表示法，各触点符号上均标注项目代号；右面采用半集中表示法，用机械连接线连接同一项目的各部分。显然，不仅不同张次的图上可用不同的表示法，而且同一张图上也可同时采用不同的表示法。

三、采用分开表示法垂直布置电路的例子

图 4-9 是用又一种绘制法来表示图 4-7 的相同内容的电路图。图中除了液位控制开关 = T1 - S1 等个别项目外，都采用分开表示法这种画法。

用分开表示法绘图时，应用插图或表格来表明每个元器件各部分的位置信息。图中所有

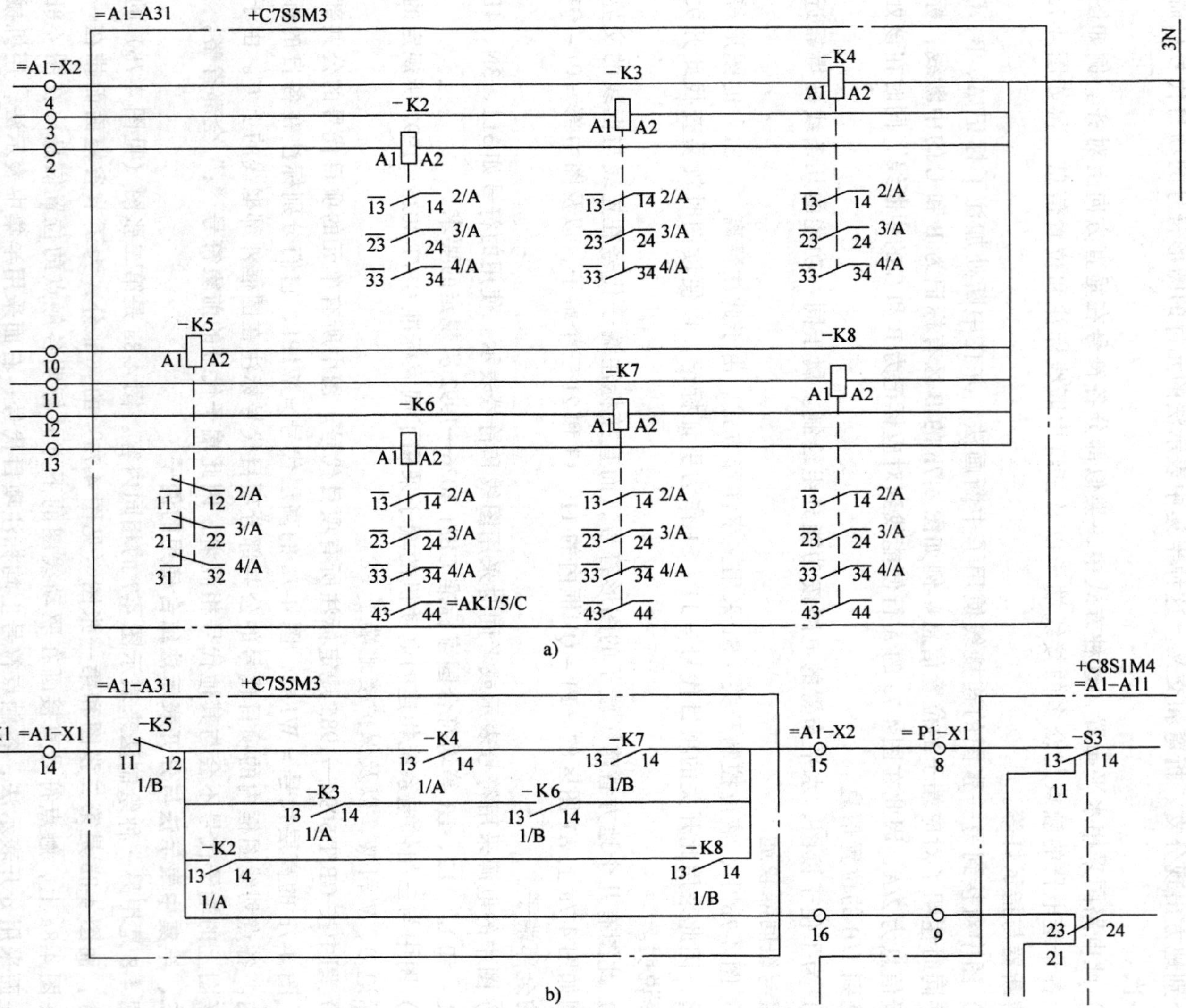

图 4-8　半集中表示法和分开表示法结合使用的电路图(冷却水供应系统)

a)半集中表示法部分　b)分开表示法部分

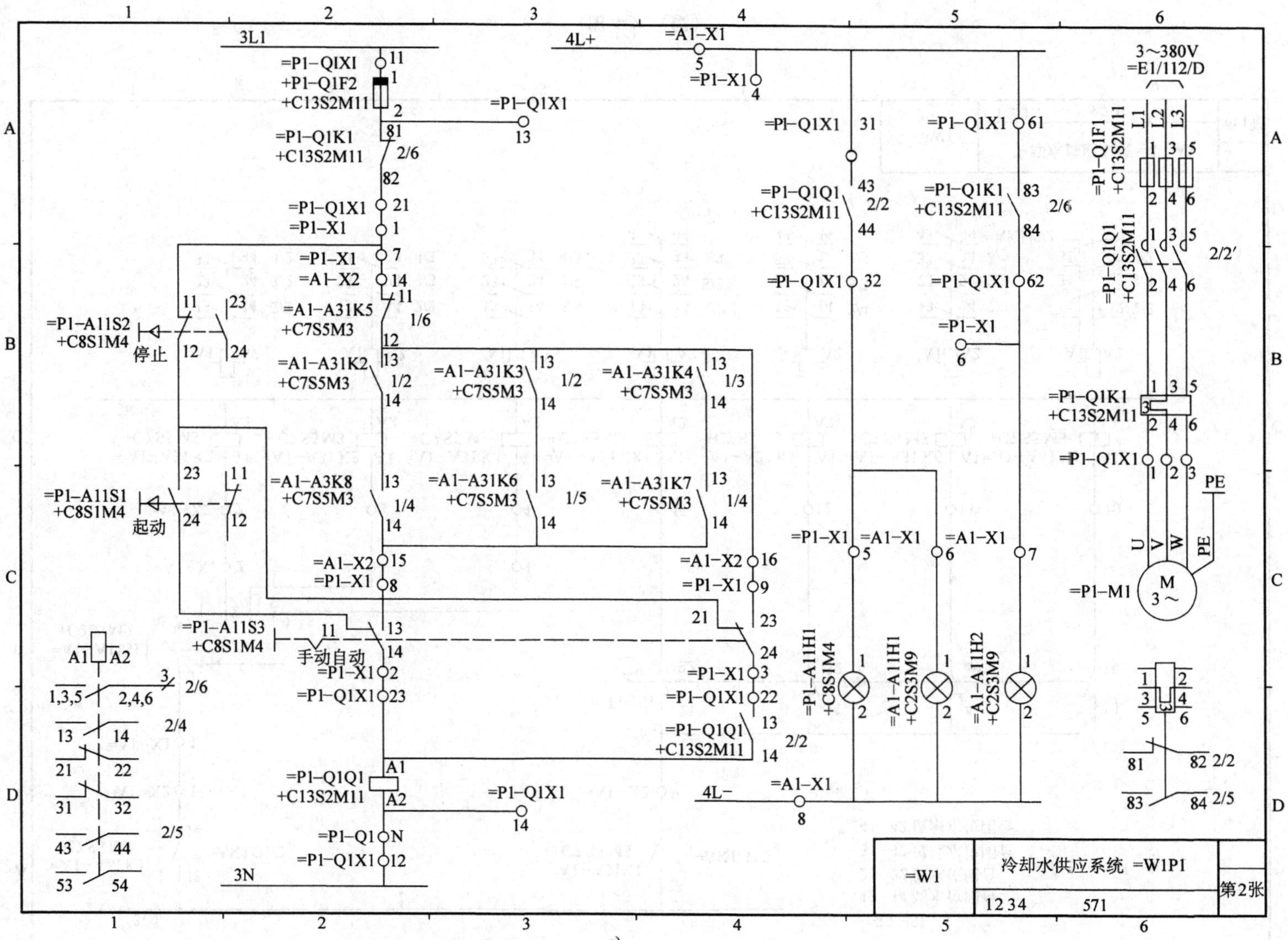

a)

图 4-9 采用分开表示法垂直布置的电路图(冷却水供应系统)
a)主电路 b)控制电路

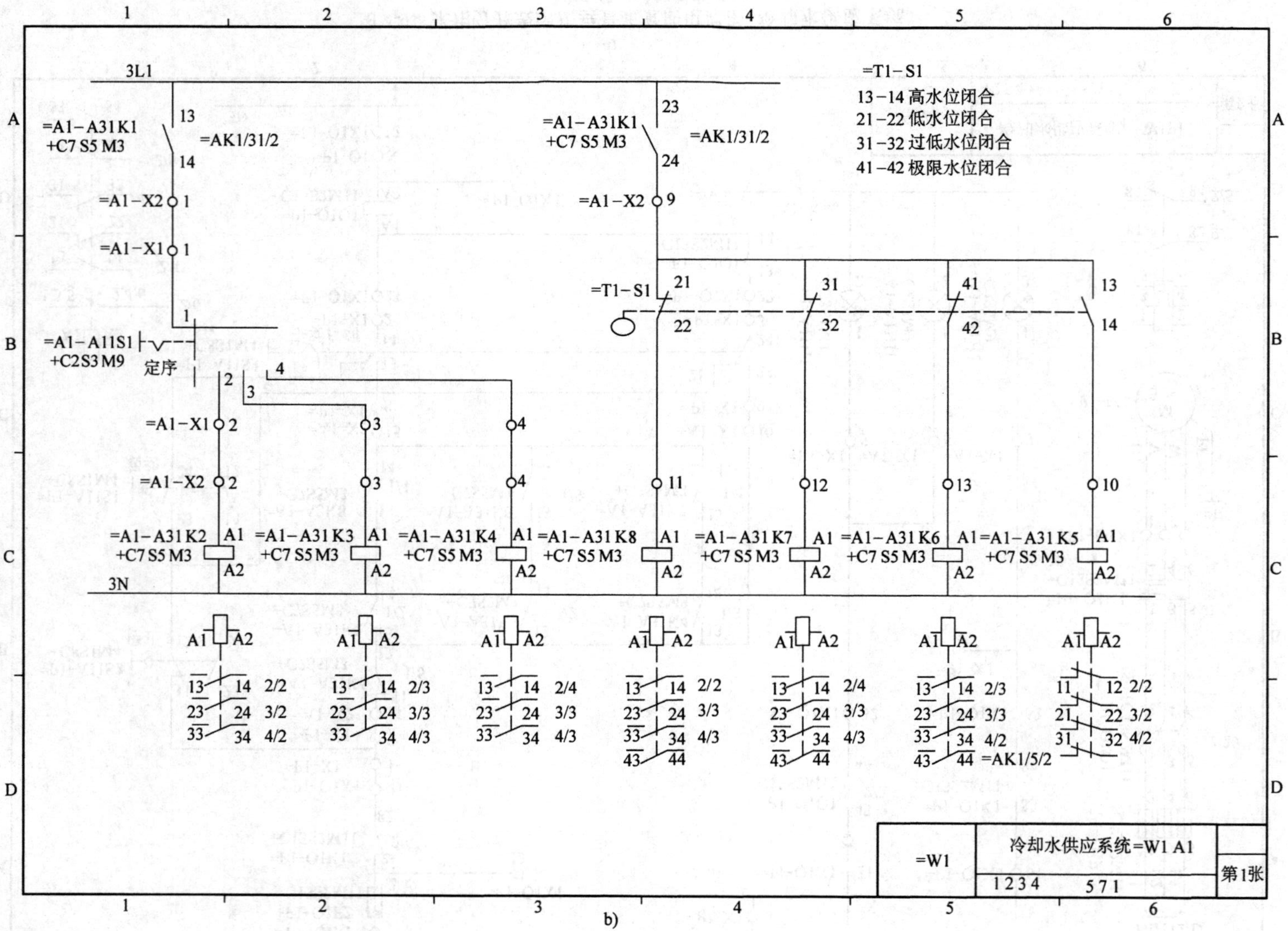
3L1
=A1−A31K1
+C7 S5 M3
=AK1/31/2
=A1−X2
=A1−X1
=A1−A11S1
+C2S3 M9
定序
=T1−S1
13−14 高水位闭合
21−22 低水位闭合
31−32 过低水位闭合
41−42 极限水位闭合
=A1−A31 K2
=A1−A31 K3
=A1−A31 K4
=A1−A31 K8
=A1−A31 K7
=A1−A31 K6
=A1−A31 K5
+C7 S5 M3
3N
=AK1/5/2
=W1
冷却水供应系统=W1 A1
1 2 3 4
5 7 1
第1张

b)

图 4-9 （续）

继电器、接触器的驱动线圈下方都绘有插图。根据插图上的位置信息，很容易找到同一项目的其他各个部分。

由于电路垂直布置，故相似项目在水平方向对齐，例如图 4-9 a 上的各个继电器线圈及接线端子符号等。对比图 4-7 和图 4-9 可以看出，当电路图较为复杂时，采用图 4-9 这样的分开表示法，容易使读图者理解电路的功能原理。

四、简化项目代号标注方法例子

图 4-10 是把图 4-9b 的中间部分的 7 个触点用围框线围起来，且把这些触点项目代号中的相同部分标注在框线之外，使图简洁而清晰，这就是采用简化项目代号标注的优点。

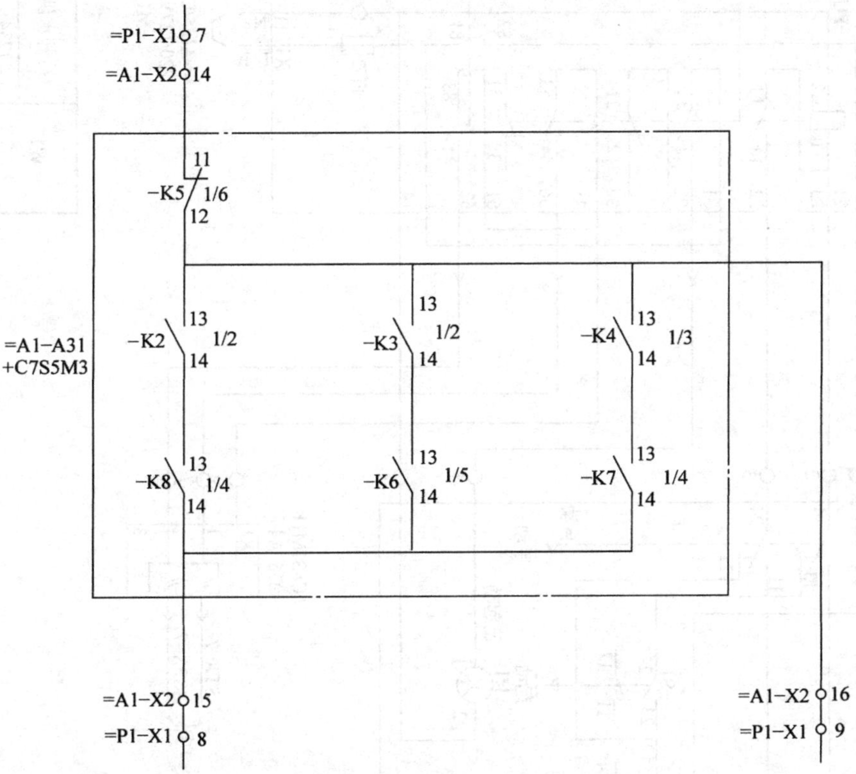

图 4-10　简化项目代号标注方法

五、运用分布型计算机的示例

在图 4-11 中，分布计算机系统用来完成主要的控制功能，它除了执行冷却水供应系统 = W1 的功能之外，还执行其他功能，有其他任务，因此它不隶属于 = W1。为了区分，在分布计算机系统的项目代号前冠以“ < ”记号。如图 4-11 中的三个计算耦合电路板的项目代号 < = D5 – A12， < = D5 – A14 和 < = D1 – A6 所示。图 4-11b 是整个协调控制的电路图，它中间的 – A31 点划线框内是应用程序的逻辑图，采用了二进制逻辑单元的符号绘制。图中有的连线上信号流向不符合从左到右与从上到下的原则，且流向不明显，因此添加了许多开口箭头表明信号流向。为了减少图线，有的围框画成不封闭的。图 4-11a 是单个泵送系统 = W1P1 控制部分的电路图。图 4-11 中的一些围框表示硬件单元，如图 4-11b 上的 = W1A1 – A11 和图 4-11a 上的 W1 – Q1。计算机输入、输出电路表表示硬件，如图 4-11b 上的 < = D5 – A12。逻辑图 = W1A1 – A31 表示应用程序，在更复杂的情况下可另外附以程序文件。

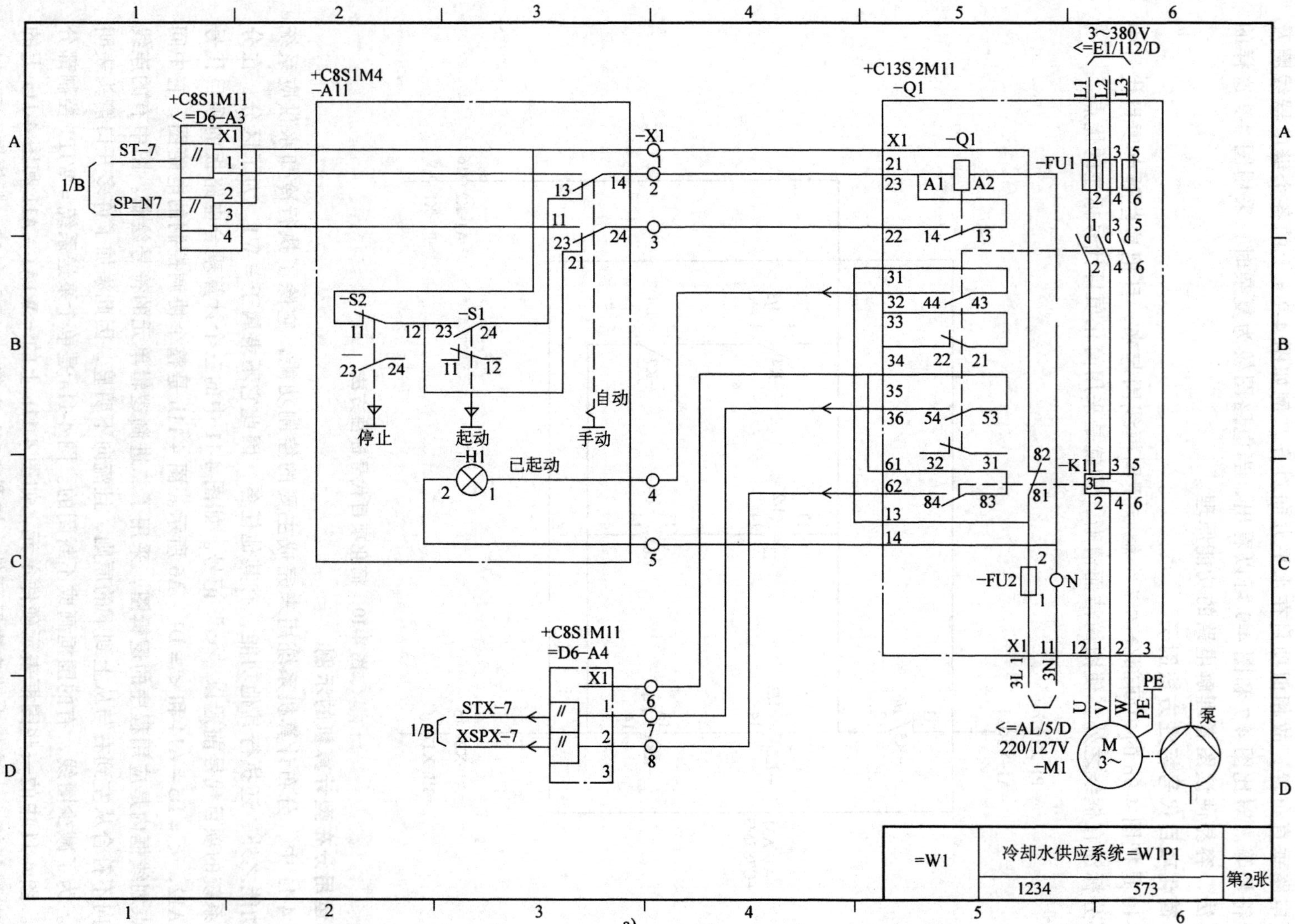

a)

图 4-11　图 4-7 中-A31 的逻辑功能用计算机来实现的电路图

a)主电路　b)控制电器

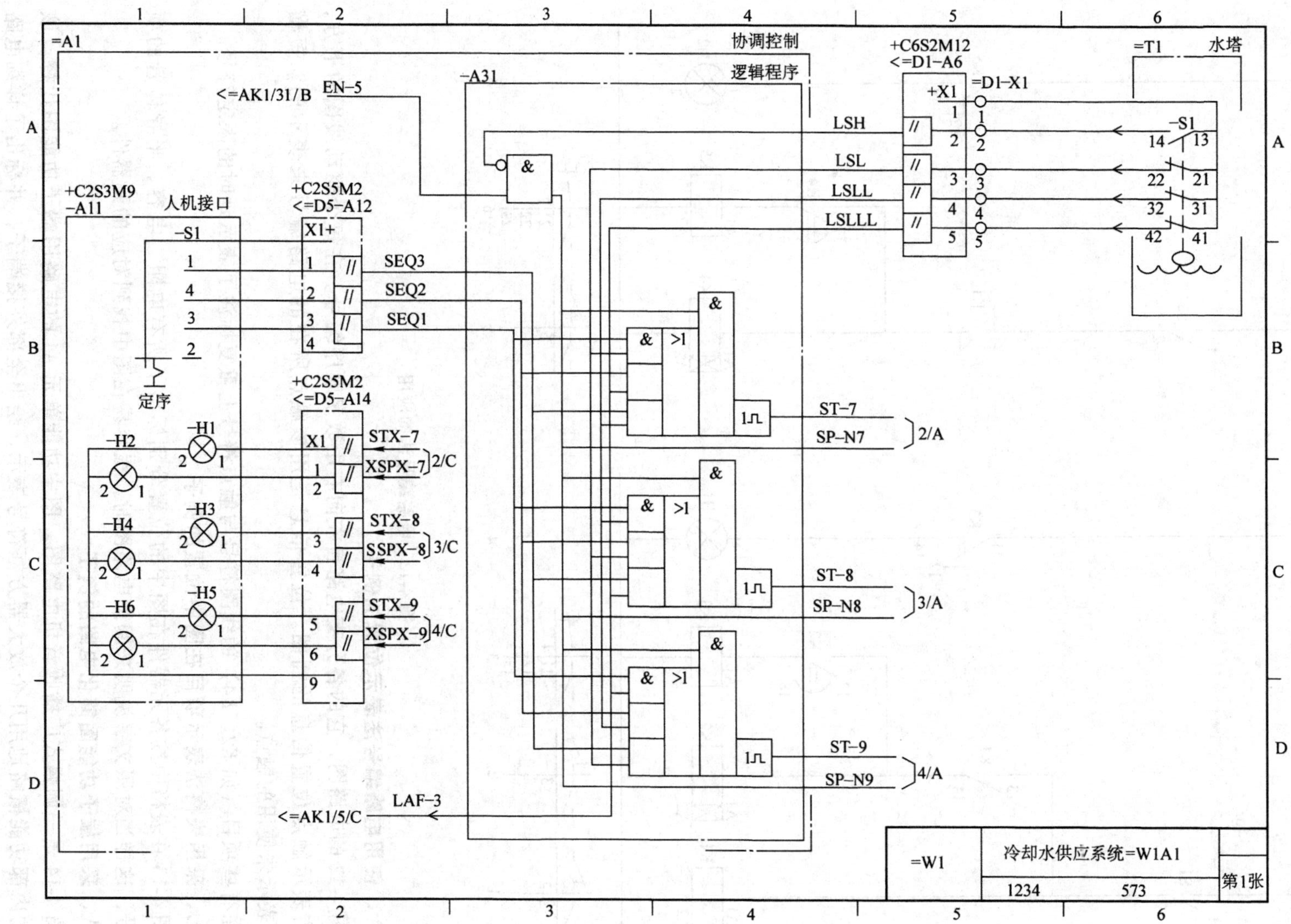

=A1
协调控制
逻辑程序
+C6S2M12
<=D1-A6
=T1
水塔
=D1-X1
+X1
-S1
<=AK1/31/B
EN-5
-A31
LSH
LSL
LSLL
LSLLL
+C2S3M9
-A11
人机接口
+C2S5M2
<=D5-A12
X1+
SEQ3
SEQ2
SEQ1
定序
+C2S5M2
<=D5-A14
-H1
-H2
-H3
-H4
-H5
-H6
X1
STX-7
XSPX-7
2/C
STX-8
SSPX-8
3/C
STX-9
XSPX-9
4/C
ST-7
SP-N7
2/A
ST-8
SP-N8
3/A
ST-9
SP-N9
4/A
LAF-3
<=AK1/5/C
=W1
冷却水供应系统=W1A1
1234
573
第1张

b)

图 4-11 （续）

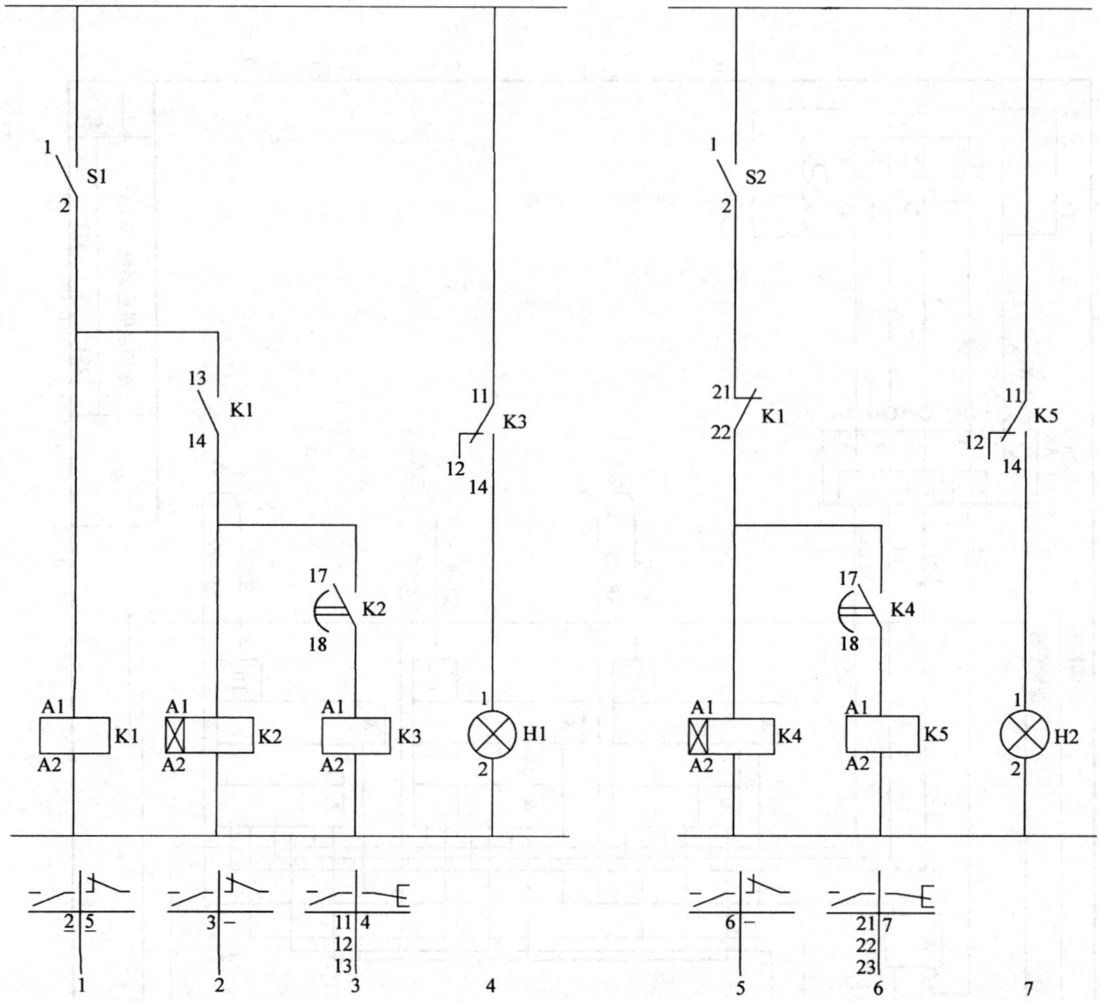

图 4-12 电路编号法的应用

六、使用电路编号法表示位置的例子

图 4-12 的电路图，它的各分支电路自左向右用数字顺序编号。在每个驱动线图的下方，均画有表示触点位置信息的插图。位置信息是用该触点所在的电路编号来表示的，短横“–”表示未使用的触点。

在有些项目（如 K2、K4）的线圈符号与触点符号上重复标注了表示延时的限定符号。

七、采用表格法表示项目在图中位置的例子

图 4-13 在表格中按各元器件在图中的位置分别标出了所有电阻、电容、半导体管的项目代号，这样当对照文字说明来阅读电路图时，很容易在图中找到对应的元器件。

八、采用端子功能图简化电路的例子

图 4-14 是一调幅式广播收音机电路图。图中功能单元 A1 的电路用端子功能图代替。该单元的内部功能概略地用几个放大器方框符号表示，绘出全部外接端子，并标出了详细电路图的图号（1234 598），这样能使电路图简洁明了。

电容器	C1 C3 C4 C5 C2 C6 C7
电阻器	R1 R2 R3 R4–R6 R7 R8 R9–R11 R12 R13 R14–R16 R17 R18 R21 R19 R20 R22 R23 R24 R25 R26–R29 R30 R32 R31 R33 R34 R35
半导体管和其他	V1 V2 V3 V15 V4 V16 V5 V18 V6 V7 K1 V8 K1 V9 V10 V11 V17 V12 V13 V14 K1 V19

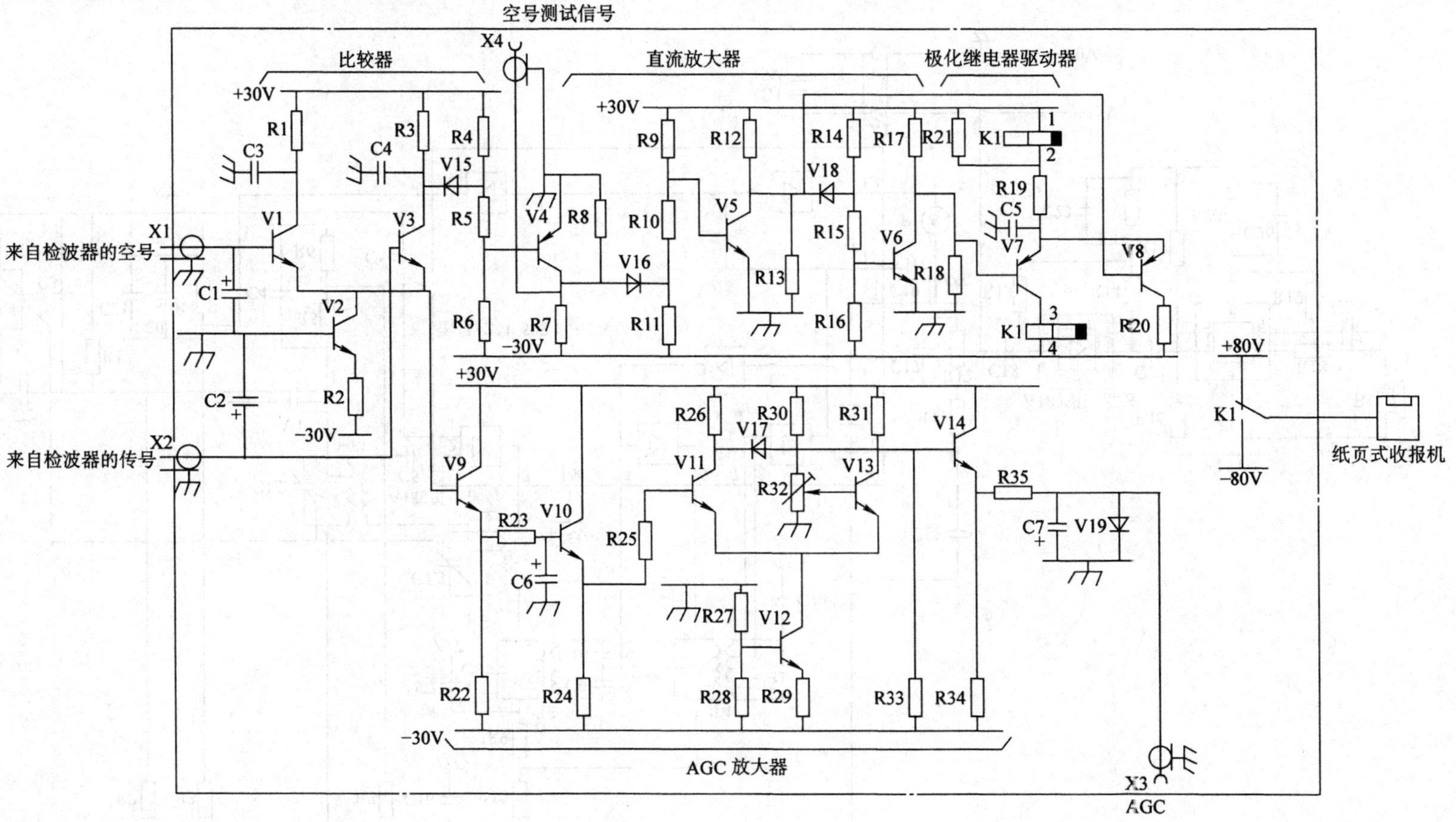

图 4-13　采用表格法表示项目在图中位置

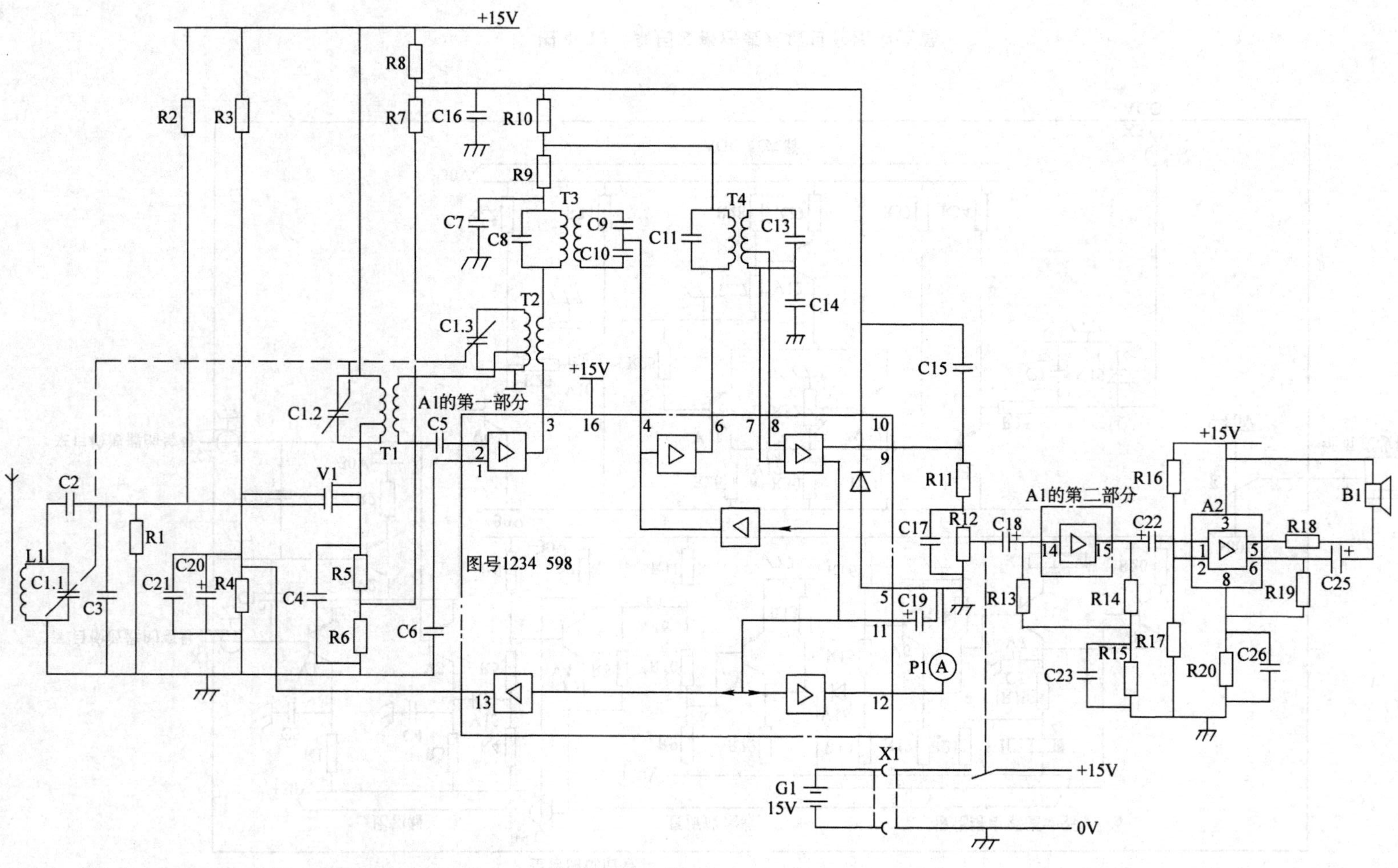

图 4-14 采用端子功能图的电路图(AM 广播收音机)

第五章　逻辑图及二进制逻辑元件的图形符号

随着电子技术特别是计算机技术的飞速发展，作为计算机硬件基础的二进制逻辑电路在电气技术领域中已占有越来越重要的地位，而随着大规模集成电路技术的不断发展，在逻辑图中表示二进制逻辑元件的图形符号也必须跟上这种发展的需要。为此，在电气制图国家标准中，已把逻辑图及二进制逻辑元件图形符号作为很重要的标准确定下来。虽然经修订的电气制图国家标准 GB/T6988.2—1997《电气技术文件编制—功能性简图》中，已经取消了原1986年国家标准确定的逻辑图作为电气图中的正式的一大图种，但这并不是说表示二进制逻辑电路的电气图不需要了或者不重要了，事实上恰恰相反，随着计算机的普及，二进制逻辑电路的使用越来越广泛，并且已经普遍作为控制器“嵌入”到各种电气控制系统中去了。从这个意义上讲，把二进制逻辑电路从整个系统的电路图中分离出来，把它单独列为一种图种是没有必要了，但从学习绘图和读图的角度看，由于二进制逻辑电路图的基本概念的重要性及二进制逻辑元件图形符号的复杂性，必须在教材中对二进制逻辑电路图及二进制逻辑元件的图形符号进行详细的论述，研究二进制逻辑电路图的绘制原则。本教材为了论述的方便，并考虑到习惯性称呼，在本章中采用“逻辑图”代替对“二进制逻辑电路图”的称呼。关于逻辑图及二进制逻辑元件的图形符号方面更为具体的内容，逻辑图方面的可查阅国家标准 GB/T6988.2—1997《电气技术文件编制——功能性简图》中的2.7“二进制逻辑电路的表示方法”，二进制逻辑元件的图形符号方面的可查阅国家标准 GB/T4728.12—1996《电气简图用图形符号——二进制逻辑元件》。

第一节　逻辑图的基本概念

逻辑图即二进制逻辑电路图是由二进制逻辑元件图形符号按逻辑功能要求用连接线相互连接而成的。构成逻辑图的主要元素是逻辑元件的图形符号、信号名及连接线标记。

逻辑图是计算机等数字系统产品中一种重要的基本电路图或电路图中的重要组成部分，它不仅体现产品的逻辑功能和工作原理，而且也是编制接线图，绘制印制电路板图等其他文件和测试、维修的依据。为了更好理解逻辑图的绘制，在本节中先学习几个逻辑图中将会遇到的基本概念问题。

一、逻辑变量和逻辑函数

1. 逻辑变量

逻辑代数（布尔代数）中的变量称为逻辑变量，逻辑变量的取值仅为“1”或“0”。

2. 逻辑函数

一个逻辑问题的“结果”是由各种“条件”的逻辑组合得到的。因此称这个“结果”（用一个逻辑变量表示）是这些“条件”（用一组逻辑变量表示）的逻辑函数。只要能确定这组“条件”变量的每一种组合所对应的函数值，就能得到一个确定的逻辑函数。

逻辑函数有如下三种表达方式：

(1) 真值表　把参与形成逻辑函数的一组逻辑变量的所有可能组合及与之对应的逻辑函数值列成一张表，这张表称真值表或逻辑状态表。每个逻辑函数均有一张，且仅有一张完全确定的真值表。

真值表的特点是直观地表达了逻辑函数与各逻辑变量间的全部逻辑关系。

例 5-1　描述两个 1 位二进制数 A、B 相等的逻辑关系。

解　首先令 Y 表示 A = B，即当 A = B 时，Y = 1；A ≠ B 时，Y = 0。然后用真值表来描述函数 Y 与变量 A、B 之间的全部逻辑关系，如表 5-1 所示。由表 5-1 明显可见：A 与 B 都等于 0，或都等于 1 时，Y = 1，否则 Y = 0。这是一个常用的逻辑函数，即同或函数。

表 5-1　A = B 的逻辑关系

A	B	Y
0	0	1
0	1	0
1	0	0
1	1	1

(2) 逻辑表达式　逻辑函数也可用 Y = f（A、B、…）的形式来表达，这种形式称作逻辑表达式。由函数的真值表很容易得到该函数的逻辑表达式。例如表 5-1 真值表的函数的逻辑表达式为

$$Y = A \cdot B + \overline{A} \cdot \overline{B}$$

由此可见，用逻辑表达式表示逻辑函数的优点是形式简洁，便于运算。

(3) 逻辑图　一个逻辑函数也可由与、或、非等各种二进制逻辑元件图形符号来表示，其目的是为了便于转换成实现这个函数的逻辑电路。纯粹用来表达函数逻辑关系的逻辑图称作逻辑功能图。

例 5-1　所示逻辑函数的逻辑图如图 5-1a 所示。这是一个基本的逻辑函数，可用如图 5-1b 所示的图形符号表示。

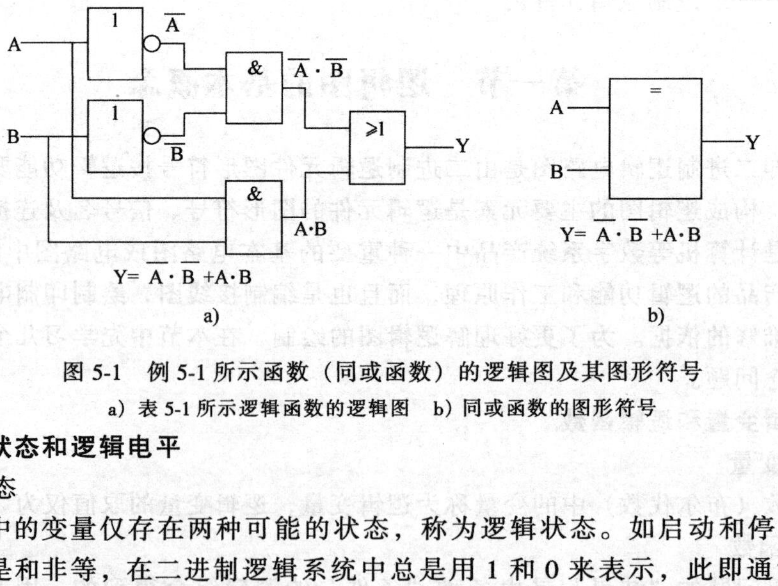

图 5-1　例 5-1 所示函数（同或函数）的逻辑图及其图形符号
a) 表 5-1 所示逻辑函数的逻辑图　b) 同或函数的图形符号

二、逻辑状态和逻辑电平

1. 逻辑状态

逻辑代数中的变量仅存在两种可能的状态，称为逻辑状态。如启动和停止，接通与断开，真和假、是和非等，在二进制逻辑系统中总是用 1 和 0 来表示，此即通常所说的逻辑“1”状态和逻辑“0”状态。

在 GB/T4728.12 的国家标准中，对于逻辑元件图形符号引入了如图 5-2 所示的“外部逻辑状态”和“内部逻辑状态”概念，这是个非常重要的概念，应深入理解之。

在采用逻辑非符号（即将在下面的 3 中讨论）的二进制逻辑元件的各输入/输出端上，都有两类处于不同位置处的逻辑状态，即内部逻辑状态和外部逻辑状态，如图 5-2 所示。

内部逻辑状态：符号框内输入、输出端处的逻辑状态。外部逻辑状态：符号框外输入、输出端处的逻辑状态，并且

1）对输入端而言，指的是任何符号之前的逻辑状态。

2）对输出端而言，指的是任何符号之后的逻辑状态。

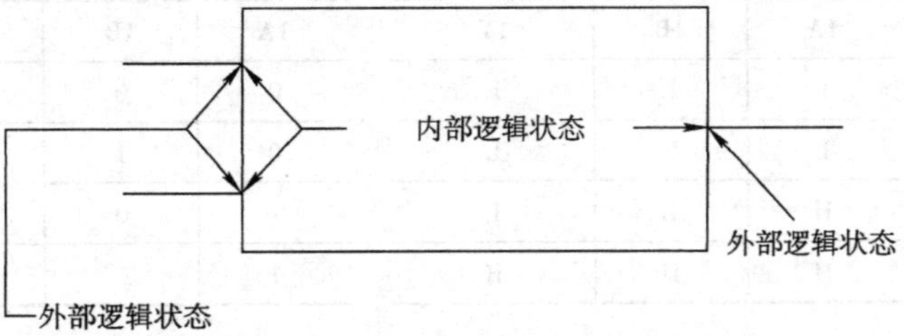

图 5-2　逻辑状态概念理解图

上述的“前”、“后”是相对于信息流向而言。

2. 逻辑电平——表示逻辑状态的一种物理量（电压）

表示各类电子器件（TTL，ECL，CMOS 等）的两种逻辑状态的电位值，由于是用来表示两种不同的逻辑状态，因此不宜用电位的绝对值代表逻辑电平，而是用正得较多（代数值）的电平代表逻辑高电平，用正得较少（代数值）的电平代表逻辑低电平，且分别用 H，L 来表示逻辑高电平和逻辑低电平。

3. 逻辑非符号和极性指示符号　（1）逻辑非符号“○”（逻辑否定）　当逻辑非符号“○”符号出现在图形符号的输入、输出端时，则意味着符号两端的逻辑状态相反，如图 5-3 中，具有“○”的 a 输入端的“外部 1 状态”对应其“内部 O 状态”；“外部 O 状态”与其“内部 1 状态”相对应。而 b 端的内部逻辑状态与其外部逻辑状态相同。

（2）极性指示符号“⊾”　极性指示符号“⊾”的有或无用来表示输入（出）端的外部逻辑电平与内部逻辑状态之间的关系。例如图 5-4 中，当 a 输入端有极性指示符时，其外部 L 电平与内部 1 状态相对应，其外部 H 电平与内部 0 状态相对应，b、c 端无极性指示符时，其外部 H 电平与内部 1 状态相对应；其外部 L 电平与内部 0 状态相对应。

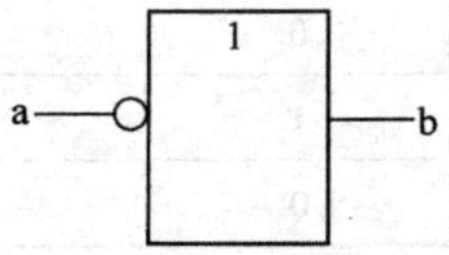

图 5-3　逻辑非符号

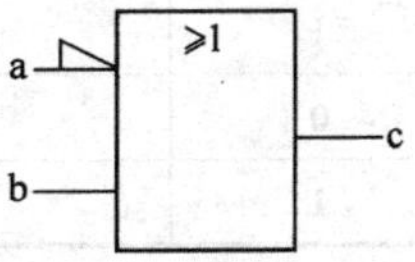

图 5-4　极性指示符

三、逻辑约定

详细逻辑图即工程逻辑图的绘制，必须在确定实现逻辑功能的物理器件的前提下才能进行。此时必须确定逻辑电平与逻辑状态的对应关系。我们把确定这种对应关系称之为逻辑约定。

逻辑约定的分类：

1）采用逻辑非符号的逻辑约定（单一逻辑约定），包括正逻辑约定和负逻辑约定。

2）采用极性指示符号的逻辑约定　例如 TTL 集成电路块 74LS08，一般称为二输入端与门，但这个称呼仅在正逻辑约定中成立，在负逻辑约定中，它就不是与门了。事实上，任何集成电路只有逻辑电平表是惟一的，而逻辑状态表可以有多个，如 74LS08 的逻辑电平表和

逻辑状态表，如表 5-2、表 5-3 和表 5-4 所示。

表 5-2 电平表

1A	1B	1Y
L	L	L
L	H	L
H	L	L
H	H	H

表 5-3 逻辑状态表（正逻辑约定）

1A	1B	1Y
0	0	0
0	1	0
1	0	0
1	1	1

表 5-4 逻辑状态表（负逻辑约定）

1A	1B	1Y
1	1	1
1	0	1
0	1	1
0	0	0

按表 5-3 正逻辑约定的逻辑状态表，这个电路是一个与门，如图 5-5 所示。

按表 5-4 负逻辑约定的逻辑状态表，这个电路是一个或门，如图 5-6 所示。

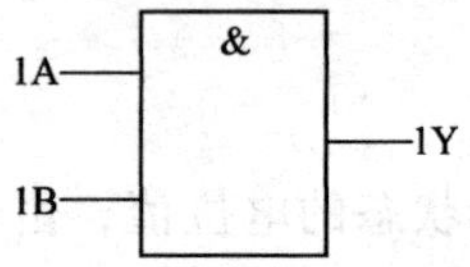

图 5-5 正与门

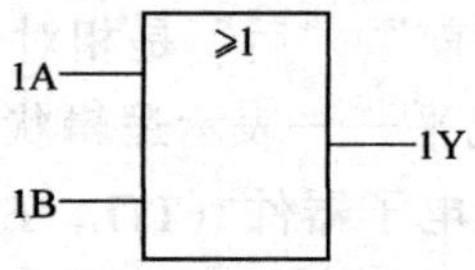

图 5-6 负或门

用极性指示符表示的 74LS08 电路，分别如图 5-7 和图 5-8 所示。两图所示单元的内部逻辑状态表分别如表 5-5 和表 5-6 所示。

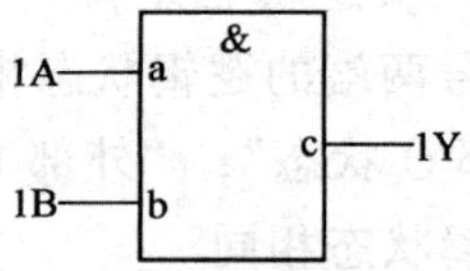

图 5-7 极性指示符表示的 74LS08：二输入端与单元

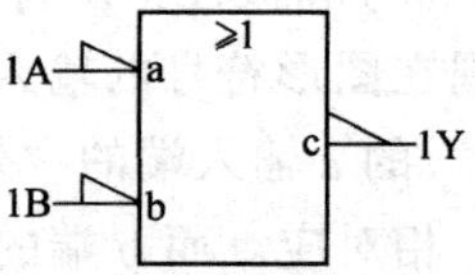

图 5-8 极性指示符表示的 74LS08：二输入端或单元

表 5-5 图 5-7 所示单元内部逻辑状态表

a	b	c
0	0	0
0	1	0
1	0	0
1	1	1

表 5-6 图 5-8 所示单元内部逻辑状态表

a	b	c
1	1	1
1	0	1
0	1	1
0	0	0

图 5-7 和图 5-8 表明用极性指示符也能表达实际逻辑电路的这种双重功能。由于极性指示符的有或无已经说明了所采用的逻辑约定，不必再在图上另行标明逻辑约定。这是采用极性指示符表示逻辑约定的一个优越之处。

四、逻辑图

在电气技术领域中，逻辑图是表示二进制数字系统产品逻辑功能的电气简图。

1. 逻辑功能图—理论逻辑图

逻辑功能图，仅表示逻辑功能和逻辑关系，而不涉及实现方法，即逻辑元件符号不代表物理实现的器件，仅有理论上的含义，在功能性简图中属功能图。逻辑功能图不能采用极性指示符号，而只能采用逻辑非符号。

2. 二进制逻辑电路图

二进制逻辑电路图也称详细逻辑图或工程逻辑图，它不仅表示逻辑功能、逻辑定义，而且图中各逻辑元件符号与器件实体一一对应，所以该图是一个可以用工程方法实现的电路图。它既可采用逻辑非符号，也可采用极性指示符号。当采用逻辑非符号时，必须在图上注明所采用的逻辑约定，即是正逻辑约定还是负逻辑约定。由于在采用极性指示符号时，逻辑约定已由极性指示符号的有无而直接指明，所以毋需在图中注明逻辑约定。

绘制详细逻辑图时，不一定依据最简化的布尔代数式来设计电路，这是因为受到所具有的器件品种和电气特性的要求的制约，例如图上连接线两端，都可以出现逻辑非符号或极性指示符号。

第二节　二进制逻辑元件的图形符号

一、二进制逻辑元件图形符号的组成

任何一个复杂的二进制逻辑元件的图形符号都是由方框和限定符号两部分组成，其中方框（或方框的组合）表示一个二进制逻辑元件，限定符号说明该单元的逻辑功能，其图形符号的组成可由图 5-9 来说明。

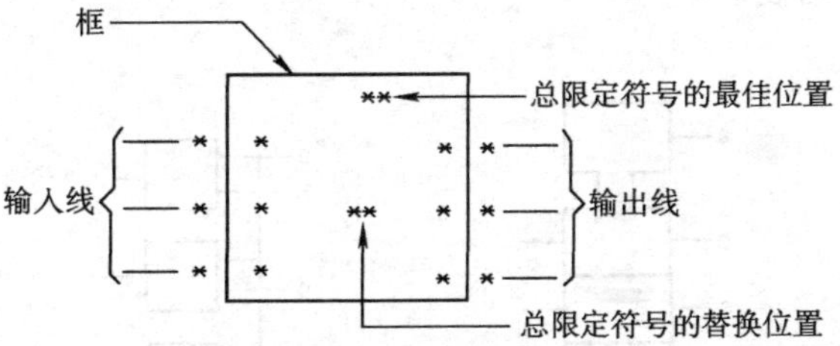

图 5-9　图形符号的组成

需说明的是：除总限定符号外，其余的“*”均表示与输入、输出有关的限定符号的允许位置；只有当单元的功能完全由输入和（或）输出的限定符号决定时，才不需要总限定符号。

符号组成的详细情况如下所示：

- 图形符号
  - 方框（或方框的组合）
    - 基本单元框
    - 公共控制框
    - 公共输出框
    - 方框的组合
  - 限定符号
    - 总限定符号
    - 与输入、输出有关的限定符号
    - 关联符号

二、方框及方框的组合

1. 基本方框

组成二进制逻辑元件的方框有三种基本方框：元件框、公共控制框和公共输出元件框，它们的符号如图 5-10 所示。

（1）元件框　它是组成二进制逻辑元件的基础方框，任意一个二进制逻辑元件的图形符号至少包括一个元件框。

（2）公共控制框　它和下面的公共输出元件框一样，目的均在于简化图形符号。当电路或者器件中有两个或两个以上的单元有一个或多个公共输入时，可以用一个公共控制框来表示这种公共输入关系。除非图形符号中另有关联符号限定（将在下面关联标注中介绍），否则公共控制框的一个输入是位于其下面的每一个单元的输入，如图 5-11 所示。

符号	图形符号	说明
12–05–01	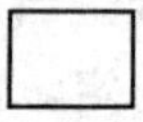	元件框（示出正方形）
12–05–02	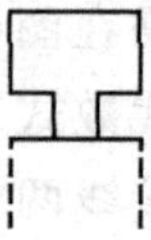	公共控制框
12–05–03	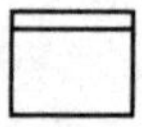	公共输出元件框

图 5-10　三种基本方框

（3）公共输出元件框　当一列的诸单元均有相同的输出时，可用公共输出元件框的一个输出来代替，公共输出元件框的等效原理如图 5-12 所示，其图形与元件框的区别是顶部有两线。

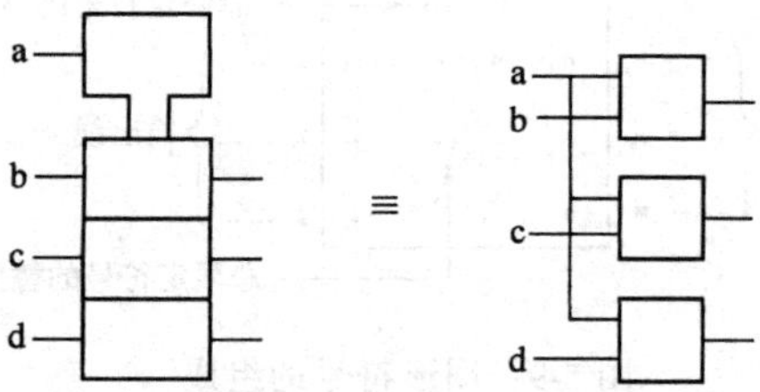

图 5-11　公共控制框输入的等效原理

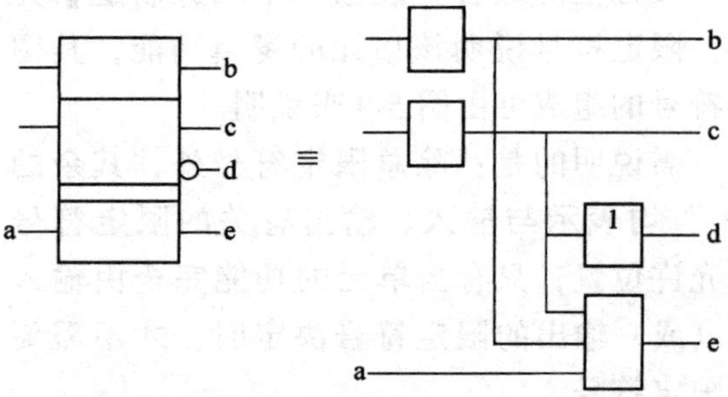

图 5-12　公共输出元件框的等效原理

以上讨论的三种基本方框中，元件框可以单独组成逻辑元件的外形轮廓，其他两种框只能和元件框或它的组合共同组成一个逻辑元件的外形轮廓。

2. 方框的组合

为了简化画法缩小图形面积，相连单元框可以采用组合画法：①邻接法；②镶嵌法。

组合时应遵循以下原则：若相组合的两个方框之间的公共线与信息流方向相同〔如图 5-13a 中两“&”单元之间的公共线〕，则这两个单元之间无逻辑关系；若相组合的两个单元的公共线与信息线流动方向垂直，则这两个单元之间至少有一种逻辑关系。单元之间逻辑关系的数量由限定符号来阐明，若此公共线两边无标志，则两单元之间只有一种逻辑联系，例如图 5-13a 中的每个“&”单元与“≥”单元之间的联系。

三、限定符号

限定符号分为两大类，即总限定符号及同输入、输出有关的限定符号（关联符号应该也是一种同输入、输出有关的限定符号，本教材中因其重要和理解困难而另列一类）。

1. 总限定符号

总限定符号表示图形符号所代表的电路或器件的总体逻辑功能，如“&”表示此电路执行“与”操作功能，“ROM”表示此器件能实现“只读存储器”的功能，表 5-7 列出了常用的总限定符号及其表示的逻辑功能。

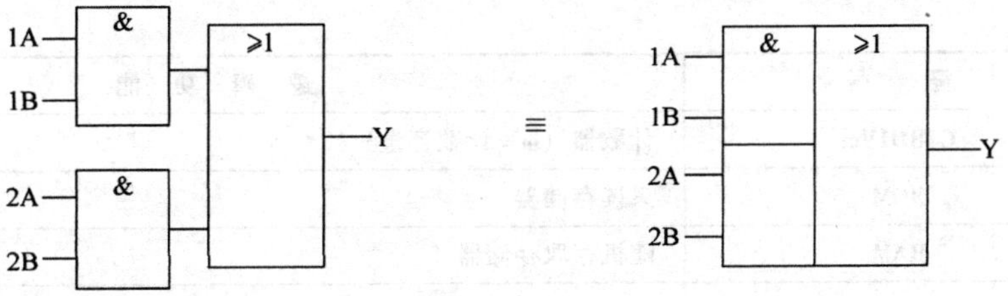

a)

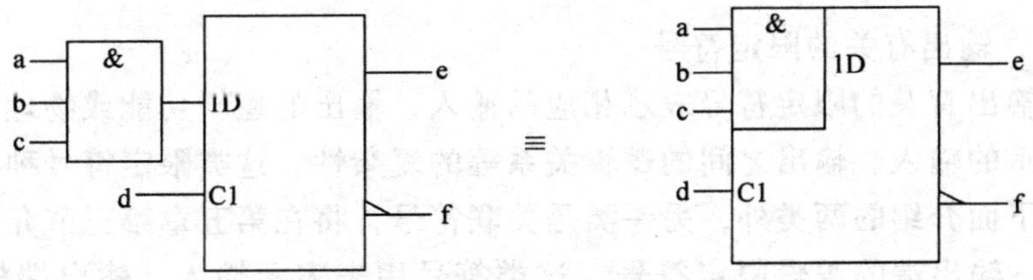

b)

图 5-13　框的组合实例

a）邻接法　b）镶嵌法

表 5-7　常用的总限定符号表

序号	符　　号	逻　辑　功　能
1	&	与
2	≥1	或
3	=1	异或
4	=	所有输入呈现相同状态时，输出才呈现 1 状态
5	2K	1 状态的输入数目为偶数时，输出才呈现 1 状态
6	2K+1	1 状态的输入数目为奇数时，输出才呈现 1 状态
7		施密特触发器双向门槛输入信号
8	x/y	编码器、代码转换器的通用符号
9	MUX	多路选择器
10	DX	多路分配器
11	Σ	加法器
12	P－Q	减法器
13	COMP	数值比较器
14	ALU	算术逻辑元件
15	π	乘法器
16	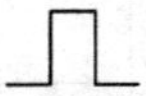	单稳可重复触发
17	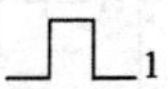	单稳，非重复触发
18	SRGm	移位寄存器（m＝位数）
19	CTRm	计数器（m＝位数）

（续）

序号	符 号	逻 辑 功 能
20	CTRD1Vm	计数器（m = 计数容量）
21	ROM	只读存储器
22	RAM	随机存取存储器
23	CAM	内容可寻址存储器

2. 同输入、输出有关的限定符号

同输入、输出有关的限定符号表示相应的输入、输出的逻辑功能或物理特性。

由于需表示的输入、输出之间的逻辑关系等的复杂性，这类限定符号种类很多，基本可分为三类，除下面介绍的两类外，另一类是关联符号，将在第五章第三节介绍。

(1) 输入、输出端的逻辑限定符号　这类符号用来表示输入、输出端框内外逻辑状态（电平）关系和内部连接处的逻辑状态之间的关系。表 5-8 列出了常用输入、输出端的逻辑限定符号。

表 5-8　常用输入、输出端逻辑限定的符号表

序号	符号表示	说 明		
1	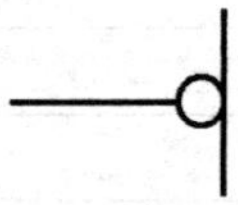	输入端的逻辑非，外部逻辑状态 0 = 内部逻辑状态 1		
2	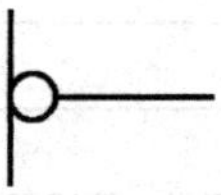	输出端的逻辑非，内部逻辑状态 1 = 外部逻辑状态 0		
3	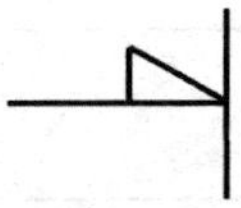	输入端的极性指示符，外部逻辑 L 电平产生内部逻辑状态 1		
4	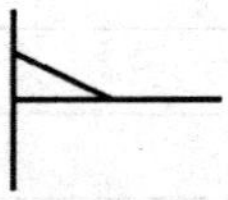	输出端的极性指示符，内部逻辑状态 1 产生外部逻辑状态 L 电平		
		正逻辑时	负逻辑时	极性指示符时
5	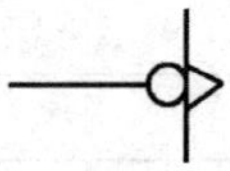	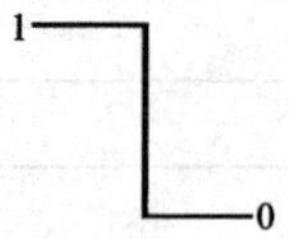 = 内部逻辑状态 1	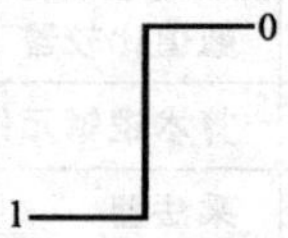 = 内部逻辑状态 1	不用
6	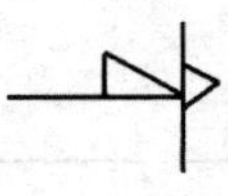	不用	不用	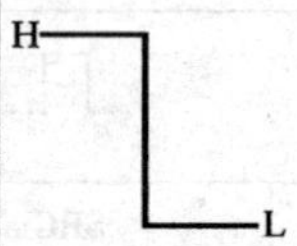 = 内部逻辑状态 1

（续）

序号	符号表示	说　　明
7	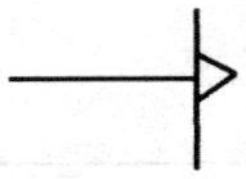	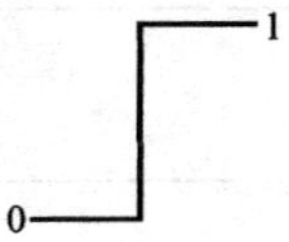 ＝内部逻辑状态 1 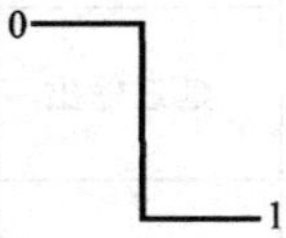 ＝内部逻辑状态 1 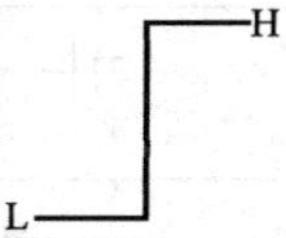 ＝内部逻辑状态 1
8	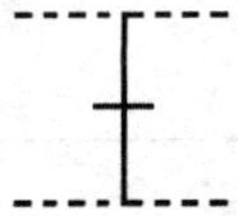	内部连接：左边单元输出端的内部逻辑状态 1＝右边单元输入端的内部逻辑状态 1
9	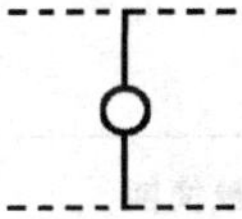	具有逻辑非的内部连接：左边单元输出端的内部逻辑状态 1＝右边单元输入端的内部逻辑状态 0
10	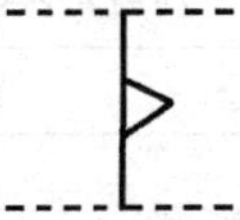	具有动态特性的内部连接：左边单元输出端的内部逻辑状态从 0 到 1 变化＝右边单元输入端的内部逻辑状态 1

表中“内部逻辑状态”指的是逻辑元件图形符号框内输入、输出端所处的逻辑状态，“外部逻辑状态”是指逻辑元件框外输入、输出所处的逻辑状态，对输入端是指任何限定符号（逻辑非符号“○”或极性指示符号“⊾”）之前，该输入端的逻辑状态；对输出端是指任何限定符号（逻辑非符号“○”或极性指示符号“⊾”）之后该输出端的逻辑状态。“外部逻辑电平”所处位置的规定同“外部逻辑状态”。这里的“前”“后”均相对于信息流的流向。

当用图形符号来表示数字器件输入、输出端的逻辑功能时，国标规定可以采用下列两套符号之一：或用逻辑非符号“○”表示的逻辑限定符号，或用极性指示符号“⊾”表示的逻辑限定符号，两者不能混用。

在用逻辑非符号的图上，没有“○”的输入、输出端，其外部逻辑状态与内部逻辑状态相对应，有“○”的则表示外部逻辑状态“0”与内部逻辑状态 1 相对应。

在采用极性指标符的逻辑图上，不存在外部逻辑状态，没有“⊾”的输入、输出端，其外部逻辑电平 H 与内部逻辑状态 1 相对应（正逻辑约定有效）：有“⊾”的则表示其外部逻辑电平 L 与其内部逻辑状态 1 相对应（负逻辑约定有效）。这套符号中，只有框内允许出现内部连接的非符号“○”，如图 5-20 显示译码驱动器 74LS247 图形符号中的“≥1”单元的内部输出“○”符号所示。

(2) 框内符号　框内符号主要用来表示输入端所限定的控制功能或输出端输出状态的限定条件。例如：输入端的“EN”为“使能”输入，它控制所有输出端是否有输出；“▽”为三态输出，表示此输出端的输出状态除了 0，1 两种状态外，还有第三态即高阻状态。常用的框内符号见表 5-9。

表 5-9 常用框内符号

序号	符号表示	说　　明
1	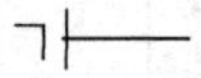	延迟输出
2	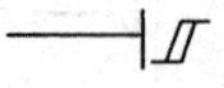	双向门槛输入，具有磁滞现象的输入
3	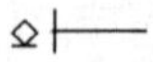	开路输出（L 型）　NPN 开集电极输出等
4	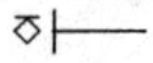	开路输出（H 型）　NPN 开发射极输出等
5	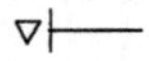	三态输出
6	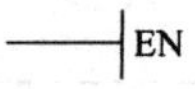	使能输入 { 输入 EN 为内部 1 状态时，所有输出被使能 输入 EN 为内部 0 状态时：H，L 型开路输出 三态输出为外部高阻状态，其他输出为内部 0 状态
7	J，K，R，S，T	不同逻辑功能触发器的有关输入
8	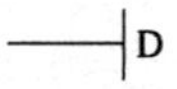	存储单元的数据输入
9	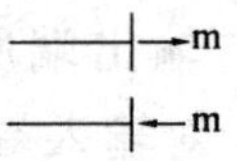	移位输入从左到右（从右到左）或从顶到底（从底到顶） （m = 1，2，3，…）
10	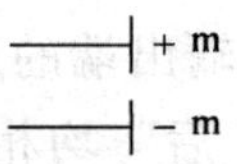	正（逆）计数输入　（m = 1，2，3，…）
11	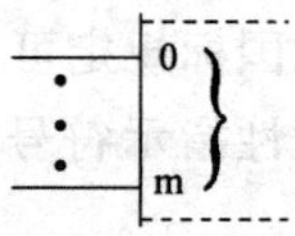	多位二进制数输入的位组合　（m 是 2 的最高次幂）
12	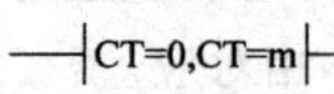	内容输入，内容输出 m = 0，1，2，…
13	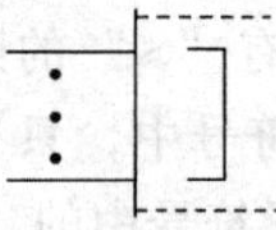	在输入边的线组合，表示 2 根或 2 根以上的引线实现一个逻辑输入
14	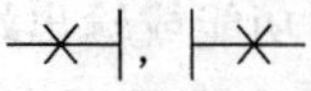	不是逻辑输入（输出）

第三节　关联符号及关联标注法

一、概述

关联符号也是一类与输入、输出有关的限定符号，这类限定符号是通过关联标注法确定的。

关联标注法是用来注明二进制逻辑元件的输入之间，输出之间或输入与输出之间逻辑关系的一种方法。用它来阐明逻辑功能时，不必实际画出所有单元和所包括的互连线，所以对简化图形符号意义重大。

标准中关联的双方采用“影响”和“受影响”两个述语。每种关联所涉及的两类对象，一类是主动的起控制作用的，另一类是被动的，受第一类控制的。标准中把这两类对象分别称作“影响输入（或输出）”和“受影响输入（或输出）”。

二、关联符号的标注方法

使用关联标注法时，关联符号（关联标记字母）后跟一个关联标记序号（一般用数字）放在“影响”端，则凡标出同一关联标记序号的输入、输出端均为受此“影响”端影响的“受影响”端。

例 5-2　图 5-14 所示的 JK 触发器的关联符号，其中

C——关联（控制关联）标记字母。

“C1”——在“影响”输入端的关联标记。

1J 的“1”和“1K”的“1”——在相应的“受影响”输入端的关联标记序号。

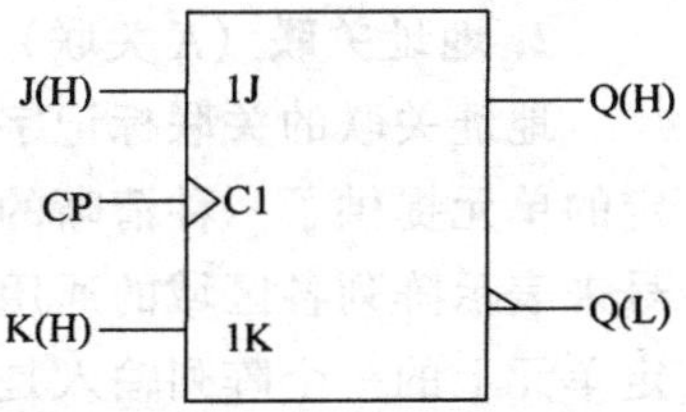

图 5-14　关联标注示例

1）“影响”输入（或输出）的关联标记由两部分组成。关联标记字母在前，关联标记序号紧跟在后。关联标记字母是由标准规定的，常用的关联符号的标记字母如表 5-10 所示。

表 5-10　常用关联符号标记

关联类型	关联标记字母	关联类型	关联标记字母
地址	A	非	N
控制	C	复位	R
使能	EN	置位	S
与	G	或	V
方式	M	互连	Z

2）受影响输入（或输出）的关联标记仅由关联标识序号组成。受影响输入（或输出）端可以是一个，也可以是多个。例如图 5-14 的受影响输入端有两个（1J 和 1K）。

3）如果起控制作用的是“影响”输入（或输出）的内部逻辑状态的补状态，则应在“受影响”的相应输入（或输出）的关联标识序号上加一横线，如图 5-15 中的“$\overline{1}$”。

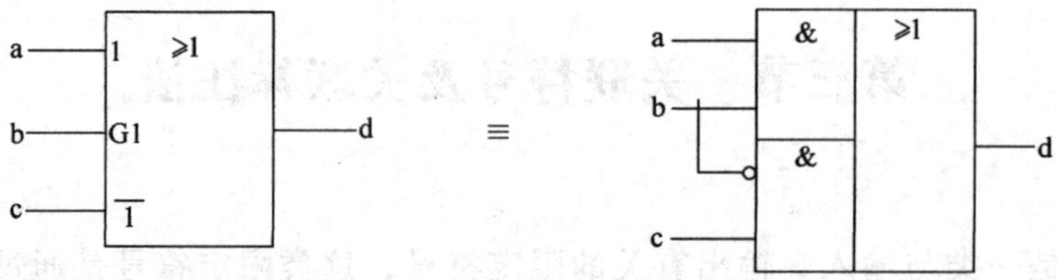

图 5-15 关联标注的等效功能

4）当有大于一个“影响”输入（或输出）对某一“受影响”输入（或输出）起关联控制作用时，则在此“受影响”输入（出）上应从左向右依次标出对它起作用的各个“影响”输入（出）的相应标识序号，中间以逗号隔开。例如图 5-20 所示的 Ya ~ Yg 各端上的“20”和“21”分别是“或关联”和“与关联”的标识序号（由关联符号 V20 和与关联符号 G21 标记的受影响输入/输出端）。

5）同一个图形符号内，除地址 A 关联外，其他关联字母不能重复。

三、关联符号解释

1. 与关联（G 关联）

受 Gm 输入（出）影响的每一个输入（出）与该 Gm 输入（出）处在相“与”的逻辑关系，如图 5-16 所示。

2. 地址关联（A 关联）

地址关联的关联标记字母为 A。地址关联为那些采用地址控制输入来选择多维阵列中指定的单元提供了一种清晰的表达方式。其典型应用是存储器的图形符号。地址关联只需用符号来表示阵列各区域的通用部分。而不需用符号表示整个阵列。示在这种通用区域的一个特定单元上的一个阵列输入是所选区域相应阵列所有区域各单元共有的；示在这种通用区域的特定单元上的一个阵列输出是所选区域相应单元与该阵列各单元输出相“或”的结果。

例 5-3 每字 2 位的 3 字可读写（随机存取）存储器。

图 5-17 左边公共控制框内的 a、b、c 三端上的“A1、A2、A3”及单元框中 e、f 两端上的 A 都是地址关联标记；前者 A1 ~ A3 等标注“影响”输入的地址；后者输入或输出的 A 标注“受影响”输入（出），两者构成相互呼应的地址关联。与一般的关联标注法不同的是在“受影响”输入（出）处的标识序号不是一个数，而统一用关联标记字母 A 来代替相应的标识序号。

例 5-4 随机存取存储器 2114。阅读图 5-18 的 2114 图形符号，2114 是一个具有 1024（1K）个 4 位可读写存储器的 RAM。

1）根据总限定符号 RAM 1K × 4，即可知这是一个有 1KB（1024B），每个字节有 4 位存储单元的随机存取存储器，用 4 个单元框（组成一个字节）表示存储器的 4 位，靠近公共控制框的最上面的那个单元表示最低位。每个单元框表示隐含有 1024 个存储单元的一个阵列。所以用地址关联表示具有非常简练的优点；

2）地址关联的 A $\frac{0}{1023}$，表示“影响”输入由 10 个地址输入端组合后产生，图中使用了位组合符号。当这些输入在某一时刻为某种代码组合时，即可产生特定的对应地址。例如当图 5-17 的 A0（H）= H，A1（H）~ A9（H）= L 时，表示地址为 1，即选中了 1 单元。单元框中的 A（只标出一个单元）是地址关联中受影响输入（出）处特殊的简略标注法（一般应

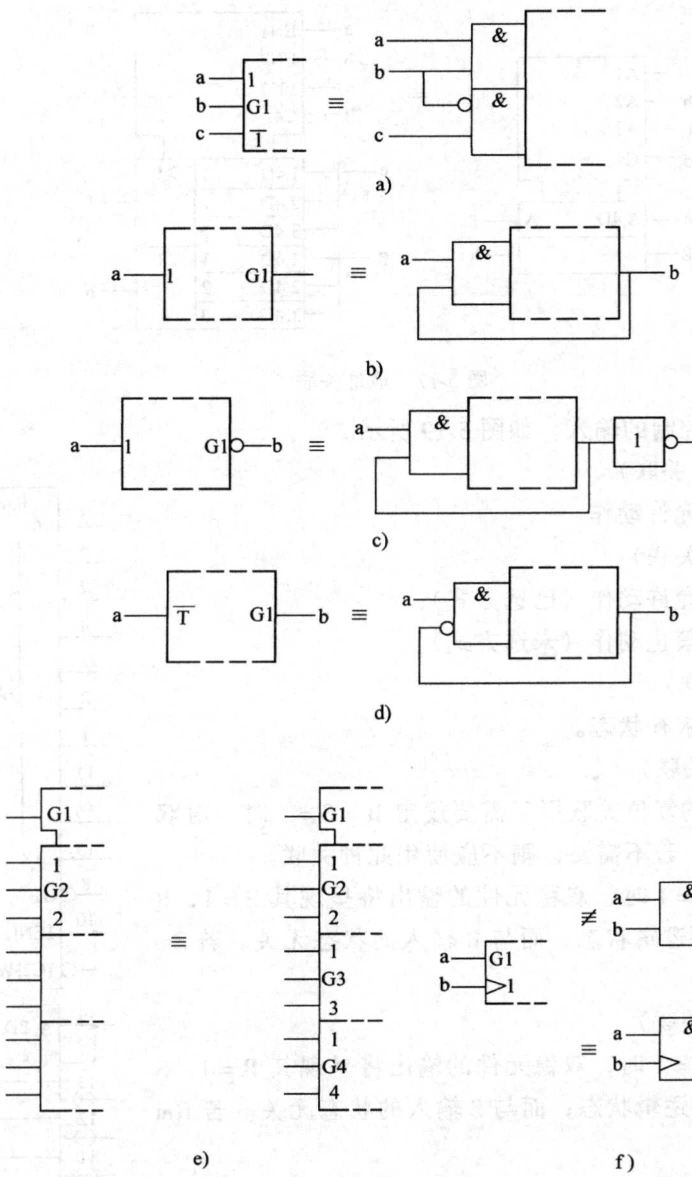

图 5-16　与关联

a）与关联例一　b）与关联例二　c）与关联例三　d）与关联例四

e）与关联例五　f）与关联例六

标出标识序号$\frac{0}{1023}$），这里的 A 即代表$\frac{0}{1023}$，因此它所用的标识序号允许和其他关联标记的标识序号相重复，不受一般关联标注规则的限制。

3）对地址关联呼应关系的理解：当“影响”输入选中某一地址（例如 1）时，相应的存储字节（所选地址为第 1 字节的 4 个单元）有通常规定的作用，即允许向第 1 字节的各个单元写入数据或从其中读出数据。

3. 控制关联（C 关联）

控制关联仅用于时序单元，它可以隐含一个以上单纯的“与”关系，它用来标记产生动

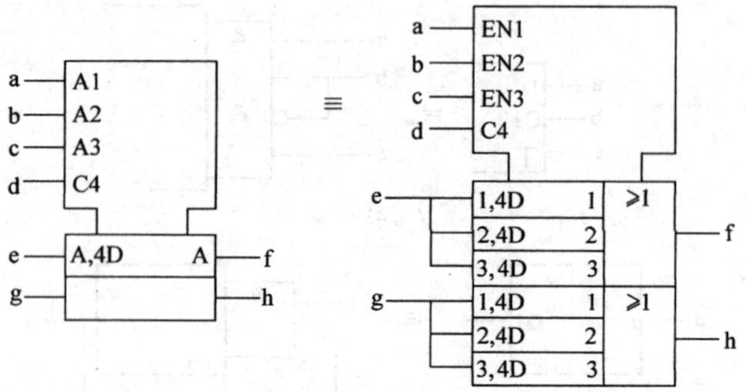

图 5-17 地址关联

作的输入及表明受它控制的输入，如图 5-19 所示。

4. 使能关联（EN 关联）

“影响” =1 时，允许动作。

5. 方式关联（M 关联）

“影响” =1 时，允许动作（已选方式）；

“影响” =0 时，禁止动作（未选方式）。

6. 非关联（N 关联）

“影响” =1 时，求补状态。

7. 置位关联（S 关联）

置位关联和下面的复位关联用于需要规定 R=S=1 时，对双稳元件有作用的场合，若不需要，则不应使用此种关联。

在“影响”端 Sm=1 时，双稳元件的输出将呈现其 S=1，R=0 时通常呈现的内部逻辑状态；而与 R 输入的状态无关。若 Sm=0，则它不起作用。

8. 复位关联（R 关联）

在“影响”端 Rm=1 时，双稳元件的输出将呈现其 R=1，S=0 时通常呈现的内部逻辑状态；而与 S 输入的状态无关。若 Rm=0，则它不起作用。

9. 或关联（V 关联）

“影响” =1 时，“受影响”端置 1 状态。

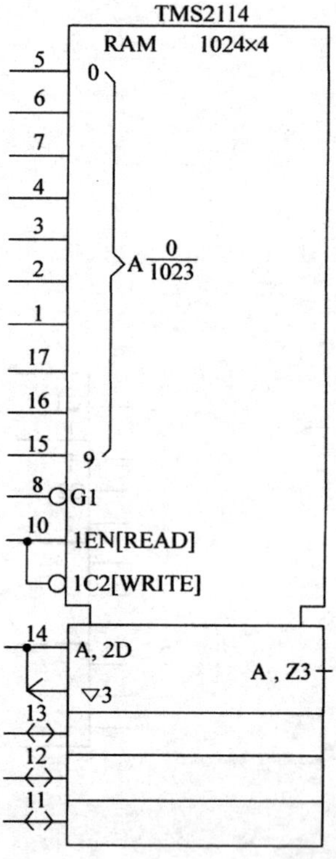

图 5-18 RAM2114 的图形符号

10. 互连关联（Z 关联）

“影响”的内部逻辑状态=1 时，“受影响”的内部逻辑状态被强置为 1。

例 5-5 图 5-20 所示的显示译码驱动器 74LS247 图形符号的逻辑功能分析。

根据图 5-20a，该图形符号总限定符号中的“BIN/7SEG”表明这个元件的主要逻辑功能是把二进制码译成七段显示器码，而总限定符号中的〔T1〕说明另附有 T1 表对显示器的七段译码作了说明，如图 5-20b 和表 5-11 所示。它的控制功能分析如下：

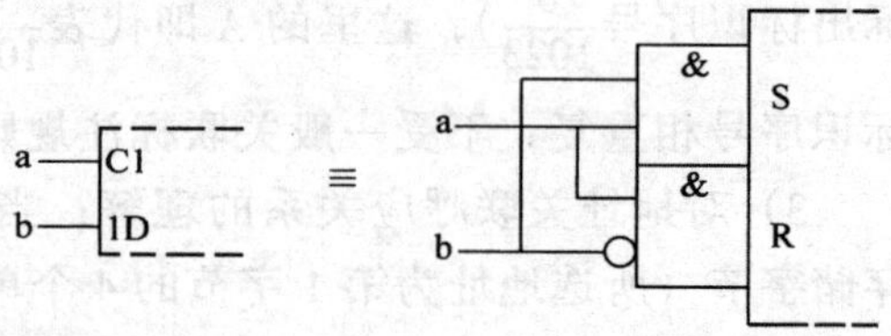

图 5-19 控制关联

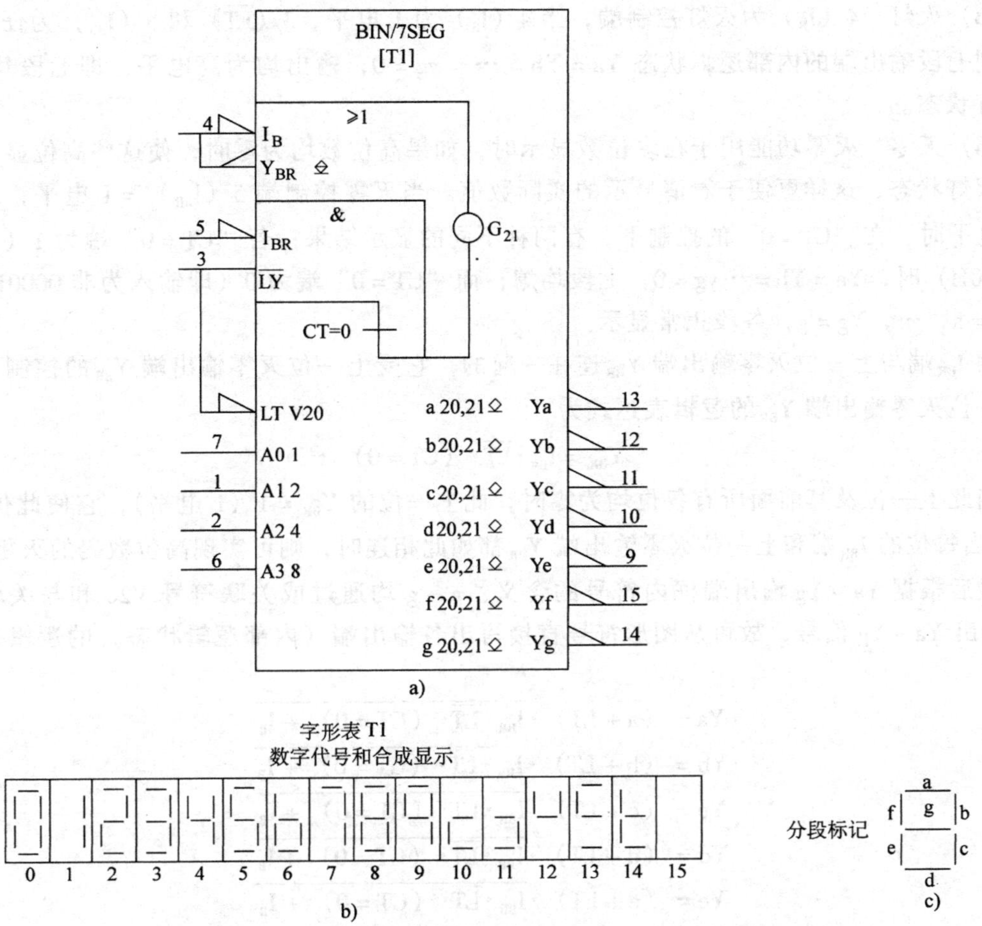

图 5-20　显示译码驱动器 74LS247 图形符号与逻辑功能分析

a）图形符号　b）图形符号的附表 T1　c）七段显示器的分段标记

表 5-11　［T1］表

七段（输出）	输　入　代　码
a	0 + 2 + 3 + 5 + 6 + 7 + 8 + 9 + 13
b	0 + 1 + 2 + 3 + 4 + 7 + 8 + 9 + 12
c	0 + 1 + 2 + 3 + 4 + 5 + 6 + 7 + 8 + 9 + 11
d	0 + 2 + 3 + 5 + 6 + 8 + 9 + 10 + 11 + 13 + 14
e	0 + 2 + 6 + 8 + 9 + 10 + 14
f	0 + 4 + 5 + 6 + 8 + 9 + 12 + 13 + 14
g	2 + 3 + 4 + 5 + 6 + 8 + 9 + 10 + 11 + 12 + 13 + 14

（1）正常显示　当输入控制端 3（$\overline{LT}$）、5（I_{BR}）和 4（I_B）均为 H 电平时，七段输出端的内部逻辑状态分别为 Ya = a，Yb = b，Yc = c……，Yg = g，即显示输入码所确定的代码。

（2）试灯　当 3（$\overline{LT}$）= L 电平，5（I_{BR}）= H 电平，4（I_B）为任一电平时，则七段输出端的内部逻辑状态 Ya = Yb = … = Yg = 1，即显示数字“8”。这种状态可供测试时观察灯的每段能否显示，因此也称$\overline{LT}$为试灯控制端。

（3）灭灯　4（I_B）为灭灯控制端，当4（I_B）为L电平，3（$\overline{LT}$）和5（I_{BR}）为任一电平时，则七段输出端的内部逻辑状态 $Ya = Yb = \cdots = yg = 0$，输出均为高电平，即七段均不亮，为灭灯状态。

（4）灭零　灭零功能用于在多位数显示时，如果高位数均为零时，使这些高位显示器均处于灭灯状态，这样更便于看清显示的实际数值。当灭零控制端5（I_{BR}）$=$ L电平，3（$\overline{LT}$）$=$ H电平时，在“CT=0”的控制下，有两种不同的显示结果：若“CT=0”端为1（即输入为0000H）时，$Ya = Yb = \cdots yg = 0$，七段均熄；而“CT=0”端为0（即输入为非0000H）时，则 $Ya = a$，…，$Yg = g$，各段正常显示。

而 I_{BR} 端与上一位灭零输出端 Y_{BR} 连在一起的，它受上一位灭零输出端 Y_{BR} 的控制。由图得上一位灭零输出端 Y_{BR} 的逻辑表达式为

$$Y_{BR} = I_{BR}\cdot\overline{LT}\cdot(CT=0)$$

所以当此上一位及其前面所有各位均为零时，此上一位的 $Y_{BR}=1$（L电平），它使此位的 $I_{BR}=1$，当每位的 I_{BR} 端和上一位灭零输出端 Y_{BR} 都如此相连时，则可实现高位数码的灭零功能。

最后根据 Ya～Yg 输出端框内符号的含义：a～g 均通过或关联符号 V20 和与关联符号 G21 输出 Ya～Yg 信号，故可从图形符号直接写出各输出端（内部逻辑状态）的逻辑表达式为

$$Ya = (a+LT)\cdot\overline{I_{BR}\cdot\overline{LT}\cdot(CT=0)+I_B}$$
$$Yb = (b+LT)\cdot\overline{I_{BR}\cdot\overline{LT}\cdot(CT=0)+I_B}$$
$$Yc = (c+LT)\cdot\overline{I_{BR}\cdot\overline{LT}\cdot(CT=0)+I_B}$$
$$Yd = (d+LT)\cdot\overline{I_{BR}\cdot\overline{LT}\cdot(CT=0)+I_B}$$
$$Ye = (e+LT)\cdot\overline{I_{BR}\cdot\overline{LT}\cdot(CT=0)+I_B}$$
$$Yf = (f+LT)\cdot\overline{I_{BR}\cdot\overline{LT}\cdot(CT=0)+I_B}$$
$$Yg = (g+LT)\cdot\overline{I_{BR}\cdot\overline{LT}\cdot(CT=0)+I_B}$$
$$Y_{BR} = I_{BR}\cdot\overline{LT}\cdot(CT=0)$$

以上各式中，CT=0 可用 $\overline{A}_0\cdot\overline{A}_1\cdot\overline{A}_2\cdot\overline{A}_3$ 来代替。

四、复杂功能的逻辑元件

对于诸如大规模、超大规模集成电路等复杂的数字电路组件，运用上述的限定符号和关联符号，其图形符号可能还是难于实现，这种情况下可以采用GB/T4728.12中的复杂功能元件图形符号的绘制方法，本书限于篇幅不作进一步的论述，读者在必要时可查阅GB/T4728.12—1996中的第六篇“复杂功能元件”方面的内容。

第六章　计算机绘制电气图

第一节　计算机绘制电气图概述

近年来，随着计算机软、硬件的迅速发展，以及计算机应用的普及，运用计算机绘制电气图已成为十分普遍的现象。

电气图是电气技术领域中用来表达和交流技术设计思想的最基本的技术文件。电气、电子技术的发展，特别是计算机技术的高速发展，使电气图应用范围更加广泛，对绘图质量和速度要求更高，产品的激烈竞争，要求在尽可能短的时间内完成新产品的设计，传统的手工绘图方式已不能适应高速发展的现代产品的设计节拍。为了尽量压缩新产品更新周期，提高生产率，降低产品成本，就必须缩短设计、绘图周期，这样只得求助于计算机。在先进的绘图软件的支持下，计算机实现了绘图和设计自动化，加快了设计与绘图的进度，节省了大量的人力和时间。使产品更具竞争性。因此在学习传统的电气制图的同时，还需学习计算机绘制电气图的先进技术。由于电气图主要是由标准的图形符号组成的，只要绘图软件已建有包含这些图形符号的符号库，那么在计算机上画电气图比画机械图更方便。

目前比较流行计算机绘制电路图软件有 Protel、Orcad、PADSPower、Multism 等。其中 Protel 是国内最早使用和最为流行的计算机绘制电路图的应用软件。1988 年美国 ACCELTechnologiesDos 公司推出了 TANGO 电路设计软件包，随后 ProtelTechnologies 公司适时推出了 ProtelforDos 软件包作为 TANGO 技术的升级版本。随着 Windows 操作系统的开发成功，Protel 公司于 1991 年推出了基于 Windows 平台的 PCB 软件包。次年又推出了原理图设计软件 Protelforwindows1.0。此后，Protel 一直是 PC 平台上最流行的 EDA 工具软件之一。1994 年，Protel 公司首创了 EDAClient/Sever 体系结构，使各种 EDA 工具实现无缝连接，确立了桌面 EDA 系统的发展方向。1996 年 Protel 公司收购了美国 NeuroCAD 公司，成为世界上拥有无网格布线技术的少数几家公司之一。Protel 公司自从 1996 年底推出 EDA/Client 的第三代版本 Protel3 之后，1998 年推出了 EDAClient 98，成为第一个包含 5 个核心模块的真正 32 位 EDA 工具。它将 AdvanceSCH98（电路原理图设计）、PCB98（印制电路板设计）、Route98（无网格布线器）、PLD98（可编程逻辑器件设计）、SIM98（电路图模拟/仿真）集于一体形成一个无缝连接的设计平台。1998 年，Protel 公司引进 Micro Code Engineering 公司的仿真技术和 IncaSEs Engineering Gmbh 公司的信号完整性分析技术，于 1999 年正式推出了 Protel99——具有 PDM 功能的强大 EDA 综合设计环境。2000 年，Protel 公司兼并了美国著名的 EDA 公司 ACCEL（PCAD）。随后推出了 Protel99SE，进一步完善了 Protel99 软件的高端功能，步入了与传统 UNIX 上大型 EDA 软件抗衡的局面。Protel99SE 集强大的设计能力、复杂工艺的可生产性和设计过程管理（PDM）于一体，可完整实现电子产品从电学概念设计到生成物理生产数据的全过程，以及中间所有分析的仿真和验证。

2001 年 Protel 更名为 Altium 公司，随后推出了最新版本的 Protel 软件—Protel DXP。与以前的版本相比较，Protel DXP 的功能得到进一步增强，新增功能如下：

1. 全新的设计方法

在 Protel 99SE 中，项目中的所有文件都放在 DDB 数据库中，而在 Protel DXP 中，设计文件是分散的，甚至可以放在不同的目录下，可以很灵活的把其他目录下的设计文件添加到设计项目中。Protel DXP 可以通过编译来对原理图和 PCB 图进行分析，获得原理图和 PCB 图的全面信息，同时进行查错，还可以通过相应的工作面板，方便地获取这些归类的信息，并且快速地排除错误。

原理图和 PCB 图的同步在 Protel DXP 中得到了改进。在项目中，同步的原理图和 PCB 图中的每个元件都有一个不同的 ID 号，以保持一一对应。同时还可以像 Protell 99SE 一样使用元件标号来同步，但最好是使用 ID 号，因为这样在元件重命名后，就不容易出错。而且在一般的设计中，设计完成时都会要求元件按照其在图样中的位置进行重命名，这个过程 Protel DXP 也完成得很好。

2. 全新的设计界面

在 Protel DXP 原理图的 PCB 编辑器中，使用了很多工件面板，方便了浏览设计和对图样中的实体进行选择。同时在 Protel DXP 中引入了筛选的概念。在 Navigator 面板或其他一些面板中选中的实体会高亮显示，而其他未被选中的则会变暗，且不能进行编辑，这样大大方便了对要编辑的实体的选择，也减少了出错的机会。

3. 在原理图中添加 PCB 设计规则

在原理图的元件属性中可以添加参数，这些参数可以定义为 PCB 设计规则，在原理图设计阶段就可将一些约束添加上去。

4. 多通道设计

对某一设计来讲，常会出现多处完全相同的设计，这种情况下，利用 Protel DXP 的多通道设计的特性可以简化设计。它只需画一张子图来代表相同的设计部分，不需要复制多张子图来代表每一处的相同的设计，而且可以将这些相同的部分定义为相同的布局布线。

5. 组装变量控制

在输出 BOM 表（元件清单）和拾放文件等组装文件时需要把设计的不同部分分开，这时可定义几个不同的组装变量，每个变量对应着一系列的需要进行组装元件，这样就可得到设计不同部分的组装图。

6. 集成元件库

在 Protel DXP 中，引入了集成元件库的概念。一个集成元件库中的元件包括了原理图、PCB 封装、仿真模型、信号完整性模型，甚至还可以添加不同的参数。这样就将原来的原理图库、封装库、仿真库等融合在一起，方便用户使用。

7. 增强的自动布线器

Protel DXP 加强了自动布线功能，而且对 BGA 封装的布线功能也得到了加强。其中有很多的自动布线策略可供选择，用户可以选择符合特定情况的布线策略进行自动布线。

8. 增强的 PCB 布板功能

在 Protel DXP 中，用户可以很方便地定义板框外形，制作一个 PCB 模板也很方便。利用规则定义系统，能够确保设计的正确性。另外 Protel DXP 的自动布局、焊盘的可定义性及分割电源层的设计都得到了加强。

总之，Protel DXP 集强大的设计能力、复杂工艺的可生产性和设计过程管理（PDM）于一体，可完整地实现电子产品从电学概念设计到生成物理生产数据的全过程，以及中间所有分析的仿真和验证。

第二节　电子设计系统 Protel DXP 的设计环境

Protel DXP 是一款 WindowsNT/XP 的全 32 位电子设计系统。Protel DXP 提供一套完全集成的设计，这些工具让设计者很容易地将自己的设计从概念到形成最终的板设计。所有的 Protel DXP 工具需要在一个单一应用环境 - 设计探索者（the Design Explorer）中运行。

一、Protel DXP 的启动

设计探索者是设计者进行电路设计或系统设计的界面。双击 Windows 桌面 Protel DXP 的快捷图标或从 Windows 开始菜单选择 Programe/Altium/Protel DXP，启动 Protel DXP 后，系统显示如图 6-1 的启动界面。界面由菜单栏、工作面板和常用任务的快捷图标等组成。快捷图标包括 Pick a task、open a project or document 和 get help 三部分，其功能如下所示：

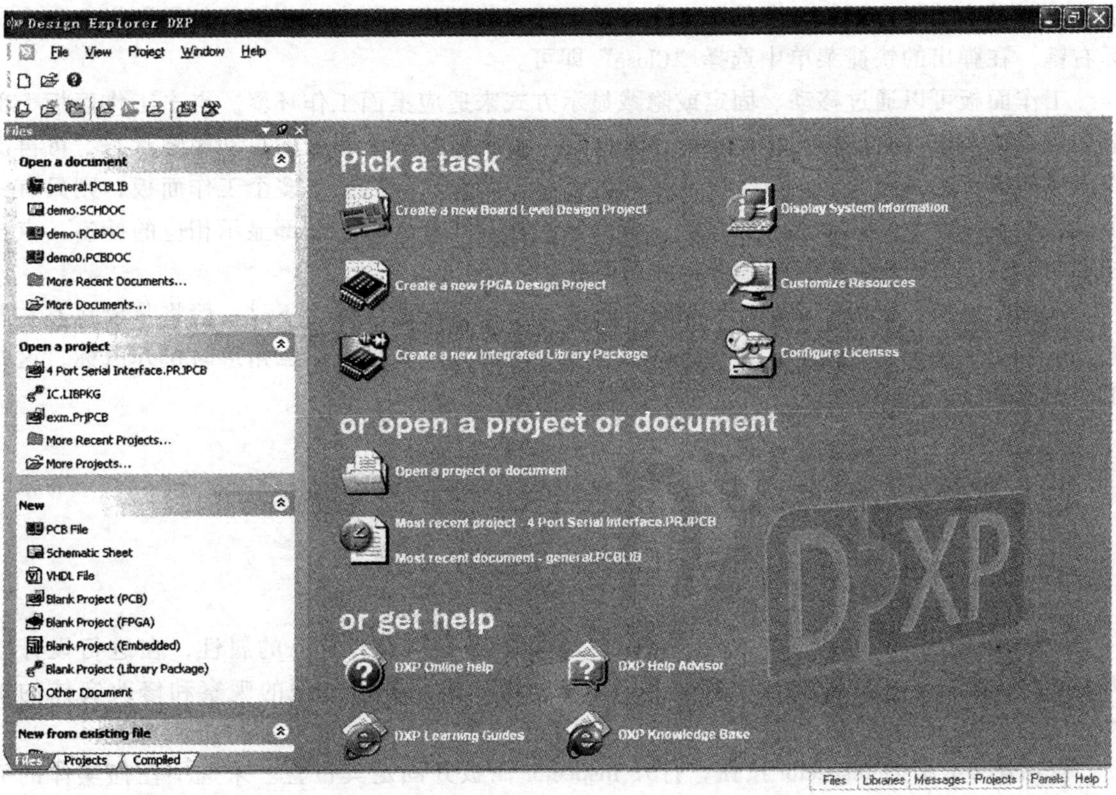

图 6-1　Protel DXP 主界面

1）Pick a task 中有如下 6 个快捷方式：

Create a new Board Lever Design Project：创建新的 PCB 项目；

Create a new FPGA Lever Design Project：创建新的 FPGA 项目；

Create a New Integrated Library Package：创建新的集成库元件；

Display System Information：显示系统信息；

Customize Resources：自定义设计资源；

Configure Licenses：配置许可证。

2）Open a project or document 中有如下 3 个快捷方式：

Open a Project or Document：打开项目文件；

Most recent project - Documents.PRJPCB：最近设计的项目，- 号后为项目名；

Most recent document - sheet1.sch：最近使用的文件，- 号后为文件名。

3）get help 为 4 个帮助文件的获得方式。通常的文件操作环境可以使用这些快捷方式打开。

二、Protel DXP 的工作面板

Protel DXP 可根据当前桌面调整工具栏和菜单栏，主窗口右下方的工作面板根据桌面的工作区状况进行动态调整。图 6-2 为工作文件打开时的工作面板按钮，有 Files（文件管理面板）、Libraries（库文件管理面板）、Messgaes（消息显示面板）、Projects（项目管理面板）、Panels（弹出式面板菜单）、Navigate（导航面板）和 Inspector（监测面板）等按钮。点击相应按钮打开相应的工作面板，要关闭一个不需要的工作面板时，在工作面板的标题栏上点击鼠标右键，在弹出的快捷菜单中选择“Close”即可。

工作面板可以通过移动、固定或隐藏显示方式来适应桌面工作环境。点击工作面板上部形如钉子的按钮，就可将工作面板的位置固定，如要恢复工作面板的自动隐藏状态，可再次点击形如钉子的按钮，这时钉子变成拔起的形状。如果已经打开了多个工作面板，则只有一个工件面板被激活，其他工件面板被隐藏起来，只在工作面板的下部显示相应的标签，点击相应的标签，可在不同的工作面板间进行切换。

工件面板的位置可随意移动，可用鼠标将其拖动到任何位置，不过一般将其放在左右两侧，以免挡住编辑区。拖动工作面板到任一侧，待出现一个橙色的三角形时松开鼠标，这时工作面板就嵌入了窗口边缘，且处于自动隐藏状态。

图 6-2 工作文件打开时的工作面板

1.Inspector 面板

在原理图中每个实体（如元件、导线、网络标号等）都有自己的属性，在进行设计时需要随时了解一些实体的属性，利用 Inspector 面板，用户可以方便的观察和修改实体的属性。

点击图 6-2 中的 Inspector 按钮，打开 Inspector 面板并固定其位置。未选中任何实体的面板是空白的，当选中一个实体时，如 U4，Inspector 面板将显示该元件的各种属性，如图 6-3 所示。

Inspector 面板共分如下 4 栏：

(1) Kind　在 Kind 栏中显示了选中实体的类型，这时实体类型是 Part，表示 U4 为元件实体。

(2) Design　在 Design 栏中显示的信息表示实体属于哪个文件，本例中 U4 属于

demo.SCHDOC。

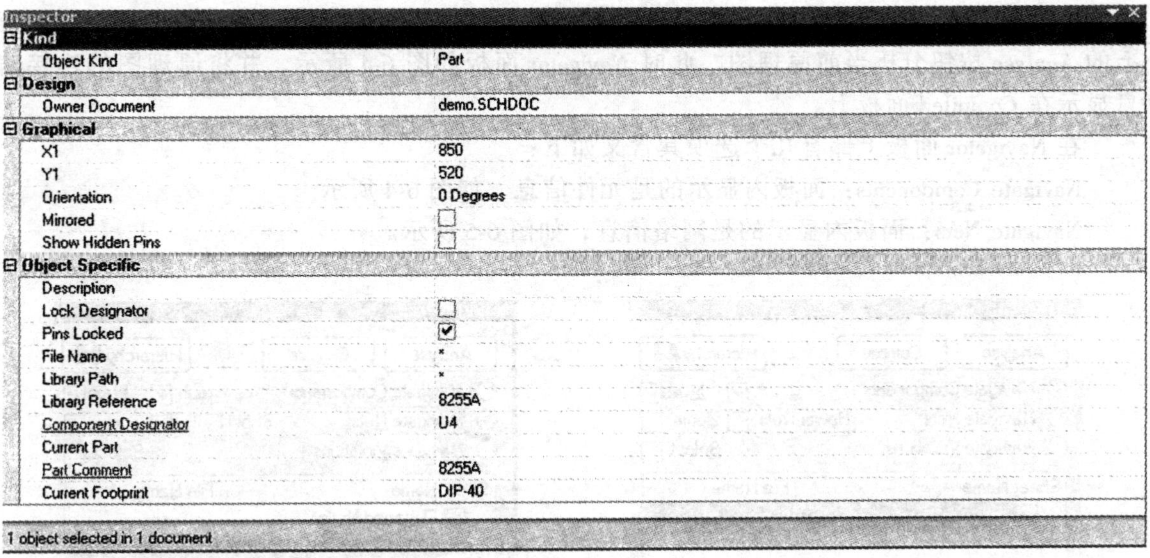

图 6-3 Inspector 面板

(3) Graphical 在 Graphical 栏中给出实体的显示及位置信息。

X1、Y1：实体在原理图中的位置坐标。

Orientation：实体的方向，可将实体 0°、90°、180°、270°方向旋转。

Mirrored：选中该项可将实体进行镜像翻转。

Displayed Mode：显示模式，一般不做修改。

Show Designator：是否显示元件标号。

(4) Object Specific 在 Object Specific 栏显示有关实体的细节信息。

Description：对元件的简要描述。

Lock Designator：锁定元件标号。

Pins Locked：锁定元件管脚。如果解除锁定，在原理图上可以修改元件管脚。

File Name：如果这个元件还代表一个子设计，则 FileName 就代表该子设计对应的设计文件名。

Library Path：元件库路径。

Library Reference：元件对应的元件参考名。

Component Designator：元件标号。

Current Part：对于由多个部件组成的元件，这一项指出了该部件在元件中的顺序。

Part Comment：元件型号。

Current footprint：元件封装。

实体的属性信息可在 Inspector 面板中修改，但修改后必须通过回车键加以确定，否则所做的修改无效。

2. Navigator 面板

Navigator 面板的主要作用是对整个原理图的信息进行汇总和选择。用户可以通过它来了解原理图的连接情况，检查元件和网络的连接关系是否正确。

在通过 Navigator 面板查看连接关系之前要先对原理图进行编译，否则 Navigator 面板里面什么内容也没有。执行菜单 Project/Compile PCB Projects 命令编译项目，或点击 Navigator 面板上的 Analyse 按钮分析当前原理图，此时 Navigator 面板如图 6-4 所示，并将原理图的连接信息显示在 Compiled 面板上。

在 Navigator 面板上部有几个选项其含义如下：

Navigate Components：面板内显示的是元件信息，如图 6-4 所示

Navigate Nets：面板内显示的是网络信息，如图 6-5 所示。

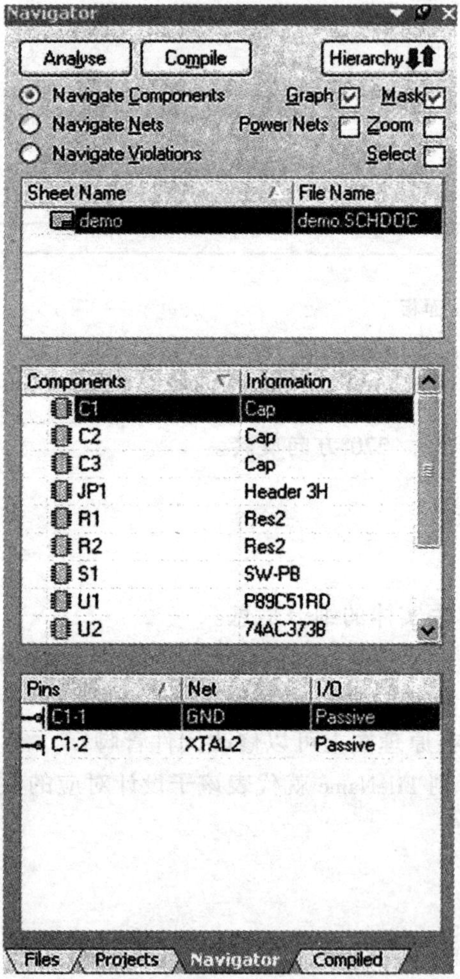

图 6-4　Navigator 面板

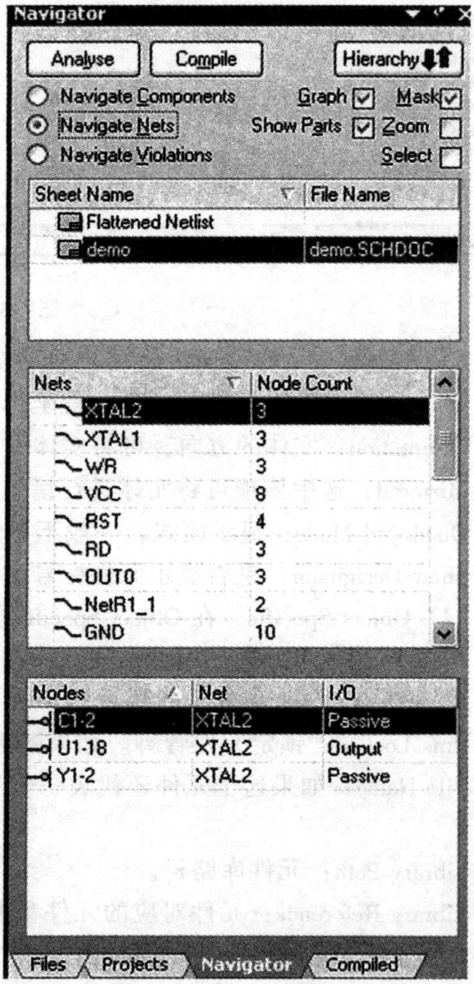

图 6-5　Navigate Nets 面板

Graph：选中该复选框将给出和选中实体有连接关系的元件连接示意图，如图 6-6 所示。

Mask：选中该复选框将会对选中实体进行筛选，将选中的实体高亮显示，而其他实体全部灰显，只有高亮显示的实体才能被编辑，如图 6-7 所示。

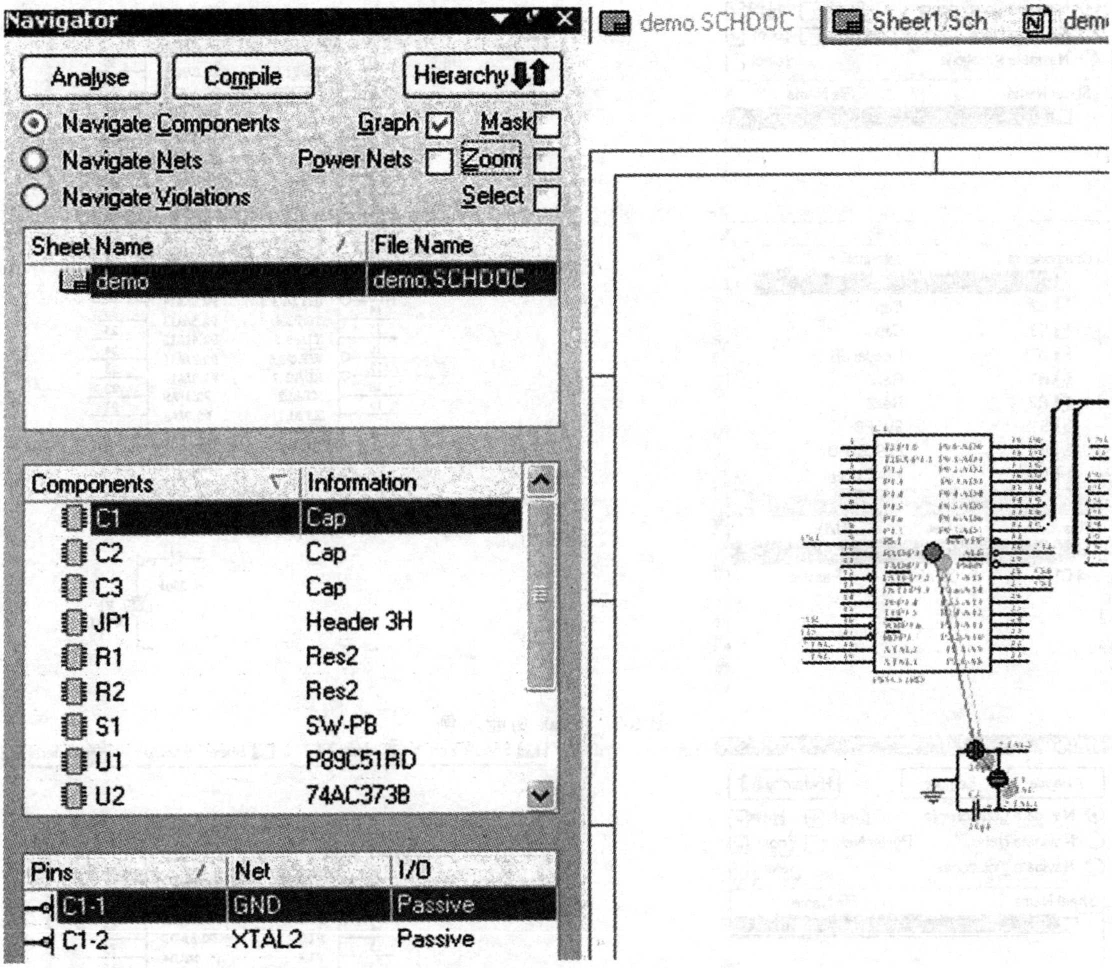

图 6-6　Graph 功能示例

Zoom：选中该复选框将会对选中实体放大显示以利于观察。

Select：选中该复选框将会将选中的实体处于选择状态下，如图 6-8 所示。

Power Nets：选中该复选框将会给出与选中的实体处于同一功能网络的元件连接示意图，如图 6-9 所示。

3. Compiled 面板

Compiled 面板显示的是原理图的连接信息，面板可分为图样、实体、网络、管脚四个部分，如图 6-10 所示。

Documents for... 栏中显示的是项目中各个图样之间的层次关系，“Compiled Schematic Sheets”文件夹中列出了所有项目中已经编译过的图样，双击它可以展开查看这些图样。如果项目是有层次关系的原理图，在这时以缩进格式显示各层次关系。

Instance 栏中显示的是在图样栏中选择的图样中的实体列表，双击实体可查看实体的参数信息、封装信息和元件管脚信息等具体信息。

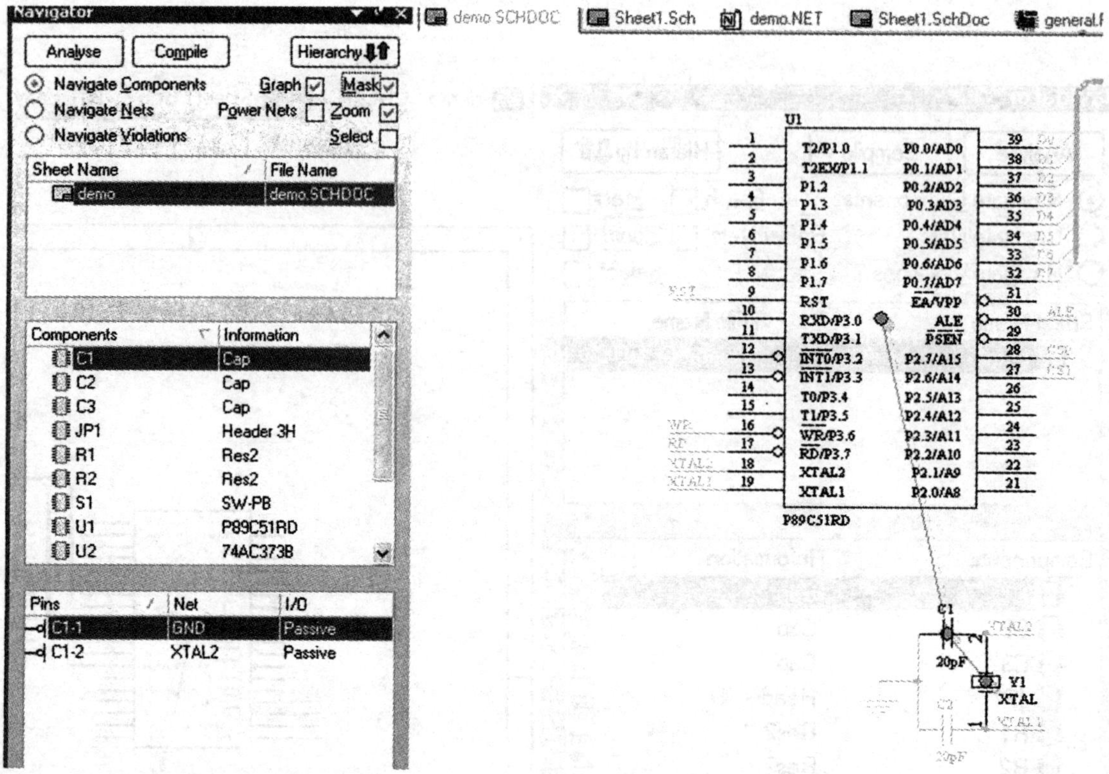

图 6-7　Mask 功能示例

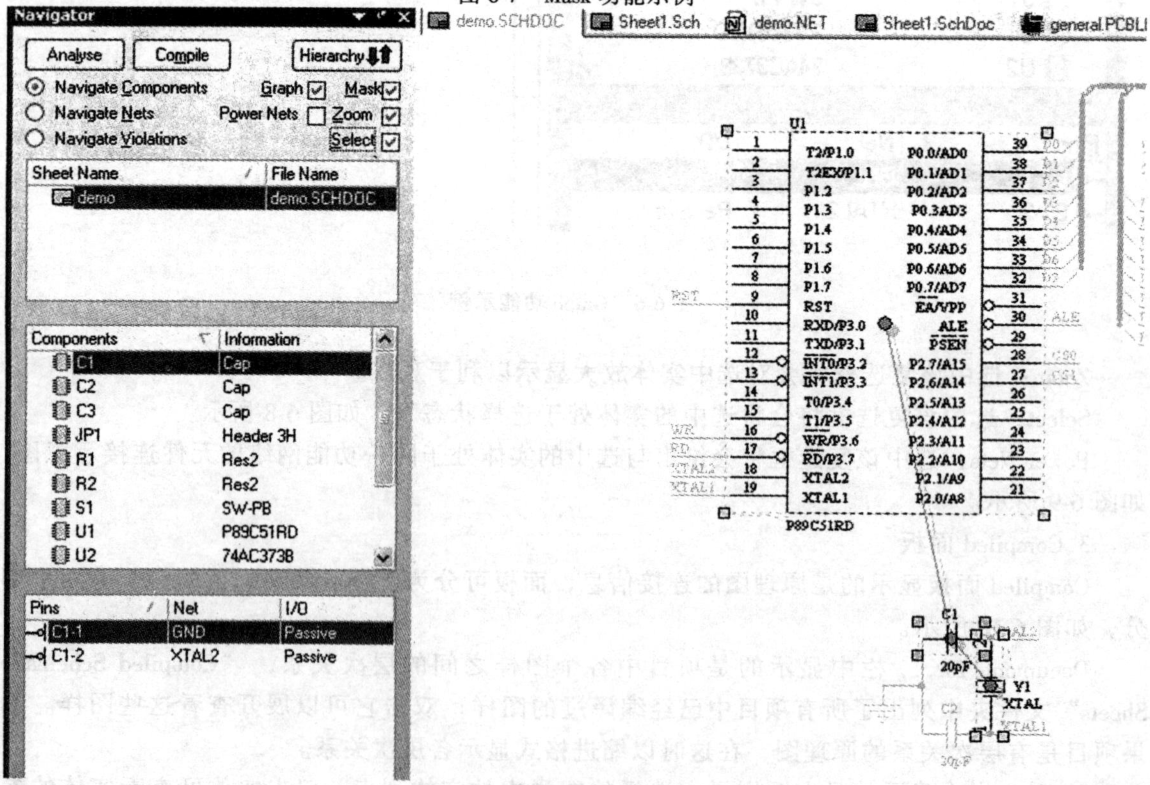

图 6-8　Select 功能示例

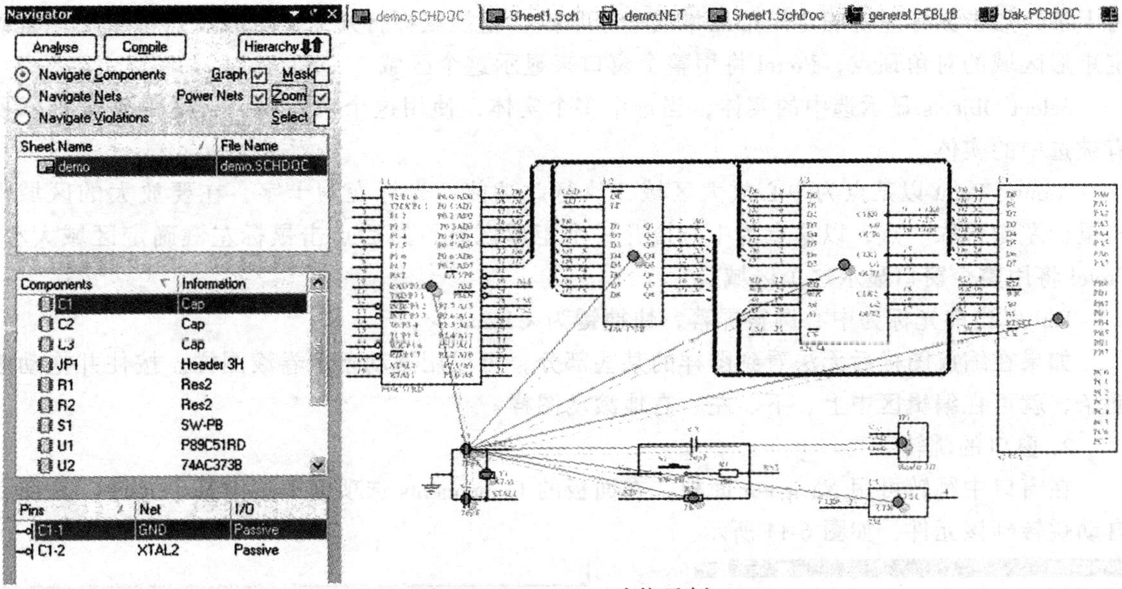

图 6-9 Power Nets 功能示例

Net/Bus 栏中列出了在当前图样栏中所选择图样的网络列表，每个网络都有很详细的信息，连接在该网络上的所有实体（包括元件管脚、网络标号、端口等），在这里都可以看到。节点前带有“+”符号，表示该节点有子节点，展开子节点可以查看更详细的信息。

Component Pins 栏中显示的是 Instance 栏中选中实体的管脚信息。

三、窗口的缩放与跳转

1. 窗口的缩放

在原理图/PCB 图编辑器中，可用窗口的缩放功能观察图样。在 View 菜单中提供了多种缩放视图的方法，常用的几项说明如下：

Zoom In 以光标为中心将图样放大，快捷键为 <Page Up>。

Zoom Out 以光标为中心将图样缩小，快捷键为 <Page Down>。

Fit Document 在窗口中以全图方式显示图样，此命令可观察整个图样的概况。

Fit All Objects 显示图样上的所有实体，快捷键为 <Ctrl + Page Down>，这个命令不显示图样的其他空白部分，既观察了图样的概况，显示比例也比显示整张图样大。

Area 显示指定区域，选择这个功能后，光标变

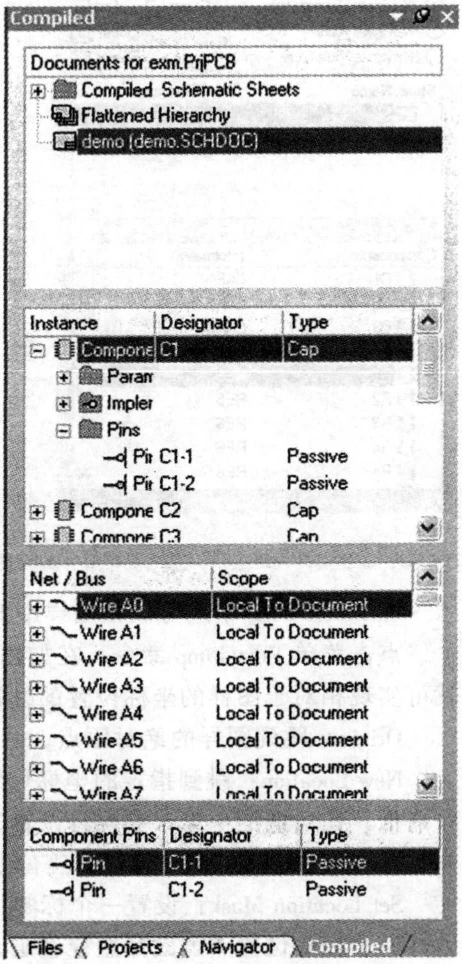

图 6-10 Compiled 面板

为十字，点击鼠标左键确定矩形区域的一个顶点，拖拽鼠标打开一个区域后点击鼠标左键确定矩形区域的对角顶点，Protel 将用整个窗口来显示这个区域。

Select Objects 显示选中的实体，当选中多个实体，使用这个功能将以合适的宽度显示所有被选中的实体。

Around Point 以某点为中心放大区域，执行此功能，光标变为十字，在要放大的区域点击鼠标左键选取一点，以这点为中心拉开一个矩形区域，然后点击鼠标左键确定区域大小，Protel 将用整个窗口显示这个区域。

Pan 以当前光标为中心调整屏幕，快捷键为 < Home > 。

如果在缩放图样后无法看到图样的某些部分，可以用滚动条来卷滚图样。按住并拖动滚动条，就可在编辑区中上、下、左、右地滚动图样。

2. 窗口的跳转

在窗口中跳转可用 Navigator 面板，在面板的 Components 选项框中选中某个元件，光标就自动跳转到该元件，如图 6-11 所示。

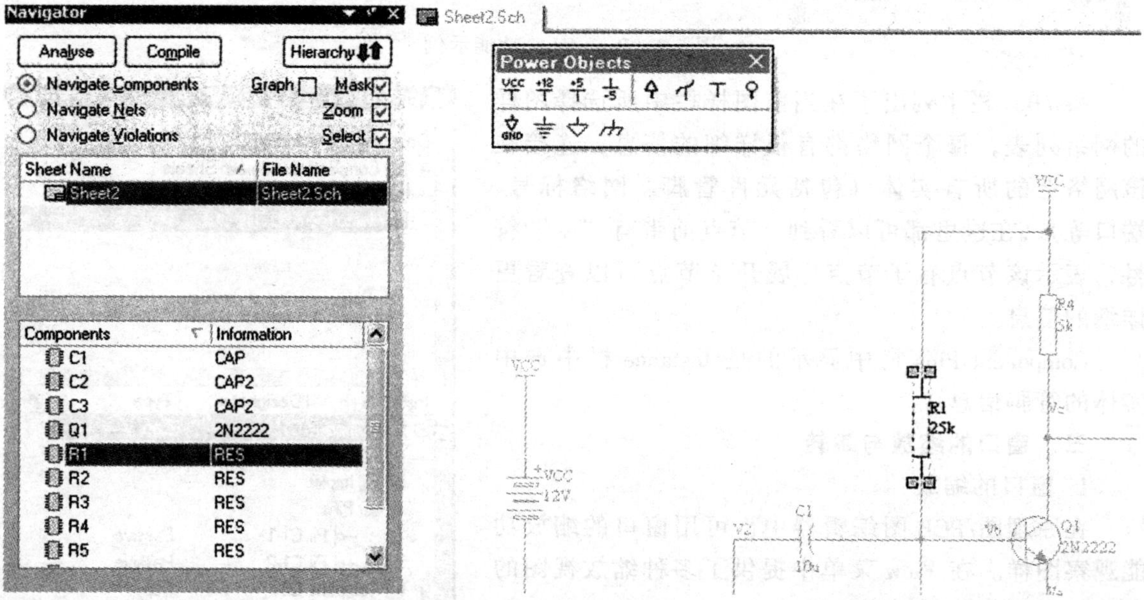

图 6-11　窗口跳转示例

在 Protel DXP 中还可以在图样中的绝对位置之间进行跳转。

点击菜单 Edit/Jump 命令，在如图 6-12 所示的 Jump 的级联菜单中选择进行跳转的操作，就可实现相对于图样的坐标位置的跳转。菜单各选项功能如下：

Origin：跳到图样的绝对原点，一般在图样的最左下角。

New Location：跳到指定的坐标位置，选择该项，系统将弹出如图 6-13 所示的跳转位置对话框，在对话框中输入要跳转位置的坐标值，就会跳到坐标值所在的位置。

Location Masks：跳到某个标签位置处，这个标签由 SetLocation Mask 来设置。

Set Location Mask：设置一个标签位置。选择一个标签后，光标变为十字光标，在图样中选择一个标签位置点击鼠标左键确定，以后就可以用 Jump/Location Masks 命令直接跳转到此标签位置。

图 6-12 Jump 级联菜单

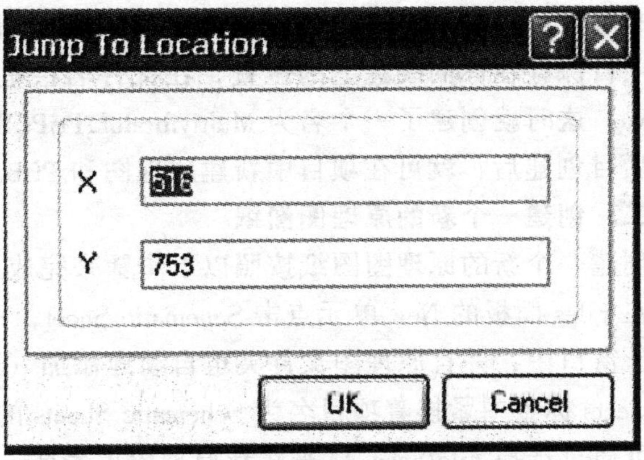

图 6-13 跳转位置对话框

第三节 Protel DXP 的文件管理

在 Protel DXP 中，相关的原理图文件和 PCB 文件都应放在一个设计项目中。在一个项目目录下，不同的文件按其类别放在不同的目录下，如原理图文件放在 Schematic Sheets 目录下，PCB 文件放在 PCBs 目录下。多个项目还可以组成一个项目组。

Protel DXP 不像 Protel 99 SE 那样将一个项目的所有文件都放在一个 DDB 压缩文件中，而是以分散的文件存放的，甚至不需要放在一个目录下，只需将这些文件添加到这个项目中就可以了。

一、创建一个新项目

在 Protel DXP 中，一个项目包括所有文件夹的连接和与设计有关的设置。一个项目文件，例如 xxx.PrjPCB，是一个 ASCII 文本文件，用于列出在项目里有哪些文件以及有关输出的配置，例如打印和 CAM。那些与项目没有关联的文件称作“自由文件（free documents）”。与原理图纸和目标输出的连接，例如 PCB、FPGA、VHDL 或库封装，将添加到项目中。一旦项目被编辑，设计验证、同步和对比就会产生。例如，当项目被编辑后，项目中的原始原理图或 PCB 的任何改变都会被更新。

建立一个新项目的步骤对各种类型的项目都是相同的。我们将以 PCB 项目为例。首先我们要创建一个项目文件，然后创建一个空的原理图图纸以添加到新的空项目中。创建一个新的 PCB 项目的步骤如下：

1）在设计窗口的 PickaTask 区中点击 Create a new Board Level Design Project。或在 Files 面板中的 New 区点击 Blank Project (PCB)。如果这个面板未显示，选择 File/New/PCB Project 菜单选项，或点击设计管理面板底部的 Files 标签。

2）Projects 面板出现新的项目文件，PCB Project1 . PrjPCB，与“nodocuments added”文件夹一起列出，如图 6-14 所示。

图 6-14 项目创建时的面板

3）通过选择 File/Save Project As 来将新项目重命名（扩展名为 *.PrjPCB）。指定你要把这个项目保存在你的硬盘上的位置，在文件名栏里键入文件名，如 Multivibrator.PrjPCB 并点击 Save。这时就创建了一个名为 Multivibrator.PrjPCB 的项目。

项目创建后，就可在项目中新建原理图和 PCB。

二、创建一个新的原理图图纸

创建一个新的原理图图纸按照以下步骤来完成：

在 Files 面板的 New 单元点击 Schematic Sheet，一个名为 Sheet1.SchDoc 的原理图图纸出现在设计窗口中，并且原理图文件夹也自动地添加（连接）到项目。这个原理图图纸现在列表在 Projects 标签中紧挨着项目名为 Schematic Sheets 的文件夹下。

可通过选择 File/Save As 来将新原理图重命名。

如果你想添加到一个项目文件中的原理图图纸已经作为自由文件夹被打开，那么在 Projects 面板的 Free Documents 单元 schematic document 文件夹上右击，并选择 Add to Project。现在这个原理图图纸就列表在 Projects 标签中的紧挨着项目名下的 Schematic Sheets 文件夹下，并连接到项目文件。

三、打开文件

在 Protel DXP 主界面窗口中选择“Open a Project or Document”选项，将弹出打开文件对话框，在其中列出了最近打开过的文档和项目，直接点击这些文档和项目，即可将其打开。

四、关闭文件

如果要关闭某一个文件，右击该文件左上角对应的标签，弹出如图 6-15 所示的快捷菜单，选择 Close 关闭该文件，选择 Close All Document 关闭所有桌面文件，也可以右击 Projects 工作面板中需要关闭的某个文件名，然后选择 Close 选项。若要关闭当前工作项目，则右击该项目名，然后选择 Close Project 选项。

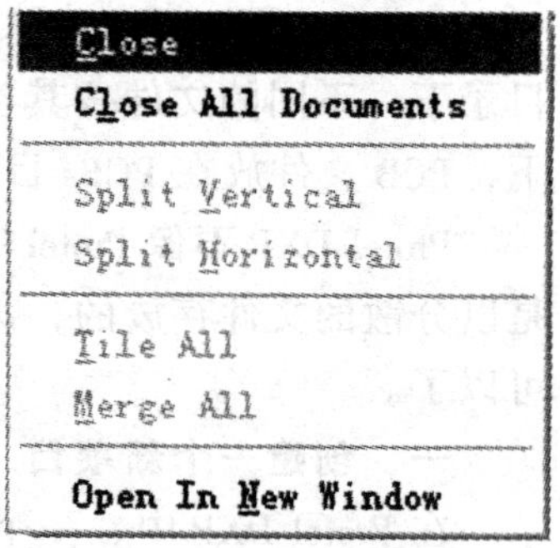

图 6-15 快捷菜单

第七章　原理图设计

电路设计的第一步是进行原理图的设计，本章详细讲述原理图的设计方法及用 Protel DXP 绘制原理图的操作步骤及技巧。

第一节　Protel DXP 原理图设计基础

一、电路原理图的设计步骤

电路原理图设计是整个电路设计的基础，一般电路原理图设计按以下步骤进行：

1）启动 Protel DXP 电路原理图编辑器，进入原理图设计环境。

2）设计电路原理图图纸大小及版面，即根据实际电路的复杂程度来设置图纸的大小、方向、网格的大小及标题栏等。

3）放置元件。用户根据实际电路的要求，将元件从元件库中找出并放置在图纸上。用户可根据需要对元件位置进行调整和修改，并对元件的编号、封装等属性进行设置。

4）原理图布线。用户利用 Protel DXP 提供的各种画线工具和指令将元件用导线连接起来，构成一个完整的电路原理图。连接时要注意布线须符合电气规则。

5）检查原理图。原理图绘制完成后，利用 Protel DXP 提供的电气规则检查功能，检查原理图的连接是否正确，若有错误则对电路图进行修改。

6）生成网络表。

7）打印输出原理图。

二、Protel DXP 原理图设计环境

进入 Protel DXP 的设计环境后，点击 Files 菜单选择 Files/New/Schematic 选项，就建立了一个名为 Sheet1.SchDoc 的原理图文件，该文件也自动地添加到项目中。其界面如图 7-1 所示。可通过选择 Files/Save AS 来将新原理图文件重新命名。

Protel DXP 的原理图编辑窗口由菜单栏、工具栏、原理图编辑窗口等部分组成。在原理图的编辑过程中，用户除了使用菜单命令操作外，Protel DXP 还将一些常用的菜单命令以按钮的形式罗列在工具栏中，用鼠标点击工具栏上的按钮，即可执行相应的操作。

三、图纸设置

在编辑原理图之前，要根据原理图的复杂程度以及打印机或绘图仪的最大打印幅面，选择合适的图纸类型、尺寸、底色及标题栏等，其操作过程如下：

点击 Design 菜单下的 Options 命令，在弹出的对话框内，点击 Sheet Options（图纸选项）标签，在图纸设置框内选择图纸类型、尺寸、底色及标题栏等选项。该设置框的各选项含义如图 7-2 所示。

1. 设置图纸大小及方向

在 Standard Style（标准图纸格式）设置框的 Standard 下拉列表框中选择所需的尺寸类型。

Protel DXP 电路原理图编辑器提供了下列标准尺寸图纸：

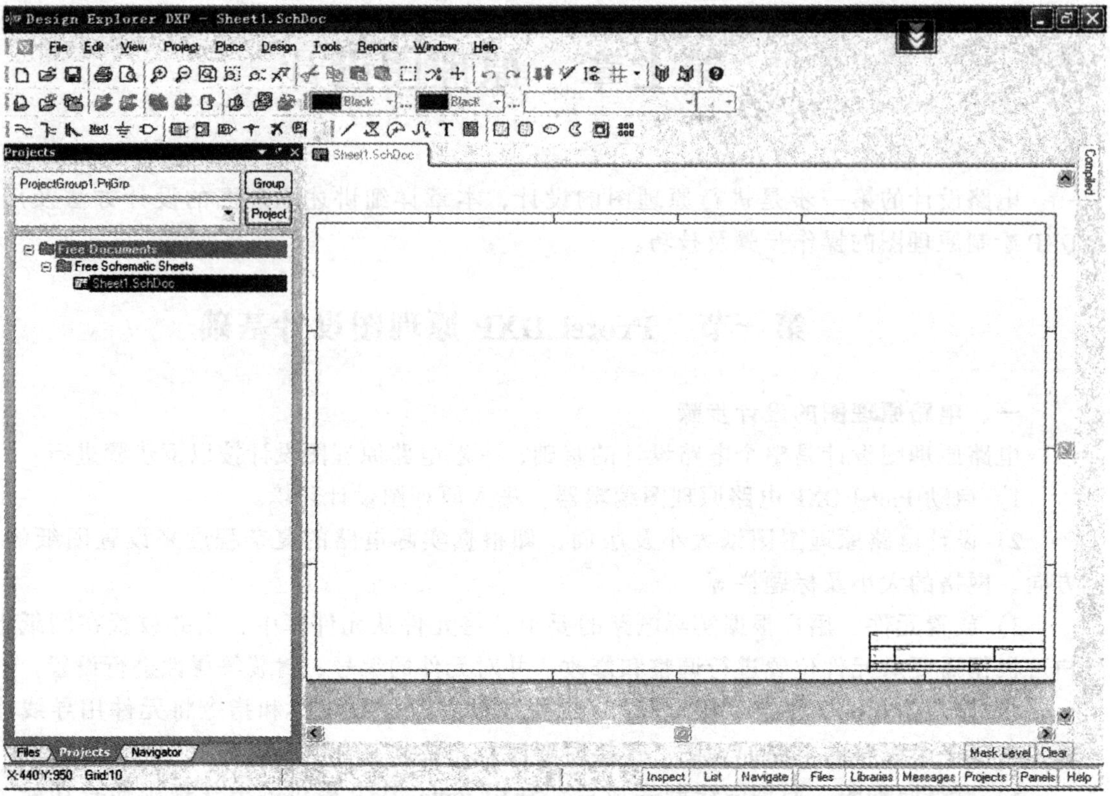

图 7-1 原理图文件的创建

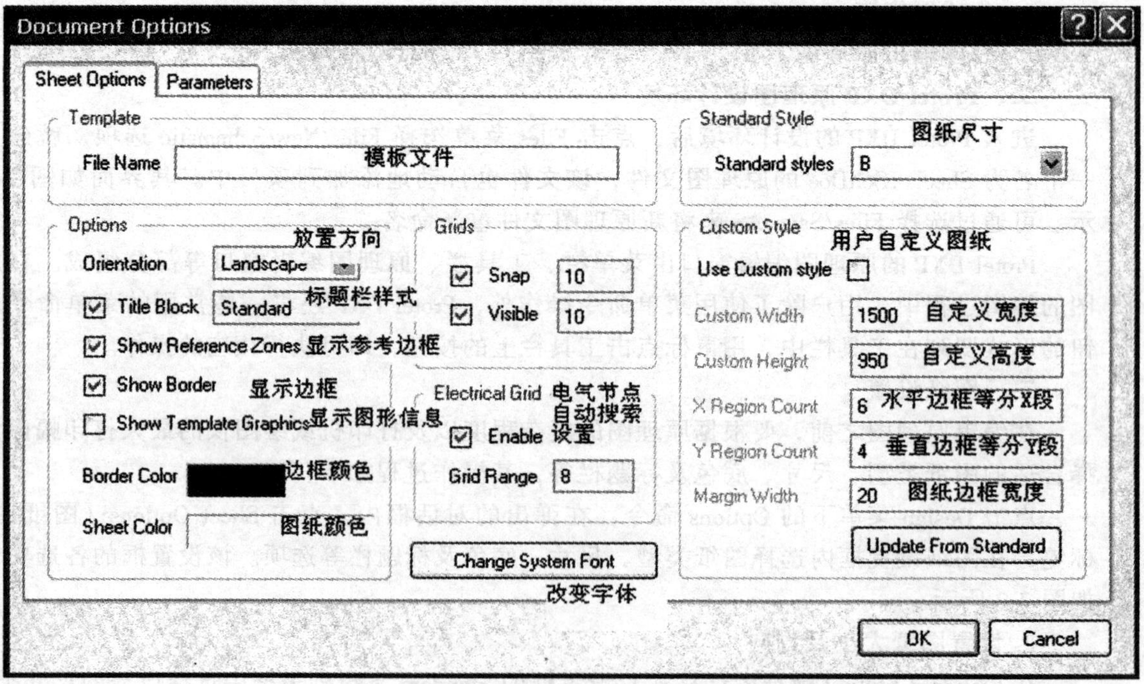

图 7-2 图纸设置

1）公制尺寸规格：A0、A1、A2、A3、A4。

2）英制尺寸规格：A、B、C、D、E。

3）OrCAD图纸规格：OrCADA、OrCADB、OrCADC、OrCADD、OrCADE。

4）其他规格图纸：Letter、Legal、Tabloid。

如标准图纸尺寸不能满足要求，用户可点击 Use Custom Style 复选框，修改有关参数，自行定义图纸尺寸。

图纸显示及打印时的方向在 Options 选项框中 Orientation 下拉列表框中设置。其中 Landscape 为横向，Portrait 为纵向。

2. 设置图纸标题栏

Options 选项框中的 Title Block 复选框为标题栏显示开关，选中该框则显示标题栏，反之不显示，Title Block 复选框右侧的下拉列表框用于设置标题栏格式。Protel DXP 提供了两种格式的标题栏，Standard 格式和 ANSI 格式，分别如图 7-3 和图 7-4 所示。

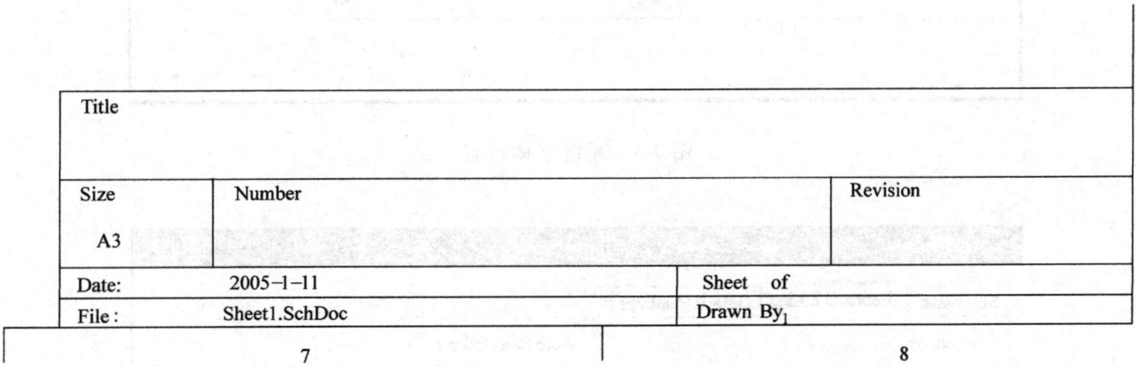

图 7-3　Standard 格式标题栏

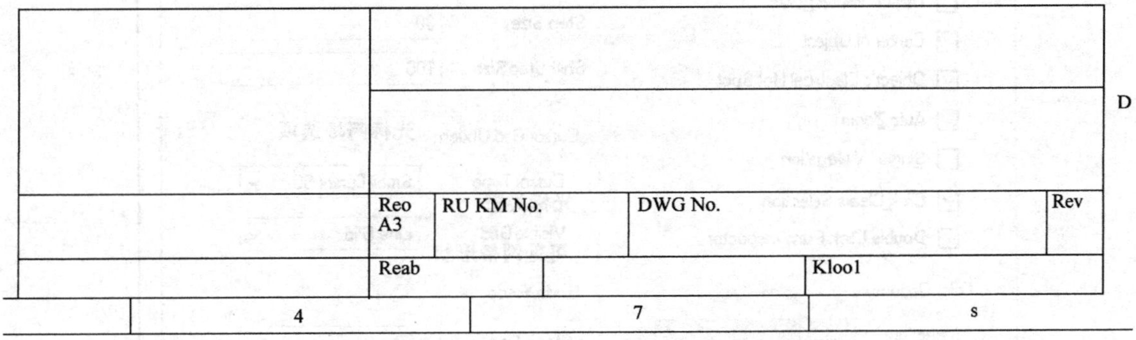

图 7-4　ANSI 格式标题栏

3. 设置系统字体

在图纸上常常需要插入汉字或英文，系统可以对所要插入的字体进行设置。点击图 7-2 所示对话框中的 Change System Font 按钮，系统将弹出如图 7-5 所示的对话框，用户可在此对话框内设置系统字体。

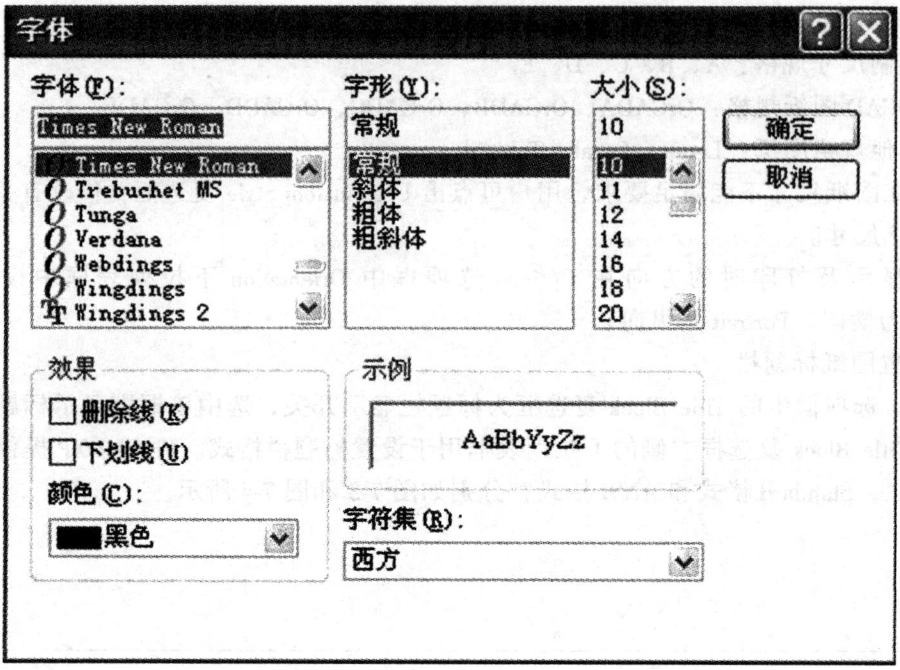

图 7-5　系统字体设置

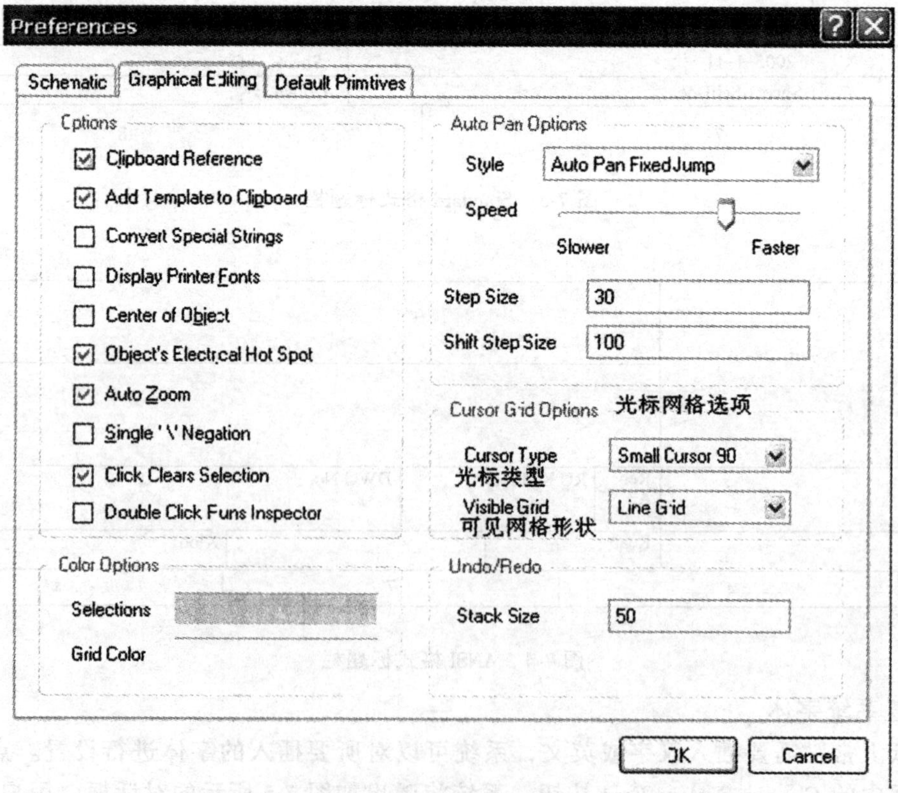

图 7-6　网格和光标设置

四、设置电气节点

在图 7-2 所示的对话框中，Electrical Grid 操作框用来设置电气节点。如选中 Enable 复选框，则在画导线时，系统会以 Grid 中设置的值为半径，以光标所在的位置为圆心向四周搜索电气节点。如在搜索半径内有电气节点，则系统将光标自动移动到该节点，并在该处自动放置一个电气节点。

五、网格和光标设置

Protel DXP 提供了两种不同形状的网格，分别是线状网格（Line Grid）和点状网格（Dot Grid）；三种不同类型的光标，分别是大十字光标（Large Cursor 90）、小十字光标（Small Cursor 90）和小 45°倾斜光标（Small Cursor 45）。

点击 Tools 菜单的 Preferences 命令，系统将弹出 Preferences 对话框，点击 Graphical Editing 按钮，对话框如图 7-6 所示。其中 Cursor Grid Options 操作框用来设置网格和光标的形状，在 Cursor Type 下拉列表框内选择光标类型，在 Visible Grid 下拉列表框内选择网格类型。

第二节　原理图的设计

设置了 Protel DXP 原理图编辑器的工作环境、图纸尺寸等参数后，就可以在当前图纸的工作区内进行原理图设计。

一、装载元件库

在开始原理图设计之前，首先要装载所用元件所属的元件库。此时，如果一次载入过多的元件库，不仅会占用较多的系统资源，也会降低应用程序的执行效率，因此，在原理图设计前只须载入必要而常用的元件库。装载元件库的步骤如下：

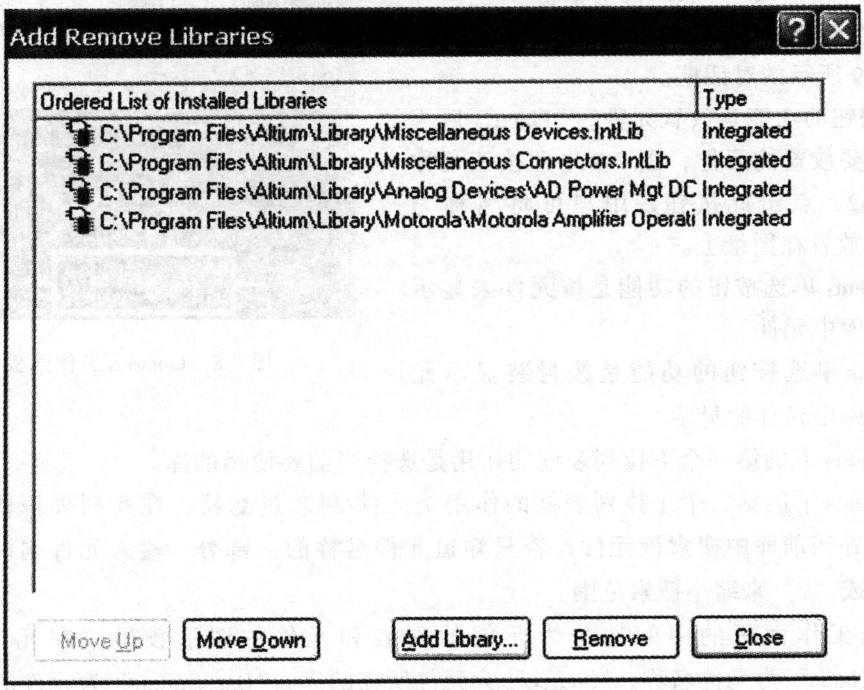

图 7-7　添加/删除元件库

用鼠标点击 Design 菜单的 Add/Remove Libraries 命令或点击工具栏的按钮，屏幕将出现如图 7-7 所示的对话框，点击对话框中的 Add Library 按钮，在弹出的对话框中选择要添加的库即可。对话框中的 Remove 按钮用来删除选中的库，Move Up、Move Dowm 按钮用来上移、下移当前选中的库。

若无法确定元件所属的元件库时，可点击 Design 菜单的 Browse Libraries 命令或点击工具栏的按钮，系统弹出如图 7-8 所示的 Libraries 工作面板，点击其中的 Search 按钮，或点击 Tools 菜单的 Find Component 选项，打开查找库对话框，如图 7-9 所示。其中的 Scope 选项用来设置查找范围，选择 Available Libraries 项则在当前库中查找元件，选择 Librarieson Path 则按 Path 选项框中指定路径的库中查找元件。用户在 Search Criteria 选项框中输入要查找的元件名（Name）及其他元件属性描述信息后，点击 Search 按钮即可查找元件。查找结果在 Result 属性页显示，如图 7-10 所示。点击图中的 Install Library 按钮则把这个库装入元件库。

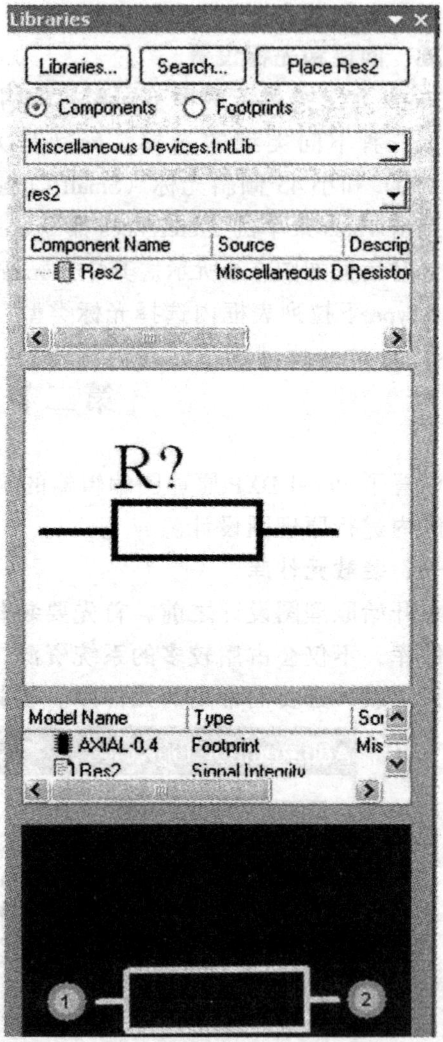

图 7-8　Libraries 工作面板

Libraries 工作面板各部分功能说明如下：

Libraries 按钮用来在设计中添加/删除库，点击此按钮，弹出如图 7-7 所示的对话框。

Search 按钮的功能是库搜索，点击此按钮，弹出如图 7-9 所示的对话框。

Place 按钮的功能是放置元件，“Place” 后为当前选中的要放置的元件，图 7-8 中此按钮名称为 Place Res2，点击此按钮，用户可将名称为 Res2 的元件放置在图纸上。

Components 单选按钮的功能是按元件来显示库，即显示库中元件。

Footprints 单选按钮的功能是按封装显示元件，即显示库中元件的封装。

Components 下的第一个下拉列表框的作用是选择当前要使用的库。

Components 下的第二个下拉列表框的作用是元件/封装过滤器，在此列表框输入元件名如 Res2，则在当前库中搜索该元件，若只知道元件名称的一部分，输入元件名时可使用通配符“ * ”或“?”来缩小搜索范围。

Libraries 工作面板的中间部分为元件的列表和元件的图形预览。在元件列表中，“Component Name” 为元件名称，“Source” 为元件所在的库，“Description” 为元件的说明。

Libraries 工作面板的下部为元件的封装信息及示意图。

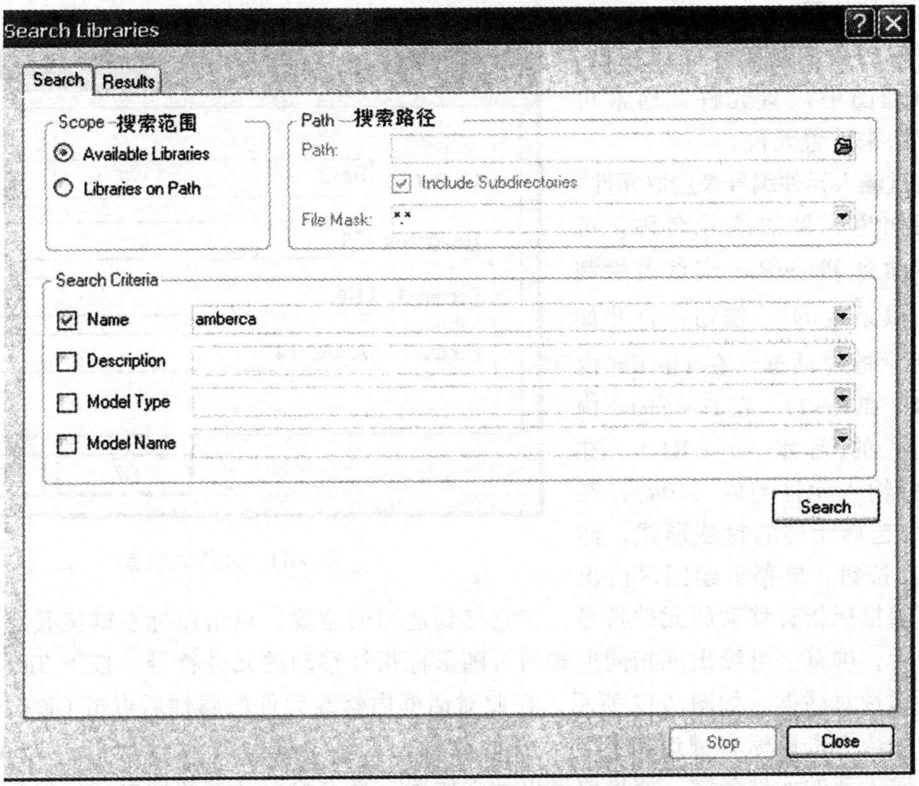

图 7-9　元件库搜索对话框

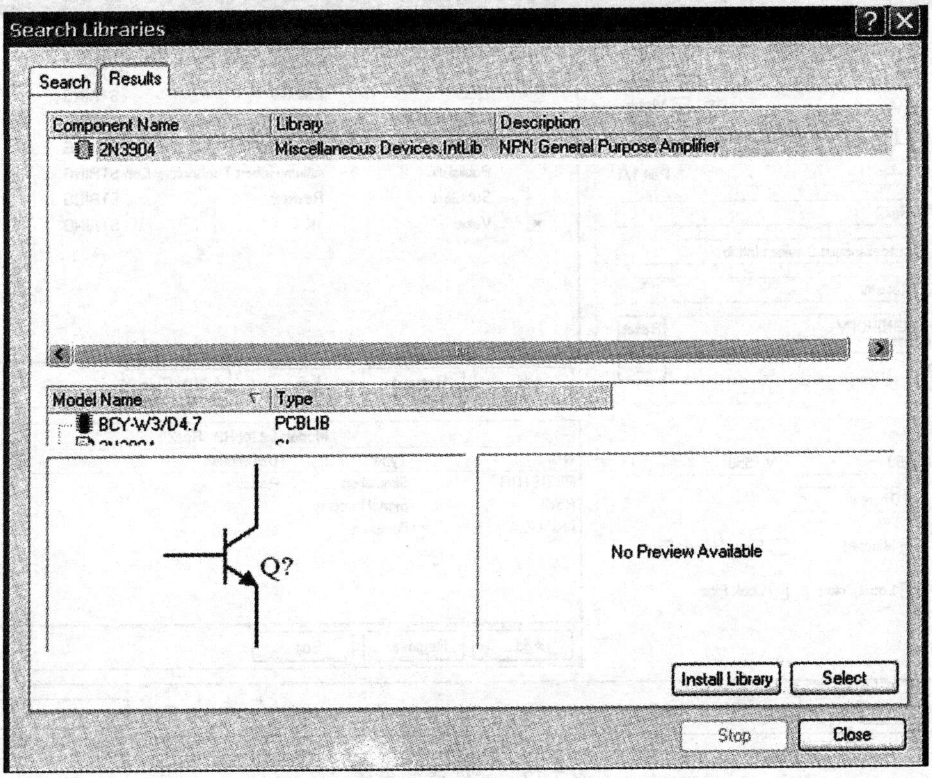

图 7-10　元件查找结果显示

二、元件放置

元件库的添加与删除完成之后，就可在原理图中放置元件。通常可用以下方法来放置元件。

1. 通过输入元件编号来选取元件

如果知道元件的编号名称，可通过菜单命令 Place/Part 或点击绘制原理图工具条上的按钮，打开如图 7-11 所示的对话框，在 Lib Ref 内输入名称（如 Res2），在 Designator 内输入元件的流水号（R1），在 Comment 内输入元件的值（10k），在 Footprint 内选择元件的封装形式，然后点击 OK 按钮，屏幕上绘图区内出现一个可随鼠标指针移动的元件符号，将它移到适当的位置，点击鼠标左键使其定位。完成上述操作后，屏幕上继续出现相同形式的可随鼠标指针移动的元件符号，按下 Tab 键，系统弹出元件属性对话框，如图 7-12 所示，在此对话框内修改元件的属性后点击 OK 按钮，可继续放置元件。点击鼠标右键退出相同元件的放置，这时系统会继续弹出 Place Part 对话框，等待用户输入新的元件名称。如果要退出元件放置，点击 Cancel 按钮即可。

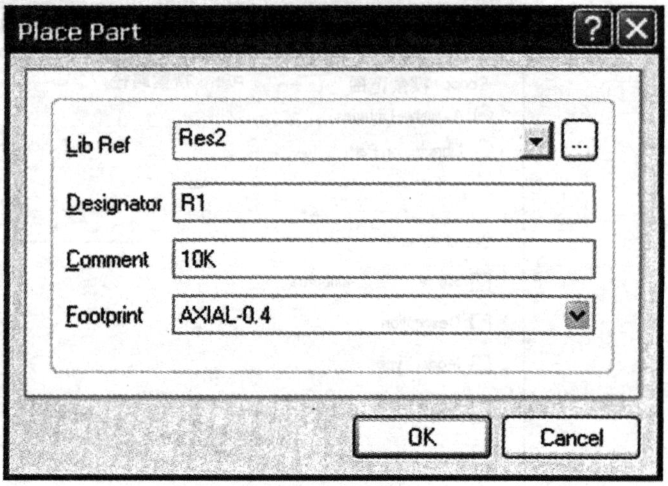

图 7-11　元件的放置

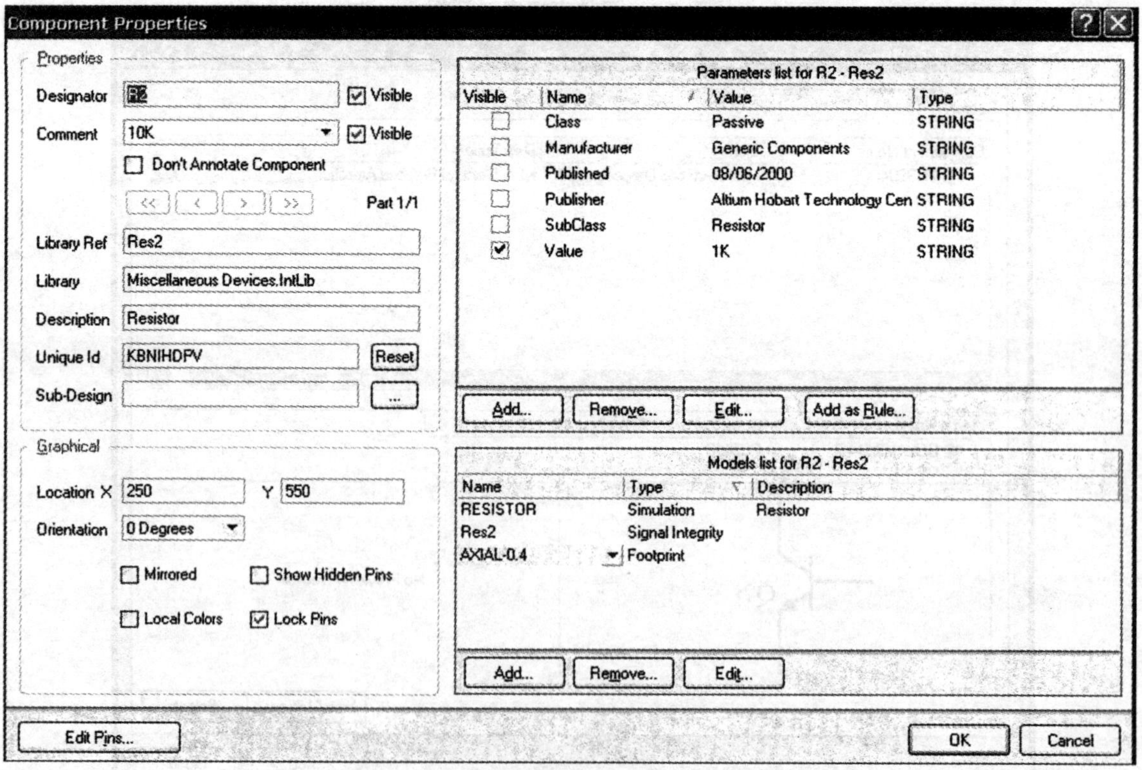

图 7-12　元件属性设置

2. 从元件列表中选取

点击菜单 Design/Browse Library，系统弹出如图 7-8 所示的 Libraries 对话框，首先在元件库栏选取元件库 Miscellaneous Devices.IntLib，然后在元件栏利用滚动条找到 Res2，或在元件过滤器中输入 Res2，点击 Place Res2 按钮，屏幕上绘图区内将会出现一个可随鼠标指针移动的电阻元件符号，将它移到适当的位置，点击鼠标左键使其定位即可完成一个元件的放置，点击鼠标左键可继续放置元件。按鼠标右键即可取消放置元件的操作。也可在元件栏用鼠标左键双击 Res2 将其放置在电路图中。

三、元件的位置调整

元件放置完后，为使原理图布局合理或易于连线，常常要对元件的位置或方向进行调整，调整方法如下：

1. 元件的移动

用鼠标对准所要移动的对象，点击鼠标左键，选中要移动的元件，或在一定区域的左上角点击鼠标左键，然后拖动鼠标到区域的右下角，选中在此矩形框内的所有对象。然后拖动鼠标到所需位置，释放鼠标左键，即完成元件的移动。也可执行菜单命令 Edit/Move/Move，用鼠标左键选中元件，然后拖动鼠标移动元件。另外也可使用菜单命令 Edit/Select 实现对元件的选择。元件选中和移动时的状态如图 7-13 所示。

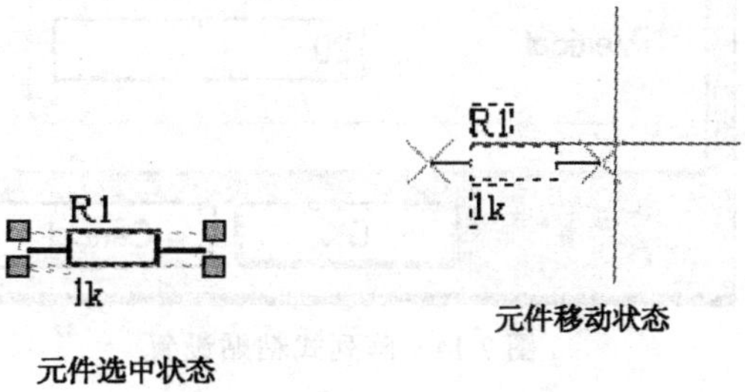

图 7-13　元件选中和移动时的状态

2. 元件的旋转

在元件放置前，用下列按键调整元件的方向：

空格键：每按一次空格键，元件逆时针旋转 90°。

X：左右对称。

Y：上下对称。

3. 阵列式粘贴元件

阵列式粘贴是一种特殊的粘贴方式，它可按指定的间距将同一个元件重复地粘贴到图纸上。下面以电阻为例说明如何实现阵列粘贴。

首先选择需要粘贴的元件，在本例中选中电阻 R1，然后执行 Edit/Copy 命令，此时屏幕上出现十字光标，将光标对准 R1 点击鼠标左键，R1 复制到剪贴板上。接着执行菜单命令 Edit/Paste Array，系统弹出如图 7-14 所示的对话框，框内各选项功能如下：

Item Count：用来设置粘贴元件的个数。

Text Increment：用来设置粘贴元件序号的增量值。

Horizontal：用来设置粘贴元件水平间距。

Vertical：用来设置粘贴元件垂直间距。

设置完成后点击 OK 按钮，屏幕上出现一个十字光标，在图纸上选择一个合适的位置后点击鼠标左键，系统就在图纸上放置了 4 个电阻，如图 7-15 所示。

4. 元件的排列与对齐

Protel DXP 提供了一系列的排列和对齐功能，极大地提高了用户的工作效率。这一功能可用菜单 Edit/Align 中的命令实现。各命令功能如下：

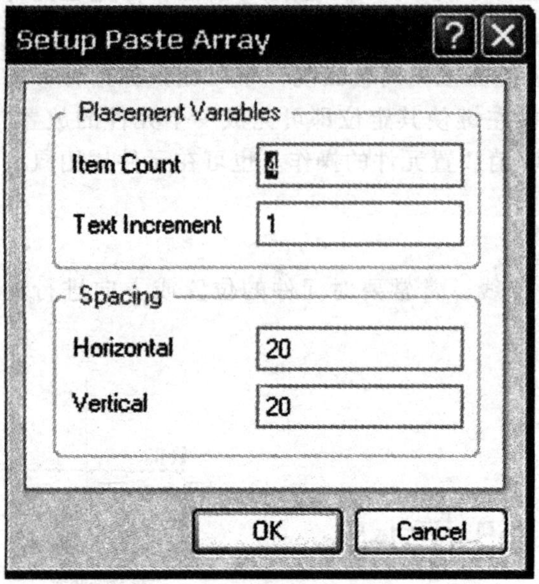

图 7-14　阵列式粘贴设置

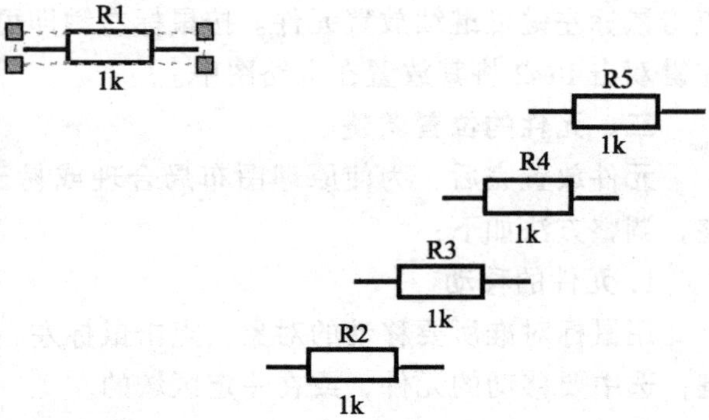

图 7-15　元件的阵列式粘贴结果

Align Left：将选取的元件向最左边的元件对齐；

Align Right：将选取的元件向最右边的元件对齐；

Center Horizontal：将选取的元件向最左边元件和最右边元件的中间位置对齐；

Distribute Horizontally：将选取的元件在最左边元件和最右边元件之间等间距放置；

Align Top：将选取的元件向最上面的元件对齐；

Align Bottom：将选取的元件向最下面的元件对齐；

Center Vertically：将选取的元件向最上面元件和最下面元件的中间位置对齐；

Distribute Vertically：将选取的元件在最上面元件和最下面元件之间等间距放置；

点击菜单命令 Edit/Align/Align，系统弹出如图 7-16 所示的对象对齐或设置对话框。框内各选项含义如下：

Move primitive To Grid：在对齐时，将元件移到网格点上，以利于线路的连接。

Horizontal Alignment（水平对齐）区域

No Change：保持原状；

Left：等同于 Align Left 命令；

Right：等同于 Align Right 命令；

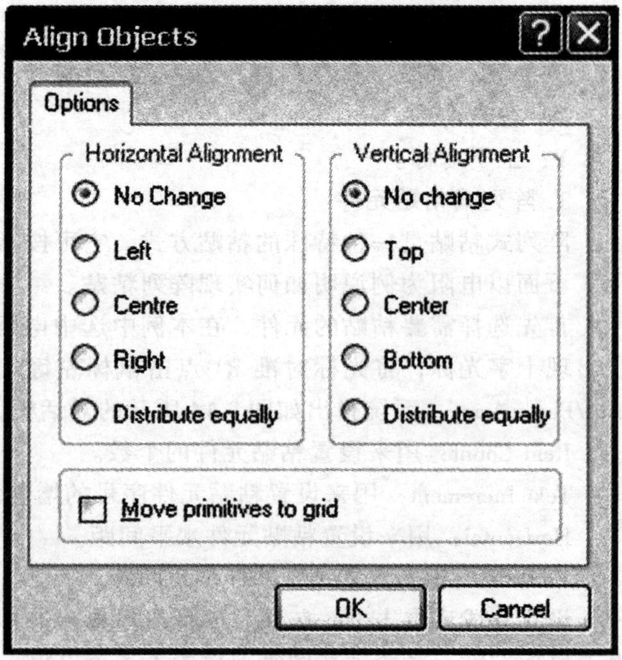

图 7-16　元件对齐方式设置

Center：等同于 Center Horizontal 命令；

Distributeequally：等同于 Distribute Horizontally 命令；

Vertical　Alignment（垂直对齐）区域

No Change：保持原状；

Top：等同于 Align Top 命令；

Bottom：等同于 Align Bottom 命令；

Center：等同于 Center Vertically 命令；

Distribute equally：等同于 Distribute Vertically 命令。

四、放置电源和地线

电源和接地元件可以使用 Power Objects 工具上对应的命令来选取，该工具可通过执行 View/Toolbars/PowerObjects 命令来打开或关闭。点击此工具条上电源/地线符号或使用菜单命令 Place/PowerPort，即可在图纸上添加电源元件或接地元件。在元件放置之前按下 Tab 键，弹出电源/地线选项属性设置对话框，如图 7-17 所示。其中的 Net 为网络标号，默认时为 VCC 或 GND。在 Protel DXP 中，将电源、地线视为一个元件，通过电源或地线的网络标号加以区分，也就是说即使电源、地线符号形状不同，但只要它们的网络标号相同，也认为是彼此相连的电气节点。因此，在放置电源、地线元件时要特别注意。

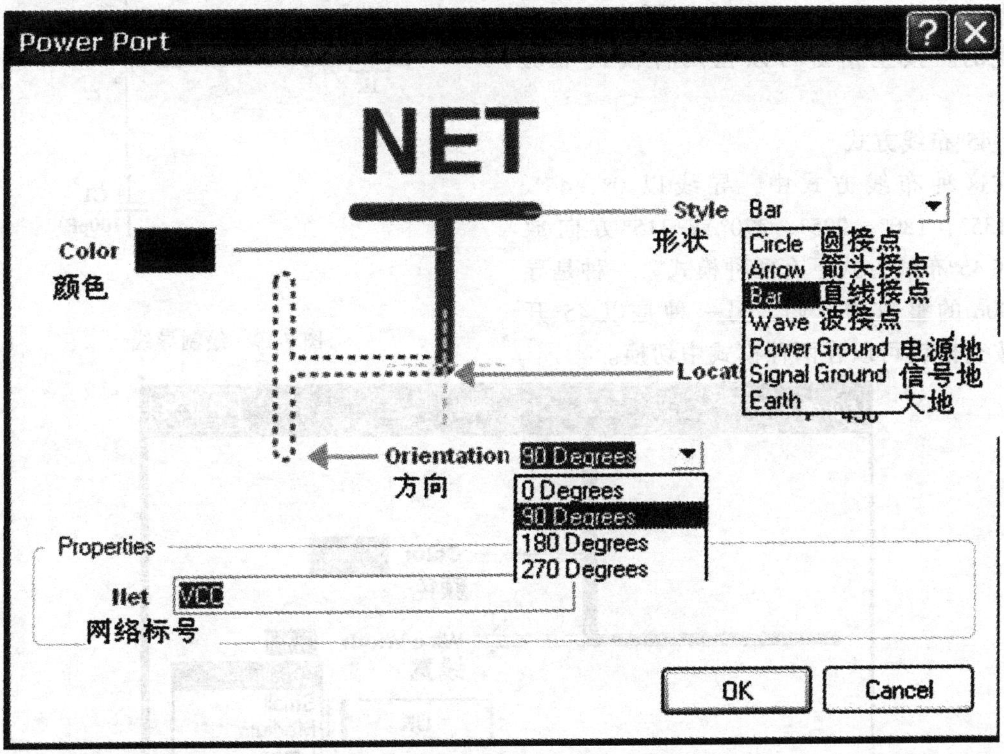

图 7-17　电源/地线选项属性设置窗

五、放置导线

元件放置好以后，下一步工作是用导线将各元件连接起来，在 Protel DXP 中，点击如图 7-18 所示的画线工具中的放置导线按钮，或执行 Place/Wire 菜单命令均可启动放置导线功能，这时屏幕上将会出现带有星形标记的大十字光标，将光标对准所要连接元件的一个端子，光标外将会出现一个红色的连接标记，表示光标在元件的一个电气连接点上，点击鼠标左键或按下 ENTER 键确定导线起点，移动光标到下一点按下鼠标左键或按下 ENTER 键就可绘制出一条导线，如图 7-19 所示。移动光标可继续绘制导线。点击鼠标右键或按下 ESC 键可结束绘制连续导线，但此时光标仍然为十字形状，表示仍可放置其他导线，若要结束绘制导线命令，则要双击鼠标右键或双击 ESC 键。放置导线时按下 Tab 键，或双击已绘制好的导线，即可打开如图 7-20 所示导线属性对话框，可在此对话框内修改导线的颜色（Color）和线宽（Wire Width）。

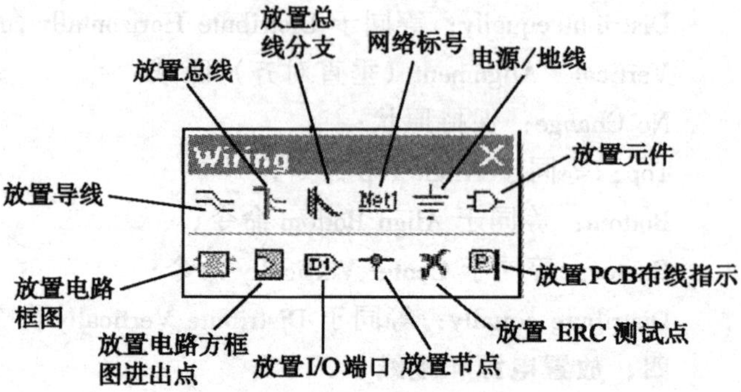

图 7-18　电气对象放置工具

在 Protel DXP 中共有 6 种布线方式，分成如下 3 类：

1. 90°布线方式

在此布线方式中，可以是以水平角度开始，也可以从垂直角度开始，不同线段之间是垂直的。按空格键可以在两种模式中切换。

2. 45°布线方式

在这种布线方式中，导线以 0°、45°、90°、135°、180°、225°、270° 或 315° 方向放置。在 45°布线方式下有两种模式，一种是导线以 90o 的整数倍开始，另一种是以 45° 开始。按空格键可以在两种模式中切换。

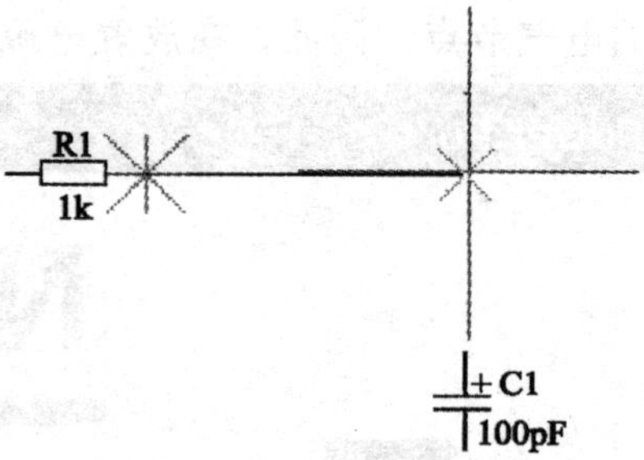

图 7-19　绘制导线

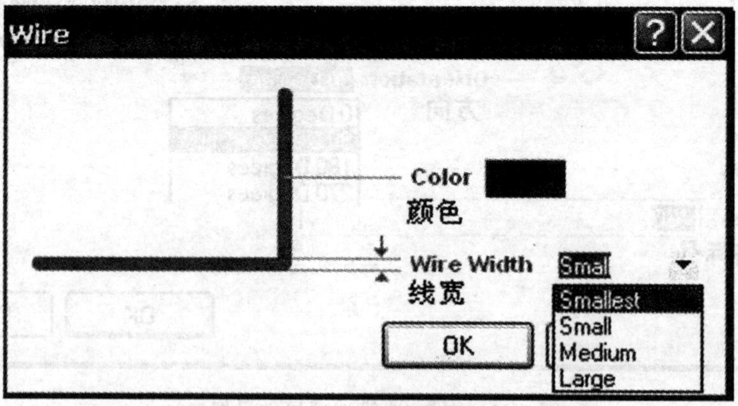

图 7-20　导线属性设置

3. 任意角度布线方式

任意角度布线可在任意两点之间建立直线连接。放置导线时按下 < Shift + Space > 键可在 90°、45°和任意角度之间切换。

六、放置电气节点

若在 Tool/Preference/Schematic 中选择了自动连接点（Auto - junction）选项，则不需要手工放置电气节点，只要连接线头和连线相交，系统会根据需要自动放置电气节点。若要人工放置，则使用菜单命令 Place/Junction，或点击图 7-18 中的放置电气节点按钮，然后将鼠标移动到需要放置电气节点的位置，点击鼠标左键就可完成放置电气节点的操作。

七、总线、总线分支和网络标号工具的使用

总线（Place/Bus）或总线分支（Place/BusEntry）的绘制方法和绘制导线相似。在电气图中，为使原理图清晰易懂，用总线代替多条信号线。总线仅是示意性的电气连接线，真正表示管脚间连接关系的是网络标号。一张原理图中，网络标号相同表示它们是连接在一起。

网络标号字母不区分大小写。在网络标号中可以使用非号，方法是在网络名的字母后输入反斜杠“\”。网络标号的左下角是其基准点，它应该放置在标记网络标号的网络上。

使用 Place/NetLabel 菜单命令或点击画图工具条上的按钮，移动光标到需要放置网络标号的地方，若当前位置允许放置网络标号时，一个红色的星形标记会出现在光标处，点击鼠标左键，实现网络标号的放置。用鼠标左键双击网络标号或在放置前按下 Tab 键，打开如图 7-21 所示的网络标号属性对话框，在 Net 框中输入或选择网络标号，并可对网络标号的颜色、位置、方向、字体等属性进行修改。

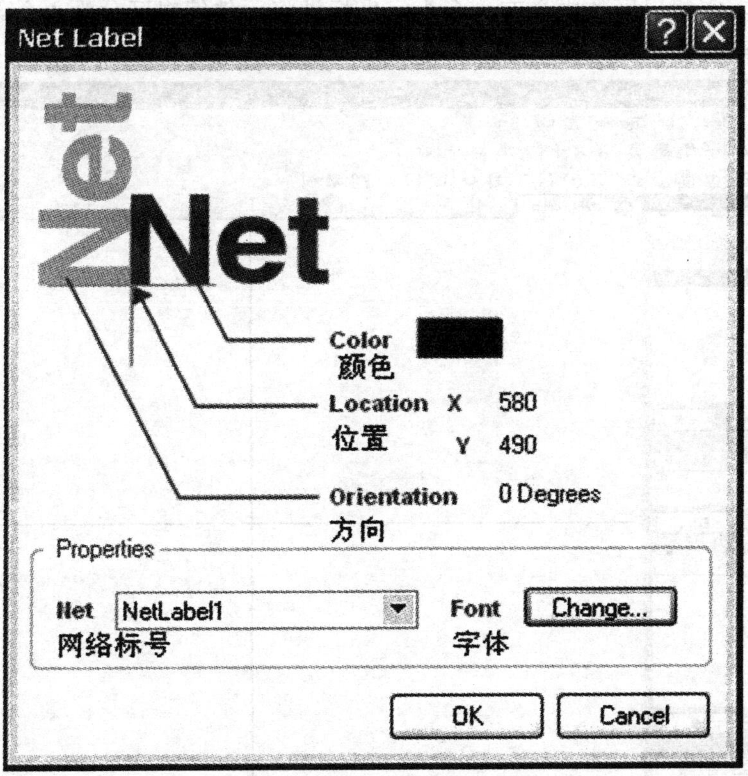

图 7-21 网络标号属性设置

八、使用绘图工具

原理图绘图工具是用来修饰、说明原理图的。其使用方法基本与 Windows 操作系统中绘图工具相同。图 7-22 为绘图工具箱各按钮的功能图。

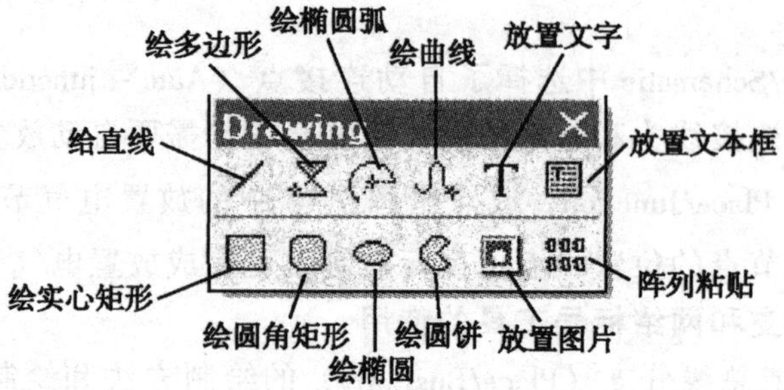

图 7-22　绘图工具箱及其功能

第三节　元件库的设计

尽管 Protel DXP 提供了许多元件及元件库，但由于元件的制图标准问题或有未使用过的新元件，用户经常需要创建自己的元件库。

一、元件编辑器的启动

点击 File/New 级联菜单中的 Schematic Library 命令，可以建立一个新的原理图元件库，默认库名为 Schlib1.Schlib。点击 Project 面板的 Library Editor 按钮，即可进入如图 7-23 所示的元件库编辑窗口。在编辑区的中心有一个十字坐标轴将元件编辑区分为 4 个象限，用户一般在第 4 个象限内绘制原理图元件图形。

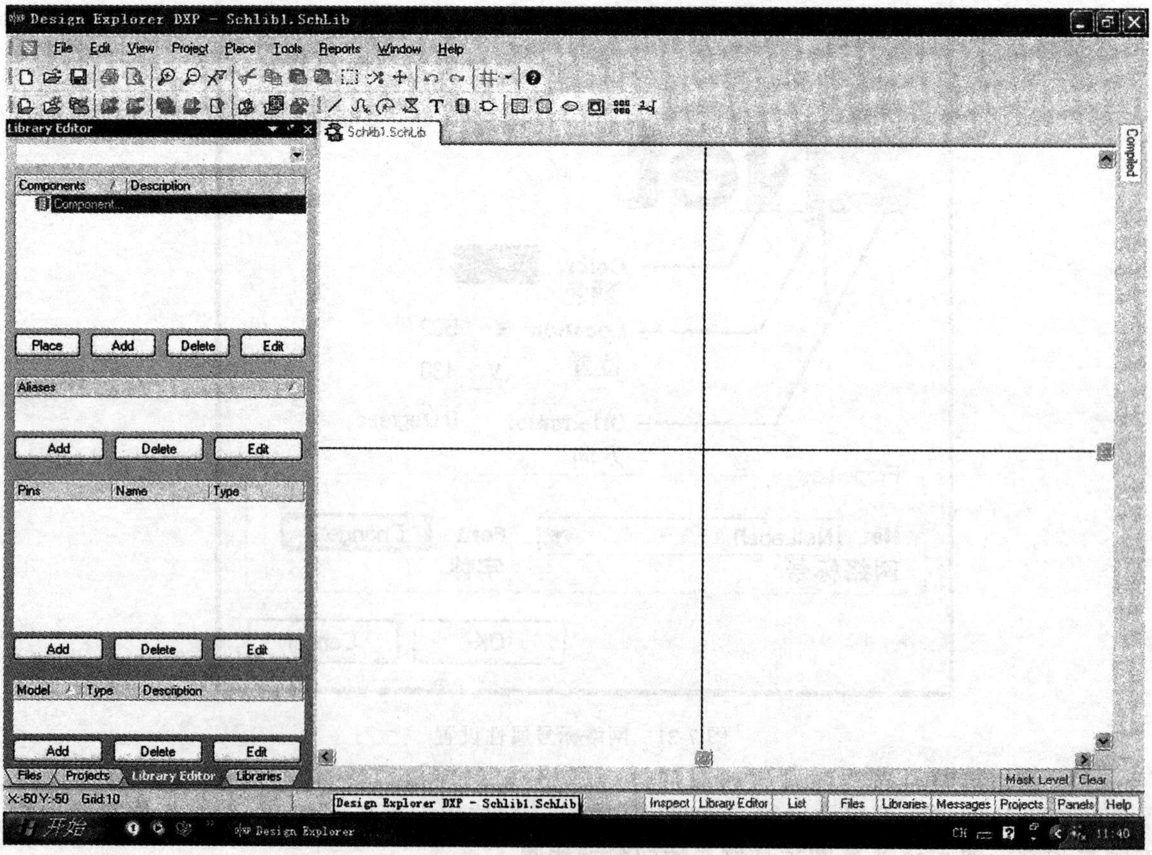

图 7-23　元件库编辑窗口

二、库编辑器工作面板

Library Editor 工作面板由如下部分组成：

1. Components（元件）区域

该区域的作用是放置、添加、删除及编辑元件。点击 Place 按钮，将所选元件放置到项目中处于激活状态的电路原理图中，如果没有任何项目打开，系统首先建立一个新的原理图文件，然后将所选元件放置到其中。点击 Add 按钮，可以在库文件中添加一个新建的元器件；点击 Delete 按钮，删除库文件中选定的元件；点击 Edit 按钮，编辑库文件中选定的元件。

2. Aliases（别名）区域

此区域的显示框用于显示选中元件的别名。点击 Add 按钮，可为元件列表框中选中的元件添加一个用户自定义的别名；点击 Delete 按钮，删除选中的别名；点击 Edit 按钮，编辑当前选中的别名。

3. Pins（管脚）信息框

此信息框用于显示在元件列表框中选中元件的管脚信息，包括管脚序号、管脚名称、管脚类型等信息。同样可用 Add、Delete、Edit 按钮来添加、删除、编辑管脚信息。

4. Model（模块）信息框

此信息框可以设置多个与原理图某个元件相对应的 PCB footprint models，或添加与仿真和信号完整性分析相对应的模块文件（model file）。

三、绘制元件图的工具

一般绘图工具如图 7-24 所示，图中未做说明的工具按钮功能和原理图绘图工具相同。IEEE（GB4728）符号绘图工具如图 7-25 所示，各绘图工具按钮功能说明如表 7-1 所示。

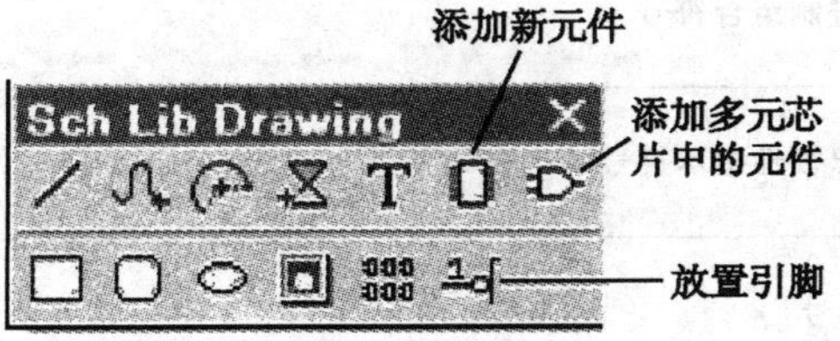

图 7-24　元件绘制工具

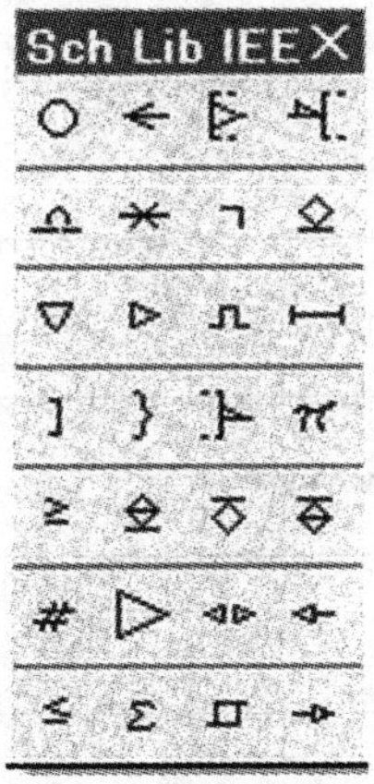

图 7-25　IEEE（GB4728）绘图工具箱

表 7-1　IEEE（GB4728）绘图工具按钮功能说明

工具按钮	功能说明
Dot	IEEE（GB4728）圆圈符号
Right Left Signal Flow	左向符号

（续）

工具按钮	功能说明
Clock	上升沿输入符号
Active Low Input	输入极性指示符号
Analog Signal In	模拟输入符号
Not Logic Connection	无连接符号
Postponed Output	延迟输出符号
Open Collector	L形开路输出
HZ	三态输出
High Current	缓冲输出
Pulse	脉冲符号
Delay	延时符号
Group Line	多条IO线组合符号
Group Binary	二进制组合符号
Active Low Output	输出极性指示符号
Pi Symbol	π符号
Greater Equal	大于等于符号
Open Collector PullUp	无源上拉输出
Open Emitter	H形开路输出
Open Emitter PullUp	无源下拉输出

（续）

工具按钮	功能说明
# Digital Signalln	数字输入符号
▷ Invertor	反相器符号
Input Output	双向信号
Shift Left	左移符号
≤ Less Equal	小于等于符号
Σ Sigma	Σ 符号
Schmitt	施密特符号
Shift Right	右移符号

四、绘制元件图实例

下面以创建一个具有低电平清除端、下降沿触发的 D 触发器元件为例介绍元件的创建过程。

（1）创建元件库文件　点击 File/New/Schematic Library 命令，建立一个名为 Schlib1.Schlib 的新原理图元件库。点击 Project 面板的 Library Editor 按钮，进入元件库编辑窗口，可以看到已给元件起了一个默认名 Component_1。

（2）命名元件　选择 Tools/Rename Component 选项，在显示的 New Component Name 对话框中输入可惟一标识该元件的名称 D_Clk，然后点击 OK 按钮，可以看到新元件已显示在元件管理器中。

（3）元件轮廓绘制　在绘图工具箱中点击矩形绘图工具，一个矩形方块跟着鼠标移动，移动鼠标使方块左上角与坐标原点重合，点击鼠标左键将左上角固定，然后移动鼠标确定方块大小后，点击鼠标左键将方块右下角固定，点击鼠标右键结束操作。

（4）放置管脚　点击工具箱的放置管脚按钮，光标将变成管脚的形状。在元件体上需要放置管脚的地方点击鼠标放置管脚，放置时可用空格键调整管脚方向。

（5）设置管脚属性　双击欲编辑的管脚，在弹出的属性对话框中修改管脚属性，如图 7-26 所示。在 Display Name 文本框中输入管脚名称，在 Designator 文本框中输入管脚的惟一标识号，同时选中上述两项的 Visible 复选框。在 Electrical Type 下拉列表框中设置管脚的电气连接类型。管脚 2 是下降沿有效的时钟管脚，因此在 Inside Edge 下拉列表框中选择 Clock，在 Outside Edge 下拉列表框中选择 Dot。点击 OK 完成管脚属性编辑，得到如图 7-27 所示的初始形状的 D 触发器。一般情况下，电源线和地线管脚是不显示的，需要将它们隐藏，所以应将管脚 4 和管脚 7 的 Hidden 选项选中。最后的 D 触发器如图 7-28 所示。

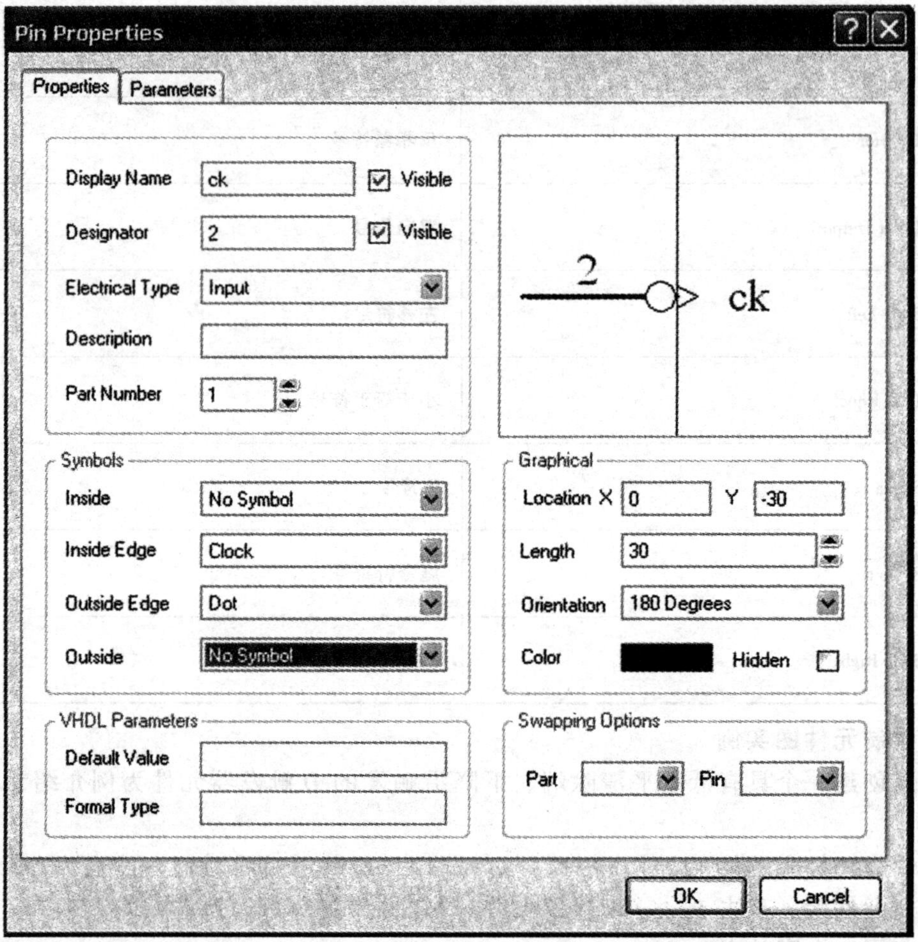

图 7-26　管脚属性设置

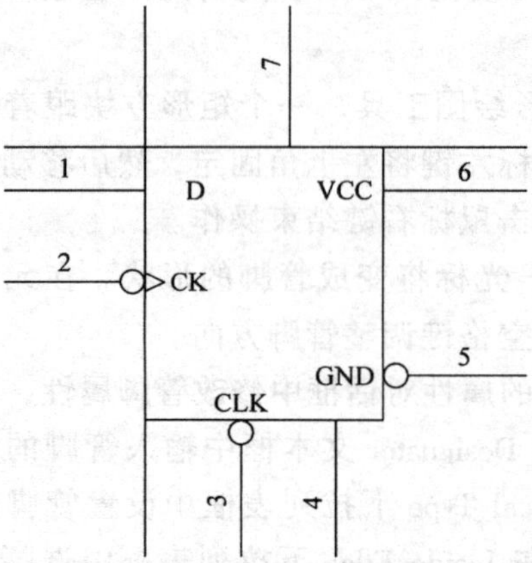

图 7-27　D 触发器初始形状

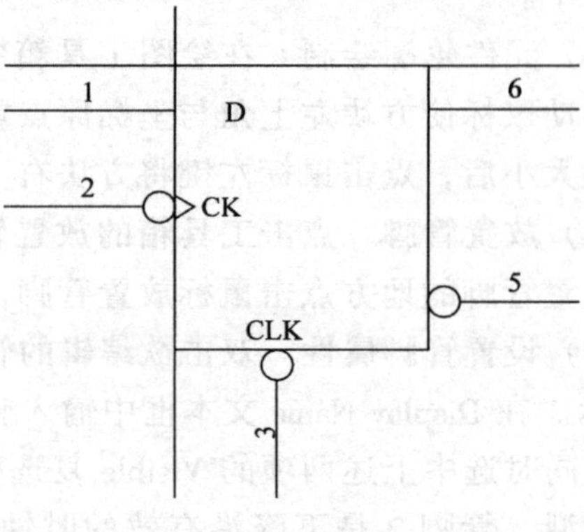

图 7-28　D 触发器

（6）设置元件的属性　每一个元件都有与之相关的属性，如默认标识，PCBfootprint 及其他模型和元件参数等。因此元件图绘制完成后还要对元件属性进行设置。

在 Library Editor 工作面板的元件列表框中选择要编辑的元件，点击 Edit 按钮弹出如图 7-29 所示的 Component Properties 对话框，在 Designator 文本框中输入默认标识，例如 U?，允许标识号自动递增。在 Comment 文本框中输入在原理图中放置该元件时显示的说明文字。

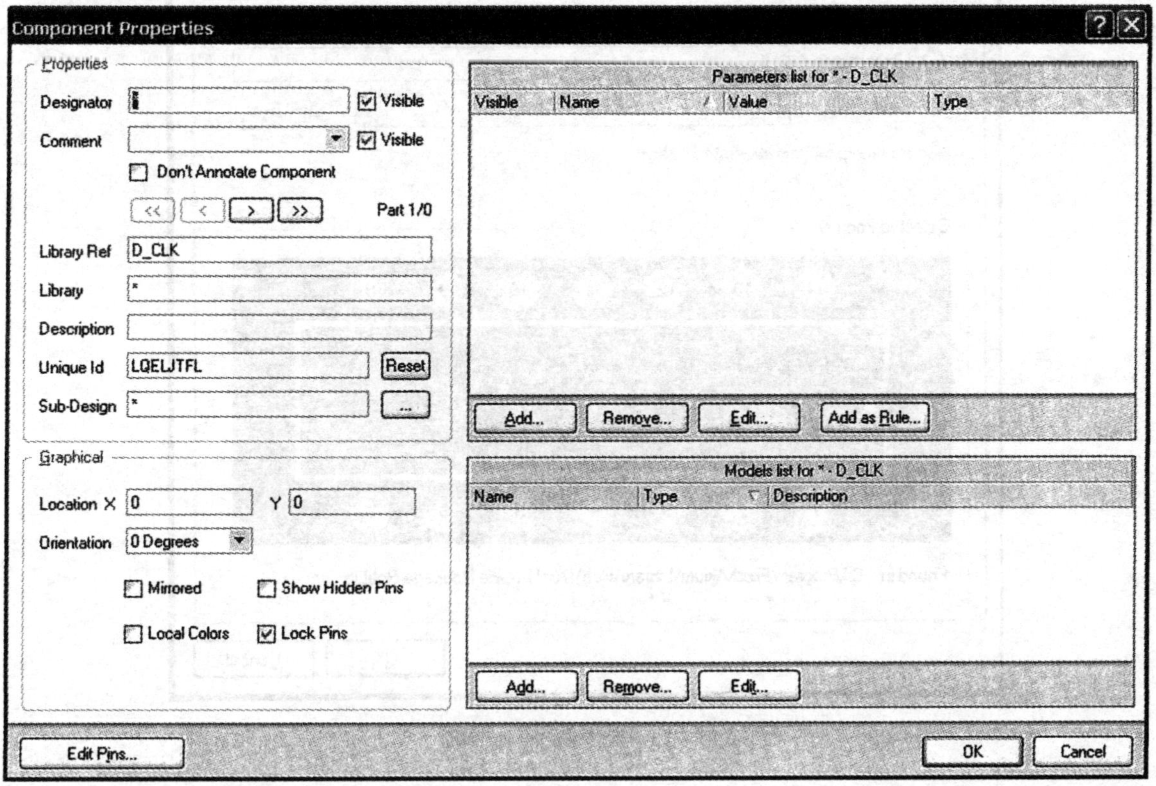

图 7-29　Component Properties 对话框

点击此对话框右下角 Model 域中的 Add 按钮，弹出如图 7-30 所示的 Add New Model 对话框，在 Model Type 下拉列表框中选择 Footprint 选项，为元件添加 Footprint 模型，用于以后的 PCB 同步设计，点击 OK 按钮，显示 PCB Model 对话框，在 Name 文本框中输入 DIP-14，如图 7-31 所示。点击 OK 按钮，完成管脚封装设置。

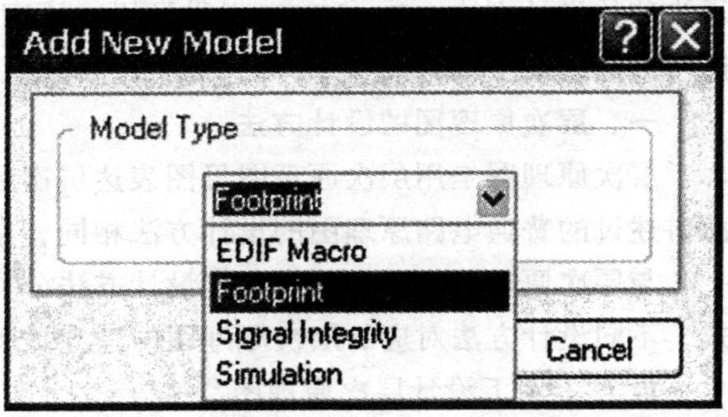

图 7-30　Add New Model 对话框

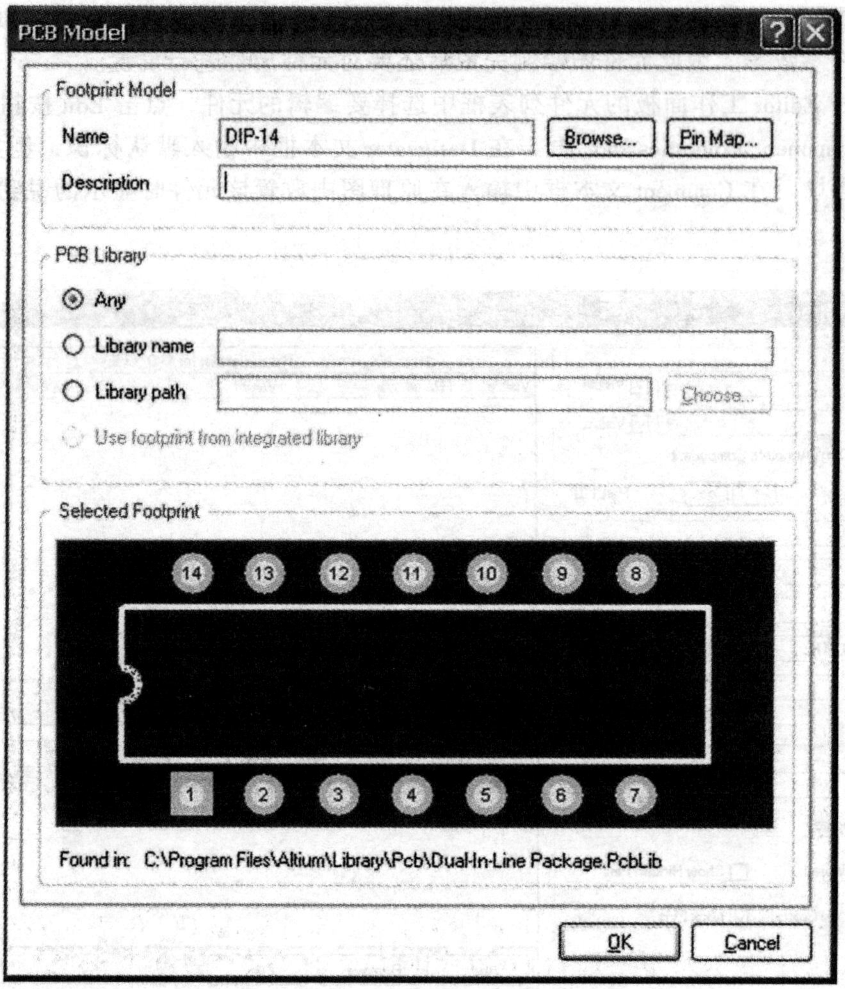

图 7-31　PCB Model 对话框

第四节　多张原理图的设计

层次化的电路设计方法与软件项目中模块化的设计方法非常相似，是一种化整为零并聚零为整的设计方法。Protel DXP 提供了层次原理图功能，整张大图可以分成若干子图，子图还可以继续向下细分。

一、层次原理图的设计方法

层次原理图是用层次原理图母图表达层次原理图子图之间的关系，子图的设计方法和前面讲述过的普通电路原理图的设计方法相同，本节主要讲述层次原理图母图的设计方法。

与层次原理图相对应的层次化设计方法分为自上而下方法和自下而上的设计方法两种形式，不同设计方法对应的层次原理图的建立过程也不相同。

1．自上而下设计层次原理图

用自上而下的方法设计时，首先要根据系统结构建立一个总系统，然后将系统划分为多个不同功能的子模块。在原理图中先将层次原理图母图画出，即用电路模块代表子模块，然后将层次原理图母图中各个电路模块符号对应的子原理图分别绘制。这样逐步细化，最后完成整个系统原理图的设计。

2. 自下而上设计层次原理图

在设计层次原理图时，有时在一个模块设计之前，并不清楚每个模块有哪些端口。这时如果仍采用自上而下的设计方法，则力不从心，从而需要采用自下而上的设计方法。在自下而上的设计方法中首先设计下层模块的原理图，然后由这些原理图产生方块电路，进而产生上层原理图。层层向上组织，最后生成总图。这种方法非常有效，也是一种被广泛采用的层次原理图设计方法。

二、自上而下层次原理图的创建

下面以创建一个名为的 Layer.SchDoc 原理图为例说明如何设计自上而下的层次的原理图

1. 新建原理图文件

点击 File/New/Schematic 选项，建立一个名为 Layer.SchDoc 的原理图文件。

2. 放置方块电路

点击“Wiring Tools”工具栏的▭按钮，在原理图编辑区出现一个随光标移动的方框，移动鼠标到合适位置后点击鼠标左键确定方块电路的左上角，再移动鼠标，调整方块电路的大小，然后点击鼠标左键完成方块电路的放置。双击方块电路，在弹出如图 7-32 的对话框中设置属性，其中：

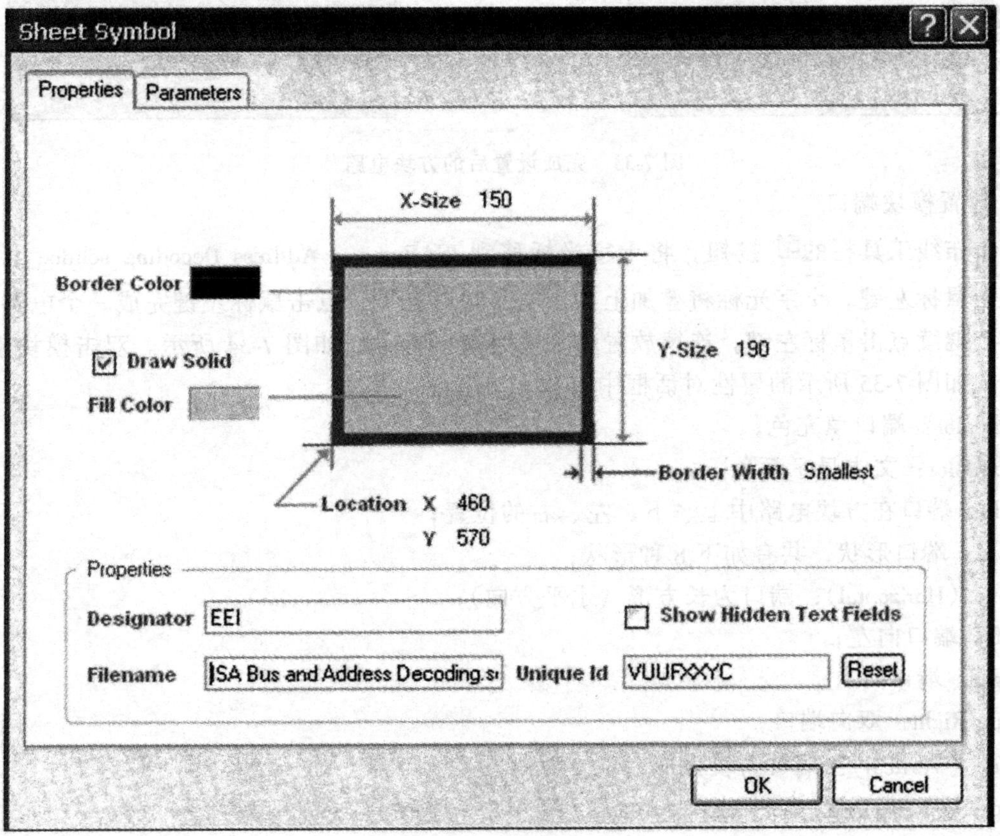

图 7-32 方块电路属性设置

Designator：方块电路名；

Filename：方块电路原理图文件名；

Border：方块电路边框线条颜色；

FillColor：方块电路填充色；

DrawSolid：方块电路填充色显示开关。当该选项未被选中时，不显示方块电路的填充色，只显示方块电路的边框。

在原理图中放置两个方块电路，完成属性设置后如图 7-33 所示。

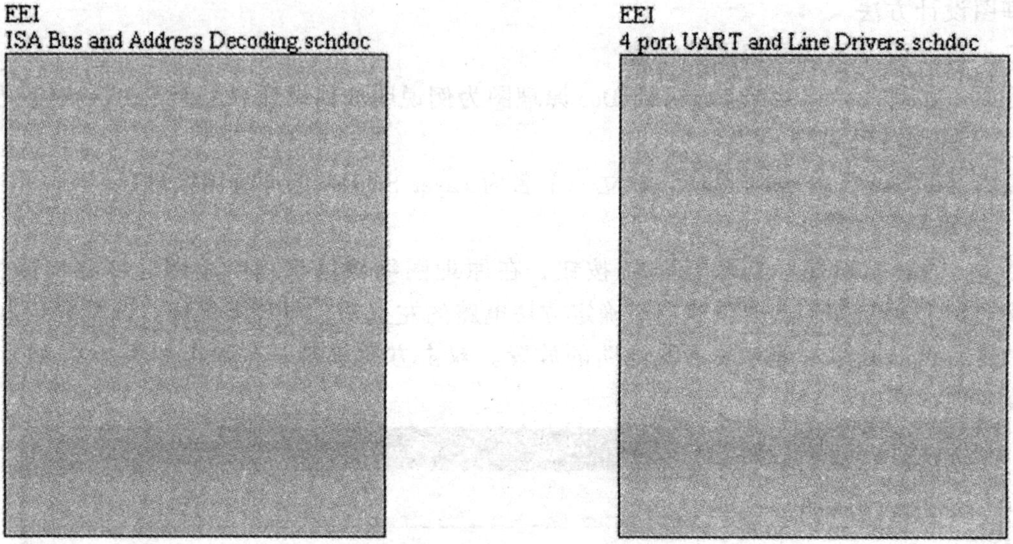

图 7-33　完成设置后的方块电路

3．放置模块端口

点击布线工具栏的按钮，将十字光标移到 ISABus and Address Decoding.schdoc 电路模块，点击鼠标左键，十字光标将叠加上一个电路端口符号，点击鼠标左键完成一个电路端口的放置，继续点击鼠标左键，连续放置多个电路端口符号，如图 7-34 所示。双击模块端口，在弹出的如图 7-35 所示的属性对话框中修改端口属性，其中：

FillColor：端口填充色；

TextColor：文本显示颜色；

Side：端口在方块电路中上、下、左、右的位置；

Style：端口形状，共有如下 8 种形状：

None（Horizontal）：端口为长方形（水平方向）；

Left：端口向左；

Right：端口向右；

Left_Right：双向端口；

None（Vertical）：端口为长方形（垂直方向）；

Top：端口向上；

Bottom：端口向下；

Top_Bottom：双向端口。

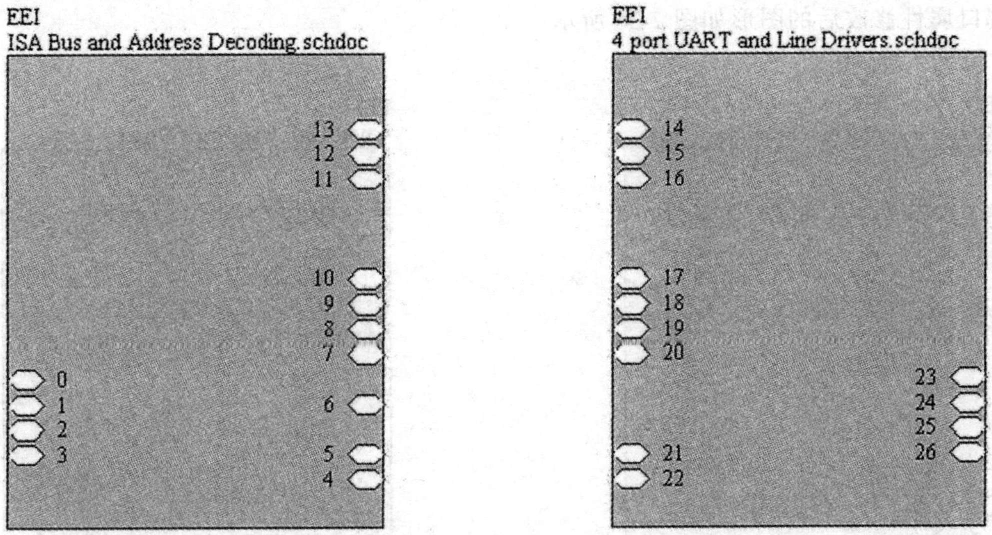

图 7-34　放置模块端口

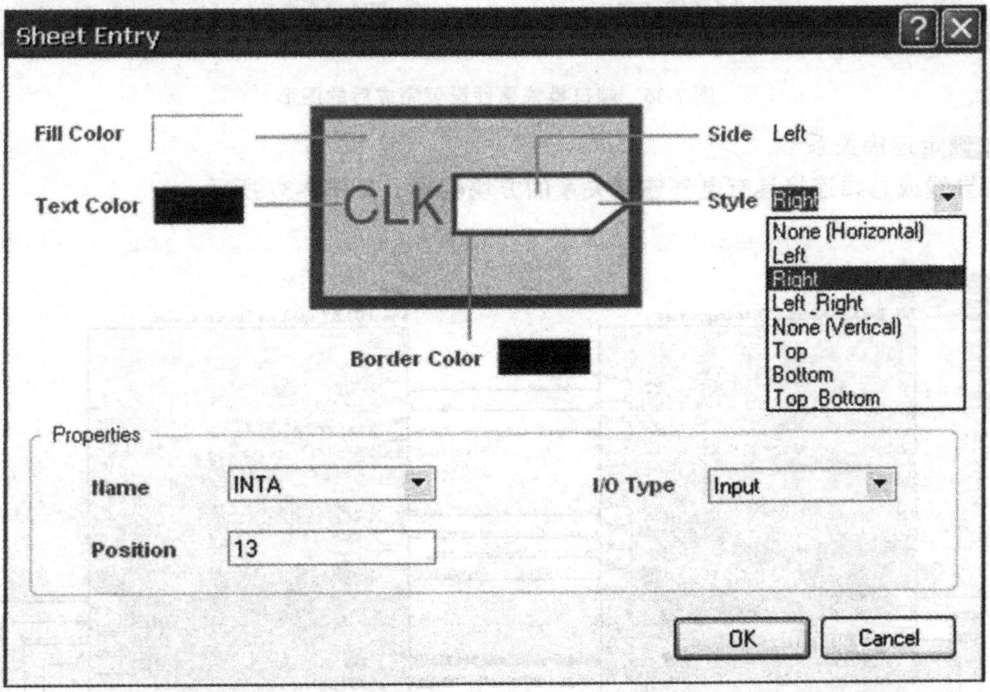

图 7-35　设置模块端口属性

Name：端口名称；

I/O Type：端口电气特性类型，共有如下 4 种类型：

Unspecified：未定义端口的电气特性；

Output：输出端口；

Input：输入端口；

Bidirectional：双向端口。

Position：端口与方块电路上边框之间的距离，单位是栅格数。

端口属性修改后的图形如图 7-36 所示。

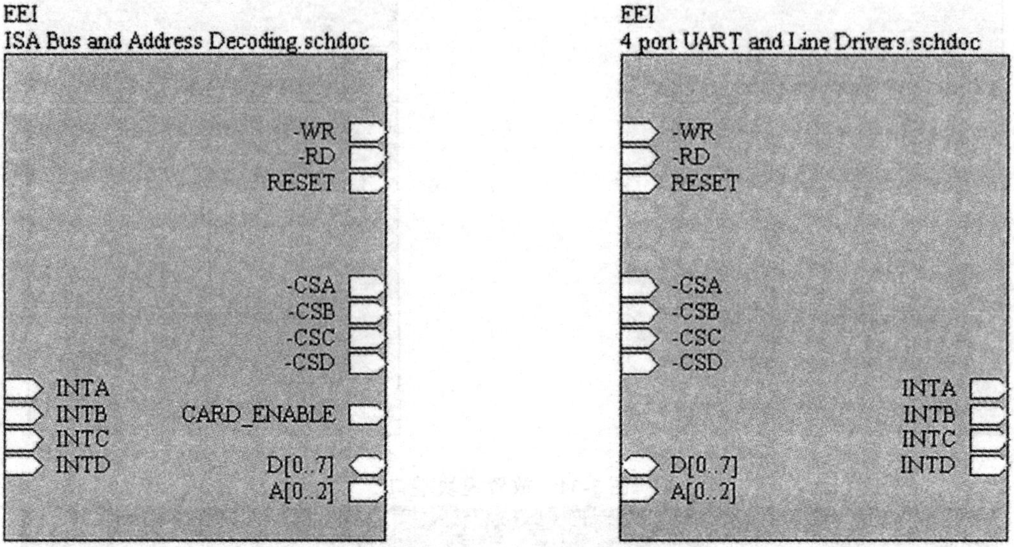

图 7-36　端口模块属性设置完成后的图形

4．确定连接关系

用导线或总线连接具有电气连接关系的方块电路，如图 7-37 所示。

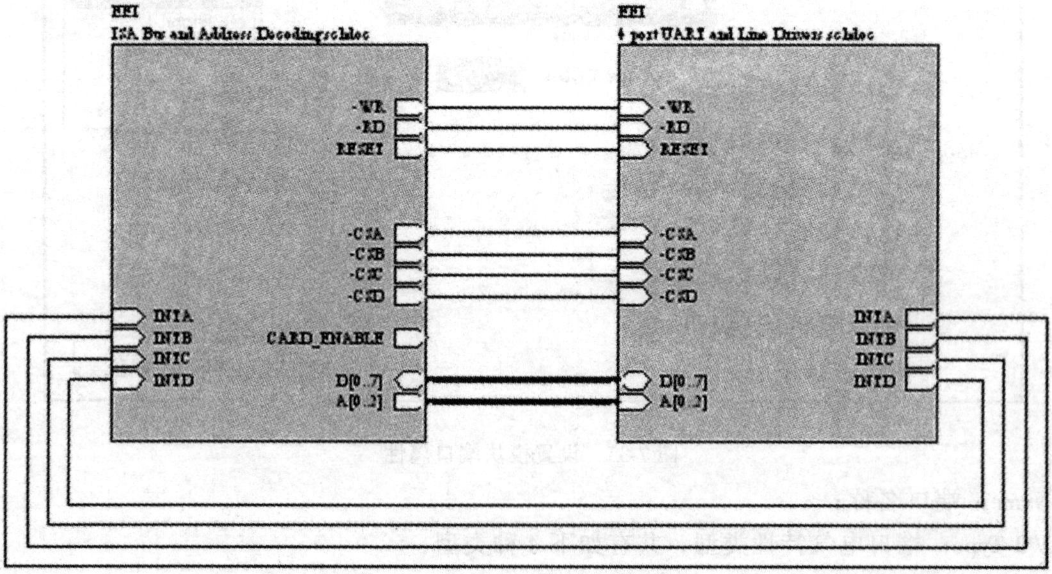

图 7-37　连线完成后的总图

到此为止，一张完整的层次原理图母图绘制完成，随后的工作是要绘制母图中的每一个方块电路符号对应的层次原理图子图。子图中还可包含方块电路符号，若子图中没有方块电路，则是一张普通的原理图。

三、设计层次原理图子图

点击 Design/Create Sheet From Symbol 选项，光标将变为十字光标，将其移到方块电路 4PortUART and Line Drivers.schdoc 上，点击鼠标左键，弹出如图 7-38 所示的对话框点击Yes按钮，新产生的原理图的 I/O 端口的输入/输出方向将与方块电路的相应端口相反。点击 No 按钮，新产生的原理图的 I/O 端口的输入/输出方向将与方块电路的相应端口相同。在本例中点击No 按钮，产生一个与方块电路 Filename 属性同名的原理图文件 4Port UART and Line Drivers.schdoc。这个新文件已经布好与方块电路相对应的 I/O 端口，这些端口与相应方块电路端口具有相同名称和输入/输出方向，如图 7-39 所示。在自动生成的子原理图中添加元件和连线将这张图完成。

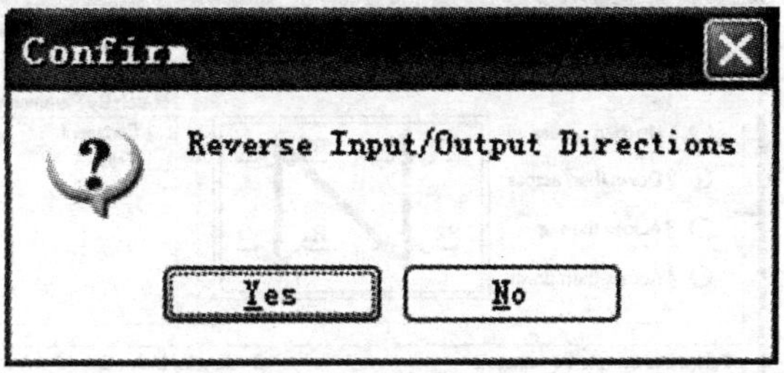

图 7-38 Confirm 对话框

图 7-39 自动生成的子原理图

第五节 报表的建立与输出

设计电路图的目的是通过电路图正确地表达电路设计人员的设计思想和传达设计信息，因此设计后首先要进行必要的合理性检查。

一、自动标注

在绘制电路原理图时，放置在图纸上的每一个元件都有一个惟一的标号与之相对应。元件的标号是原理图提供图纸元件信息的主要途径，是为原理图选择各种电气规则检查和生成电路图网络报表的重要依据。

在原理图绘制过程中经常需要添加或删除元件，为防止出现元件标号重复使用或某些元件标号不连续等问题，通常在整张原理图绘制完成后，利用 Protel DXP 提供的原理图自动标注功能标注元件。具体操作如下：

点击 Tools/annotate 选项，弹出如图 7-40 所示的对话框。

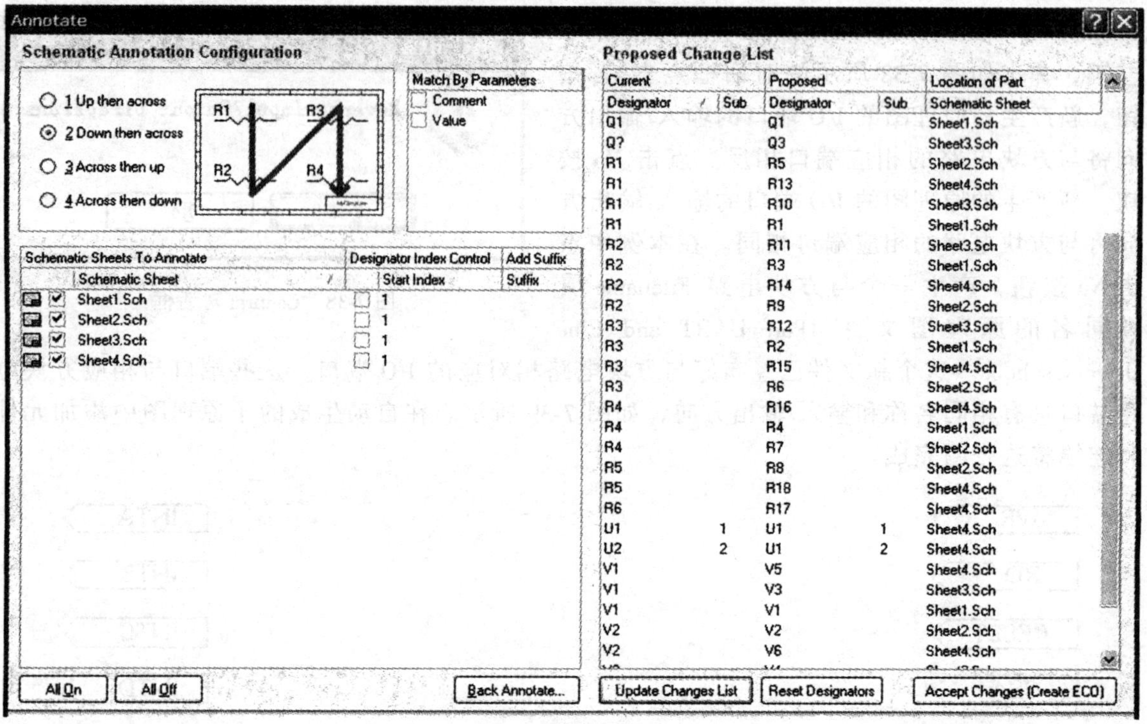

图 7-40　自动标注对话框

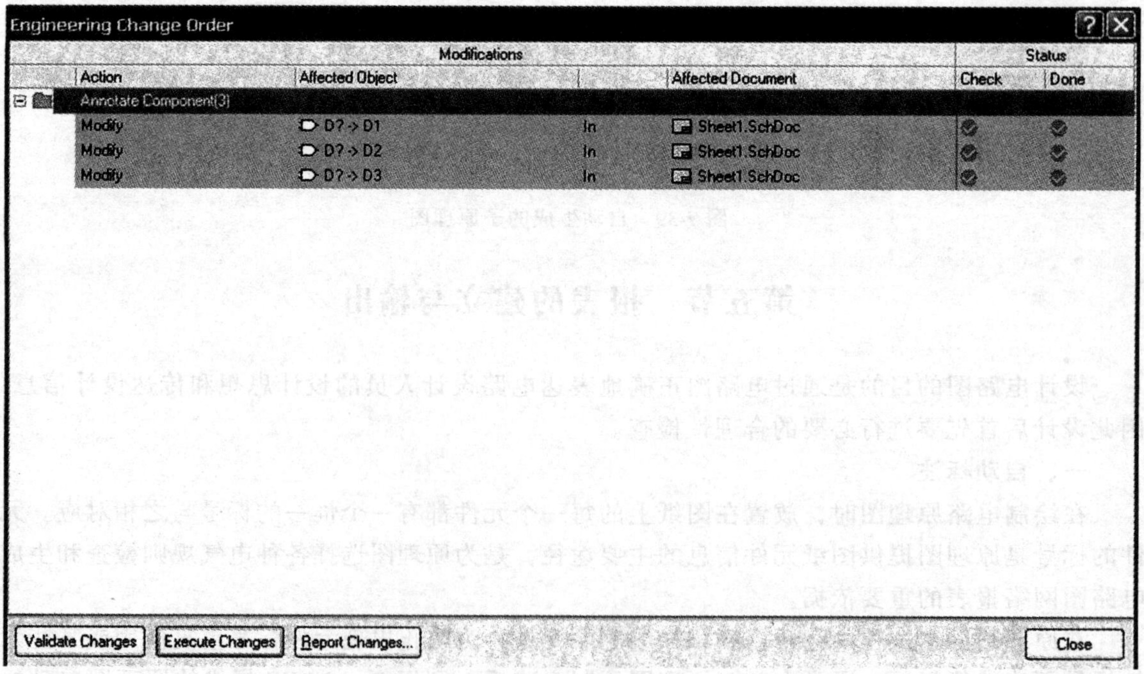

图 7-41　工程更改单

在对话框的左上角显示了可选的4种命名规则，并以图形方式进行了说明。

“Match By Parameters”选项区域用于设置匹配参数，在这里选择用于辨别是否是相同元件。

“Schematic Sheetto Annotate”栏用来选择要进行重命名的图纸，“Designator Index Control”选项用来控制重命名时元件标号初始值。系统默认值为1，故元件标号从1开始，如R1，R2，...。“Suffix”栏用来设置标号后面要添加的标号后缀，后缀可以是字母也可以是数字。在以上各栏选择所需选项后点击Update Changes List按钮，然后在弹出的信息对话框点击OK按钮，右边的Proposed Change List列表框的Proposed栏显示的是元件建议流水号，Current栏显示的是元件的当前流水号，点击Accept Changes（Create ECO）按钮，弹出如图7-41所示的对话框，点击Execute Changes按钮，然后点击Close按钮关闭对话框，完成元件的自动标注。执行自动标注后的电路原理图如图7-42所示。

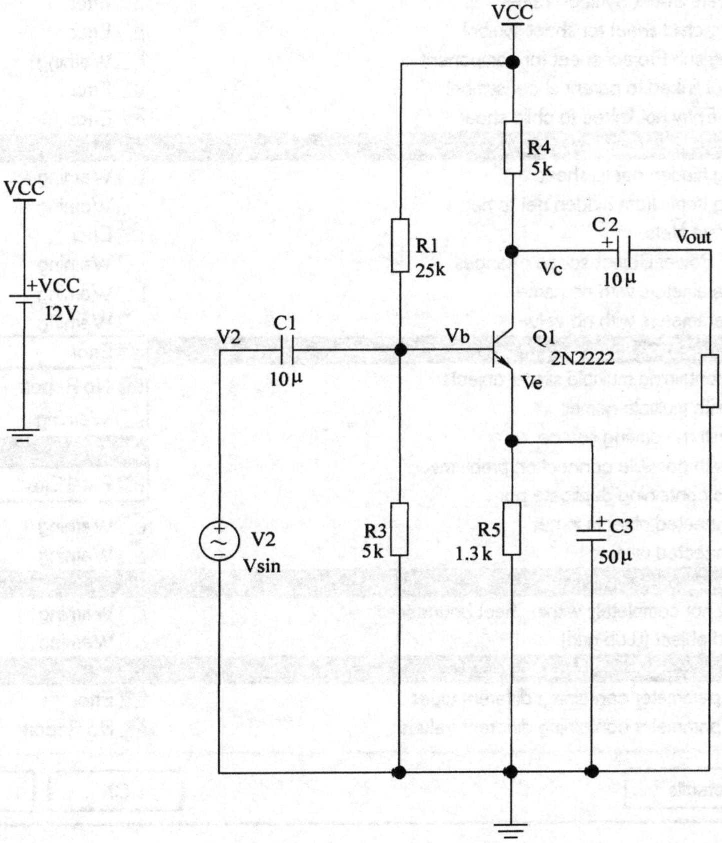

图7-42　自动标注后的电路原理图

二、编译项目及查错

在使用Protel DXP进行设计的过程中，编译项目是非常重要的一个环节。编译时，系统将会根据用户的设置检查整个项目。对于层次原理图来说，编译的过程是将若干子原理图联系起来的过程。编译结束后，系统提供有关网络报表、原理图层次、设计错误类型及分布等报告信息。

1. 设置项目选项

点击菜单 Project/Project Options 选项，弹出如图 7-43 所示的项目设置对话框，在错误报告（Error Reporting）页中，可以设置所有可能出现的错误的报告类型。在电气连接矩阵属性页中（ConnectionMatrix），显示设置的电气连接矩阵。

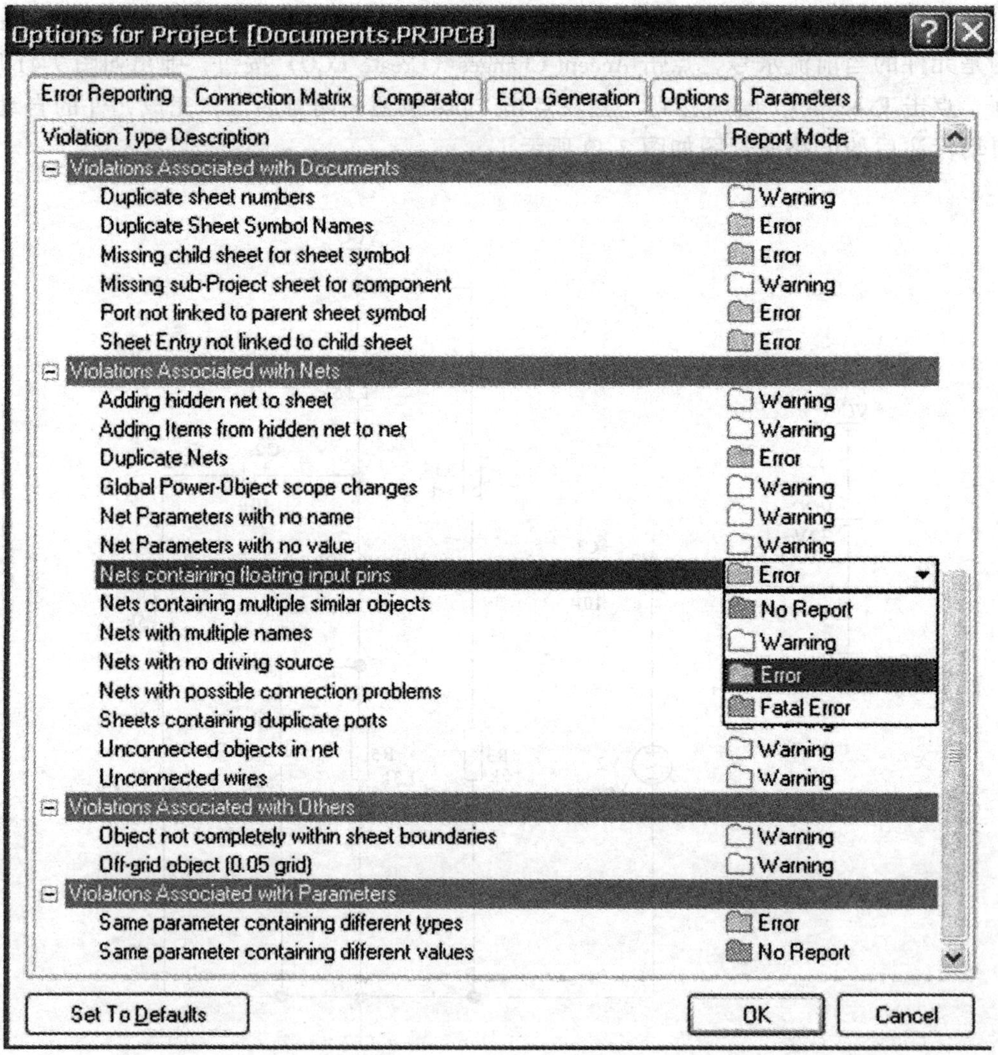

图 7-43 项目设置对话框

2. 编译项目

在设置好项目选项后，即可点击 Project/CompileAllProject 选项编译项目。

点击 Navigator 工作面板的 Compile 按钮编译项目，若有错误，则弹出如图 7-44 所示的对话框。

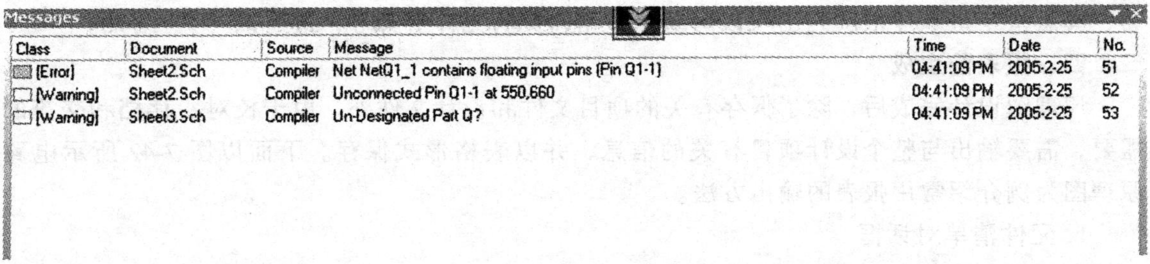

图 7-44　编译信息

三、网络表的生成

点击 Design/Netlist/Protel 菜单选项，系统将自动生成与项目文件同名的网络表文件，由图 7-42 所示的电路原理图生成的网络表文件内容如下：

```
[
C1
RAD0.1
10u
]
[
C2
RAD0.1
10u
]
[
C3
RAD0.1
50u
]
[
Q1
TO92C
2N2222
]
[
R1
AXIAL0.3
25k
]
[
R2
AXIAL0.3
5k
]
[
R3
AXIAL0.3
5k
]
[
R4
AXIAL0.3
5k
]
[
R5
AXIAL0.3
1.3k
]
[
V2
vsin
]
[
VCC
12V
]
(
GND
C3-2
R2-2
R3-2
R5-2
V2-2
VCC-2
)
(
V2
C1-1
V2-1
)
(
VB
C1-2
Q1-2
R1-2
R3-1
)
(
VC
C2-1
Q1-1
R4-2
)
(
VCC
R1-1
R4-1
VCC-1
)
(
VE
C3-1
Q1-3
R5-1
)
(
VOUT
C2-2
R2-1
)
```

网络表主要由两部分组成，前一部分描述的是元件的属性参数，以“［”为起始标志，其后为元件的流水号、元件的封装形式和元件的文本注释，最后以“］”标志结束元件的属性描述。后一部分描述的是原理图的电气连接信息，以“（”为起始标志，首先是网络标号名，其后按字母顺序依次列出与该网络标号相连接的元件引脚号，最后以“)”结束。

四、报表的生成

原理图设计完成后，除了保存有关的项目文件和设计文件外，由于校对、存档和交流的需要，需要输出与整个设计项目有关的信息，并以表格形式保存。下面以图 7-42 所示电路原理图为例介绍常用报表的输出方法。

1. 元件清单对话框

打开原理图，点击 Reports/BillofMaterial 菜单选项，弹出如图 7-45 所示的对话框，其中列出了整个项目中用到的所有元件，点击表格中的标题，可以使表格内容按照一定的次序排列。

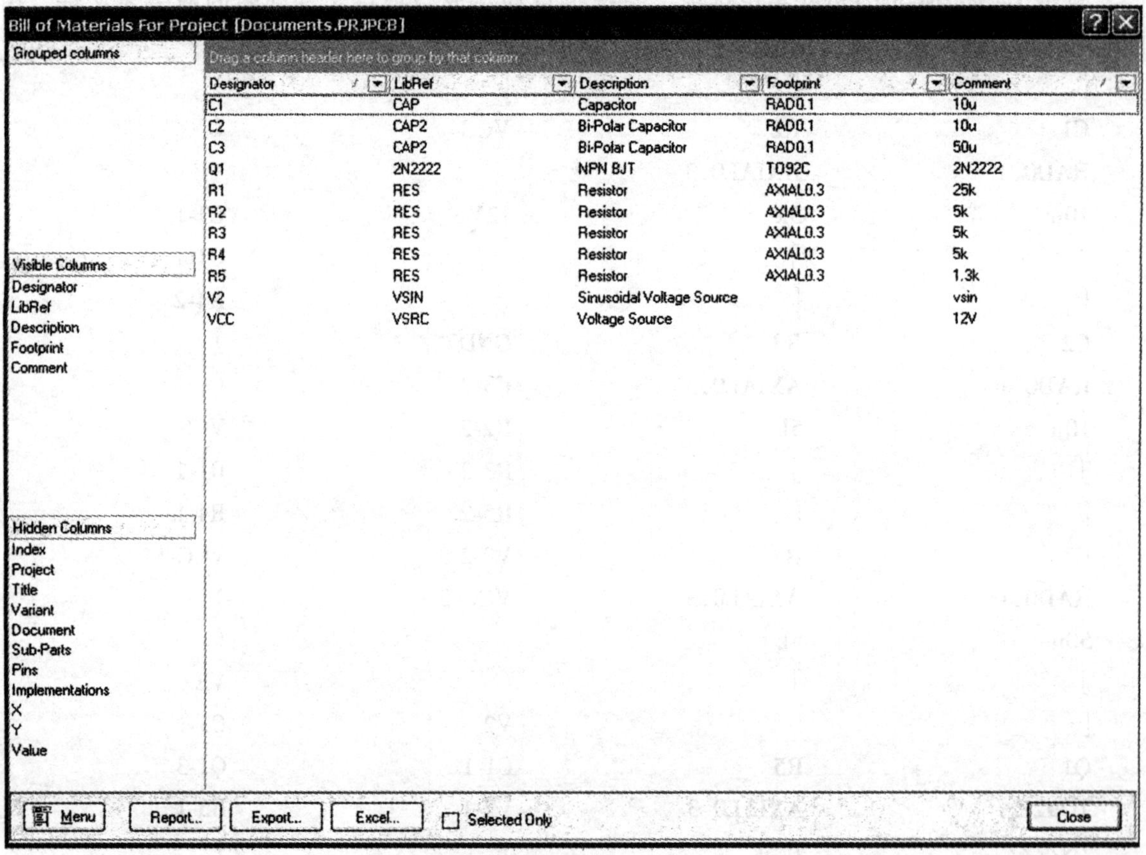

Designator	LibRef	Description	Footprint	Comment
C1	CAP	Capacitor	RAD0.1	10u
C2	CAP2	Bi-Polar Capacitor	RAD0.1	10u
C3	CAP2	Bi-Polar Capacitor	RAD0.1	50u
Q1	2N2222	NPN BJT	TO92C	2N2222
R1	RES	Resistor	AXIAL0.3	25k
R2	RES	Resistor	AXIAL0.3	5k
R3	RES	Resistor	AXIAL0.3	5k
R4	RES	Resistor	AXIAL0.3	5k
R5	RES	Resistor	AXIAL0.3	1.3k
V2	VSIN	Sinusoidal Voltage Source		vsin
VCC	VSRC	Voltage Source		12V

图 7-45 项目元件清单

2. 报告单的创建

在 BillofMaterialForProject 对话框中点击 Report 按钮显示 ReportPreview 窗口，如图 7-46 所示，显示元件报告单。点击 ALL、Width 或 100%按钮改变预览方式，并在显示的对话框中输入合适的比例，令报告单按一定比例显示结果。

3. 以 Excel.html 格式输出报告单

点击 ReportPreview 窗口的 Export 按钮，在弹出的 ExportTableFromProject 对话框的保存类型下拉列表框中选择“MicrosoftExcelWorksheet（*.xls)”选项，即可将元件报表以 Excel 表格形式保存，若在 ExportTableFromProject 对话框的保存类型下拉列表框中选择“WebPage（*

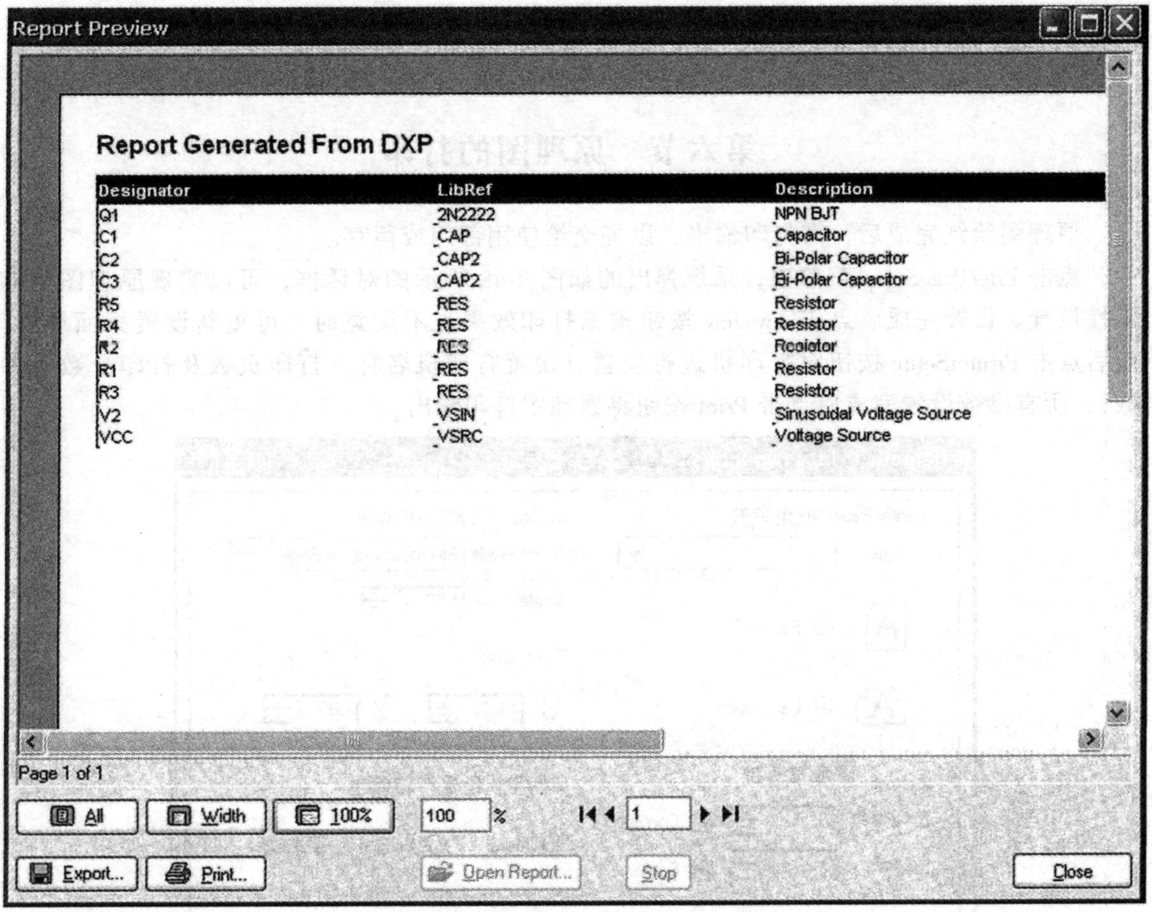

图 7-46　报表预览窗口

.htm＊.html)”选项，系统将以 IE 浏览器方式打开保存的文件。

4. 用 Excel 显示元件报表

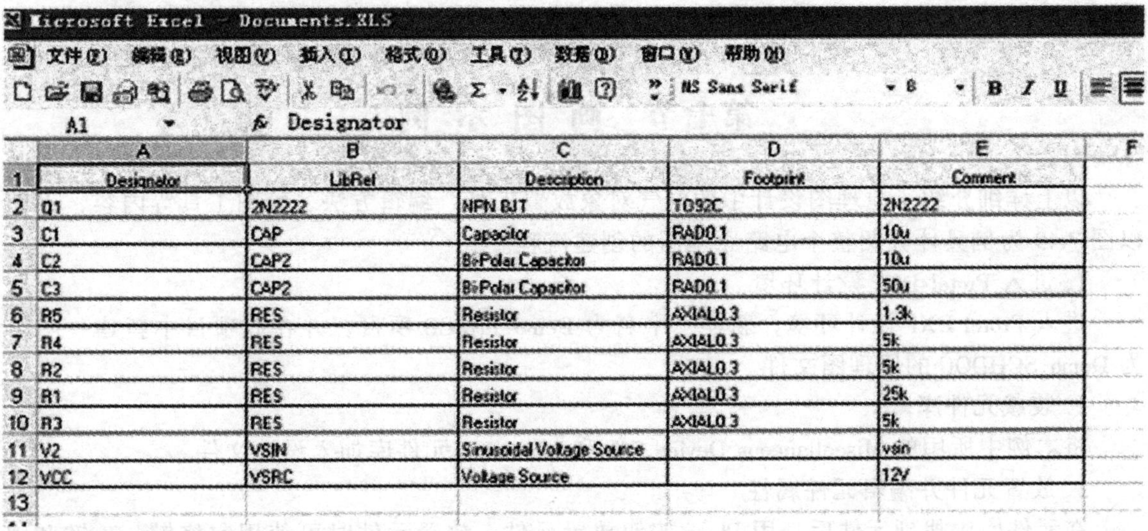

图 7-47　Excel 格式报告单

在 Report Preview 窗口中点击 Excel 按钮，系统调用 Microsoft Excel 显示元件报表，如图 7-47 所示。

第六节　原理图的打印

原理图绘制完成后，需打印输出，以提交给使用部门或留存。

点击 File/PageSetup 菜单项，系统弹出的如图 7-48 所示的对话框，可以实现原理图打印属性设置。设置完成后点击 Preview 按钮预览打印效果，不满意时，可重新设置页面属性。然后点击 PrinterSetup 按钮对打印机进行设置（设置打印机名称、打印页数及打印分数等参数），所有参数设置完成后点击 Print 按钮将原理图打印输出。

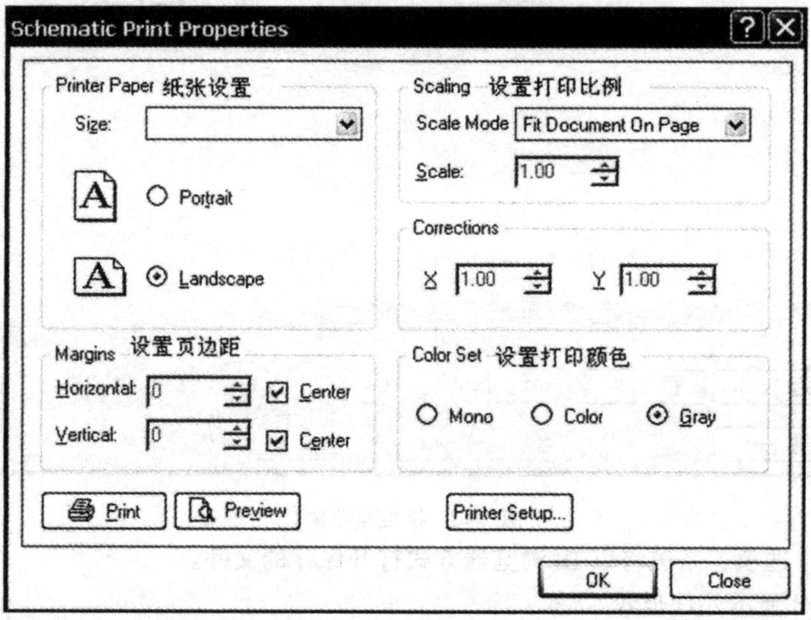

图 7-48　原理图打印设置

第七节　画 图 示 例

以上详细介绍了原理图设计中的电气对象放置工具，编辑方法、绘图工具等内容，下面以图 7-49 为例具体介绍整个电路原理图的创建流程。

1. 进入 Protel DXP 设计环境

进入 Protel DXP 设计环境，新建一个名为 Demo.PrjPCB 项目，并在此项目中新建一个名为 Demo.SCHDOC 的原理图文件。

2. 装载元件库

将本例中所用的 Miscellaneous Device.Lib 和 IC.IntLib 元件库加入设计文件。

3. 放置元件并编辑元件属性

在元件库中找到元件后，用 Place 按钮放置元件。放置元件时可使用空格键、X 键和 Y 键调整元件的方向，元件浮动时，点击 Tab 键显示元件的属性窗口，设置元件的属性（如元件流水标号和元件的值）。

所有元件放置完成后，用 Edit/Align 菜单命令，将元件在原理图上排列整齐，使原理图布局合理、美观。放置好元件的原理图如图 7-50 所示。

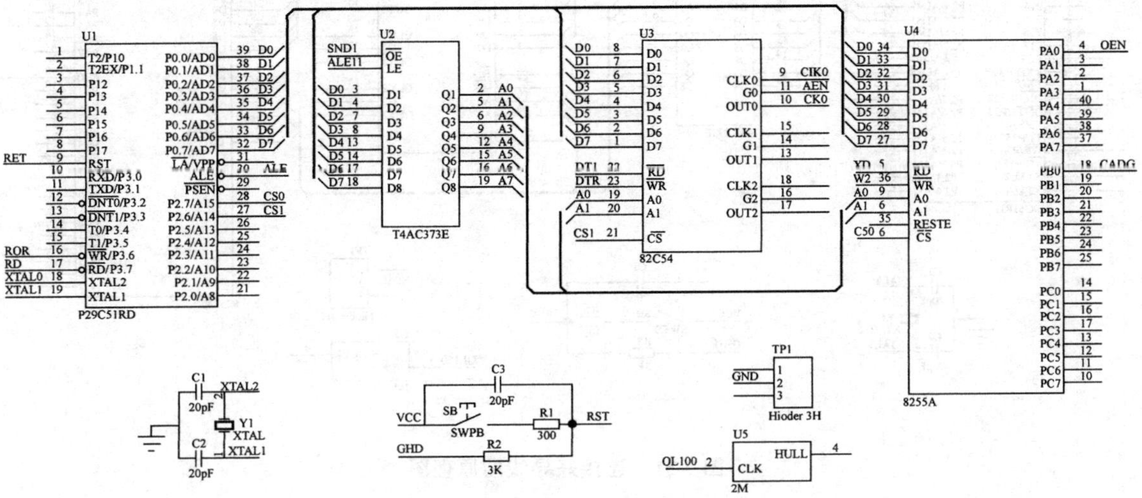

图 7-49　示例电路图

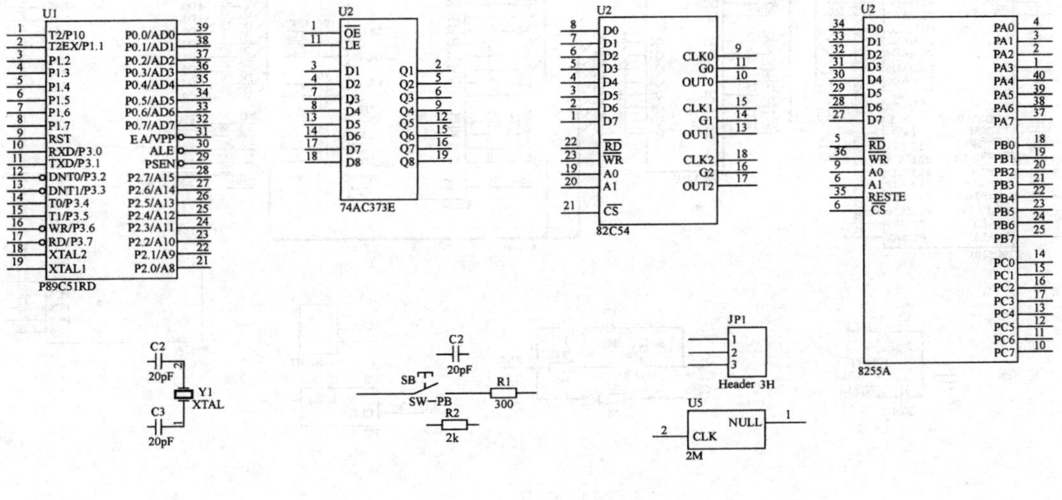

图 7-50　放置好元件的原理图

4．连接导线

使用画线工具箱的导线绘制工具连接各元器件，连接好导线的原理图如图 7-51 所示。

5．放置电源、地线和网络标号

用电源/地线工具放置电源线和地线。放置网络标号时，一定要等标号的左下角的 45°光标显示为红色时再点击鼠标将网络标号放下。放置好电源线、地线和网络标号的原理图如图 7-52 所示。

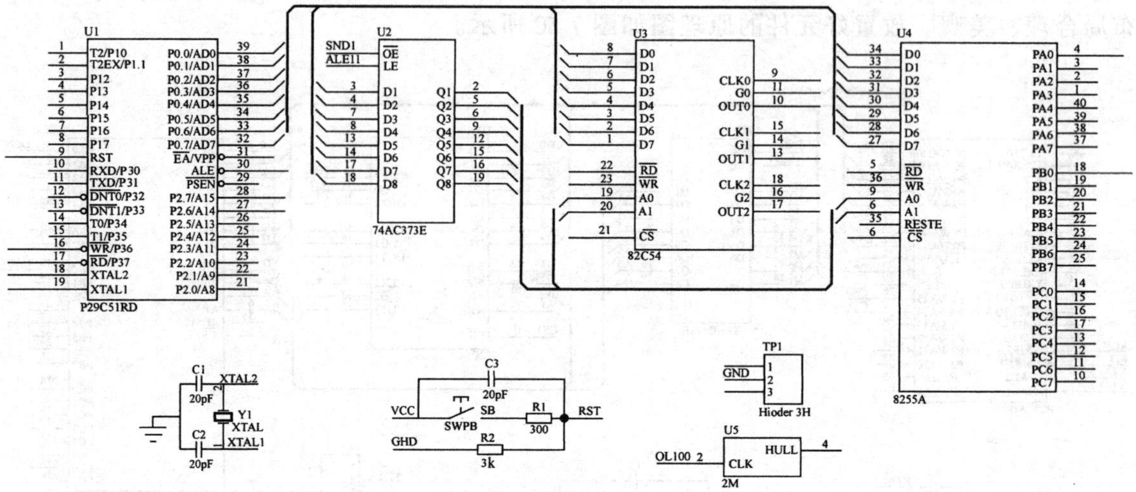

图 7-51　连接好导线的原理图

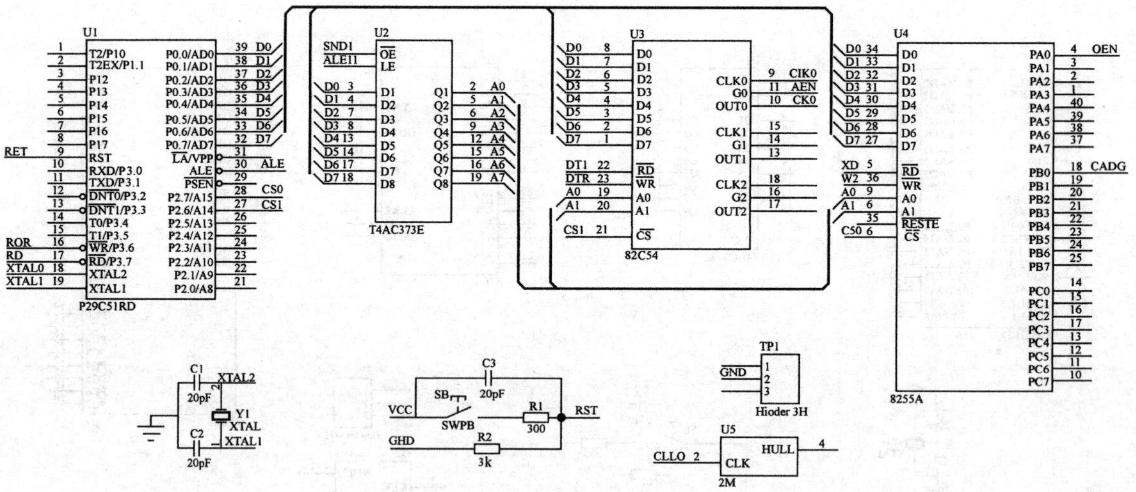

图 7-52　放置好电源线、地线及网络标号的原理图

6. 自动标注元件标号

在本例中，虽然在放置元件时已对元件进行编号，为防止遗漏或重复编号，要使用 Tools/Annotate 菜单命令对元件进行自动编号，元件自动标注对话框设置及完成自动编号生成的报告文件如图 7-53 所示。至此完成了整个原理图的绘制。

7. 编译项目

使用 Navigator 面板的 Compile 按钮对画好的原理图进行编译，系统生成编译信息报告，如图 7-54 所示。因为原理图中有若干管脚无电气连接，故此报告中显示 Error 信息和 Warning 信息。

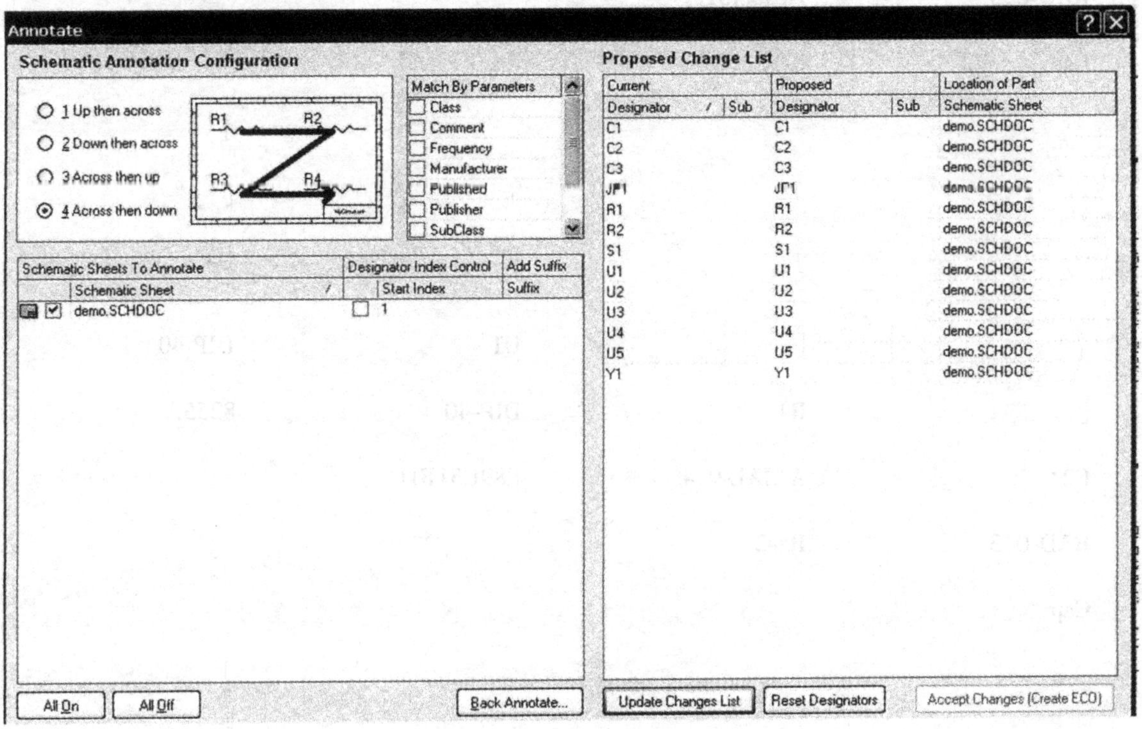

图 7-53　自动编号设置

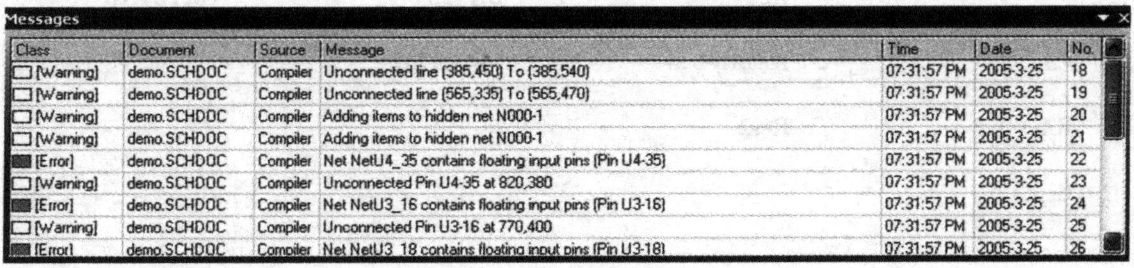

图 7-54　Message 信息框

8. 生成网络表

执行菜单 Design/Netlist/Protel 命令，生成网络表，从网络表中检查电气连接是否正确。此原理图的网络表如下所示。

[
C1
RAD-0.3
Cap

]
[
C2
RAD-0.3
Cap

]
[
C3
RAD-0.3
Cap

]
[
JP1
HDR1X3H
Header3H

]
[
R1
AXIAL-0.4
Res2

]
[
R2
AXIAL-0.4
Res2

]
[
S1
SPST - 2
SW - PB

]
[
U1
DIP-40
P89C51RD

]
[
U2
DIP-20
74AC373B

]
[
U3
DIP-24
82C54

]
[
U4
DIP-40
8255A

]
[
U5
CR2X2
CRYSTAL

]
[
Y1
BCY-W2/D3.1
XTAL

```
]
(
GEN
U3-11
U4-4
)
(
WR
U1-16
U3-23
U4-36
)
(
RD
U1-17
U3-22
U4-5
)
(
GND
C1-1
C2-1
JP1-2
R2-1
U1-20
U2-1
U2-10
U3-12
U4-7
U5-3
)
(
VCC
C3-1
JP1-1
S1-1
U1-40
U2-20
U3-24
U4-26
U5-1
)
(
RST
C3-2
R1-2
R2-2
U1-9
)
(
NetR1_1
R1-1
S1-2
)
(
ALE
U1-30
U2-11
)
(
OUT0
JP1-3
U3-10
U4-18
)
(
CS0
U1-28
U4-6
)
(
A0
U2-2
U3-19
U4-9
)
(
D0
U1-39
U2-3
U3-8
U4-34
)
(
CLK0
U3-9
U5-2
)
(
A1
U2-5
U3-20
U4-8
)
(
D1
U1-38
U2-4
U3-7
U4-33
)
(
CS1
U1-27
U3-21
)
(
XTAL1
C2-2
U1-19
Y1-1
)
(
D2
U1-37
U2-7
U3-6
U4-32
)
(
XTAL2
C1-2
U1-18
Y1-2
)
(
D3
U1-36
U2-8
U3-5
U4-31
)
(
D4
U1-35
U2-13
U3-4
U4-30
)
(
D5
U1-34
U2-14
U3-3
U4-29
)
(
D6
U1-33
U2-17
U3-2
U4-28
)
(
D7
U1-32
U2-18
```

第八章 PCB设计

第七章对 Protel DXP 的原理图设计进行了详细深入的介绍，得到电路的详细原理图之后，下一步要进行的工作就是如何根据原理图设计中的结果获得满足设计要求的印制电路版图，又称 PCB 图。根据所作的原理设计得到理想的电路 PCB 图，也是电子设计的最终目的之所在。接着上一章的论述，本章主要介绍电路 PCB 图的设计流程，内容包括 PCB 图的设计方法、印制电路板的规划、相关参数设置、装入网络表及元件封装、元件布局、布线、手工调整、保存打印等。

第一节 基本概念

在开始介绍 PCB 设计之前，首先对设计中经常用到的一些基本概念作一简介以便设计过程中设计人员、制造人员之间的相互交流。PCB 设计制造中的基本概念主要有各种板层、焊盘、过孔、连线等，以下逐一予以介绍。

1. 印制电路板

印制电路板又称 PCB，是指表述并实现电路连接关系，实现电路设计功能的一系列层状结构，构成印制电路板的要素主要有元件与封装、焊盘、过孔、连线以及不同的板层等内容。图 8-1 所示为一块典型的双层印制电路板。

图中的印制电路板有两个信号层、一个机械层、一个丝印层，同时印制电路板上具有焊盘、元件与封装、过孔等对象，元件之间通过位于不同信号层的连线与过孔连接。

2. 焊盘

焊盘又称 Pad，是印制电路板的基本组成元素之一，它主要用于元件在印制电路板上管脚的放置与焊接，换言之，元件通过焊盘固定在印制电路板上并与印制电路板上的其他电气对象相连接。根据形状它可以分为矩形、圆形、扁圆形等多种形状。

3. 过孔

过孔又称作 Via，也是印制电路板的重要组成元素之一，它主要用于 PCB 不同板层之间电气连接的实现，过孔可分为多层孔、盲孔与埋孔三种形式，从图 8-2a 中可以看出三种不同形式过孔的区别。

4. 元件与封装

元件与封装又称为 component 与 footprint，封装是电器元件在 PCB 上的表现形式，它包括构成元件封装的焊盘、表示元件封装外形轮廓的框线以及连线等内容，如图 8-2b 所示。

5. 连线

连线是印制电路板设计中的最基本组成元素之一，它主要用于元器件之间的电气连接、PCB 板框的定义、禁止布线区的划定、印制电路板的说明等多个方面，如图 8-3 所示，连线是印制电路板设计中用途最广的元素之一。

6. 信号层

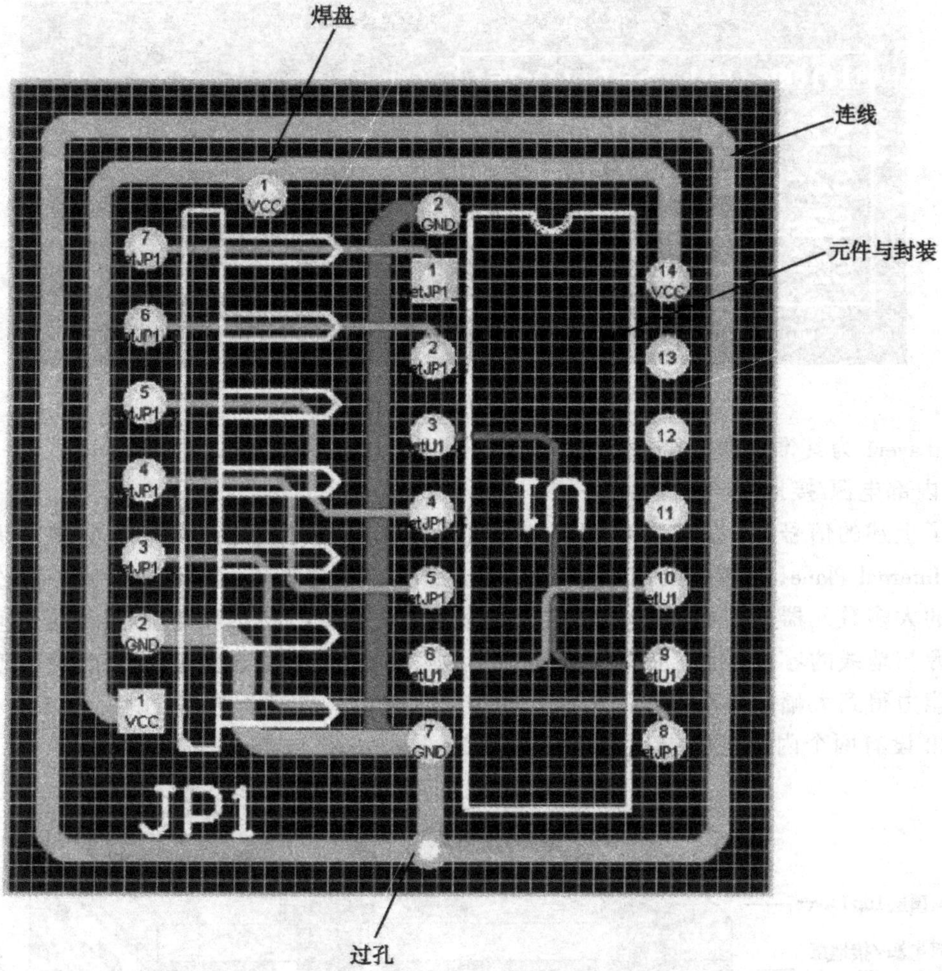

图 8-1　实际印路板实例

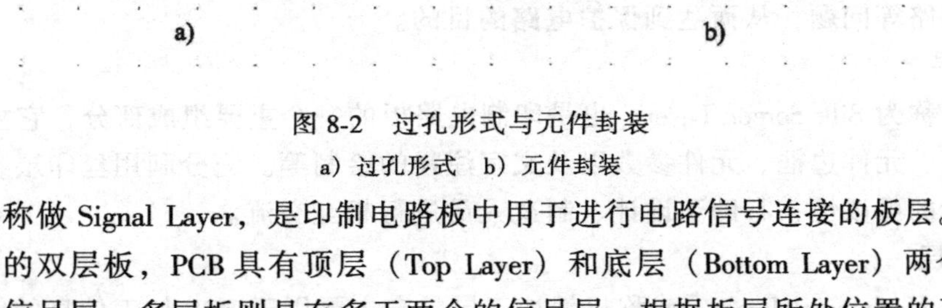

图 8-2　过孔形式与元件封装
a）过孔形式　b）元件封装

信号层又称做 Signal Layer，是印制电路板中用于进行电路信号连接的板层。对于日常电路设计中常用的双层板，PCB 具有顶层（Top Layer）和底层（Bottom Layer）两个信号层。单面板具有一个信号层，多层板则具有多于两个的信号层，根据板层所处位置的不同分别把这些信号层命名为顶层、底层与中间层（Mid Layer）。图 8-4 所示的印制电路板共有三个信号

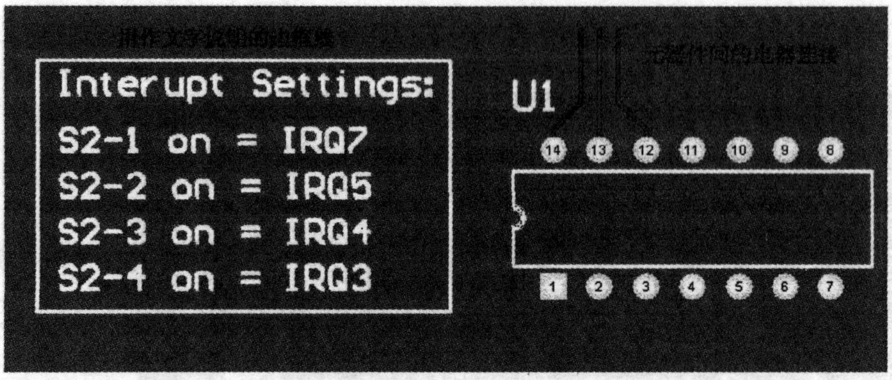

图 8-3 印制电路板中的连线

层，MidLayer1 为其惟一的一个中间层。

7. 内部电源/接地层

除了上述的信号层，在多层印制电路板的设计中还经常要用到内部电源/接地层。它又被称做 Internal Plane，主要用于布置多层印制电路板中的电源与接地信号。众所周知，由于电路中的大多数元器件均要求有电源和接地信号，设置专门的内部电源/接地层，可以加大电路电源与地线的容许电流，提高电路带载能力。同时，专用电源/接地层的存在使电路的抗干扰能力得到大幅度提高、电路的布线难度大为降低，有利于电路设计。图 8-4 中所示的多层 PCB 设有两个内部电源/接地层，分别为 InternalPlane1 与 InternalPlane2。

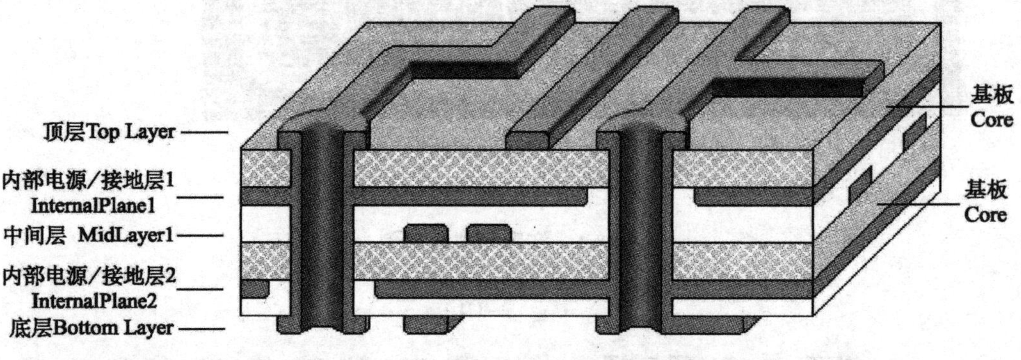

图 8-4 印制电路板结构示意图

8. 阻焊层

阻焊层又称 Solder Mask，是印制电路板上的一个防护层，它实际上是一层耐蚀、绝缘、阻焊的稳定防焊油墨层。它的存在，能够有效地避免电路连接直接暴露在空气中引起的腐蚀、波峰焊短路等问题，从而达到保护电路的目的。

9. 丝印层

丝印层又称为 Silk Screen Layer，也是印制电路板的一个重要组成部分，它主要用于元件流水号的标注、元件边框、元件参数以及文字注释的绘制等。充分利用丝印层，能够极大地提高电路设计的可读性，有助于设计、制造人员进行相互交流。

10. 机械层

机械层即 Mechanical Layer，或称机械加工层，它主要用于 PCB 加工信息的定义，如 PCB 的轮廓尺寸、数据标号、装配说明等。

11．禁止布线层

禁止布线层又称 Keep Out Layer，实际的 PCB 加工中，它是不存在的，是 PCB 设计中为定义待布局布线区域设定的一个虚拟板层，其功能主要是用来限定设计过程中元件与连线的放置范围。

12．网络表

网络表即 Net List，是电路设计中的一个重要内容，是连线的基础，其主要作用是由原理图向 PCB 传递设计，网络表中给出了电路中各电气对象间的连接关系，网络表调入 PCB 设计中后，Protel 软件系统根据网络表中的数据生成电路元件间的“鼠”线，将电路中各电气对象间的连接关系图形化、可视化。

13．安全距离

安全距离又称 Clearance，它是为了提高电路可靠性，例如抗干扰、预防短路等能力而规定的连接导线之间、焊盘之间、过孔之间、过孔与焊盘之间、焊盘与连接导线之间的最小允许距离。

第二节　参数设置

以上对 PCB 设计中的一些常用概念与术语作了较为详尽的说明，俗语云工欲善其事，必先利其器，在正式开始 PCB 设计之前，必须对 Protel 的 PCB 工作环境进行适当的参数设置，才能方便高效地完成印制电路板的设计工作。本部分内容主要介绍 PCB 设计中常用的参数设置方法如工作层面参数、PCB 编辑器工作参数以及布线参数等的设置。

一、工作层面参数

（一）层面堆栈管理器

PCB 由功能作用各不相同的一系列板层构成，不同的印制电路板结构不同，工作层面也各不相同。在设计 PCB 之初，必须根据电路的实际需求合理选择与设置 PCB 工作层面，而后对所选层面进行必要的合理规划。

PCB 工作层面的设定通过层面堆栈管理器 Layer Stack Manager 完成。在 Protel DXP 系统的 PCB 设计环境中选择菜单 Design 下的子菜单 Layer Stack Manager，系统弹出 PCB 层面堆栈管理器 Layer Stack Manager，如图 8-5 所示。

图 8-5 所示的板层堆栈管理器形象地描述了当前所设计 PCB 的层状结构，使用该管理器可以方便地对 PCB 信号层、内部电源接地层等做出增、删、顺序调整、属性设置等操作，以下对其各功能分别作以介绍。

对话框右上角的下拉列表用于选择 PCB 层面结构顺序，共有 Layer Pairs、Internal Plane Pairs 与 Build-Up 三种选项。其中，使用 Layer Pairs 选项，设定板层由外到内结构依次为核心层（即基板）、填充层；Internal Plane Pairs 选项设定层面由表及里顺序为填充层、基板；Build-Up 选项设定 PCB 最下层为基板（核心层），其余为填充层。从图 8-6 中可以看出三种不同 PCB 层面结构顺序的区别。

使用图 8-5 所示层面堆栈管理器右上角的两复选框 Top Dielectric 与 Bottom Dielectric，可以为 PCB 添加绝缘顶层与绝缘底层，绝缘层的属性可以通过复选框前的 ... 按钮进行设置。按下该按钮，弹出绝缘层属性对话框，根据需要确定绝缘层的材料（material）、层厚（Thick-

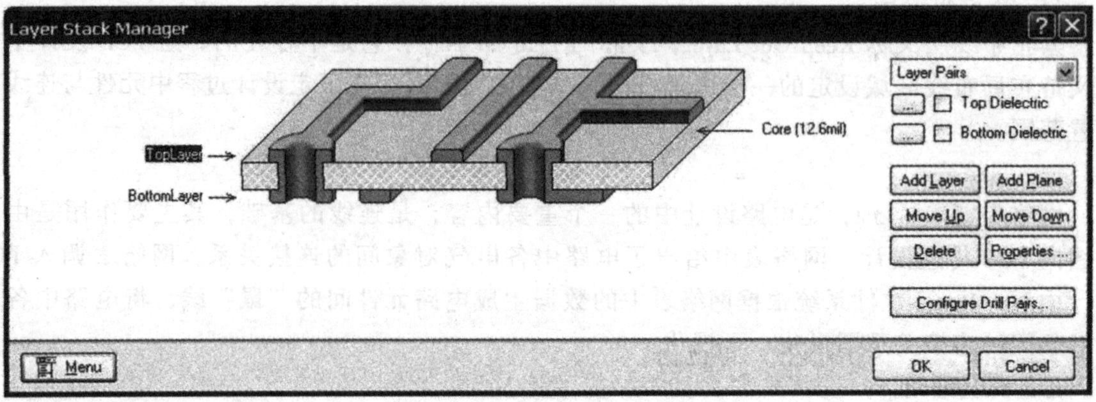

图 8-5 PCB 层面设置对话框

ness）与绝缘常数（Dielectric Constant）即可。

利用按钮 Add Layer 与 Add Plane 可以分别在当前层下为 PCB 添加信号层与电源/接地层，例如在图 8-5 所示的状况下按下 Add Layer，Protel DXP 在当前层 Top Layer 下面添加一个新层 MidLayer1 作为 TopLayer 的下一层。同样如果使用的是按钮 Add Plane，Top Layer 下方将增加一个新的电源接地层 InternalPlane1。此时如果当前层为底层，上述操作将在其上方添加板层。按钮 Move Up 与 Move Down 用来调整当前层的顺序，利用二者可以将当前层上移一层（Move Up）或下移一层（Move Down）。需要明确的是 Move Up 与 Move Down 对 PCB 的顶层或底层无效；按钮 Delete 用于实现对当前层面的删除操作。在图 8-5 所示对话框中鼠标左键双击板层名称或选中某一层面按下图中的 Properties... 按钮，通过随后弹出的层面编辑对话框可以对层面的属性如名称、覆铜厚度等进行设定。

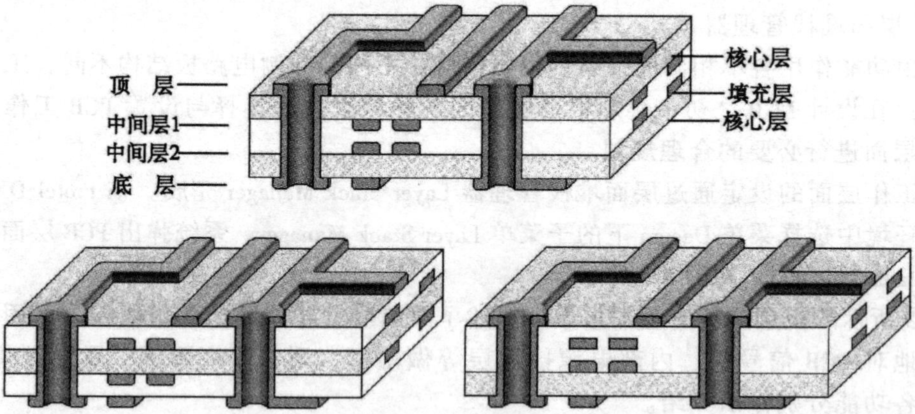

图 8-6 PCB 板层层面结构顺序示意图

图 8-5 中的按钮 Configure Drill Pairs... 用于设定 PCB 层的钻孔对，这里的钻孔对指 PCB 上一个钻孔（例如过孔、焊盘等）形成的两个层面上的一个孔对。按下该按钮弹出钻孔对管理器 Drill-Pair Manager 如图 8-7 所示。利用图中的按钮 Add 与 Delete 可以实现钻孔对的添加与删除操作；按钮 Drill Pair Properties 用于钻孔对的属性设置，按钮 Create Pairs From Used Vias 用来从已用的过孔产生钻孔对，而按钮 Create Pairs From Layer Stack 用来从层面堆栈获取信息生成钻孔对。

按下图 8-5 中的按钮 Menu，系统弹出 PCB 层面堆栈管理器菜单如图 8-8 所示，在图示的菜单中包含了 PCB 层面堆栈管理器中大部分按钮的功能，同时该菜单还在其 Example Layer Stacks 的下级子菜单中提供了 10 种预设好的板层设置，选择其中之一即可完成对 PCB 的板层设置。

（二）Board Layer 对话框

PCB 层面的颜色设置、隐藏与否、机械层的使能等通过 Board Layer 对话框完成。在 PCB 设计环境下选择菜单 Design 的子菜单 Board Layer，弹出图 8-9 所示的 Board Layers 对话框。

在图示的对话框中，鼠标左键双击层面名称后面的彩色块，系统弹出层面颜色设定对话可以对 PCB 所有层面的颜色进行设置，通过彩色块后面的 Show 复选按钮实现相应板层的实现与隐藏；而机械层的使能与否、单层模式选择、是否应用到图纸可分别通过 Mechanical Layers 栏中的 Enable 复选框、Single Layer Mode 复选框与 Link to Sheet 复选框实现；复选框 Only Show Layers in Layer Stack 与复选框 Only Show Planes in Layer Stack 分别用于确定是否只显示层面堆栈中的信号层或内部/电源接地层；复选框 Only Show Enabled Mechanical Layers 用于确定是否只显示使能的机械层；按钮 All On 显示对话框中的所有层面，与之相对，按钮 All Off 隐藏对话框中的所有层面；Used On 按钮将所有 PCB 用到的板层设定为显示状态；按钮 Selected On/Off 用来显示/隐藏选中的层面；按钮 Default Color Set 与 Classic Color Set 将所有层面颜色分别设定为默认值与经典色。

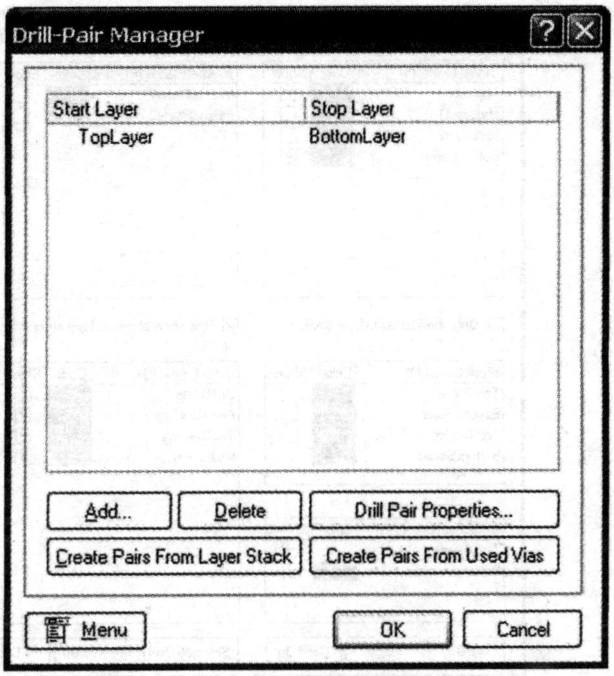

图 8-7　钻孔对管理器

Drill-Pair Manager

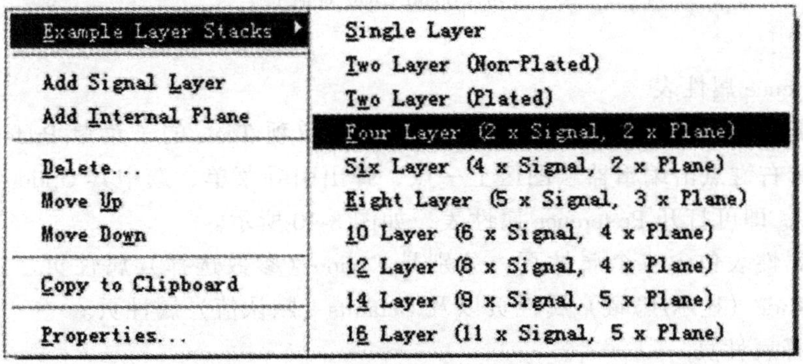

图 8-8　PCB 层面堆栈管理器菜单

二、PCB 编辑器工作参数

PCB 设计中可供设置的参数较多，其设置优劣直接影响设计效率，有时甚至是设计质量的高低。以下将对 PCB 设计中的常用设置作以介绍，主要包括 Preference 属性表、Board Op-

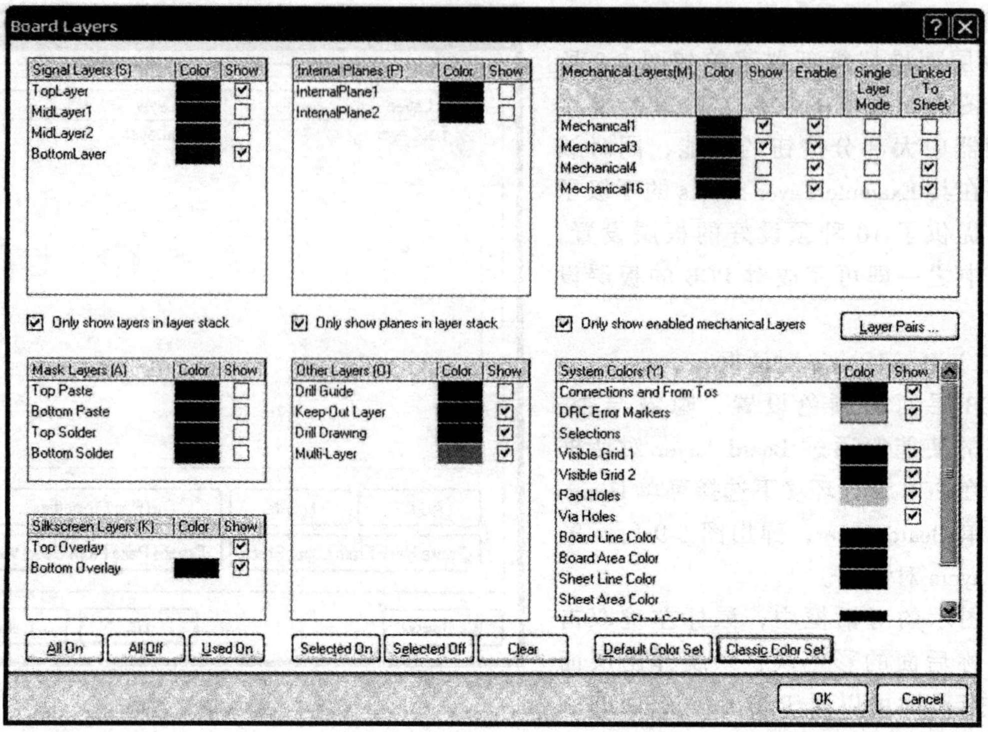

图 8-9 Board Layer 对话框

tion 对话框的应用。

（一）Preference 属性表

Preference 属性表的使用可以通过 PCB 编辑器菜单项 Tools 的子菜单 Preference... 实现，也可以使用鼠标右键点击编辑器绘图区上一点，弹出引导菜单，选中其 Option 菜单项的子菜单 Preference...，即可打开 Preference 属性表，如图 8-10 所示。

Preference 属性表包含 4 个属性页，分别是 Option（参数选择）属性页、Display（显示）属性页、Show/Hide（显示/隐藏）属性页以及 Defaults（默认值）属性页。

1. 参数选择属性页

图 8-10 中所示的即为其参数选择属性页的内容，Edit Options 为编辑设置。其中的复选框 Online DRC 为在线的设计规则检查，选中该选项后，系统随时对 PCB 设计进行设计规则检查，并对违背规则的地方予以高亮显示；选中复选框 Snap to Center，PCB 编辑过程中选中对象时，光标自动跳转到所选对象中心；选中 Click Clears Selection，在选择对象之外点击鼠标将取消选择的内容；选中复选框 Double Click Runs Inspector，鼠标双击对象将打开 Inspector 对话框，该复选框未被选中，双击对象将弹出对象属性对话框；选中 Remove Duplicates，绘图仪输出时，系统自动删除重复的对象；选中 Confirm Global Edit，进行全局编辑时弹出对话框通知用户修改了多少对象；选中 Protect Locked Objects，系统保护锁定实体，使之不被删除、移动、旋转。

Autopan Options 为自动转移选项，其中的 Style 为方式选择，通过其后的下拉列表实现。自动转移方式共有 Disable（关闭）方式、Re-Center（重新确定中心）方式、Fixed Size Jump（固定步距）方式、Shift Accelerate（<Shift>键加速）方式、Shift Decelerate（<Shift>键减

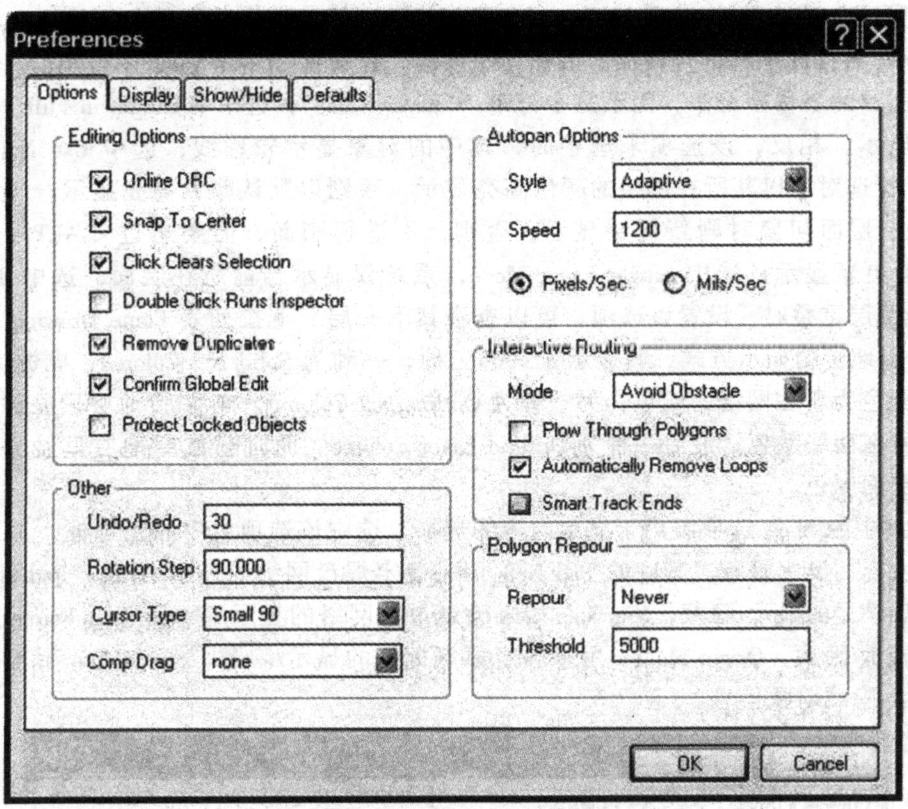

图 8-10　PCB 编辑器参数设置-Preference 属性表

速）方式、Ballisitic（跳跃移动）方式、Adaptive（自适应）方式等。其中，采用跳跃移动方式时，光标距离编辑区越远，移动速度越快；采用自适应方式时，空白处移动速度较慢，电路对象存在的地方移动速度较快；编辑框 Speed 用于移动速度的设置，复选框 Pixel/Sec 与 Mils/Sec 用来设定移动速度单位，分别为像素/s 与 mil/s。

Interactive Routing 为交互式布线选项，其中的 Mode 为布线模式选择，通过其后的下拉列表实现，共有 Avoid Obstacle（避开障碍）、Ignore Obstacle（忽略障碍）、Push Obstacle（推开障碍）三种模式；选中 Plow Through Polygons，布线器可在覆铜膜上布线，而后重建覆铜膜；选中 Automatically Remove Loops，布线中如果发现环路，系统自动删除环路；选中 Smart Track End，交互布线时，网络分析器自动将网络连接到布线端点上。

Polygon Repour 为覆铜膜重建选项，其中下拉列表 Repour 用于覆铜膜重建方式的选择，有 Never（不重建）、Always（总是冲减）与 Threshold（限定范围内重建）三种方式。选择 Threshold 方式重建覆铜时，编辑框 Threshold 为所设定的限定范围。

此外，在参数选择（Options）属性页中还包含一个 Other 选项组，其中编辑框 Undo/Redo（撤销/重复）用于设置编辑操作中撤销/重复的可执行步数；Cursor Type 下拉列表用于光标类型选择，共有小十字、大十字与小交叉三种光标供用户选择；Comp Drag 下拉列表用于设定拖动元件时是否拖动连线，其共有不拖动（none）与拖动连线（Connected Tracks）两个选项。

2. 显示属性页（Display）

点击 Preference 属性表上的 Display 标签，Protel DXP 打开属性表的显示属性页 Display，

如图 8-11 所示。图中的 Display Options 为显示选择选项组，选中其中的复选框 Convert Special Strings，系统对特殊字符进行转换。例如选中该框，在放置 .Layer Name 字符串时，将在层面上放置当前层的名称字符串，而不是字符串“.Layer Name”；选中 Highlight in Full，被选中的对象完全显示，相反，该选项未选中时，选中的对象显示轮廓线；选中 Use Net Color For Highlight，所选对象以其所在网络的颜色高亮显示，否则以默认颜色高亮显示；选中 Redraw Layers，进行层面切换时刷新板层显示，否则，不进行刷新，需要通过 < ALT + END > 或 < END > 键更新显示；选中 Single Layer Mode，系统仅显示当前所在层面；选中 Transparent Layers，当两层重叠时，设置该选项，可以查看其下一层。下拉列表 Plane Drawing 用于确定内部/电源接地层的显示方式，其显示方式有三种，一种为 Solid Net Colored，电源/接地层实心显示，颜色为所在网络的颜色；另一种为 Outline Net Colored，电源/接地层只显示外廓，颜色同样为所在网络颜色；最后一种为 Outline Layer Colored，此时电源/接地层只显示外廓，颜色为所在层面颜色。

图 8-11 中的 Show 选项组用于显示内容的选择，选中该选项组中的复选框，显示复选框所对应的内容，反之隐藏。其中的 Pad Nets 用来确定焊盘网络的显示/隐藏，Pad Numbers 用来确定焊盘序号的显示/隐藏，Via Nets 用来确定过孔网络的显示/隐藏，Test Points 用来确定测试点的显示/隐藏，Origin Marker 用来确定原点标记的显示/隐藏，Status Info 用来确定在状态栏中显示/隐藏对象信息。

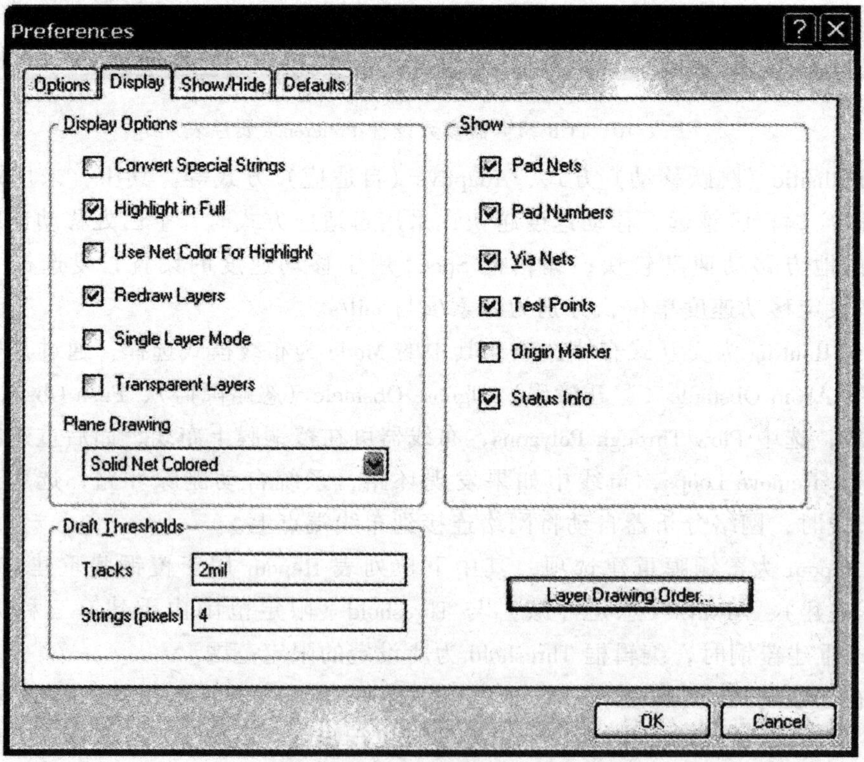

图 8-11　Preference 属性表的显示属性页 Display

图 8-11 中的 Draft Threshold 为草图显示中的阈值，其中的编辑框 Tracts 用于设置草图中连线显示的阈值，当连线宽度大于所设定的阈值连线以轮廓方式显示。反之，连线宽度小于

锁定阈值，连线以单线方式显示；同样，编辑框 Strings［Pixels］用来设定草图中字符串显示的阈值，其单位为像素。当字符串高度大于所设定的阈值时，字符串以轮廓方式显示，否则以单线形式显示。

Display 属性页上的按钮 Layer Drawing Order 用于调整各层面的绘制顺序，其设置对话框如图 8-12 所示。图中，最上层的层面最后画，按钮 Promote 将所选层面上移一层，相反按钮 Demote 将所选层面下移一层，按钮 Default 恢复默认显示顺序。

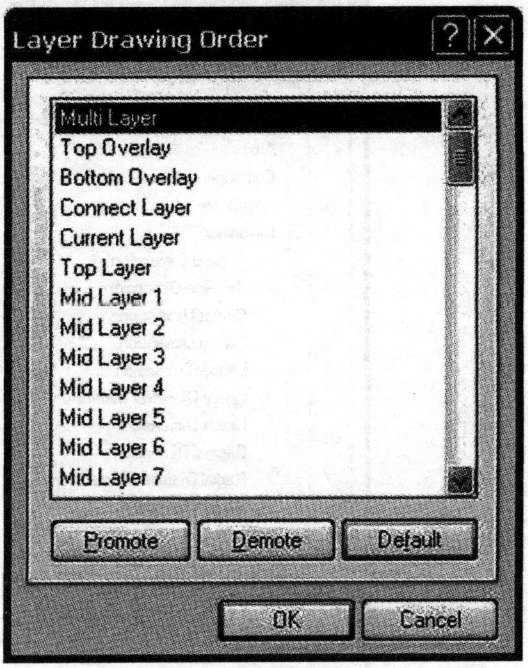

图 8-12　显示顺序设置对话框

3．显示/隐藏属性页（Show/Hide）

Preference 属性表的显示/隐藏属性页如图 8-13 所示。图中分别给出了电路对象的三种显示方式选项：实心模式（Final）、轮廓模式（Draft）与隐藏模式。利用按钮 All Final、All Draft、All Hidden 可以把所有对象分别设置为实心模式、轮廓模式与隐藏模式。

4．默认值设置属性页（Defaults）

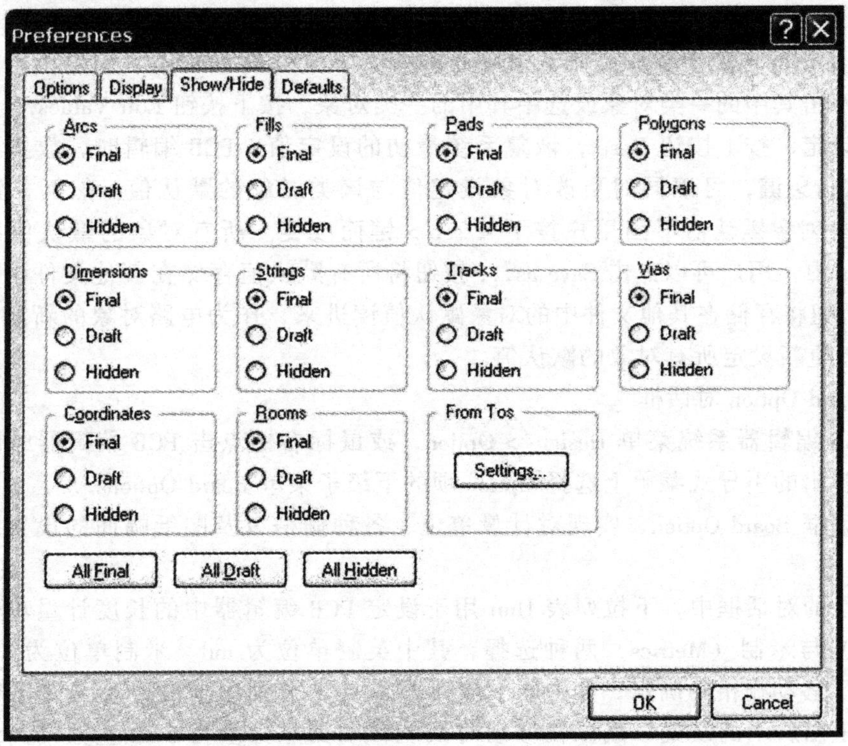

图 8-13　Preference 属性表的显示/隐藏属性页 Show/Hide

Preference 属性表的默认值设置属性页如图 8-14 所示，利用该属性页可以完成电路对象默认值的设定。

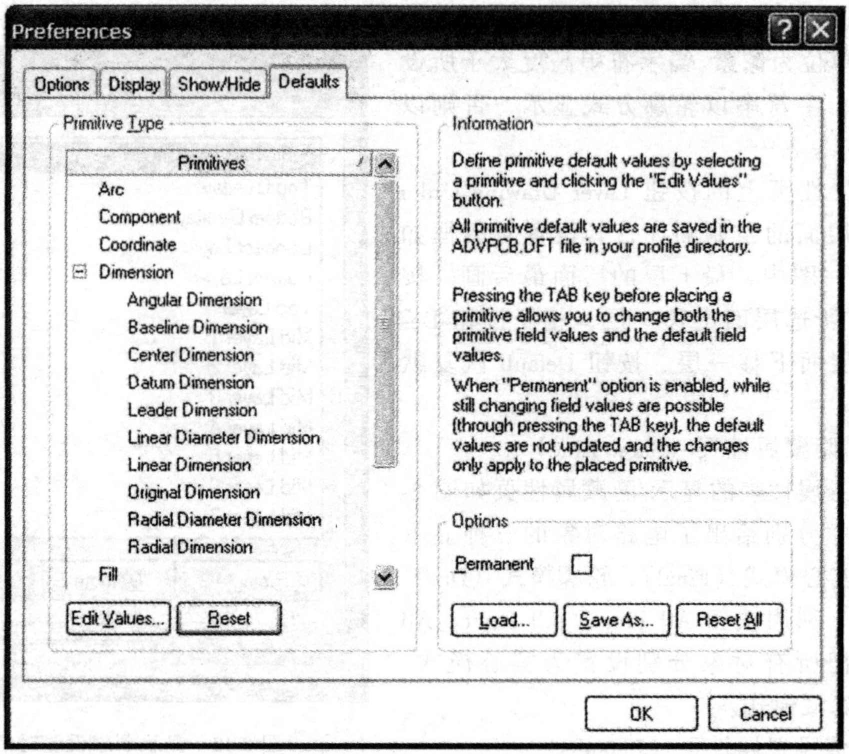

图 8-14 Preference 属性表的默认值设置属性页 Defaults

图 8-14 所示的电路对象默认值设置属性页中，下拉列表 Primitives 中给出了所有对象的类型，鼠标双击其中的一类对象或选中其中的一类对象，按下按钮 Edit Values...，可以对其默认值进行设定；按下按钮 Reset，恢复系统最初的设定值；PCB 编辑时，放置电路对象之前，按下 < Tab > 键，可以同时更改对象设定值与该类对象的默认值。然而，选中复选框 Permanent 时，对象默认值不因用户按下 < Tab > 键而改变。所有对象的默认值存储在文件 ADVPCB. DFT 中，用户可以点击 Save as... 按钮将所有默认值存储在其他文件中，也可以通过 Load... 按钮将存储在其他文件中的对象默认值读进来，作为电路对象的新默认值。按钮 Reset All 用于重新设定所有对象的默认值。

（二）Board Option 对话框

通过 PCB 编辑器系统菜单 Design- > Option，或鼠标右键点击 PCB 编辑器绘图区上任意点，在随后弹出的引导式菜单上选择 Option 项的下级子菜单 Board Options...，能够弹出 PCB 选项设置对话框 Board Option，实现对计量单位、各种栅格以及图纸幅面的设置操作，如图 8-15 所示。

图中所示的对话框中，下拉列表 Unit 用于设定 PCB 编辑器中的长度计量单位，共有英制（Imperial）与米制（Metrics）两种选择，其中英制单位为 mil，米制单位为 mm。选项组 Snap Grid 用于移动栅格的确定，其中的下拉列表 X 与 Y 分别用来设置 X 与 Y 方向上的移动栅格，采用上图所示的设置，鼠标在移动时只能移动到坐标值为 5mil 整数倍的地方。选项组 Component Grid 用于元件的放置、移动等位置操作，同样，其下拉列表 X、Y 分别用于对应方向上元件的位置操作，使用上图的元件栅格、元件坐标或移动距离只能为所设置栅格值的整数倍。电气栅格选项组 Electrical Grid 的设置主要是为方便布线，其中的复选框 Electrical

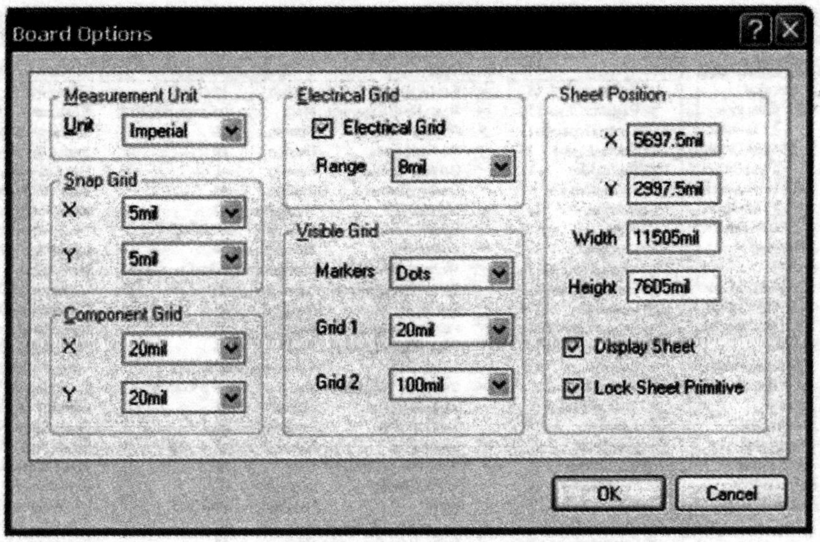

图 8-15　Board Option 对话框

Grid 用于打开或关闭电气栅格；下拉列表 Range 用来设置电气栅格的大小，在 PCB 编辑器的绘图区移动电气对象，进入一个电气对象的电气栅格范围，移动的电气对象跳到该电气对象上，方便布线。选项组 Visible Grid 用于设置可视栅格值，Markers 下拉列表用于设定可视栅格的线型，分为实线和点线；下拉列表 Grid1 与 Grid2 分别用来设置主次栅格值。Sheet Position 选项组用来对图纸的幅面进行设定，包括图纸坐标设置编辑框 X 与 Y、图纸宽度与高度设置编辑框 Width 与 Height、图纸的显示/隐藏复选框 Display Sheet 与图纸对象的锁定/解锁复选框 Lock Sheet Primitive。在此需要明确的是，上述对话框中的所有用于设置栅格值的下拉列表都可以被编辑，即可以不选择下拉列表中的预设值而直接对其进行编辑。

三、设计规则

设计规则的设置是 PCB 设计环境设置的一个重要内容，Protel 软件据此完成自动布线、在线的电路检查等工作，以及对存在问题的设计给出提示。良好的规则设置对提高设计效率、改进设计质量均具有重要的作用。PCB 设计中设计的规则内容较多，这里仅就其中常用的电气规则与布线规则加以介绍，其他的内容留待读者参照相关的软件帮助文件加以了解。

点击 Protel 系统菜单 Design，选择其下级子菜单 Rules...，系统弹出设计规则设置对话框 PCB Rules and Constrains Editor，如图 8-16 所示。

图 8-16 所示的 PCB 设计规则编辑对话框中，左侧的树形结构显示设计中的所有规则分类，共有电气规则（Electrical）、布线规则（Routing）、SMT 规则、Mask 规则、电源与地层规则（Plane）、测试点规则（TestPoint）、制造规则（Manufacturing）、高速设计规则（High Speed）、布局规则（Placement）与信号完整性规则（Signal Integrity）10 个类型，对话框右侧列表显示与左侧规则种类或具体规则相应的内容，其显示内容包括规则名称、优先级、激活状态、类型、类属作用范围与树形等。鼠标选择相应的规则后，可以直接在对话框右侧的规则内容表单中进行修改，完成对该规则的设定。在对话框左侧树形结构中相应的设计规则上，点击鼠标右键，利用随后弹出的引导式菜单，能够实现设计规则的创建、删除、输出到文件以及输入预先设定好的设计规则文件。

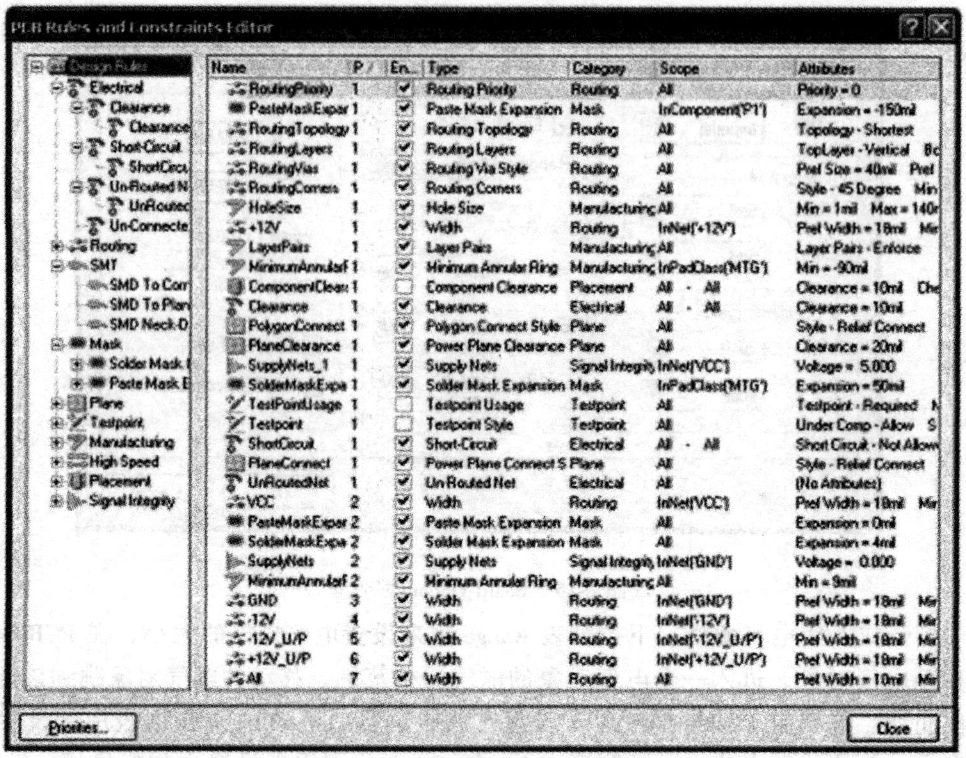

图 8-16　设计规则设置对话框

（一）电气规则

鼠标选择图 8-16 中左侧树形结构的电气规则 Electrical，层层打开电气规则的结构，如图 8-17 所示。可以看出，目前状况下电气规则共有安全间距 Clearance、短路 Short Circuit、未布线网络 Un-Routed Net 与无连接管脚 Un-Connected Pin 四类三个规则，三个规则分别为 Clearance、Short Circuit 与 UnRouted Net。通过三个规则对应的 Enable 复选框，可以分别设置规则的使能状况。鼠标双击对话框右侧表格中的规则名称或直接在对话框左侧的树形结构中选择相应的规则，可以打开规则编辑对话框，对规则的相关设置进行修改。图 8-18 的 a、b 和 c 分别说明了电气规则中的安全距离规则、短路规则与未布线网络规则的设置方法。其中的安全距离设置用于限定电路中不同网络之间的最小间距，编辑框 Minimum Clearance 用于输入最小间距值；其中的短路规则用于确定是否允许作用域范围内的电气对象短路，选中复选框 Allow Short Circuit，允许范围内短路；未布线网络规则用于确定是否允许未连接网络的存在。

（二）布线规则

布线规则设置对话框如图 8-19 所示。在图示的设计中，布线规则共分为线宽规则 Width、布线拓扑规则 Routing Topology、布线优先级规则 Routing Priority、布线层面规则 Routing Layers、布线拐角规则 Routing Corners、布线过孔形式规则 Routing Style 与布线扇出控制 Fanout Control 等 7 个类型，对话框右侧的表单中详细给出了当前设计中全部 12 条布线规则每一条布线规则的各种信息。

选择图 8-19 所示对话框左侧树形结构中线宽类规则下的 VCC 规则，规则设置内容如图 8-20a 所示。图示的线宽规则中，编辑框 Preferred 用来设置当前状况下 VCC 网络的实际线宽，

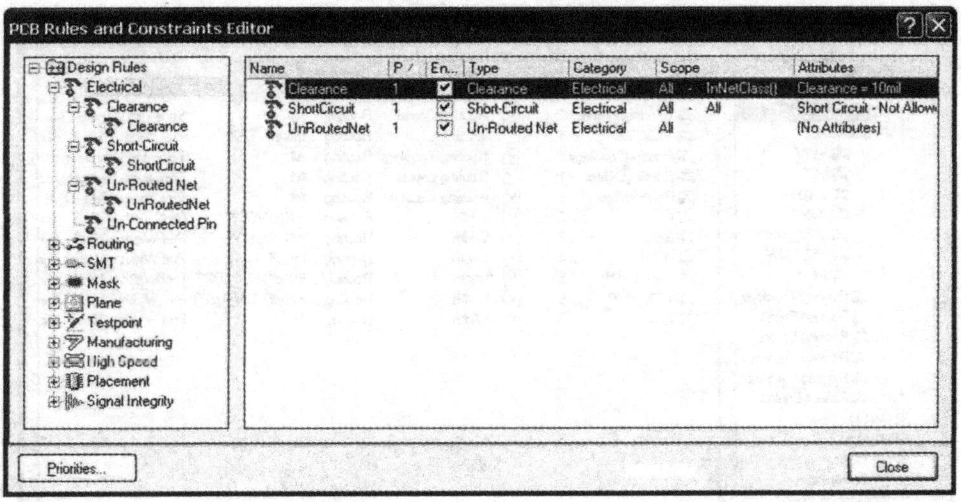

图 8-17　电气规则对话框

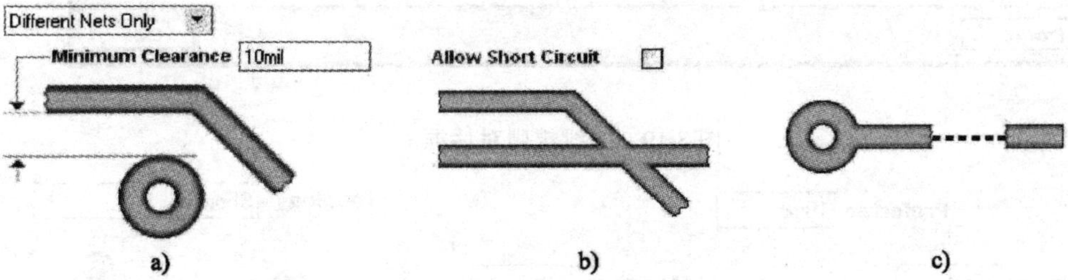

图 8-18　电气规则设置

a）安全距离规则设置　b）短路规则设置　c）未布线网络规则设置

编辑框 Minimum 与 Maximum 用于设定当前设计中 VCC 网络的最小容许连线宽度与最大容许连线宽度。线宽规则中其他规则的设置大致相同，此处不再一一赘述。

鼠标双击图 8-19 右侧表单中的布线拓扑规则 Routing Topology，打开拓扑规则设置对话框，设置内容如图 8-20b 所示。布线拓扑规则用于设置同一网络不同管脚间的连接方法，以适应不同设计场合的不同要求。它的选择通过图中的下拉列表 Topology 实现，共有 7 种选择，其中 Shortest 为整体连线最短方式，Horizontal 为网络尽可能水平布置方式，Vertical 为网络尽可能垂直布置方式，Daisy-Simple 为简单菊花链方式，Daisy-Mid Driven 为中间驱动菊花链方式，Daisy-Balanced 为平衡菊花链方式，Starburst 为星形连接。同时，下拉列表下方给出了不同方式连接形式的预览。

鼠标双击图 8-19 右侧表单的布线优先级规则 Routing Priority，弹出布线优先级设置对话框，其设定内容如图 8-21a 所示。布线的优先级规则主要用于系统自动布线器对高优先级网络进行优先布线，通过组合框 Routing Priority 中的箭头键，系统可以设置布线的优先级。布线层面规则 Routing Layer 用来设置 PCB 各信号层的布线方向，其设置如图 8-21b 所示。图中层面名称对应的下拉列表用于该层布线方向的选择，有水平方向 Horizontal、垂垂方向 Vertical、45°等选项供选择，一般情况下，不同层面选用不同的布线方向，以免相互干扰。

在图 8-19 中同样采用鼠标双击的方法打开布线拐角规则对话框，其设置内容如图 8-22a 所示。其中的下拉列表 Style 用于设置布线拐角形式，分为 45°拐角、90°拐角与圆弧拐角三种

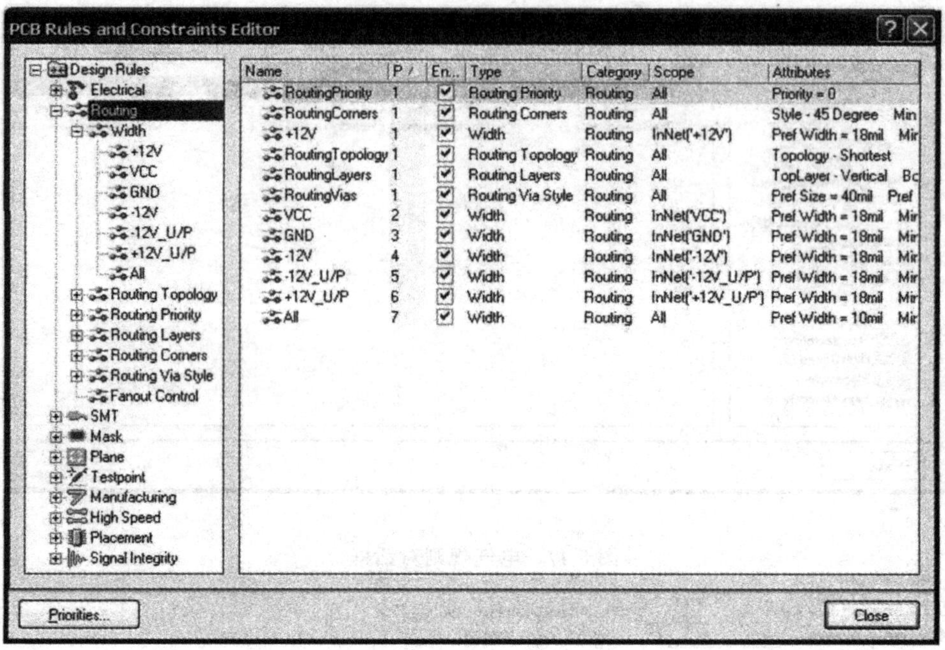

图 8-19　布线规则对话框

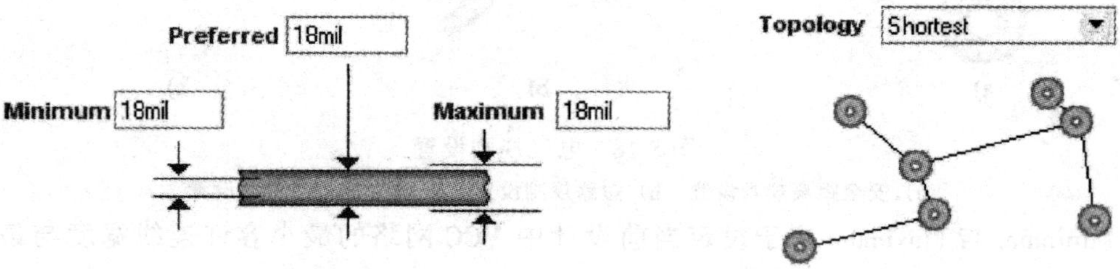

a)　　　　b)

图 8-20　线宽规则与布线拓扑规则

a）线宽规则设置　b）布线拓扑规则设置

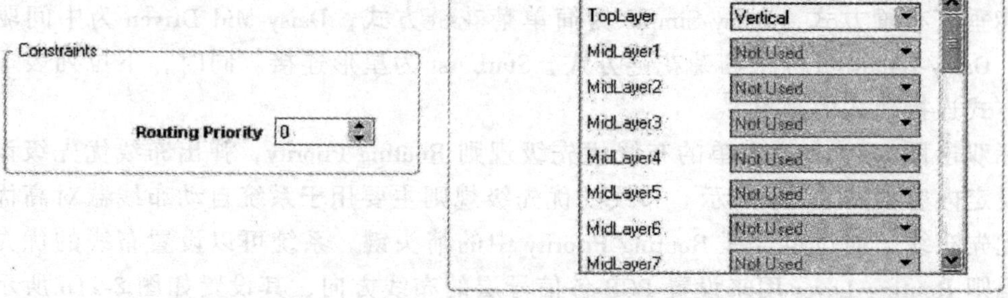

a)　　　　b)

图 8-21　布线优先级规则与布线层面规则

a）布线优先级规则设置　b）布线层面规则设置

形式，编辑框 Setback 与 to 用来分别设定最小拐角值与最大拐角值；布线过孔的设置内容如图 8-22b 所示，选项组 Via Diameter 中的编辑框 Minimum、Maximum 与 Preferred 分别用来设定过孔外径的最小值、最大值与当前值；选项组 Via Hole Size 中的三个相应编辑框则分别用来设定过孔内径的最小值、最大值与当前值。

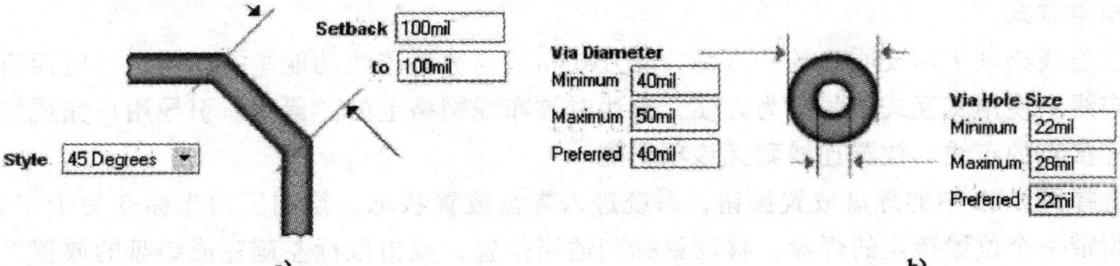

a)　　　　　　　　b)

图 8-22　布线拐角规则与布线过孔规则
a）布线拐角规则设置　b）布线过孔规则设置

第三节　印制电路板的手工绘制

印制电路板的绘制分为手工布线与自动布线两种方法。相对于自动布线，手工布线方法较为耗时耗力，效率不高，在印制电路板的设计中单纯手工布线的方法应用较少，多与自动布线相结合，弥补自动布线中不尽人意的地方。本节主要介绍印制电路板手工布线方法，内容主要包括电路对象的放置、编辑以及 PCB 的定义方法等。

一、对象放置工具

对象放置工具用于组成的电路物理对象的放置，包括电气对象与非电气对象。PCB 编辑环境下选择菜单 View- > Toolbars- > Placement 选项，Protel DXP 的 PCB 编辑器打开 PCB 对象放置工具箱 Placement，如图 8-23 所示。

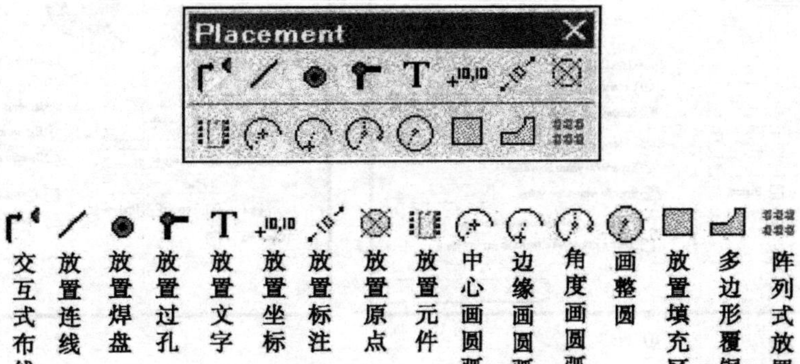

图 8-23　PCB 的对象放置工具

图 8-23 中的 PCB 各对象放置工具均可以通过 PCB 编辑器的 Place 菜单实现，二者的功能相同。鼠标选择图中工具栏的交互式布线或放置连线按钮，系统进入连线绘制状态，编辑器绘图区内光标变为十字光标，在适当位置点击鼠标左键，确定连线起点，拖拽鼠标至连线终点，再次点击鼠标左键就可以完成一条连线的绘制。连线绘制过程中，不断拖动鼠标点击鼠标左键可以绘制连续的多段连线。连线绘制中点击鼠标右键，当前多段连线绘制结束，但系

统仍处于连线绘制状态，继续按下鼠标左键重新开始多段连线的绘制，连续两次按下鼠标右键，系统退出连线绘制状态。系统退出连线绘制状态后，鼠标双击连线，系统弹出连线属性对话框，可以对连线的宽度、端点坐标、所在层面与所在网络等属性进行设定。放置连线时，使用 < 空格 > 键可以实现对连线起止方式进行设定， < Shift + 空格 > 键可以用来设置连线的拐角方式。

在连线绘制中需要明确的一点是，交互式布线与放置连线功能基本相同，相对而言，在网络布线中使用交互式布线更为方便，布线时被布线网络上的“鼠线”引导用户完成统一网络各连接点的布线，放置连线则无该项功能。

选择图 8-23 中的焊盘放置按钮，系统进入焊盘放置状态，绘图区内光标变为十字光标，同时附带一个位置待定的焊盘。移动鼠标到适当位置，点击鼠标左键完成焊盘的放置，此时系统仍处于焊盘放置状态。点击鼠标右键，退出焊盘放置状态，鼠标双击焊盘，系统弹出焊盘属性对话框如图 8-24a 所示。通过图中的属性对话框，可以对焊盘的孔径、形状、所在位置、流水号、所在层面、所在网络、电气类型以及锁定与否等属性进行设置。使用 Test point 后的两个复选框可以将焊盘标记为顶层或底层测试点；Size and Shape 选项组的 Simple 设置焊盘从顶层到底层，Top-Middle-Bottom 设置焊盘从顶层连接中间层到底层，复选框 Full Stack 用于制定焊盘连接层堆栈中的层，并对每层的焊盘形状进行设置；Paste Mask Expansion 选项组的单选按钮设置锡膏防护层根据规则产生还是通过 Specify Expansion Value 编辑框指定；同样，Solder Mask Expansion 选项组中的两单选按钮设置阻焊层根据规则产生还是通过 Specify Expansion Value 编辑框指定，复选框 Force Complete Tenting on top/bottom 用于确定是否强制将阻焊覆盖焊盘顶层/底层。

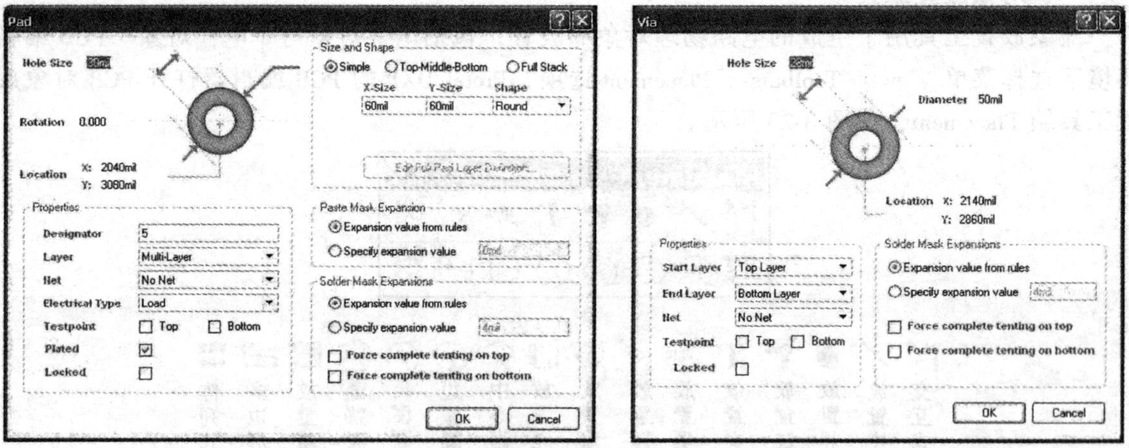

a) b)

图 8-24 焊盘与过孔属性设定

a) 焊盘属性设置 b) 过孔属性设置

选择 PCB 对象放置工具的放置过孔按钮，PCB 编辑器绘图区光标变为十字光标，同时附带一个位置待定的过孔，系统进入过孔放置状态。鼠标移动到绘图区内的适当位置，按下鼠标左键，实现一个过孔的放置，如图 8-24b 所示。点击鼠标右键，系统退出过孔放置状态。鼠标双击刚放置的过孔，弹出过孔属性设置对话框，如图 8-24b 所示。在图示的属性设置对话框中，可以实现对过孔外径 Diameter、内径 Hole Size、中心坐标 Location、起始终止层面、所在网络以及锁定与否进行设置。对话框中 Test point 的两复选框 Top 与 Bottom 用来将过孔标识为顶层或底层的测试点；Solder Mask Expansion 选项组各项功能与焊盘属性对话框中的相应选项功能类似，只不过设置对象由焊盘变成了过孔。

选择 PCB 对象放置工具中的放置文字按钮，PCB 编辑器绘图区内光标变为十字光标，同时附带一个位置待定、内容为“String”的字符串，在绘图区内移动鼠标，在适当位置按下鼠标左键，完成字符串的放置，点击鼠标右键退出字符串放置状态。双击所放字符串，弹出字符串属性对话框如图 8-25a 所示，在图中所示的属性对话框中，可以对字符串的字高、线条宽度、旋转角度以及坐标位置进行设置，图中 Property 选项组的下拉列表 Text 用于选择或编辑字符串内容；下拉列表 Layer 用于设置字符串所在的层面；Font 用来选择字符串的字体；对话框中的复选框 Locked 与 Mirror 分别用来指定是否对字符串进行锁定与镜像操作。

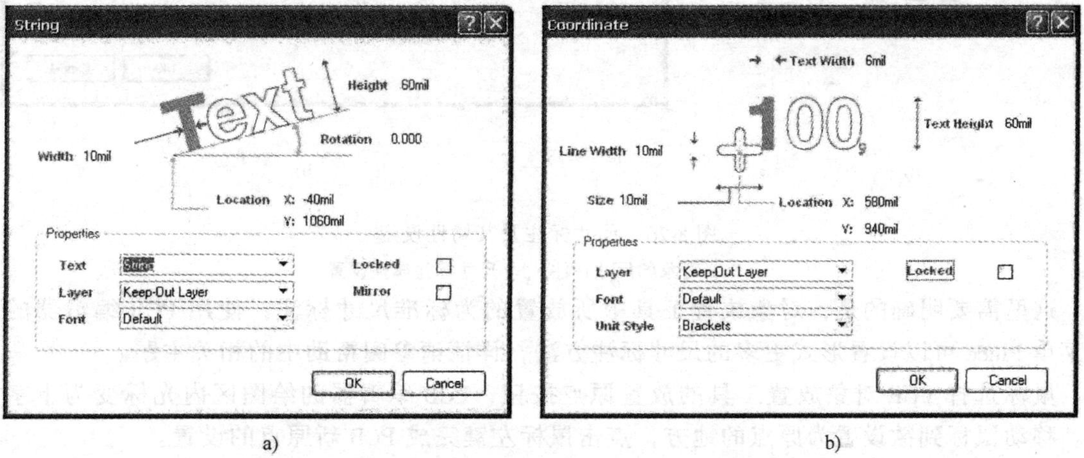

图 8-25　字符串与坐标属性设定

a）字符串属性设置　b）坐标属性设置

选中 PCB 对象放置工具中的放置坐标按钮，PCB 编辑器绘图区光标转变为带有坐标值的十字光标，且坐标值随光标的移动发生改变，移动鼠标到欲标注坐标的绘图区内一点，按下鼠标左键，完成坐标放置操作，点击鼠标右键，退出坐标放置状态。鼠标双击所放置的坐标值，系统弹出坐标属性对话框如图 8-25b 所示，利用图中所示的对话框，可以对坐标值的线条宽度、字高、指定点坐标值、指定点标志的大小、指定点标志的线宽等内容做出设置。Property 选项组的下拉列表 Layer 用来设定坐标所在层面；Font 用于坐标字体设置；Unit Style 用于坐标计量单位表示形式的设置，分为有括弧（Bracket）、无括弧（Normal）与不显示单位（None）三种选项；复选框 Locked 仍用于是否锁定的选择。

鼠标选中 PCB 放置工具中的放置标注按钮，可以实现 PCB 图中对象的尺寸标注，此时 PCB 编辑器的绘图区内，光标变为十字光标，绘图区内将鼠标移动到要标注的对象尺寸起点，点击鼠标左键，而后鼠标移动到要标注的对象尺寸终点，再次按下鼠标左键，实现对象的尺寸标注如图 8-26a 所示。标注完毕后，点击鼠标右键退出尺寸标注状态，而后鼠标双击标注，打开尺寸标注的属性对话框，可以对标注形式进行必要的设置，如图 8-26b 所示。

利用图 8-26b 对话框中的可编辑域，可以完成对所标注尺寸的起点坐标 Start X 与 Y、标注线宽度 Line Width、字符宽度 Text Width、标注线高度 Height、标注文字高度 Text Height 以及所标注尺寸的终点坐标 End X 与 Y 的设置。对话框的其他项目与坐标属性设置对话框相

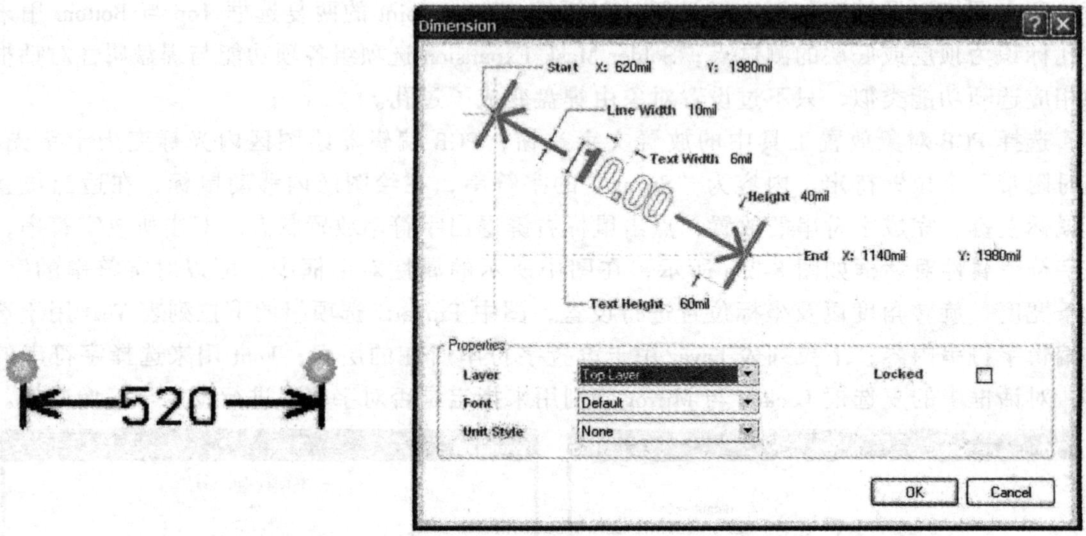

a)　　　　b)

图 8-26　尺寸标注及其属性设定

a) PCB 对象的尺寸标注　b) 尺寸标注属性设置

同。这里需要明确的是，对象放置工具中所放置的为标准尺寸标注，使用 PCB 编辑器的系统菜单 Place 可以设置形式更多的尺寸标注方法，详情请参阅帮助中的相关主题。

鼠标选择 PCB 对象放置工具的放置原点按钮，PCB 编辑器的绘图区内光标变为十字光标。移动鼠标到欲设置为原点的地方，点击鼠标左键完成 PCB 新原点的设置。

选中 PCB 对象放置工具箱中的元件放置按钮，系统弹出元件放置对话框如图 8-27a 所示。默认状况下，系统以上次所放置元件为默认元件，放置其他元件时，首先利用图 8-27a 中的放置类型选项组 Placement Type 确定放置方式。如果选择根据封装形式来放置，亦即选中单选按钮 Footprint，可以点击 Footprint 编辑框后的 ... 按钮，随后弹出元件封装浏览对话框 Brows Libraries，如图 8-27b 所示，在其中选取相应的元件封装；反之，如果选择了单选按钮根据元件放置选项 Component，则需要点击图 8-27a 中编辑框 Lib Ref 后的 ... 按钮，在随后弹出的对话框 Brows Libraries 中选取相应的元件。

完成上述选择之后，点击图 8-27a 中的 OK 按钮，PCB 编辑器的绘图区内光标由箭头方式转变为十字模式，同时光标上附带一个位置待定的元件，光标移动到适当位置，按下鼠标左键就放置一个元件。元件放置完毕，点击鼠标右键，系统再次弹出图 8-27a 所示的对话框，点击 Cancel 按钮，退出元件放置状态。退出元件的放置状态后，鼠标双击所放置的元件，系统弹出元件属性设置对话框，如图 8-28 所示。利用图 8-28 所示的元件属性设置对话框，可以实现元件封装名称、所在层面、旋转角度、坐标值、类型、是否锁定、元件流水号名称、字高、字的线宽、所在层面、坐标、字体、隐藏与否、镜像与否、说明文字的内容、字高等属性的多方内容设置。

此处需要特别说明的是，放置元件时，如果在随后弹出的元件封装浏览对话框 Brows Libraries 中无法找到所需要的元件，也就是说当前所加载的库中不存在需要的元件，可以点击元件封装浏览对话框中的 Find 按钮，查找所需要的元件封装。按下按钮 Find，系统弹出元

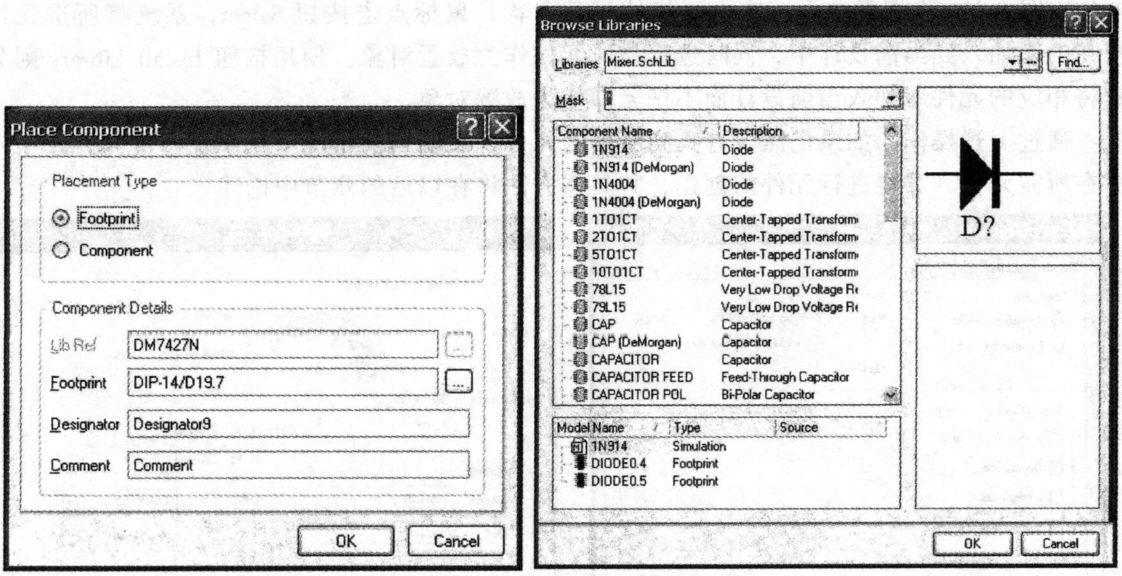

a)　　　　b)

图 8-27　元件放置与元件封装浏览

a) 元件的放置　b) 元件封装浏览对话框

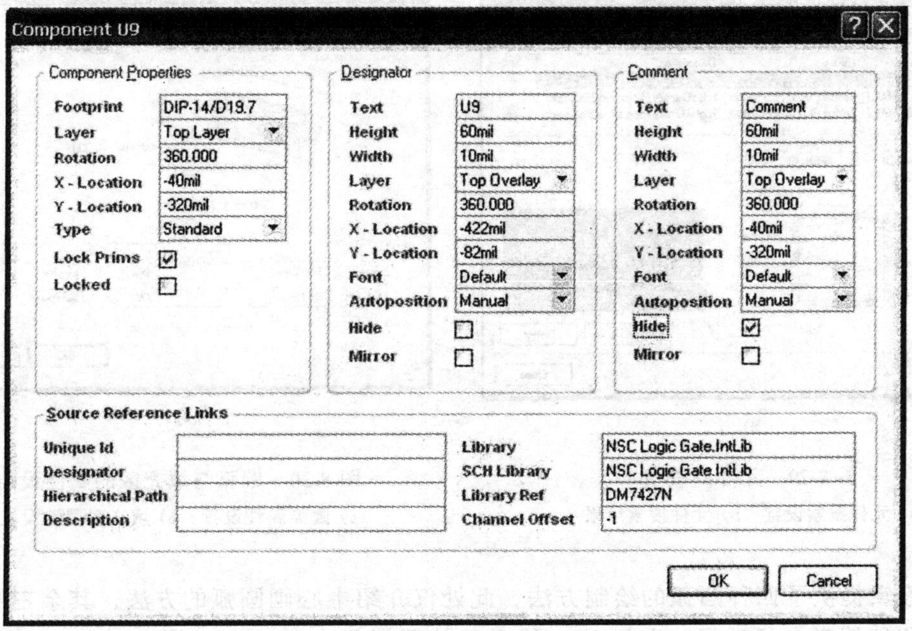

图 8-28　元件属性设定

件库搜索对话框，如图 8-29a 所示，在对话框的搜索属性页 Search 中，搜索范围 Scope 选项组共有有效元件库 Available Libraries 与指定路径下的元件库 Libraries on Path 两个选项，这里选中复选框指定路径元件库；在编辑框 Path 中指定 Protel 的安装路径 C：\ Program Files \ Altium，选中复选框 Include Subdirectories，意即包含子目录；最后，在搜索条件选项组 Search Criteria 的名称下拉列表 Name 中输入“ * ispl * ”，点击 Search 查找名称中含字母“ispl”的元器件，图 8-29b 为搜索结果；选中要找的元件名称，鼠标点击按钮 Select，系统将所选元件所在的库加入到当前设计中，同时选定相应元件作为放置对象。使用按钮 Install Library 则只是将相应的元件库加入当前设计而不把元件作为放置对象。

通过上述操作，如果仍然没有找到所需的元件，表明当前情况下在系统自带元件库中不存在所需元件，需要进行元件的创建，其具体方法将在以后的章节中论述。

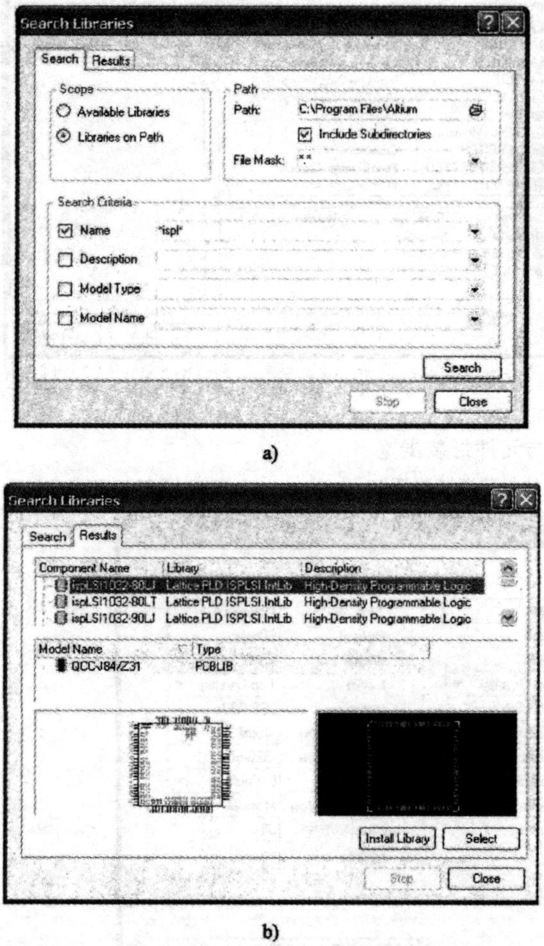

图 8-29　元件的查找

a）元件搜索设置　b）元件搜索结果

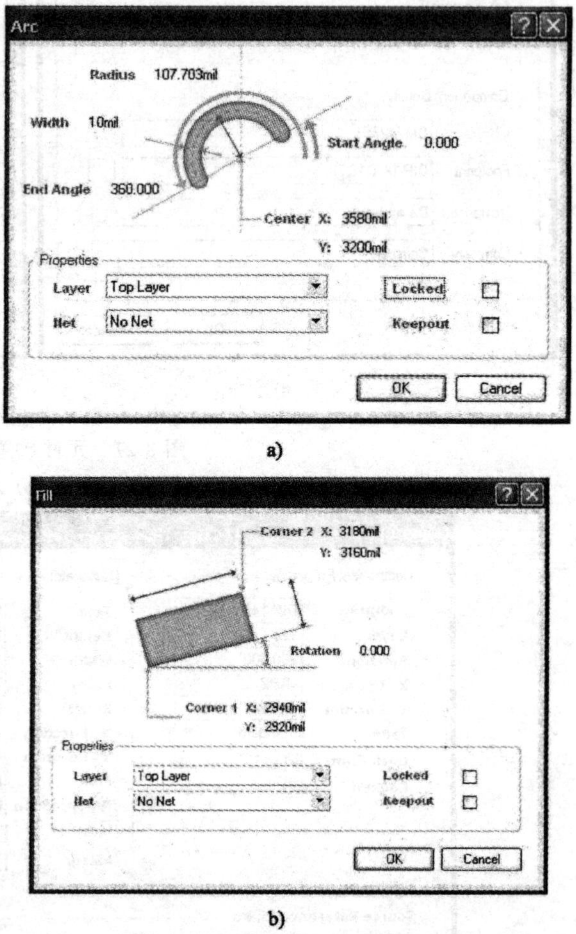

图 8-30　圆弧与填充区的属性设定

a）圆弧属性设置　b）填充区属性设置

PCB 编辑提供了四种圆弧的绘制方法，此处仅介绍中心画圆弧的方法，其余三种情况大同小异，留待读者自行学习。选择 PCB 的对象放置工具上的中心画圆弧按钮，绘图区光标变为十字光标，鼠标移动到欲绘圆弧的中心位置，点击鼠标左键确定圆弧中心，而后，移动鼠标到适当位置，再次点击鼠标左键确定圆弧半径，然后移动鼠标至一定位置点击左键，确定圆弧起点，最后将鼠标移至适当位置点击左键，确定圆弧终点从而完成整个圆弧的绘制过程。一段圆弧绘制结束，系统仍处于圆弧绘制状态，重复上述过程可以开始新圆弧的绘制。点击鼠标右键，退出圆弧绘制状态，此时鼠标双击所绘圆弧，系统弹出圆弧属性对话框如图 8-30a 所示，利用这个对话框中的可编辑域可以对圆弧的半径、线宽、起始终止角、圆心坐标等参数进行合理的设置，图中的下拉列表 Layer 与 Net 则分别用于设置圆弧所在的层面与网络，复选框 Locked 用于锁定圆弧，复选框 Keepout 用来将所选圆弧设置为禁止布线层上的电路对象。要提请读者注意的是，尽管 Keepout 复选框具有上述功能，如有需要，最好还是将圆弧绘制到禁止布线层 Keep out Layer 上，以免引起不必要的混淆。

选择 PCB 对象放置工具放置填充区按钮，PCB 编辑器绘图区光标变为十字光标，移动鼠标到绘图区的适当位置按下鼠标左键，确定填充区的左上角，而后，移动鼠标到绘图区的另一位置再次按下鼠标左键，确定填充区的右下角，从而完成整个填充区的绘制。此时系统仍处于填充区的绘制状态，继续上述操作，可以开始新填充区的绘制。点击鼠标右键，填充区的绘制状态终止。填充区的属性对话框如图 8-30b 所示，使用图中的可编辑域，可以实现填充区顶点坐标、旋转角度等的设置，对话框的其他内容与圆弧属性对话框相似。

PCB 上的多边形覆铜通过 PCB 对象放置工具的相应按钮实现，选中多边形覆铜按钮后，系统弹出多边形覆铜属性对话框如图 8-31a 所示。图中的单选按钮 Arcs 与 Octagons 用来选择焊盘的覆铜包围形式是圆弧还是八角形；Grid Size 用于设置覆铜网格大小；Track Size 设置网格线宽；Hatching Style 设置网格类型，其中的选项 None 表示无网格中空方式，90 Degree 表示 90°交叉网格，45 Degree 表示 45°交叉网格，Horizontal 与 Vertical 表示水平线形式与垂直线形式；Property 选项组的下拉列表 Layer 设置覆铜所在板层，Min Prim Length 设置最短覆铜线长度，Lock Primitives 设置是否锁定覆铜状态；Net Options 选项组的 Connect to Net 设置多边形覆铜连接的网络，Pour Over Same Net 设置是否覆盖相连网络，Remove Dead Copper 设置是否清除孤立的覆铜。

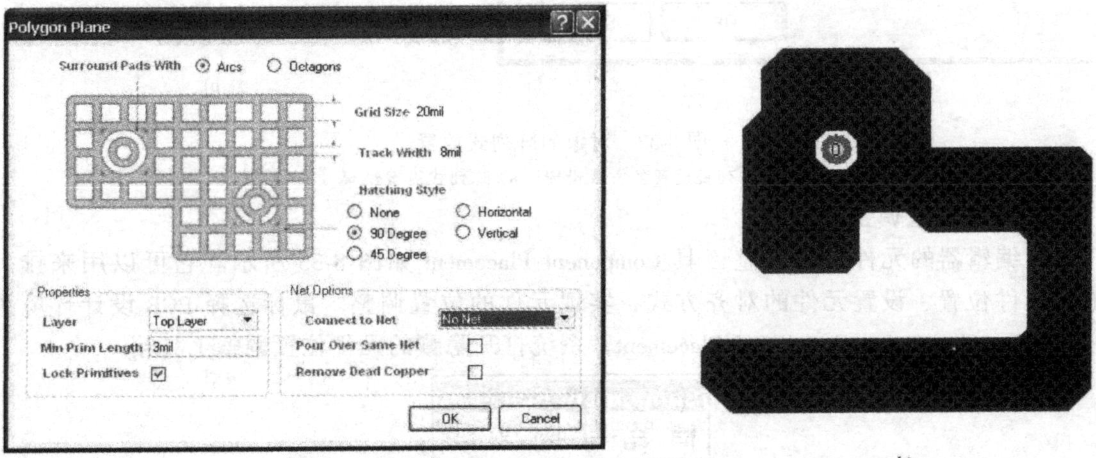

a)　　　　b)

图 8-31　多边形覆铜的绘制

a) 多边形覆铜的属性设置　b) 绘制多边形覆铜的绘制结果

多边形覆铜属性设置完毕后，点击属性设置对话框的 OK 按钮，系统进入多边形覆铜绘制状态，绘图区光标变为十字光标，点击鼠标左键确定多变形起点，移动鼠标到一定位置再次按下鼠标左键，实现多变形一边的绘制，利用这种方法绘制一个封闭的多边形，从而完成多边形覆铜的绘制，图 8-31b 为绘制的一个实例。上述操作过程中，如果在多变形未封闭时按下鼠标右键，系统自动将所绘折线的两个端点闭合形成多边形覆铜。

PCB 对象放置工具的阵列式放置是指将剪贴板上的内容按照一定的空间顺序放置到当前

层面上，使用该工具时首先选中相关对象将其复制到剪贴板上，而后点击工具箱的阵列式放置按钮，系统弹出放置对话框如图 8-32a 所示，图中的 Item Count 设置防止对象个数，Text Increment 设置对象序号的增量；Array Type 设置阵列式放置的形式，分为直线式 Linear 与圆形方式 Circular；Circular Array 选项组的 Rotate Item to Match 设置圆形方式放置时是否旋转放置对象适应其位置；Space 编辑框指定放置对象的间隔角度；Linear Array 选项组分别指定对象直线式放置时放置对象的 X 向间距 X-Spacing 与 Y 向间距 Y-Spacing。点击对话框中的 OK 按钮，绘图区光标变为十字光标，开始阵列式放置。采用直线式放置时，移动鼠标到适当位置点击鼠标左键，系统以该点为起点放置剪贴板中对象；采用圆形方式放置时，鼠标移动到一定位置点击鼠标左键，确定圆的中心，鼠标移动一段距离再次点击左键，确定圆的半径，随后系统按上述的设定圆放置剪贴板内对象，结果如图 8-32b 所示。

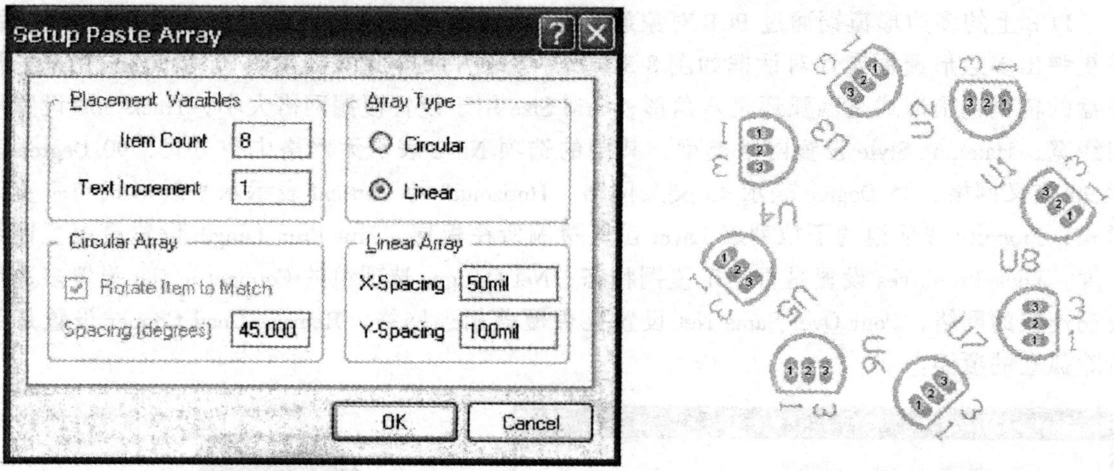

a)　　　　　　　　　　b)

图 8-32　对象的阵列式放置

a）阵列式放置的方式设置　b）阵列式放置结果

二、元件位置调整工具

PCB 编辑器的元件位置调整工具 Component Placement 如图 8-33 所示。它可以用来排列 PCB 的元件位置、设置元件的对齐方式，实现元件的位置调整。鼠标选择 PCB 设计环境菜单项 View- > Toolbars- > Component Placement，系统打开隐藏的元件位置调整工具箱。

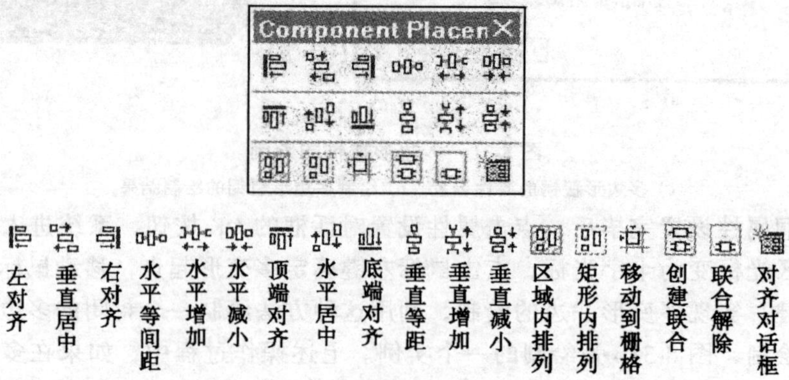

图 8-33　PCB 的元件位置调整工具

需要说明的是，在按图 8-33 进行的调整操作中，需要首先选中操作对象，而后点击相应按钮才能完成相应的操作。根据元件移动方式的不同，可以将上图所述位置操作分为元件的水平位置调整、垂直位置调整与区域内的位置调整三种情况，下面按照其类别对其实现方法进行一一讲述。

首先介绍元件水平位置的调整方法。进行水平位置调整中的左对齐操作时，选中位置需要调整的对象，鼠标点击元件位置调整工具箱中的左对齐按钮，被选元件以位置最靠左的对象为参照与之对齐，完成左对齐操作；进行垂直居中操作时，选中调整对象后按下相应按钮，绘图区光标变为十字光标，鼠标选择被选对象之一作为基准，其余被选对象在基准对象上方垂直排列；进行右对齐操作时，选好调整对象后按下右对齐按钮，所有被选对象以最靠右的被选元件为基准与之对齐；进行水平等距操作时，选中调整对象后按下水平等距按钮，所有被选对象根据左右两端的两个被选对象的水平坐标，调整其他被选对象，使之水平方向等间距；进行水平增加操作时，选中调整对象后按下水平增加按钮，最左端被选对象位置保持不变，其他被选对象水平坐标增大；反之，对于水平减小，最左端被选对象位置同样保持不变，其他被选对象水平坐标则减小。

元件垂直位置的调整方法与水平位置的调整方法类似，只是位置移动基准有所不同。顶端对齐时，元件以被选元件中的最上端元件为基准对齐；底端对齐时，元件以被选元件中的最底端元件为基准移动位置；水平居中时，鼠标选定基准元件后，元件在基准元件之右水平排列；垂直等距时，被选元件以被选元件中的上下两端元件为基准调整垂直位置，实现各元件垂直距离相等。垂直增加与垂直减小时，元件以被选元件中的最底端元件为基准，适当增大或减小元件之间的垂直距离。

元件的区域内调整主要包括区域内排列、矩形内排列与移动至栅格方式。其中区域内排列用于元件在事先设定的 Room 中排列，Room 通过 PCB 编辑器的 Room 工具定义；矩形内排列则是在选定元件按下按钮后，用鼠标在 PCB 编辑器的绘图区拖拽出一个矩形区，元件在区内进行排布；移动至栅格用来将不在栅格上的所选元件移动到栅格上；创建联合主要用于需要整体位置操作的元件，此时选中所有元件后点击创建联合按钮，建立起多元件的联合，可以对其进行位置操作；相反，联合解除则用于多元件联合的拆除，以便对单个元件的位置进行操作；按钮对齐对话框用于打开对齐对话框，其功能均包含于位置调整工具中。

三、编辑菜单

编辑菜单是 PCB 设计的一个重要工具，选择菜单 Edit，系统打开 PCB 编辑器的编辑菜单，其功能主要包括取消操作、重复操作、拷贝、剪切、粘贴、特殊粘贴、清除、选择、取消选择、更改、移动、孔径编辑、原点操作、跳转与查找相似元件、橡皮图章等，以下逐一对其进行介绍。

PCB 编辑器的选择 Select 菜单如图 8-34a 所示。对应选择操作的 12 种方式，其中 Inside Area 子菜单用于选择区域内电路对象，选中 Inside Area，在绘图区内用鼠标确定所选区域，区域内所有电路对象被选中；与 Inside Area 相对，Outside Area 子菜单用来选定区域外所有电路对象，选中 Outside Area 并用鼠标在绘图区内确定适当区域，所选区域外的所有对象被选中；All 用来选择图样上的所有内容；Board 子菜单则是用来选择 PCB 上所有对象；Net 用于网络的选择，选中电路的某个网络后，其上所用的电路对象均处于被选中状态；子菜单 Connected Copper 用来选择铜连线，选中某个连接，该连接上所有连在一起的电路对象均处于被选中状态；菜单 Physical Connection 用于选择物理连接，选中某个连线后，连线及其上的过孔被选中，但不包括连线两端的焊盘；All on Layer 用于选择当前层面上所有对象；Free Objects 用于选择自由实体；All locked 子菜单用来选择所有锁定对象；Off Grid Pads 用来选择所有不在移动栅格上的焊盘；Toggle Selection 用来连续选择对象。

PCB 编辑器的移动菜单 Move 如图 8-34b 所示，分别对应移动操作的 10 种方式。选中其中的方式 Move，光标变为十字光标，鼠标点击移动对象，移动对象随光标移动，到适当位置按下鼠标左键，实现电路对象的移动，此时光标保持十字光标，可以继续移动其他电路对象，所有移动任务完成，点击鼠标右键退出移动状态；方式 Drag 用来拖动对象，此时移动对象的电路连接保持不变，可随移动对象移动；Component 选项专用于元件的移动；Re-Route 用于对连接重新布线；Break Track 用来打断连线，使其一分为二；Drag Track End 用来拖动连线端点；Move Selection 用于实现所选内容移动操作，选中该菜单，光标变为十字光标，点击被选任一对象，所选对象随光标移动，鼠标移动到适当位置，按下鼠标左键完成选中对象的移动；Rotate Selection... 可以实现被选对象的旋转，选中操作对象并点击该子菜单，系统打开旋转角度设置对话框，设定旋转角度值后，被选对象根据设定角度按逆时针方向旋转；Flip Selection 用来实现被选对象的翻转；Polygon Vertices 选项用来移动多边形顶点，主要是多边形覆铜的定点，操作中首先选中多边形并按下该子菜单，绘图区光标变为十字光标，鼠标再次点击被选对象，系统显示多边形的各顶点，点击要移动的顶点拖动到适当位置，即可实现多边形顶点的移动操作。

PCB 编辑器的跳转 Jump 菜单如图 8-34c 所示，分别对应 11 种不同的动作方式。其中的子菜单 Absolution Origin 与 Current Origin 分别用于跳转到设计的绝对原点与当前原点；子菜单 New Location 用来跳转到新的坐标位置，选中该菜单，系统打开跳转位置对话框 Jump to Location，输入跳转位置并确认，鼠标直接指向所要跳转的位置；Jump 菜单的 Component 选项用于到元件的跳转，选中该项，系统弹出元件选择对话框 Component Designator，在编辑框中输入问号并确认，系统弹出对话框显示设计的所有元件供用户指定跳转对象，完成跳转元件的选择并确认后，光标直接指向所选元件；Jump 菜单的 Net...、Pad...、String... 与 Error Marker 分别用于到网络、焊盘与字符串的跳转，使用方法与元件跳转类似，请读者自行学习；子菜单 Error Marker 用于跳转到错误标记；Selection 选项用于到选择对象的跳转；选项 Location Marks 用来跳转到位置标志，使用该选项之前要首先使用 Jump 菜单的 Set Location Marks 设置位置标志。进行位置标志设置时，选中编辑器菜单 Edit->Jump->Set Location Marks，绘图区光标变为十字光标，在绘图区内选取一点点击鼠标左健即完成位置标志的设定。Protel DXP 中总共可以设置 10 个位置标记。

PCB 编辑器的更改子菜单用于电路对象的属性重置，选中子菜单更改 Change，绘图区光标变为十字光标，鼠标选中要改的对象，系统打开该对象的属性设置对话框，更改完毕，光标保持十字光标，可以继续更改其他元件。所有更改完成后，点击鼠标右键，系统退出更改状态。

PCB 编辑器的原点操作 Origin 菜单用于 PCB 编辑器的原点设置与重新设定，选中 Origin 中的子菜单 Set，绘图区光标变为十字光标，移动鼠标到适当位置按下鼠标作键，系统确立新的坐标原点；选择 Origin 菜单的 Reset 选项当前使用的坐标原点失效，恢复旧的坐标原点，要重新设置新的坐标原点，需要重新使用菜单 Edit->Origin->Set 对系统坐标原点重新定义。

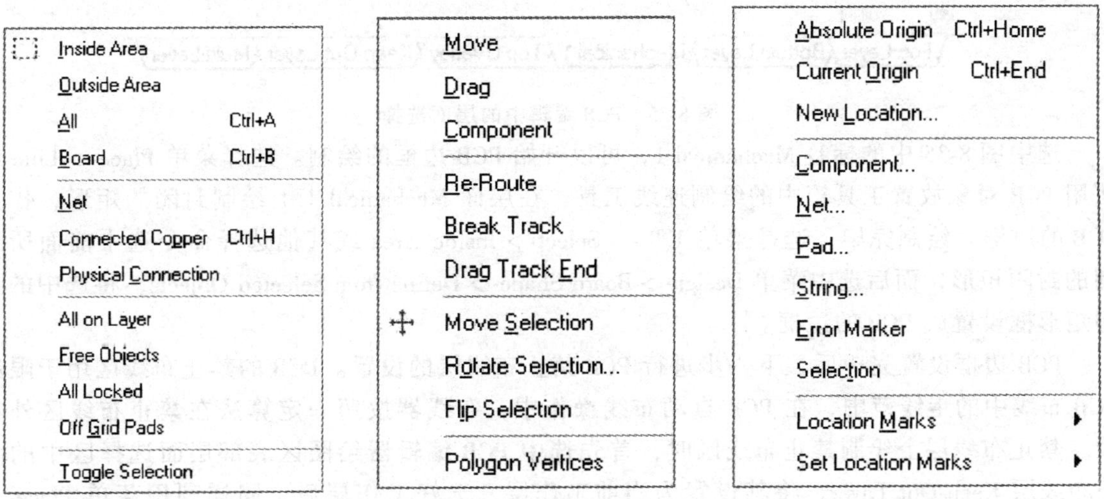

a) b) c)

图 8-34 PCB 编辑器的选择、移动与跳转功能

a）编辑选择菜单 b）编辑移动菜单 c）编辑跳转菜单

PCB 编辑菜单的橡皮图章 Rubber Stamp 用来按照一定位置复制选中对象，选中 Edit 菜单的 Rubber Stamp，光标变为十字形状，在绘图区内距选中对象一定距离的地方点击鼠标左键，十字光标上附带所选对象且选中对象与光标距离与上述距离相同，移动鼠标到适当位置按下鼠标左键，所选对象被复制，继续按下鼠标左键，所选对象继续被复制。

利用 PCB 编辑器还可以实现相似对象的查找，它通过编辑菜单下的 Find Similar Objects 完成。选中菜单 Edit- > Find Similar Objects，绘图区光标变为十字形状，选中电路中的一个对象，系统弹出相似对象查找对话框对所选内容进行全面地说明，确认后系统弹出结果对话框，找出设计中所有与所选对象相似的对象。

PCB 编辑菜单还提供了对设计文件中孔径的更改方法，选择菜单 Edit- > Hole Size Editor...，系统打开 Hole Size Editor 对话框，对话框中列出了设计中现有的所有孔尺寸，选中相应的孔尺寸，点击按钮 Edit 打开空的尺寸编辑框可以实现孔尺寸的编辑。

此外，PCB 编辑菜单的清除选项 Clear 用来从文件中删除选中内容，子菜单 Delete 用于对象的逐个删除。复制、剪切、粘贴与其他软件的相应操作相同。PCB 编辑器的取消选择与选择操作相反，使用方法类似。特殊粘贴菜单 Paste Special 共有两种方式，一种为普通方式，另一种为前文所述的阵列式放置方式。

四、手工绘制 PCB

前文详细讲述了 PCB 编辑器的对象放置工具、对象位置调整工具以及 PCB 编辑菜单，利用这些工具，就可以开始 PCB 的设计工作。设计开始之前首先要进行一个初步的规划，对 PCB 的板框、禁止布线层等进行定义。PCB 的定义可以通过手工定制与使用 PCB 模板设计两种方法，以下对其逐一进行介绍

手工定制 PCB 时，选择编辑器菜单 File- > New- > PCB，系统自动创建一个空的 PCB 文档 PCB1.PCBDOC，而后选择菜单 File- > Save，在随后弹出的对话框中输入文件名并选择存储路径，存储创建的 PCB 文件。鼠标选择 PCB 编辑器绘图区底部的层面选择标签 Mechanical 1，如图 8-35 所示，将其作为当前层绘制 PCB 的边框。

图 8-35　PCB 编辑中的层面选择

选中图 8-35 中的标签 Mechanical 1，可以开始 PCB 边框的绘制。选择菜单 Place- > Line 或使用 PCB 对象放置工具箱中的绘制连线工具，在层面 Mechanical 1 上绘制封闭的矩形，作为 PCB 的边框，绘制完毕，选择菜单 Edit- > Select- > Inside Area 或其他选择命令选中前面所绘制的封闭矩形，而后选中菜单 Design- > Board Shape- > Define from Selected Objects，将选中的封闭矩形框设置成 PCB 的边框。

PCB 边框设置完毕后，下一步进行 PCB 禁止布线层的设置。PCB 的禁止布线区用于限制 PCB 布线中的走线范围，在 PCB 自动布线操作中，布线器按照一定算法在禁止布线区外布线。禁止布线层上绘制禁止布线区时，首先选中 PCB 编辑器绘图区底部层面选择区中的禁止布线层 Keep-Out Layer，将其设置为当前工作层，选好工作层后，同样利用菜单 Place- > Line 或对象放置工具，在 PCB 板框内部绘制一个封闭的矩形，设定 PCB 的禁止布线区。至此为止，PCB 的手工定义进行完毕，所定义的 PCB 如图 8-36a 所示。

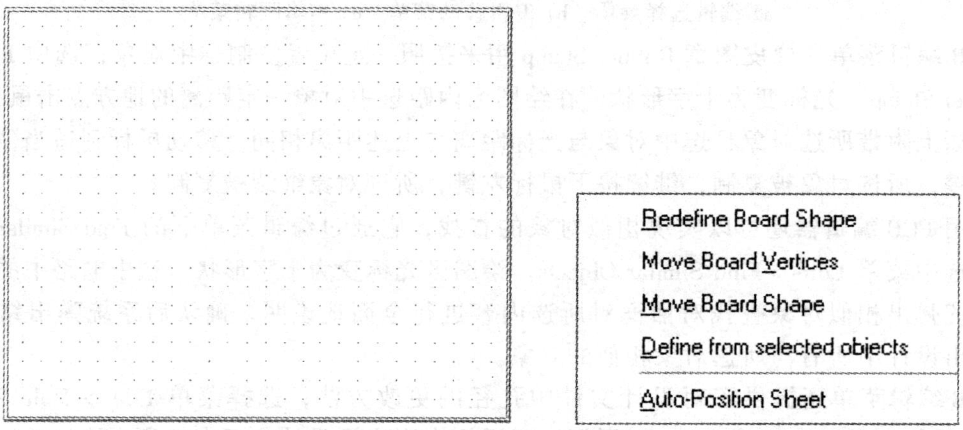

a)　　　　　　　　b)

图 8-36　PCB 的手工定义

a) 手工定义的 PCB　b) PCB 定义菜单

PCB 的板框定义主要通过 PCB 编辑器的 Design- > Board Shape 菜单实现，其子菜单如图 8-36b 所示。图中的子菜单中，Define from selected objects 在前边的 PCB 定义中已经使用过，用来根据选定对象定义 PCB 的外廓；Redefine Board Shape 用来重新定义 PCB 外廓，此时定义好的 PCB 内部区域变为绿色，绘图区光标变为十字形状，移动鼠标、点击鼠标左键，再次绘制一个封闭的多边形，可以重新定义 PCB；Move Board Vertices 用于编辑 PCB 外廓定点，选中该项，PCB 内部区域变为绿色，同时突出标明边框的顶点与中心，鼠标左键选中并拖动这些突出的顶点与中心，可以修改 PCB 的外形；Move Board Shape 用于移动 PCB，此时板上对象并不随之移动；Auto-Position Sheet 用于自动定位图样。

以上是 PCB 的手工定义，除了这种方法，还可以利用 Protel 系统本身提供的模板进行 PCB 的定义。在 PCB 编辑环境下，鼠标点击编辑环境状态栏底部最左端的标签 Files，在图 8-37 所示文件操作对话框中选择 New From Template 选项组的 PCB Board Wizard...，系统导出

PCB 创建向导对话框，鼠标点击对话框中的按钮 Next，系统打开如图 8-38 所示的 PCB 计量单位选择对话框。

图 8-38 中的单选按钮 Imperial 与 Metric 分别用来选择在 PCB 创建中使用的英制与米制计量单位，在这里选择英制单位 Metric，而后点击按钮 Next，系统弹出板廓选择对话框如图 8-39 所示，选择 PCB 的外观形状，图中所示的板廓选择对画框中，系统把当前应用较广的 A0 ~ A4 图纸、AT 总线系列板卡、PC-104 总线系列板卡、PCI 总线系列板卡等的模板提供给用户，极大方便用户的设计。选中需要的板廓形式后点击 Next 按钮，系统弹出如图 8-40 所示的 PCB 详细设置对话框。

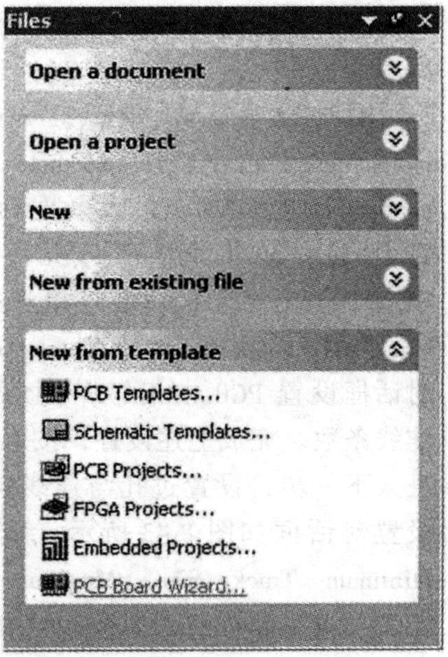

图 8-37 PCB 向导的使用

图 8-40 中，Outline Shape 用于设定 PCB 形状，其选项有矩形 Rectangular、圆形 Circular、用户自定义 Custom 三种；选项组 Board Size 中的编辑框 Width 与 Height 分别设置 PCB 的宽度与高度；下拉列表 Dimension 设置尺寸标注所在的层面；编辑框 Boundary Track Width、Dimension Line

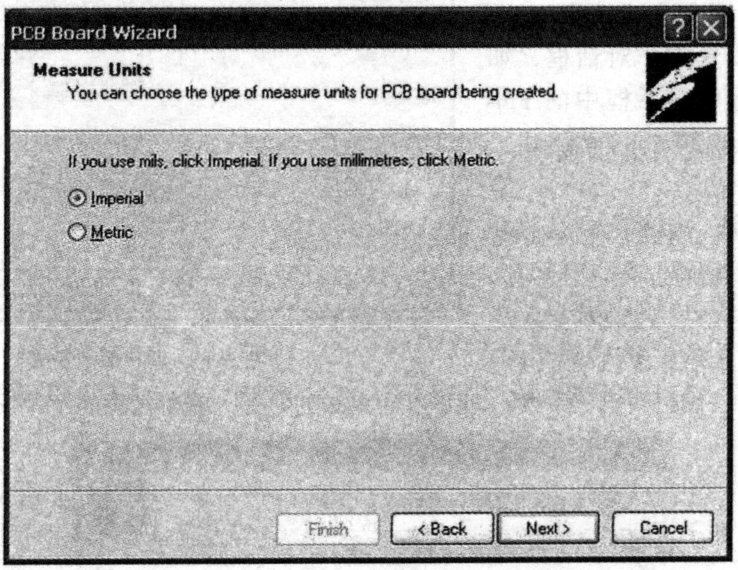

图 8-38 PCB 计量单位的选择

Width 与 Keep Out Distance from Board Edge 分别设置 PCB 边框线宽度、尺寸线宽度以及禁止布线区边界与 PCB 边框的距离；复选框 Title Block and Scale、Corner Cutoff、Legend String、Inner Cutoff 与 Dimension Lines 分别设置标题栏与绘图比例、PCB 倒角、图例字符串、内倒角与尺寸线的显示与隐藏。完成上述设置，按下对话框的 Next 按钮，系统弹出层面数量设置对话框利用对话框中的 Signal Layers 与 Power Planes 可以设置 PCB 中的信号层与电源/接地层数目。

上述设置完毕，鼠标点击对话框 Next 按钮，系统打开如图 8-41 所示的过孔形式设置对话框。其中的单选按钮 Thruhole Vias only 设定设计中只使用通孔式过孔，Blind and Buried Vias only 设定设计中只使用盲孔与埋孔式过孔。确定过孔形式后，选择对话框按钮 Next，系统弹出布线与元件工艺选择对话框，如图 8-42 所示。

图 8-42 中，单选按钮 Surface-mount component 与 Through-hole Component 分别将 PCB 上的大多数元件设置为贴片式元件或穿孔式元件，这里选择穿孔式元件；通过单选按钮 One Track、Two Track 或 Three Track，对话框设置 PCB 中相邻焊盘允许的连线条数。完成上述设置，按下 Next 进入下一步，设置过孔与连线属性，设置对话框如图 8-43 所示。编辑域 Minimum Track Size、Minimum Via Width、Minimum Via Hole Size 与 Minimum Clearance 分别设置连线最小线宽、过孔最小外径、过孔最小内径与最小间距。设置完毕后选择 Next，系统弹出 PCB 设置完毕对话框，如图 8-44 所示。选中对话框中的 Finish，Protel 按照设定条件自动创建一个空的 PCB 文件。

利用上述方法，能够方便地实现 PCB 的定义。对 PCB 的定义完毕之后，下一步的工作就是 PCB 的具体电路设计，使用前文介绍的对象放置工具、元件位置调整工具、编辑菜单等手段，即可开始 PCB 的绘制，获得满意的设计效果。

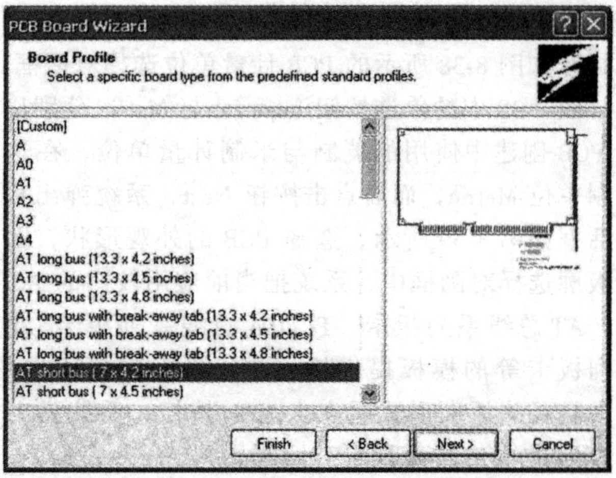

图 8-39　PCB 板廓设置

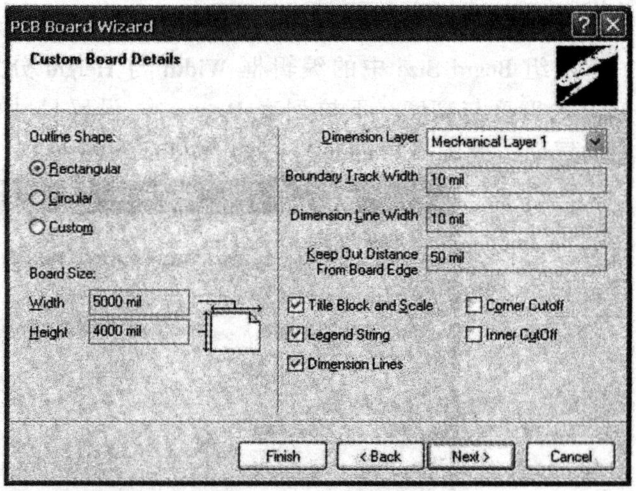

图 8-40　PCB 详细设置

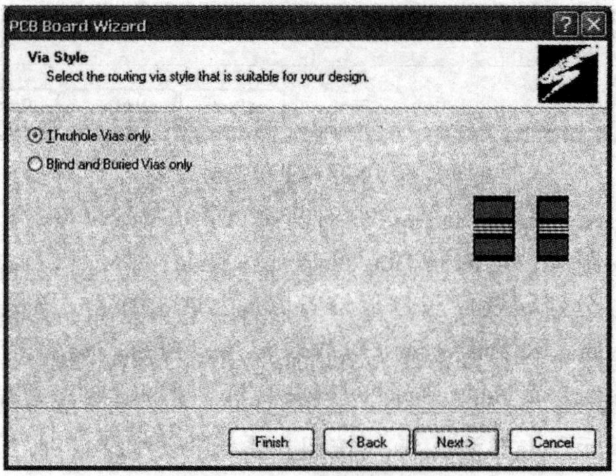

图 8-41　过孔形式设置

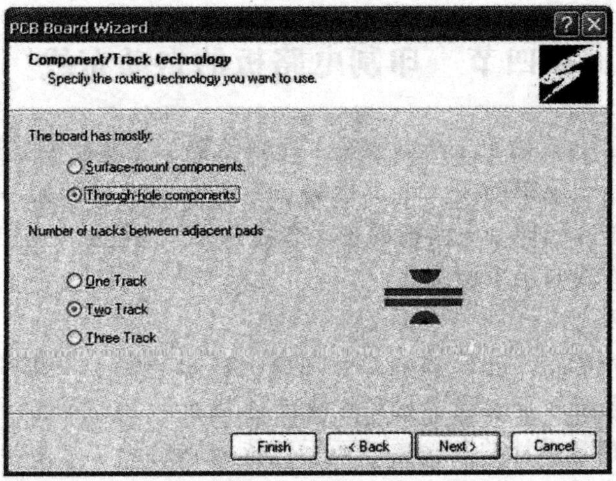

图 8-42　布线与元件工艺选择

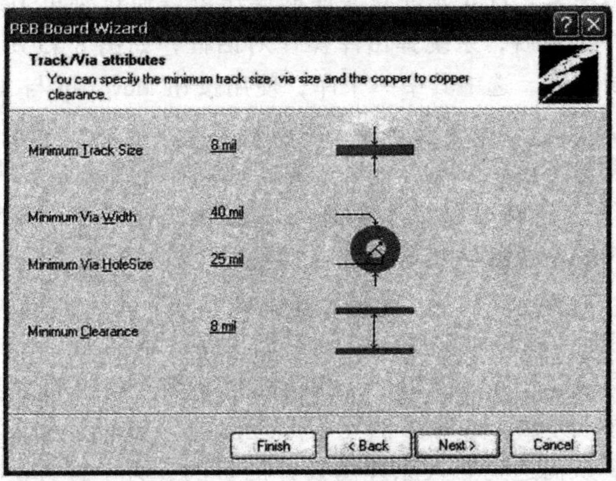

图 8-43　过孔与连线属性设置

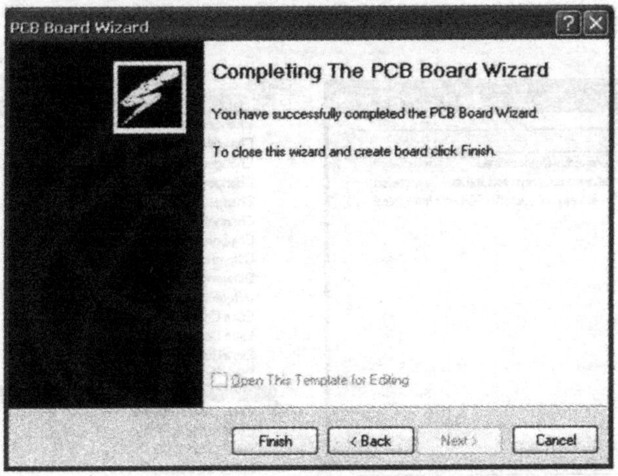

图 8-44　PCB 设置完毕

第四节　印制电路板的自动布线

上一节具体介绍了 PCB 的手工绘制方法，详细说明了主要相关工具与菜单的使用方法。实际的电路设计中，由于效率问题，手工绘制只是作为 PCB 设计的一个有益补充，起设计调整与完善作用。本节介绍印制电路板的自动布线方法，内容主要包括原理图的装入、元件的布局、电路的自动布线与手工调整等。

一、原理图的调入

电路原理图绘制完毕后，进行 PCB 设计之前，首先采用上一节讲述的方法，根据原理图中元器件的多少、电路的复杂程度与实际情况对 PCB 作出初步规划，定义 PCB 边框、设置禁止布线区并设置 PCB 设计的各参数。而后，依据原理图电路元器件，把元器件封装所在的 PCB 封装库加入设计，以保证 PCB 自动布线过程中 Protel 系统能够顺利地找到元件封装并将其添加到设计文档中来。PCB 元件封装库的操作可以通过菜单 Design- > Add Remove Libraries... 来实现，选中菜单后，系统弹出库操作对话框，如图 8-45 所示。对话框中列表显示设计中载入的所有封装库，选中其中一个库，使用按钮 Move Up 与 Move Down 可以调整其显示顺序。按钮 Add Library... 用来向设计中添加封装库，Remove 则用来卸载当前设计中的元件封装库。封装库设置完毕，关闭对话框，相应封装库得到添加或删除。

库操作完成之后下一步就可以导入电路的原理图，对其进行布线了。设计中，Protel DXP 通过系统比较器判断原理图与 PCB 间的电气差别，然后根据电气差别更新 PCB。比较器的设置通过菜单 Project- > Project Option 实现，菜单选中后系统打开 Project 选项属性表，选中其中的 Comparator 标签即可打开比较器，如图 8-46 所示。事实上，Protel DXP 对电路的更新是双向的，它既可以将原理图导入 PCB，也可以将 PCB 导入相应的原理图。Protel DXP 为用户提供了两种原理图导入方法，一种方法比较原理图与 PCB 设计间的电气差别，将差别导入 PCB 文件更新设计，从而达到导入原理图设计的目的；另一种方法直接从原理图更新设计，根据原理图对 PCB 设计进行更新，从而达到在 PCB 中导入原理设计的目的。下面对上述两种方法分别加以介绍。

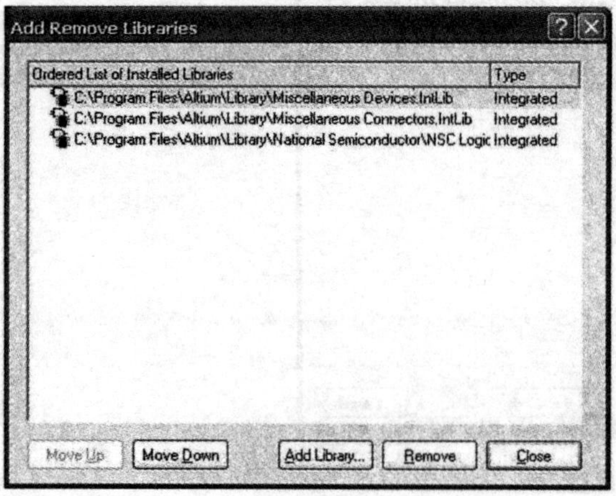

图 8-45　库操作对话框

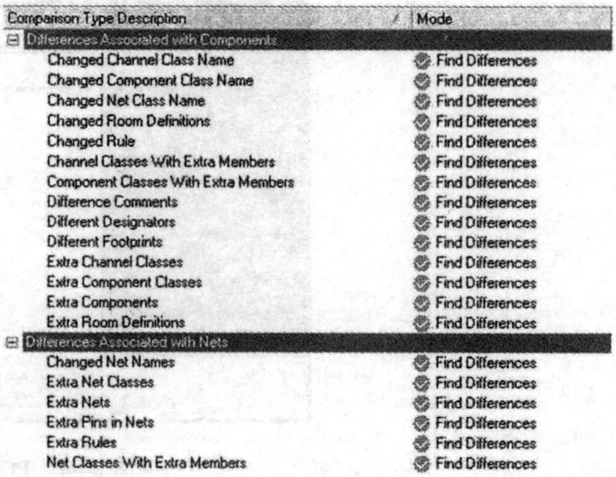

图 8-46　系统比较器设置

首先介绍原理图调入的第一种方法——在 PCB 中调入原理图。打开规划好的 PCB 文件，选择菜单 Design > Import Changes from [* .PRJPCB]，导入原理图中的更改内容。这里的 * 号代表文件名，例如本例中设计名称为 demo. PRJPCB，菜单名称变为 Import Changes from [demo. PRJPCB]。在第一次导入时，这里所谓的“更改”就是绘制的原理图。第二次及多次导入时，所谓的“更改”指两次导入期间对原理图所做的变动。这里需要特别说明的是，多次导入时系统只更改有变化的设计内容。选中上述菜单，系统弹出如图 8-47a 所示的 PCB 更新工程更改单，对所做的更改注以说明。图中的更改单详细说明了所有更新项目的类型、受影响对象、受影响文件以及更改状况。选择更改单中的校验更改按钮 Validate Changes，系统校验所有更改项目，将校验结果显示在更改单状态栏 Status 的检验项 Check 中，校验正确的项目标记√，错误的项目标记 ×。校验正确后，选择执行更改按钮 Execute Changes 实现所有项目的更改，相应更改单状态栏的完成选项标记√，最终结果如图 8-47b 所示。

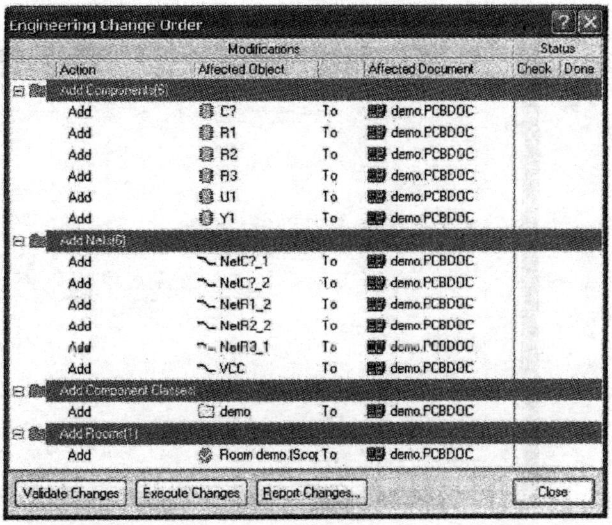

a)

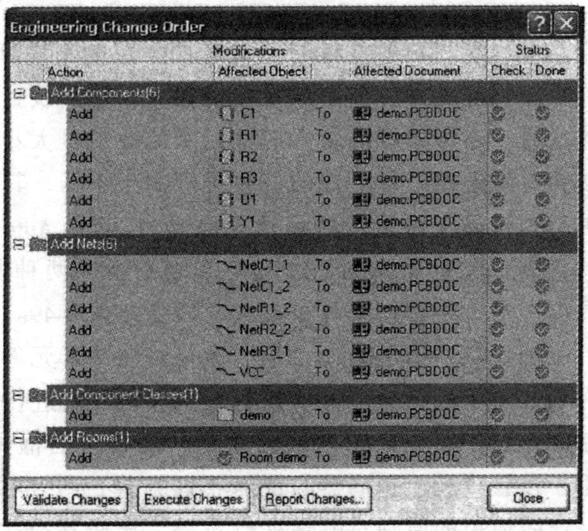

b)

图 8-47 在 PCB 中调入原理图

a) PCB 更新工程更改单 b) 工程更改执行结果

直接从原理图更新 PCB 导入设计时，在原理图设计环境下选择菜单 Design-> Update PCB * .PCBDOC，此处的 * 代表创建的空 PCB 文件名，本例中创建的 PCB 文档名为 demo.PCB.DOC，该菜单名称为 Update PCB demo.PCB.DOC。当一个设计中存在多个 PCB 文件时，系统根据文件名称设置多个 Update PCB 菜单，选择不同菜单可以把原理图导入不同的 PCB 文件。选中相应的 Update PCB 菜单，系统同样打开更新 PCB 的工程更改单，以下的过程与在 PCB 中调入原理图相同。

原理图调入完成后，Protel 绘图区自动绘制调入系统的元件及表示元件之间连接关系的细线，也就是所谓的“鼠线”，如图 8-48 所示。

二、元件的布局

在图 8-48 中不难发现，原理图调入 PCB 后元件的布局结果较为散乱，合理性较差，需要对其进行下一步的布局工作，使电路设计更为合理、更为美观。Protel软件为用户提供了

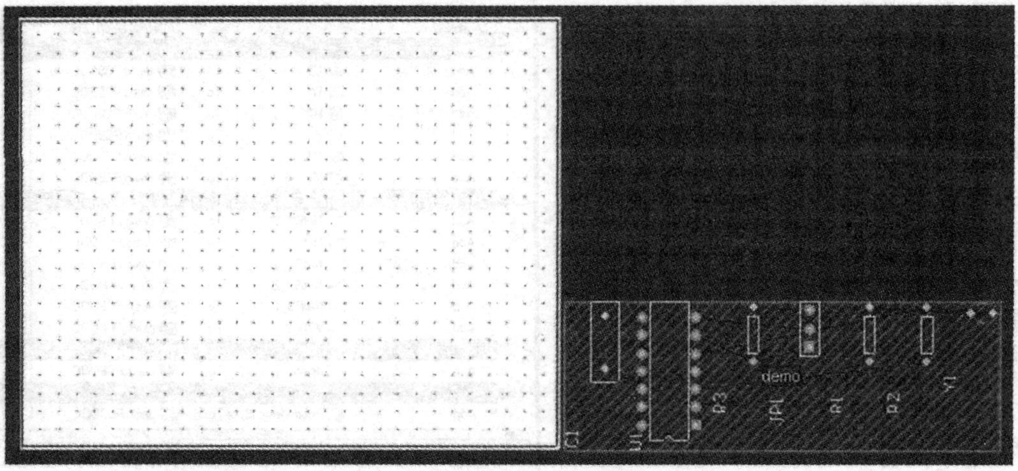

图 8-48 原理图调入后的结果

自动布局器，对所设计的 PCB 按照一定的布局算法进行自动布局。

根据电路元件的多少及复杂程度，适当设置 Room 的大小，适当设置各元件文字信息如流水号、参数值等的布置位置、字体及字号大小，使其与对应的元件结构紧凑、位置得当；接着，对电路中各元件的位置进行初步布局，其中尺寸较大元件与连线较为复杂的元件用户可以自行确定位置；然后选择菜单 Tools- > Auto Placement- > Auto Placer...，系统打开 Protel 的自动布局器 Auto Place，自动布局器提供两种电路自动布局方法，一种为所谓的“簇”布局器，另一类称作统计布局器，分别如图 8-49a、b 所示。

图 8-49a 中的 Protel“簇”布局器在进行元件布局时，系统根据元件之间的连接关系将元件划分为不同的簇，而后根据元件所在的簇进行元件布局。这种布局方法适于元件较少时电路的布局，布局规则可以通过设计规则对话框进行设置。复选框 Quick Component Placement 用于设置“簇”布局器的快速布局方式；图 8-49b 中的 Protel 统计布局器利用统计算法，根据连线最短的原则对电路进行布局，比较适合于元器件相对较多（大于 100）的电路设计，复选框 Group Component 用于在设计中将元件分组，Rotate Component 用于设置可以在布局过程中旋转元件；编辑框 Power Nets、Ground Nets 与 Grid Size 用于输入电源网络名称、接地网络名称与栅格尺寸。

这里使用统计布局器，相关设置完毕，点击 OK 按钮，布局器开始对电路进行布局。布局结束，系统弹出消息框提示用户布局结束，关闭消息框，布局好的各个电路对象排列在所定义的板框外。对布局结果不满意时可以继续使用手工调整与自动布局相结合的方法，对电路进行布局。布局完毕后，将所有电路对象原样拖入所定义的 PCB 布线区内，电路布局结束。图 8-50 即为一个布局好的实例电路。

三、电路自动布线与调整

PCB 中调入原理图并完成元件布局以后，下一步要进行的工作就是电路的布线操作。在开始布线之前首先对 PCB 编辑器的自动布线菜单 Auto Route 作一介绍。用鼠标点击 PCB 设计环境菜单 Auto Route，展开后菜单的各个选项如图 8-51 所示。

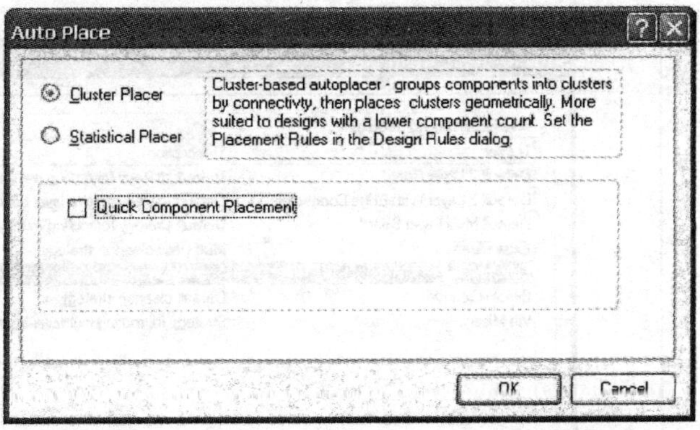

a)

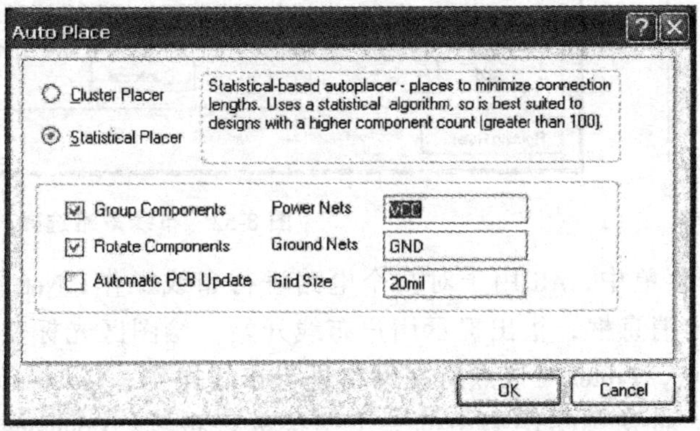

b)

图 8-49　Protel 的自动布局器

a）Protel 的“簇”布局器　b）Protel 的统计布局器

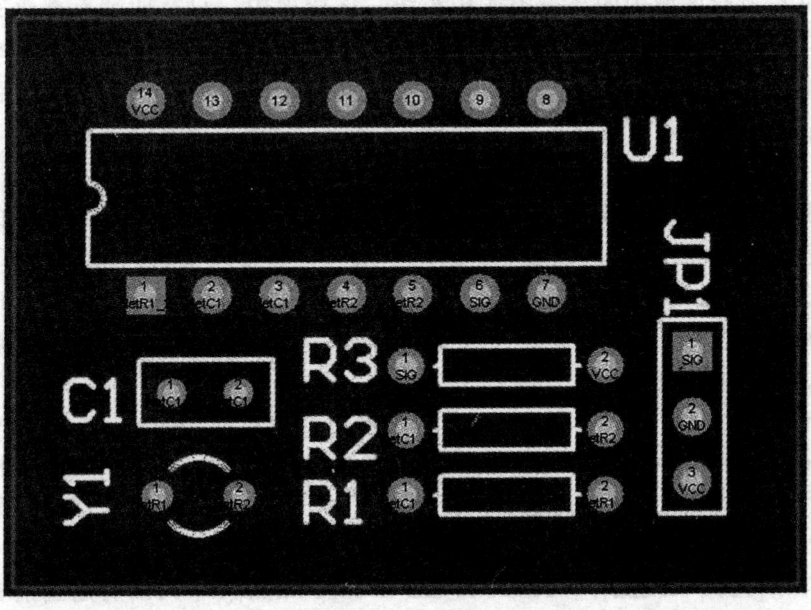

图 8-50　自动布局结果

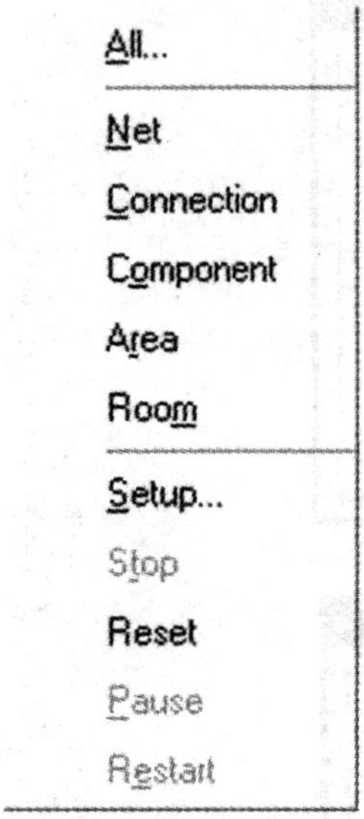

图 8-51 自动布线菜单

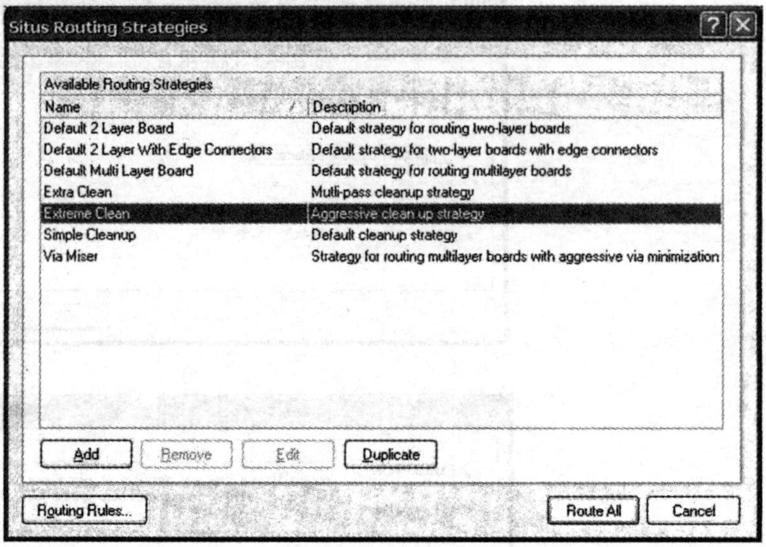

图 8-52 布线策略选择

图 8-51 所示的子菜单中，All 用于对整个电路进行布线操作；Net 用于对单个网络布线，选中 Net 后，系统弹出消息框，指出提示用户布线开始，绘图区光标变为十字光标，鼠标点击要布线的网络上一点，Protel 对该点所在网络进行布线操作；Connection 用来对连接进行布线，不同于网络布线，此法指对网络中的一个连接进行布线；Component 用于对元件进行布线，选中该项内容后，系统对随后选定的电路元件上的各个连接点进行布线；Area 用于对 PCB 上的某个区域进行布线，选中该项，绘图区光标变为十字光标，鼠标移动到适当位置击下鼠标左键确定布线区的一个定点，而后移动鼠标到要求布线区域的另一个定点再次按下鼠标左键，Protel 对所给区域内的每一条连接布线，该选项中，只有两端点都落在鼠标指定区域的连接才能被布线；选项 Room 用来对 Room 区内的所有连接进行布线，这个 Room 区要求事先使用 Room 工具或菜单 Design- > Rooms 设定，同时布线也局限于两端点均落在 Room 区内的连接；Setup 用来设置布线策略；菜单项 Stop、Reset、Pause 与 Restart 分别用于布线过程中操作的终止、从头重新开始、暂停与继续。

通常采用子菜单 All 对电路进行布线，选中该项后，系统打开图 8-52 所示的布线策略选择对话框，表单 Available Routing Strategies 给出了所有可选布线策略，同时给出了各布线策略的说明。布线策略由布线过程各操作组成，操作内容不同、操作顺序不同，布线策略不同。图中对话框的 Add 按钮用于生成新的布线策略，按下 Add，系统打开布线策略编辑器 Situs Strategy Editor，如图 8-53 所示。

图 8-53 所示的布线策略编辑器中，Option 选项组的编辑框 Strategy Name 用来为新的布线策略命名；Strategy Description 用于输入编辑新策略的说明信息；滑块控制用于控制布线过程中允许使用过孔的多少，允许过孔越多，布线不通时可以利用过孔将布线操作转到另一个层面，不仅有效降低布线难度，而且可以加快布线速度；表单 Available Routing Passes 列出了 PCB 布线中的所有可用布线操作；Passes in this Routing Strategy 中列出的是当前布线过程中已有的各项操作，同时操作按顺序自上而下排列；使用按钮 Add 可以将对话框左侧的被选布线操作加入右侧当前布线过程，相反，按钮 Remove 用来将对话框右侧的被选布线操作从当前

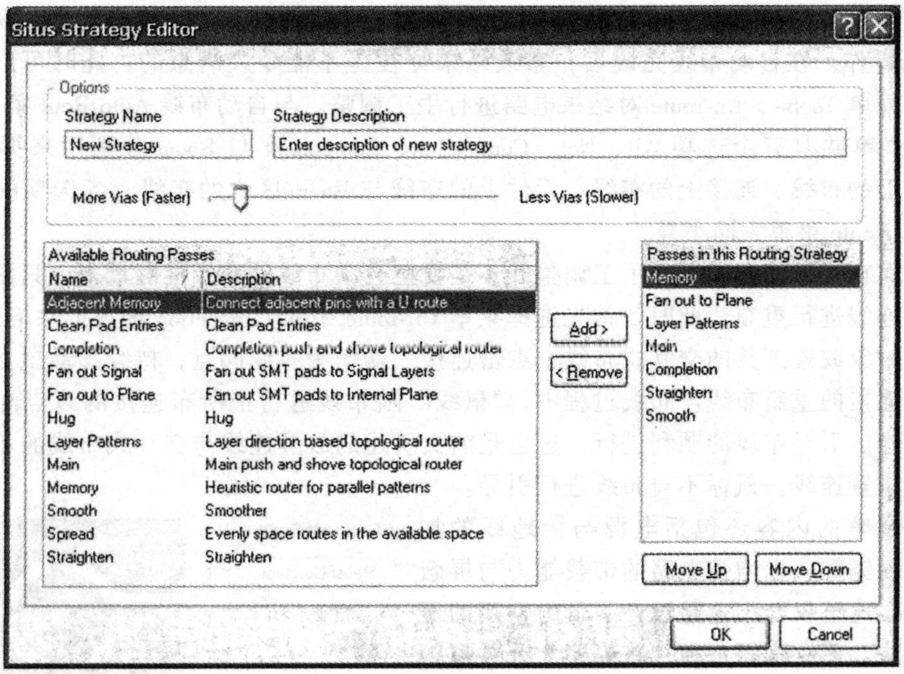

图 8-53　布线策略编辑器

布线过程去除；按钮 Move Up 与 Move Down 对布线过程中的各操作进行顺序调整，分别用来将所选布线操作顺序提前或推后；布线策略的确定应根据实际情况，过多易加大布线难度，过少则易导致布线功能下降或效率不高，甚至无法满足设计要求。

布线策略设置完毕后，选择图 8-52 所示对话框中的按钮 Route All，系统打开消息框全程显示布线过程，图 8-50 中所示电路的布线结果如图 8-54 所示。

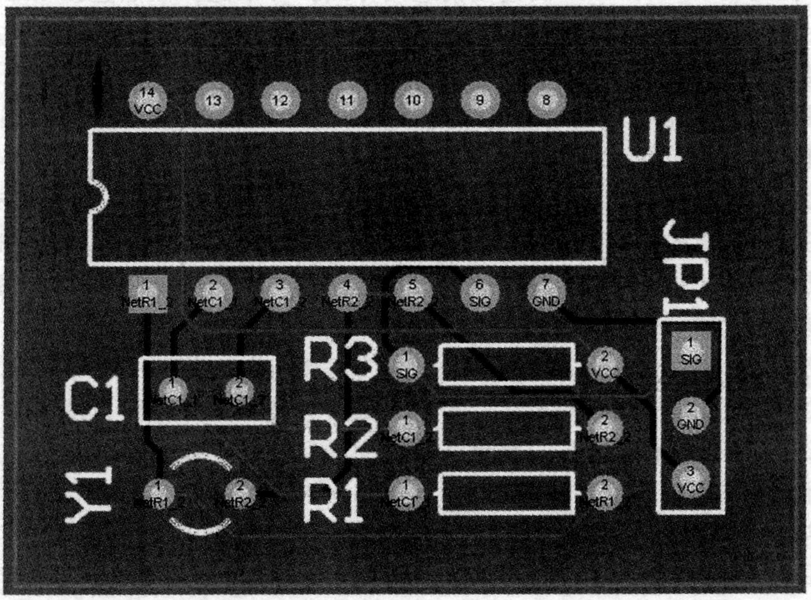

图 8-54　印制电路的自动布线

上面讲述了印制电路板的自动布线操作，并利用自动布线对一个典型电路实现了如图 8-54 的布线操作。在自动布线完成后，布线结果往往是不能令人满意的，此时可以使用 PCB 编辑环境菜单 Tools- > Un-route 对结果电路进行手工调整。与自动布线 Auto Rout 菜单相对应，Un-Route 菜单共有五个选项 All、Net、Connection、Component 与 Room 分别用来拆除所有布线、网络上的布线、连接上的布线、元件上的布线与 Room 区内的布线，各选项的使用方法也与 Auto Route 菜单大同小异。

一般而言，自动布线后的手工调整并不是要把自动布线的结果推翻重来，只是对局部不够理想的连线进行重布。此时，首先选择菜单 Un-route 中的 Connection 选项拆除不理想连接，而后选中对象放置工具的交互式布线，点击连接一端作为布线起点，持续移动鼠标、按下左键，实现连接的重新布线。布线过程中，“鼠线”随布线进行把所布连接的终点与当前布到的位置相连，引导布线的顺利进行，这也是前文所述的放置连线与交互式布线的不同，此时如果使用放置连线，鼠标不对布线进行引导。

电路调整的内容还包括电源与接地线的加粗，放置覆铜等，以增强电路的带载能力与屏蔽电磁干扰。这里仅介绍电路设计中较为常用的覆铜放置方法。建立覆铜之前，首先建立有关覆铜的设计规则。选择菜单 Design- > Rules，在随后打开的设计规则设置对话框 PCB Rules and Constraint Editor 中，展开对话框左侧树形结构中的电源接地层规则 Plane，选中选项 Polygon Connect Style- > PolygonConnect，系统打开覆铜设置对话框，其设置项如图 8-55 所示。

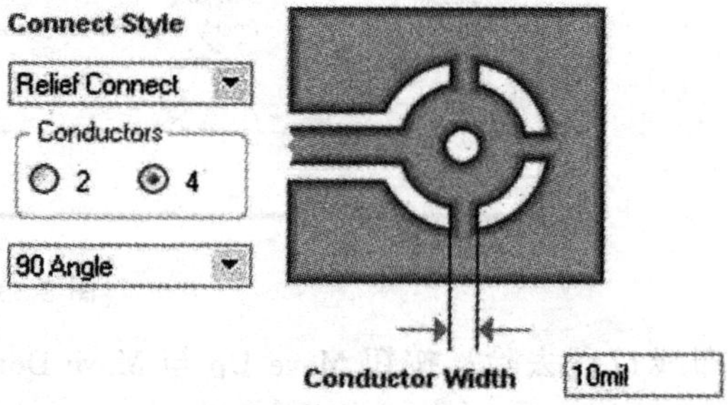

图 8-55 覆铜设置

图中的下拉列表 Connect Style 设置覆铜连接方式，可以选择散热连接 Relief Connect、直接连接 Direct Connect 与不连接 None；Conductors 选择覆铜与焊盘间的连线数目；连线数目下方的下拉列表用于选择覆铜与焊盘间的连接角度，可以选择 45°与 90°两种形式；编辑框 Conductor Width 用于设置覆铜与焊盘间的连线宽度。

设置好覆铜规则后，就可以在电路中放置覆铜了，放置方法与电路的手工绘制相同。同样利用对象放置工具上的按钮多边形覆铜或菜单 Place- > Polygon Plane 在前面布好的电路上放置覆铜，在随后弹出的覆铜设置对话框中设定最短覆铜长度为 10mil，覆铜连接的网络设定为 GND，其他设置不变，覆铜设置完毕后，使用鼠标在电路上进行覆铜。图 8-56 为调整好并放置了覆铜的电路。

日常的设计工作中，PCB 绘制完毕之后，常常需要打印、装订成册等操作，这就需要为做好的设计文档加上标题、表明设计者、校对人员、设定人员等，即为设计加上图样。建立 PCB 文件时系统已经为设计提供了一章默认的图样，但往往不合要求，需要对其图样重新设定，以下介绍 PCB 图样的设置方法。

设置图样时，选中 PCB 设计环境底部左端的第一个标签 Files，折叠 Files 中的选项组 Open a Document、Open a Project、New 与 New from Existing File，展开 New from Template，鼠标点击选项 PCB Template...，利用模板创建 PCB，在随后弹出的文档选区对话框中选择 A4.PCBDOC，选中打开按钮。系统绘图区中打开文件 A4.PCBDOC，选择菜单 Edit- > Select- > All，

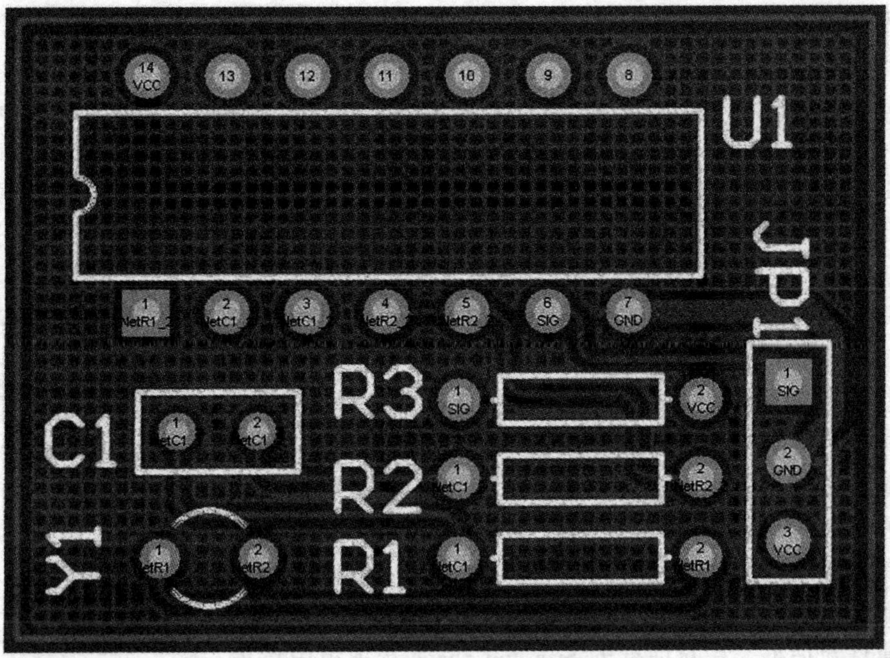

图 8-56 经过调整并放置了覆铜的电路

而后按下快捷键 < Ctrl + C >，绘图区出现十字光标，点击所选对象，复制文件全部内容。返回所设计的电路，选择菜单 Edit- > Paste 粘贴所选对象，绘图区出现十字光标，将所选内容移至适当位置按下鼠标左键，完成粘贴。而后选中菜单 Place- > Board Layers 打开 Board Layer 对话框，将选项组 Mechanical Layers 中的层面 Mechanical16 选择使能复选框 Enable，选中单层模式复选框 Single Layer Mode，使图样即便在单层显示下也能看到，同时选中 Link to Sheet，将 Mechanical16 连接到 Sheet。至此图样设置完毕，选择菜单 Design- > Board Shape- > Auto Position Sheet，将图样层最远边作为图样边界。

第五节 元件库的设计

在电路设计中有时候难免遇到较新的元件或者不常用的元件，Protel DXP 提供的元件库中无法为其找到适当的封装，这时候就需要使用 PCB 提供的元件库设计工具创建新的元件封装。本节主要介绍元件库的手工创建、相关编辑工具以及元件库创建向导的使用方法。

一、手工绘制元件封装

Protel DXP 集成环境下选择系统菜单 File- > New- > PCB Library，系统创建一个新的空白 PCB 文档，保存文件，开始元件封装的创建。点击集成环境底部左端标签 PCB Library，系统打开 PCB Library 标签页，如图 8-57 所示。图中的箭头与双箭头按钮用来调整封装库中元件的显示顺序，Rename 用于重新命名元件封装，Place 用于在打开的 PCB 文件中放置所选封装，Remove 用来从封装库中删除选中的封装，Add 用于在封装库中创建新封装，Update PCB 用于根据修改过的元件库更新 PCB 设计，Edit Pad 用于修改封装中的焊盘属性，Jump 用于跳转到指定的封装对象如焊盘等。默认状况下，系统自动在所创建的元件库中添加一个空白封装 Component 1。以下以 Phillips8 位微控制器的 DIP-40 封装为例介绍元件封装的手工创建。

鼠标右键点击元件 Component1，在随后弹出的引导菜单中选择菜单项 Rename，打开元件名称编辑框并确定，将元件更名为 DIP-40；而后选择系统菜单 Tools- > Preference，在随后弹出的 Preference 属性表中选中 Display 属性页的 Origin Marker 复选框，显示原点标记以便于在随后的设计中放置元件封装的焊盘、轮廓线等内容；选择菜单 Tools- > Library Option 打开对话框 Board Option，由于封装的焊盘列间距为 600mil，列内焊盘间距 100mil，从方便封装的创建的角度出发，此处将编辑器 X、Y 向移动栅格均设置为 50mil，两个显示栅格分别设置为 20mil、100mil。

PCB 元件封装的对象放置工具与 PCB 编辑器中的对象放置工具基本相同，找到绘图区中的原点，以原点为参照放置所创建封装的焊盘、轮廓等对象；选择放置工具箱中的焊盘按钮，绘图区光标变为十字形状后按下 <Tab> 键，利用随后打开的焊盘属性设置对话框设置焊盘流水号为“1”，而后在坐标原点上按下鼠标左键放置封装的第一个焊盘，然后以第一个焊盘为基准，顺时针顺序放置封装的两列共 40 个焊盘，列间距保证 600mil，列内焊盘间距 100mil，焊盘放置结束，鼠标双击焊盘 1 打开焊盘属性对话框，在对话框的 Size and Shape 选项组中设置焊盘形状为方形 Rectangle，表明元件方向。

封装焊盘放置、设置完毕，点击绘图区底部的层面选择标签 Top Overlay，在层面 Top Overlay 上绘制元件封装轮廓。选择放置工具箱中的连线放置，绘图区光标变为十字光标，鼠标移动到适当位置按下鼠标左键开始封装外廓的绘制。连续移动鼠标到一定位置并点击鼠标左键，完成封装外廓中的所有直线段的绘制。封装外廓所有直线段绘制结束后，点击鼠标右键，退出直线绘制状态，然后选择放置工具箱中的圆弧绘制按钮，绘制元件封装的方向标记，这里采用中心绘制圆弧法，选中相应按钮，绘图区光标变为十字形状后，移动鼠标到标记中心位置点击鼠标左键，确定圆弧中心，鼠标移动到适当位置确定封装圆弧标记半径，再次移动鼠标确定圆弧起止点，最后将圆弧标记的起止点与封装轮廓的直线部分连在一起，至此整个元件封装的绘制完成，所绘制的元件封装如图 8-58 所示。

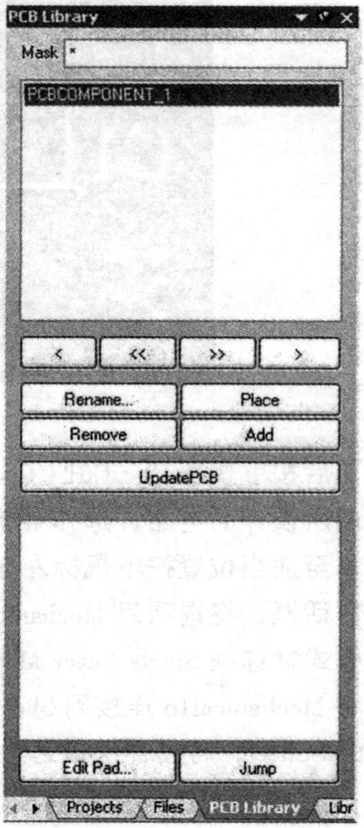

图 8-57　PCB Library 标签页

二、利用向导绘制元件封装

以上详细介绍了元件封装库的手工绘制方法，使用这种方法可以绘制形状较为奇特或较为生僻的元件封装。对于一些通用性较强、形状较为规整的元件，Protel 提供了操作较为方便的向导工具，引导用户进行新元件的创建。以下以 16 位计数/定时器 82C54 的 DIP 封装为例介绍元件封装创建向导的使用方法。

与手工绘制元件封装一样，创建封装之始，首先使用系统菜单 File- > New- > PCB Library 创建一个元件封装库文件来放置所创建的新元件封装，或打开一个现有元件库文件为其追加新封装。新的封装库文件创建完毕或打开一个现有封装库后，点击系统底部左端的 PCB Library 标签，打开相应标签页，按下标签页上的按钮 Add 或者选中菜单 Tools- > New Component，系统打开元件封装创建向导 Component Wizard，进入元件封装的创建过程。点击向导

Component Wizard 上的按钮 Next，系统打开如图 8-59 所示的元件封装形式选择对话框，图中对话框的列表框用于设置新元件的封装形式，其中列出了所有可供选择的选项，包括电容类封装 Capacitor、二极管类封装 Diodes、BGA、PGA、DIP、LCC 等多种样式。下拉列表 Select a Unit 用来设置绘图计量单位，可以选择英制与米制两种计量方法，与 PCB 设计一样，英制单位为 mil，米制单位为 mm。此处 82C54 的封装选择列表框中的双列直插封装 Dual in-line Package（DIP），计量单位选择英制 Imperial 单位。进行完上述设置，点击对话框中的 Next 按钮进入下一步，系统打开焊盘尺寸设定对话框，如图 8-60 所示。

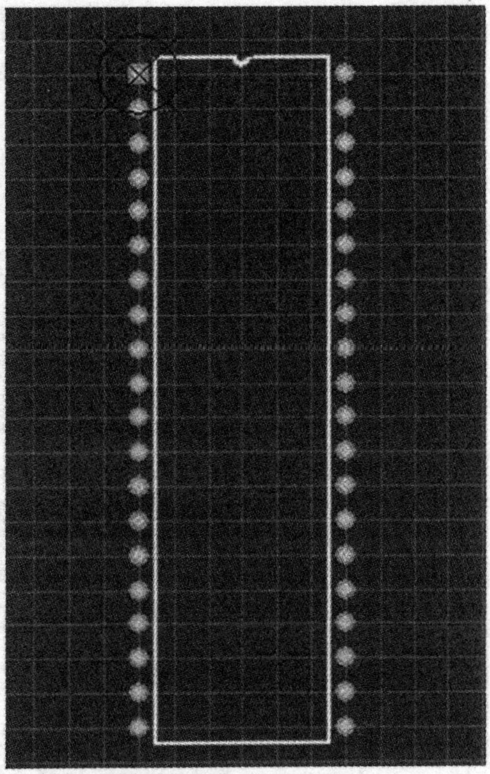

图 8-58　元件封装的手工绘制

图 8-60 所示的设置对话框中，分别设置元件 82C54 的 DIP 封装焊盘各个尺寸，而后按下按钮 Next，系统弹出打开焊盘间距设定对话框，如图 8-61 所示。在图示的设置对话框中分别将双列直插封装的 82C54 管脚列间距 100mil 与列内焊盘间距 600mil 输入相应编辑域，完成元件封装的焊盘间距设置。焊盘间距设置完毕，鼠标选择按钮 Next，

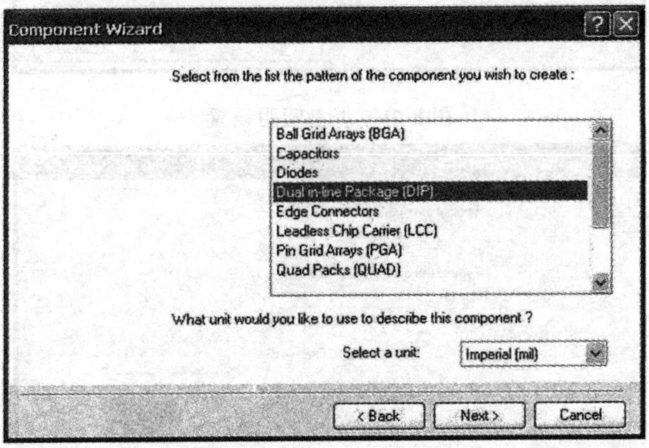

图 8-59　封装形式选择

Protel 弹出元件封装外廓线宽设置对话框，如图 8-62 所示。这里不改变系统为封装外廓线宽设定的默认值，依然采用 10mil 的外廓线宽度。

完成封装外廓线宽的设置后继续选择 Next 按钮，系统进入元件封装创建的下一步，设置封装焊盘数量，设置对话框，如图 8-63 所示。双列直插封装的 82C54 带有 24 个焊盘，在对话框的上下控件中利用上下箭头或直接输入设定封装焊盘数目 24。焊盘数目设置完毕，选择 Next 按钮进入下一步操作，系统弹出封装命名对话框，如图 8-64 所示。

在图 8-64 中的名称编辑框中输入元件封装的名称，点击按钮 Next，系统弹出元件封装

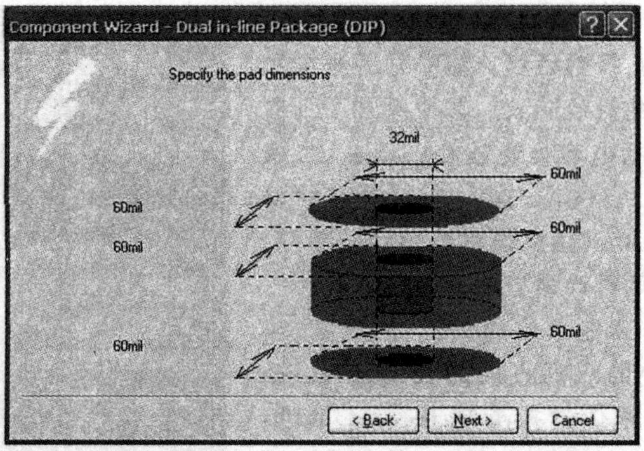

图 8-60　焊盘尺寸设定

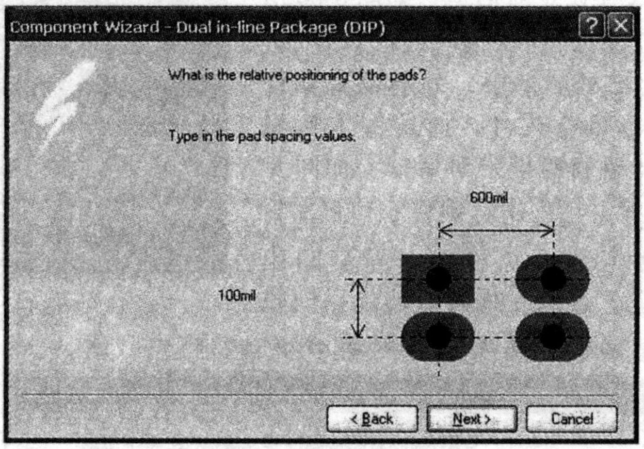

图 8-61　焊盘间距设置

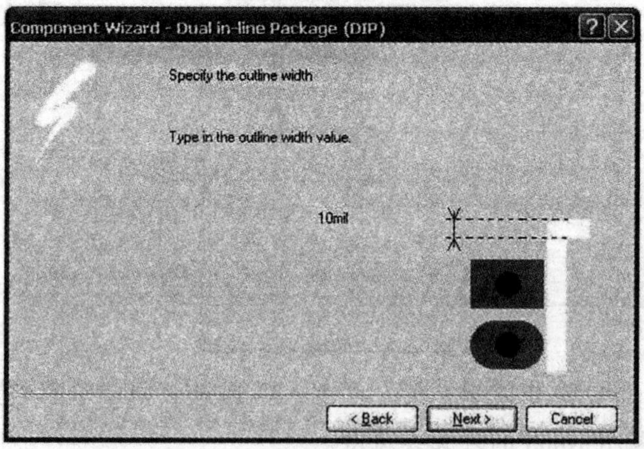

图 8-62　封装外廓线宽设置

创建完成对话框，如图 8-65 所示。选中其中的完成选项 Finish，完成元件封装的创建，创建的封装如图 8-66 所示。

三、集成元件库的创建

集成元件库将 PCB 元件库、原理图元件库以及信号完整性模型库等多个库融合到一起，

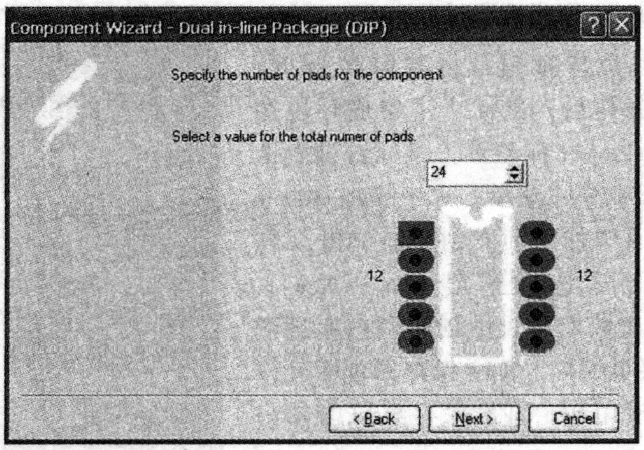

图 8-63　焊盘数目设置

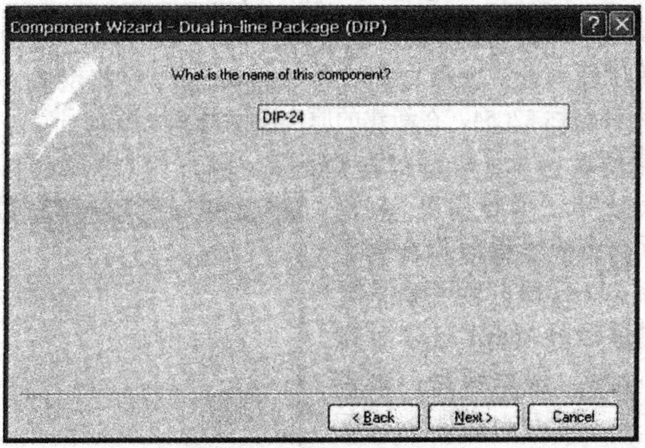

图 8-64　元件封装命名

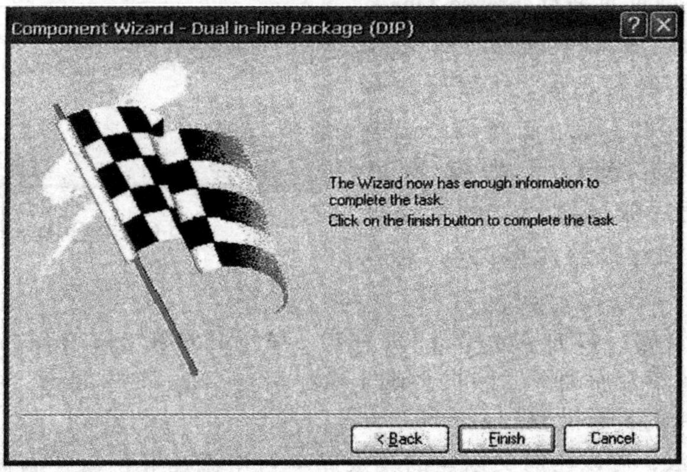

图 8-65　封装创建完成

能够极大地方便电路的设计与管理。以下以前文创建的 16 位计数/定时器 82C54 与 Philips 公司的 8 位微控制器封装为基础，介绍这种元件库的创建方法。

首先在 Protel DXP 集成环境下选择菜单 File- > New- > Integrated Library，创建空白集成元

件库项目文件。而后，选择系统菜单 File->Save Project 保存创建的集成库项目，将其命名为 IC.LIBPKG。完成上述操作后，鼠标点击集成环境底部标签 Project，打开 Project 标签页，鼠标右键点击集成库项目 IC，导出引导式菜单，选中子项 Add to Project，在集成库项目中加入前文创建的 PCB 元件库 general.PCBLIB。而后选择菜单 File->New->Schematic Library，在集成库项目中创建空白原理图元件库，随后选择菜单 File->Save 保存原理图元件库，文件名 general.SCHLIB，再次保存集成库项目文件。

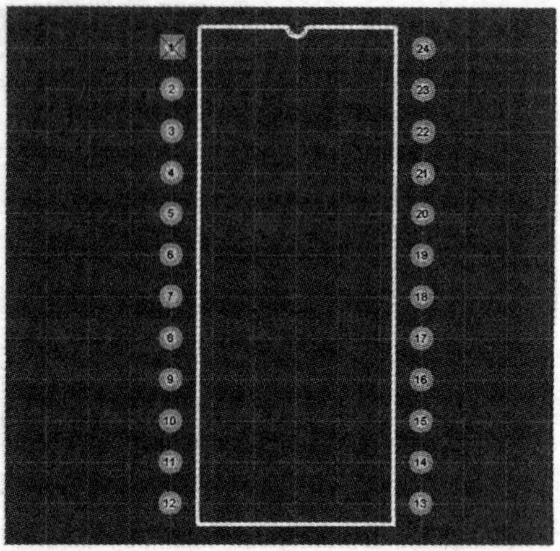

图 8-66　Wizard 创建的封装

打开前面创建的空白原理图元件库 general.SCHLIB，鼠标点击 Protel 环境底部左端标签 Library Editor，打开相应标签页，选择元件列表 Component 下方的按钮 Add，在随后弹出的元件名称对话框中输入元件名称 82C54，在新建的原理图元件库中添加一个元件 82C54。然后，使用原理图元件库绘制工具绘制 16 位计数/定时器 82C54 的外廓并放置相应管脚，设置管脚属性。

原理图元件绘制完毕，选择表单 Model 下方的按钮 Add 为所创建的原理图元件指定一个封装形式。点击 Add 按钮，打开对话框 Add New Model，在对话框的 Model Type 下拉列表中选择封装 Footprint，而后确定，系统打开 PCB Model 对话框，如图 8-67 所示。在对话框中点击 Name 编辑框后面的 Browse 按钮，弹出元件封装浏览对话框 Browse Libraries，如图 8-68 所示。在对话框的下拉列表 Libraries 中选取适当的封装库，而后选中库中的相应封装作为元件封装。在本例中选择集成库项目中的 PCB 元件封装库 General.PCBLIB，而后在 Mask 下方的元件封装表单中选取前文创建的封装 DIP-24，点击 OK 完成选择。

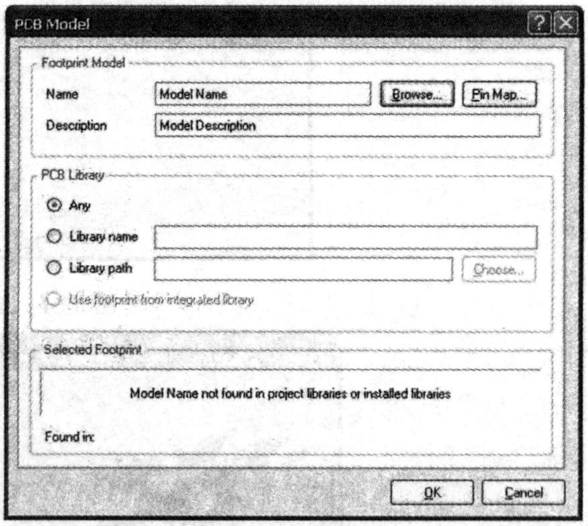

图 8-67　PCB Model 对话框

上述封装选择完成，返回 PCB Model 对话框，在其中的编辑框 Description 输入元件说明文字，按钮 Pin Map 指定原理图元件的管脚与封装焊盘之间的对应关系。所有设置完成，选择按钮 OK 完成元件的封装设置。

按照同样的方法，可以在前文创建的集成库项目中添加 8 位微控制器 P89C51。添加完毕，完成整个 Protel 集成库的制作，如图 8-69 所示。在创建的这个库中共有两个元件，一个为 16 位可编程计数/定时器 82C54，只有一种封装形式 DIP-24，文字说明“16bit Programmable Counter/Timer”；另一个为 Philips 生产的带有 64k Flash 存储器的 8 位微控制器 P89C51，文字说明“8bit MCU with 64k flash made by Philips”。

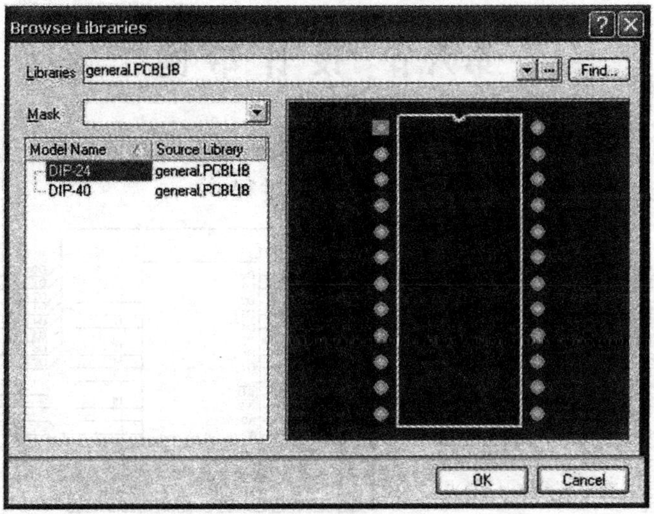

图 8-68　元件封装浏览

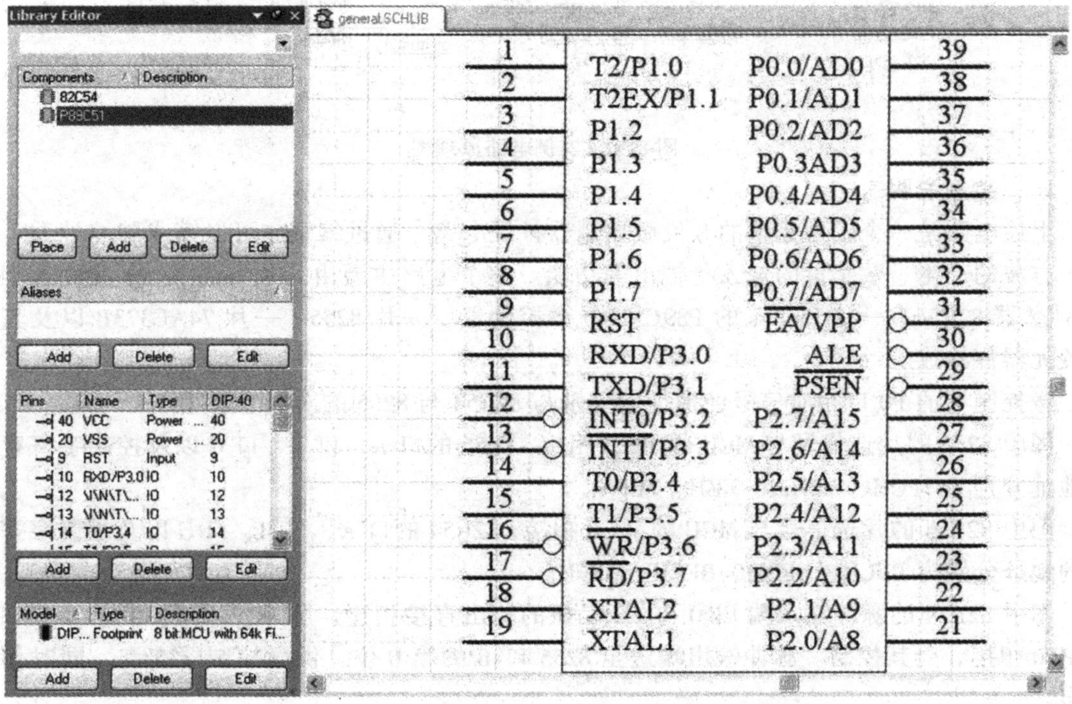

图 8-69　创建的 Protel 集成库

在上述过程中，创建了一个具有两个元件的集成元件库，但是这个库还不能直接应用到电路设计中，需要对其进行编译，生成 IntLib 文件才能被设计文件所调用。选中系统菜单 Project- > Compile Integrated Library，系统编译前面创建的集成元件库项目文件，最终生成与集成库项目同名的集成库，这里生成的集成库为 IC.IntLib。编译完成，Protel 打开生成的集成库。至此，整个元件集成库创建完毕。

第六节　设 计 举 例

前面详细介绍了 Protel DXP 的 PCB 设计工具及其相关的参数设置、使用方法等，本节将利用图 8-70 的具体实例详细介绍 PCB 设计的实际过程。

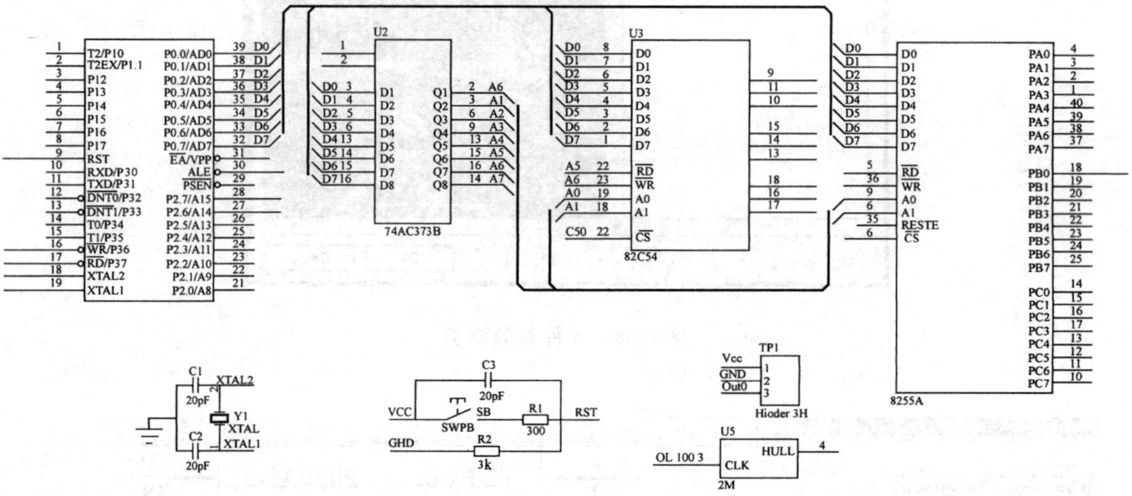

图 8-70　实例电路原理图

一、实例说明

上述电路是一个较为完整的 8 位微控制器扩展电路，通过编程它可以完成脉冲计数、定时、方波的产生、数字量的输入与输出等功能。整个电路主要由一片 Intel 的 16 位可编程定时/计数器 82C54、一片 Philips 的 P89C51RD 微控制器、一片 8255、一片 74AC373B 以及其他相关元器件构成。

微控制器的 P0 口相应信号经地址锁分别与 82C54 与 8255 的对应管脚相连。

图中 8255 的片选信号与 MCU 的 P2.7 相接，8255 的口 A、口 B、口 C 以及控制字寄存器的地址分别为 7FCH、7FDH、7FEH、7FFH。

图中 82C54 的片选信号与 MCU 的 P2.6 相接，82C54 的口 A、口 B、口 C 以及控制字寄存器的地址分别为 BFCH、BFDH、BFEH、BFFH。

图中 82C54 的脉冲输入端 Clk0 与 2M 晶振的输出直接相连，脉冲控制端 G0 与 8255 口 A 的 PA0 相接，受其控制。脉冲输出端送至 8255 口 B 的第 0 位，供微控制器查询，同时作为输出。

二、PCB 绘制过程

上述电路的 PCB 图绘制过程如下：

1. 创建集成元件库

启动 Protel DXP，按照前文讲述的方法创建集成库项目 IC.LIBPKG，在库中分别建立元件 P89C51RD、82C54、8255A、晶振 CRYSTAL 与 74AC373B 的原理图元件及封装。

2. 生成可用集成元件库

编译项目 IC.LIBPKG，生成可用的集成元件库 IC.IntLib。

3. 退出并保存集成库

保存所有文件，而后点击 Protel 环境底部左端的标签 Projects，在随后打开的 Projects 标签页中，鼠标右键点击项目文件 IC.LIBPKG，在随后弹出的引导菜单中选择 Close Project，关闭文件 IC.LIBPKG。

4. 创建电路设计项目

选择菜单 File->New->PCB Projects 创建新的 PCB 项目文件，而后选择菜单 File->Save Project，系统弹出文件存储对话框。在对话框的下拉列表文件名中输入文件名 demo，然后点击按钮“保存（s)”，项目文件以 demo.PCBPRJ 存储。

5. 创建原理图文件

选择菜单 File->New->Schematic，Protel 在项目中加入新原理图文件，而后选择菜单 File->Save，系统弹出文件存储对话框，在对话框的下拉列表文件名中输入文件名 demo，然后点击按钮“保存（s)”，原理图文件以 demo.SCHDOC 存储。

6. 元件库操作

选择菜单 Design->Add/Remove Library... 打开的库操作对话框中 Add Remove Libraries，点击按钮 Add Library，系统打开库添加对话框。选中新建的集成库 IC.IntLib 并按下打开按钮，系统返回库操作对话框，IC.IntLib 添加到设计中。

7. 绘制并保存原理图

在文件 demo.SCHDOC 中绘制图 8-70 所示的原理图，并保存文件。

8. 创建 PCB 文件

选择菜单 File->New->PCB，系统创建新 PCB 文件。而后选择菜单 File->Save 保存文件，在随后的文件保存对话框中输入文件名 demo，系统将新文件命名为 demo.PCBDOC 并保存。

9. 绘制 PCB 板框

鼠标点击 PCB 编辑器绘图区底部标签 Mechanical 1，选中板层 Mechanical1。选择 PCB 对象放置工具上的放置连线按钮，在层面 Mechanical1 上绘制矩形作为 PCB 板框。鼠标选中所绘矩形，选中菜单 Design->Define from Selected Objects，系统按照所绘矩形的尺寸确定 PCB 板框。

10. 绘制禁止布线层

鼠标点击 PCB 编辑器绘图区底部标签 Keep-Out Layer，绘制板层 Keep-Out Layer。选择 PCB 对象放置工具上的放置连线按钮，在层面 Keep-Out Layer 上 PCB 板框以内 20mil 处绘制矩形作为 PCB 的禁止布线层。

11. 绘制 Top Layer

鼠标点击 PCB 编辑器绘图区底部标签 Top Layer，绘制板层 Top Layer。

12. 设置 PCB 编辑环境

选择菜单 Design->Board Option，打开对话框 Board Option 设置 PCB 编辑环境。此处将显示栅格 Grid2 设置为 100mil，显示栅格类型设置为点线 Dots，其余设置不变。

13. 导入原理图

选择菜单 Design->Import Changes from [demo.pcbprj]，系统调入前文绘制的原理图文件如图 8-71 所示。

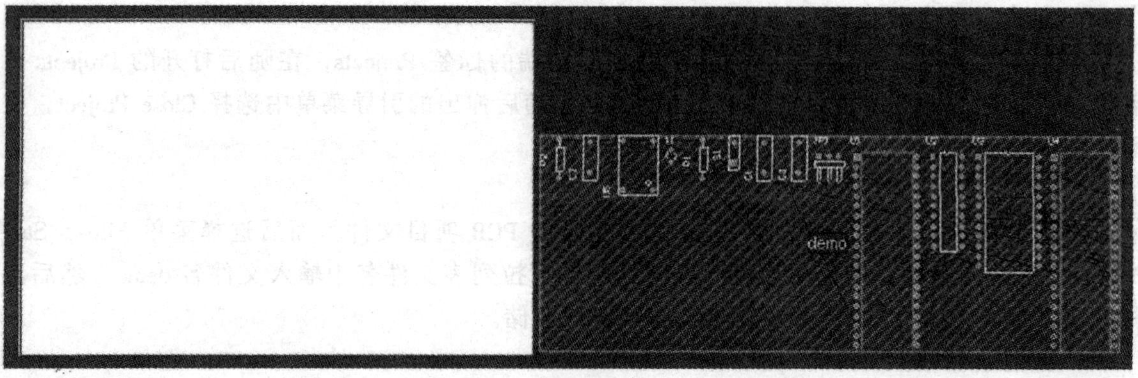

图 8-71 原理图的导入

14. 设置设计规则

选择菜单 Design- > Rules... 打开设计规则设置对话框。

电气规则设置：展开电气规则 Electrical，选择其中的安全距离规则 Clearance，设置最小安全间距 Minimum Clearance 为 15mil；

布线规则设置：打开布线规则 Routing，选择线宽规则 Width，将当前线宽、最大线宽与最小线宽均设置为 15mil；而后设置电源线宽规则，对话框树形结构中鼠标右键点击线宽规则 Width，随后弹出的引导菜单中选择 New Rule 创建新线宽规则 Width_1，点击 Width_1，对话框右侧打开设置页，编辑框 Name 中输入规则名称 VCC，在选项组 Where the First Objects Matches 中选择单选按钮 Nets，选项组第一个下拉列表中选中网络 VCC，选项组 Constraints 中当前线宽、最大线宽与最小线宽均设置为 30mil；采用同样方法在线宽规则组下创建线宽规则 GND，设置接地线规则；展开布线层规则，选择其中的 Routing Layers 设置布线层，设置 Constraints 选项组的下拉列表 Top Layer 走线形式为垂直方向 Vertical、Bottom Layer 走线形式为 Horizontal。

放置规则：展开放置规则 Placement，选择其中的元件间距规则 Placement Clearance，在 Constraints 选项组中设置间距 Gap 为 20mil。

设计规则的其他选项使用默认值。

15. 元件位置调整

由于本例中元件较多，使用系统提供的软件布局器效果不甚理想，因此不用自动布局。根据元件连接关系、元件尺寸等，利用前文介绍的编辑工具手工确定元件布局，结果如图 8-72 所示。

16. 自动布线

选择菜单 Auto Route- > All...，系统打开布线策略设置对话框，使用默认的布线策略设置，点击按钮 Route All，系统弹出布线消息框，开始对电路进行布线。最终的电路自动布线结果如图 8-73 所示。

17. 电路的调整

自动布线得到的电路，并不十分理想。使用菜单 Tools- > Un-Route- > Connection 对不理想的连线进行拆除，而后点击对象放置工具中的交互式布线按钮，使用交互式布线工具对拆除

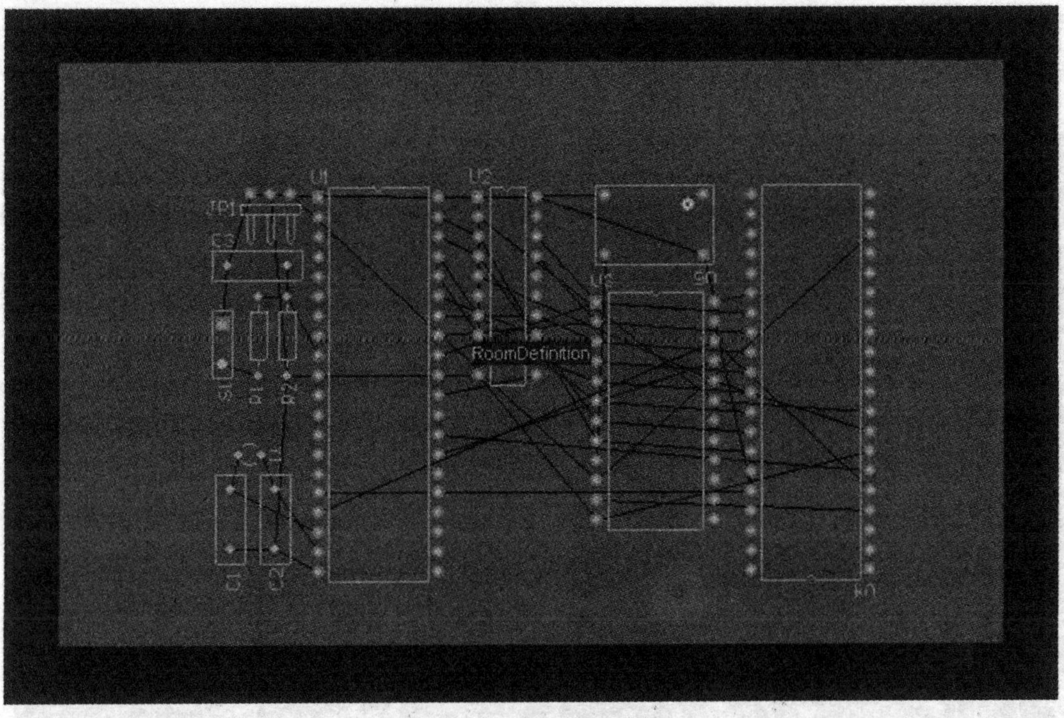

图 8-72　电路元件位置调整

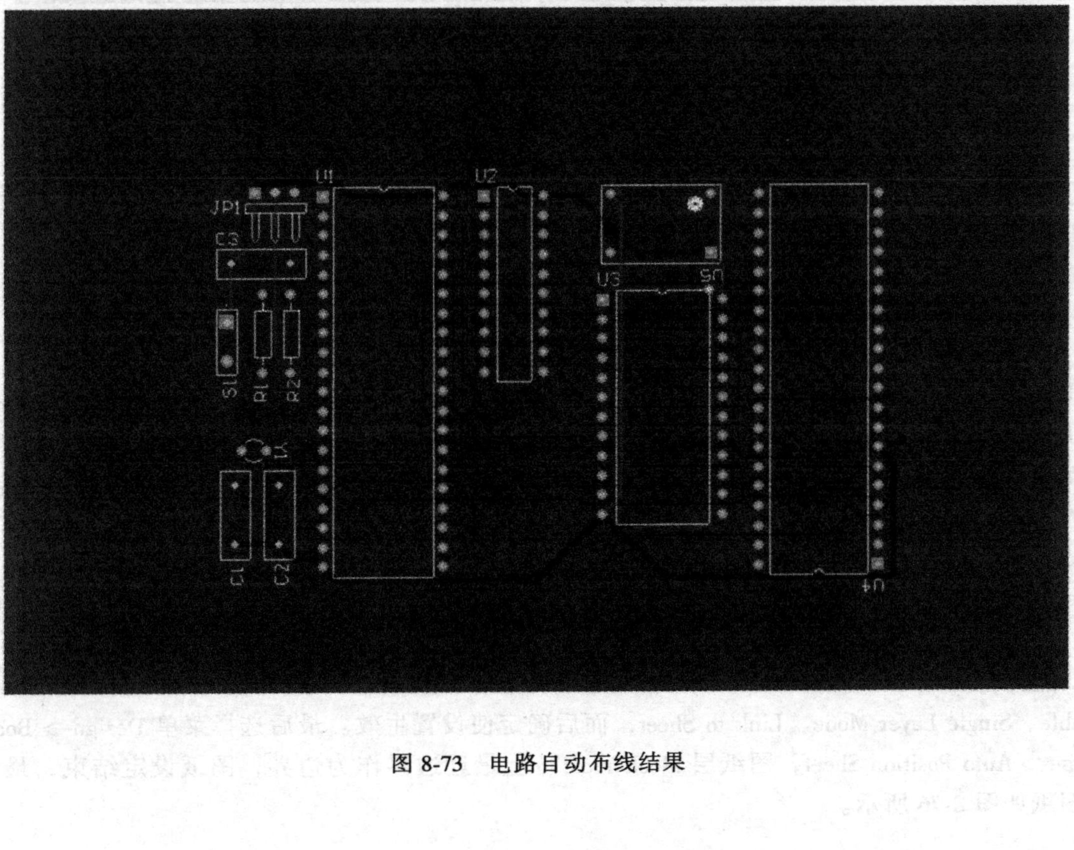

图 8-73　电路自动布线结果

的连接重新布线。布线调整完毕后，调整印制电路板框，使其与最终的电路规模相适应。调整后的电路如图 8-74 所示。

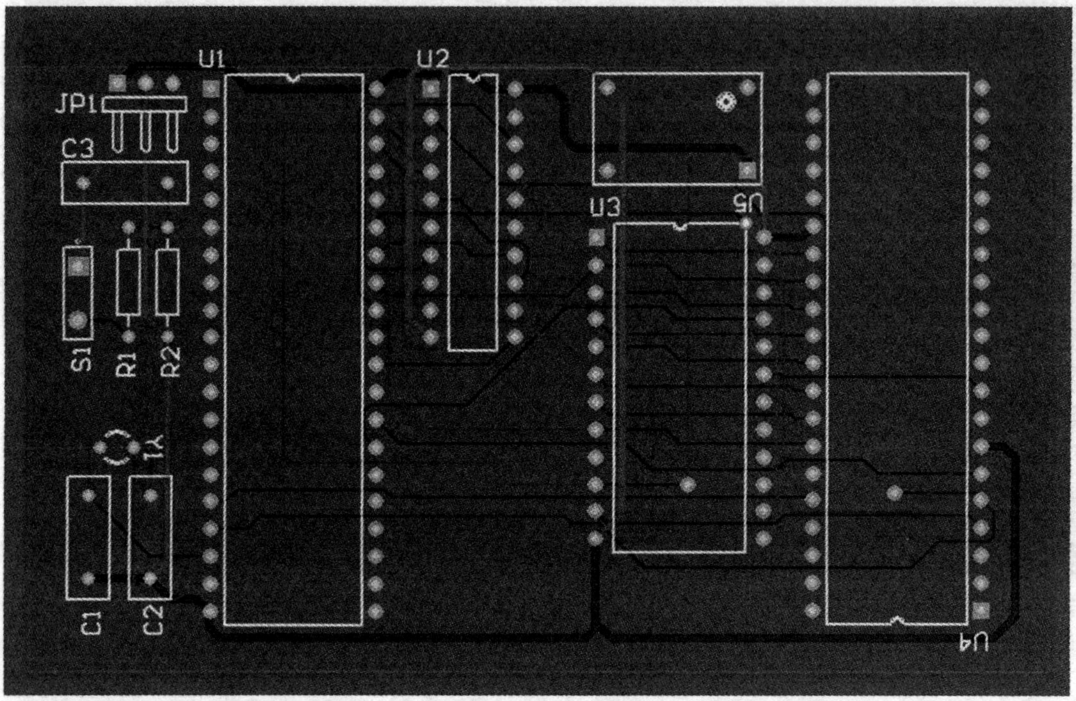

图 8-74　调整后的电路

18. 建立覆铜

电路调整完成后，选择菜单 Place->Polygon Plane，系统弹出覆铜属性设置对话框 Polygon Plane，在 Net Option 选项组中的下拉列表 Connect to 中选择网络 GND，为电路建立接地的覆铜，提高电路抗电磁干扰能力。尺寸调整并建立覆铜后的电路如图 8-75 所示。

19. 设置图纸格式

为了文档存档、装订等的方便，上述操作完成后，还要为 PCB 设置图纸样式。鼠标点击 Protel DXP 集成环境底部的 Files 标签，在随后打开的 Files 标签页上选择 New from Template 选项组的 PCB Templates。在随后弹出的对话框 Choose Existing Document 中选中 A4.PCBDOC，系统打开该文件，使用快捷键 <Ctrl + A>，选择文件中所有对象，而后按下快捷键 <Ctrl + C>，绘图区光标变为十字形状，点击所选对象复制全部内容。然后点击绘图区上的文档标签 demo.PCBDOC，激活文件后按下快捷键 <Ctrl + V>，剪贴板中内容随鼠标移动，鼠标移动到适当位置按下左键，可以看到所绘 PCB 在图之中的大致位置。选择菜单 Design->Option... 打开对话框 Board Option，选中复选框 Display Sheet，然后确定。选择菜单 Design->Board Layers，打开对话框 Board Layers，设置 Mechanical Layers 中的 Mechanical16 属性为 Show、Enable、Single Layer Mode、Link to Sheet，而后确定使设置生效。最后选择菜单 Design->Board Shape->Auto Position Sheet，图纸层 Mechanical16 上最远边界作为边界，图纸设定结束，最终的图纸如图 8-76 所示。

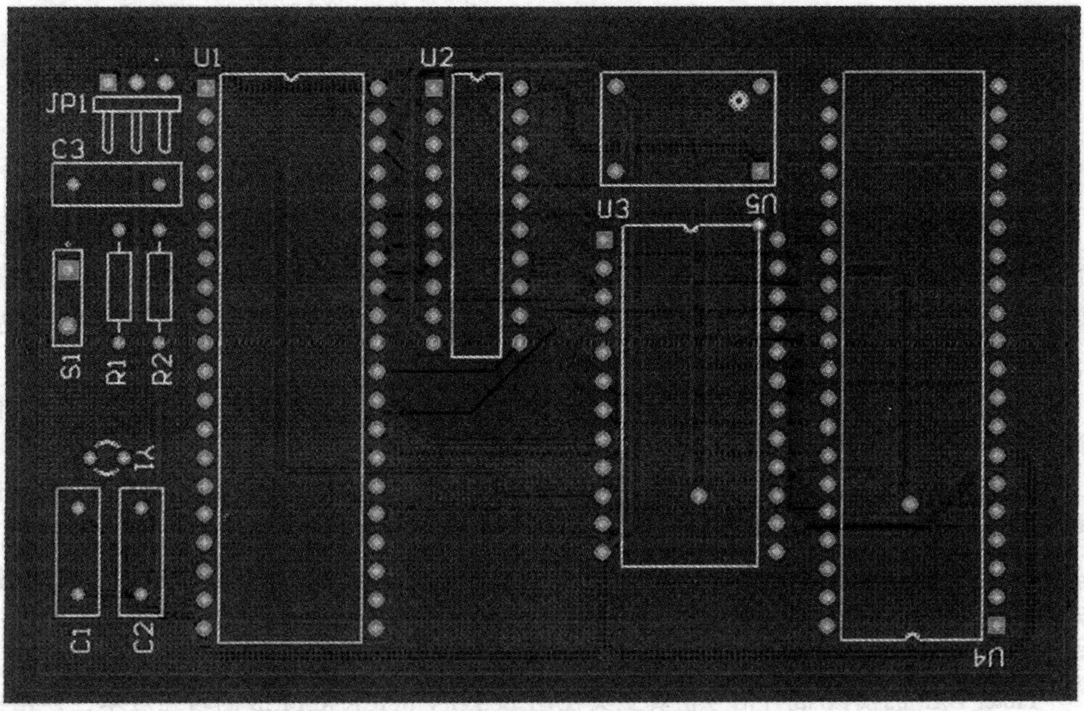

图 8-75　覆铜后的电路

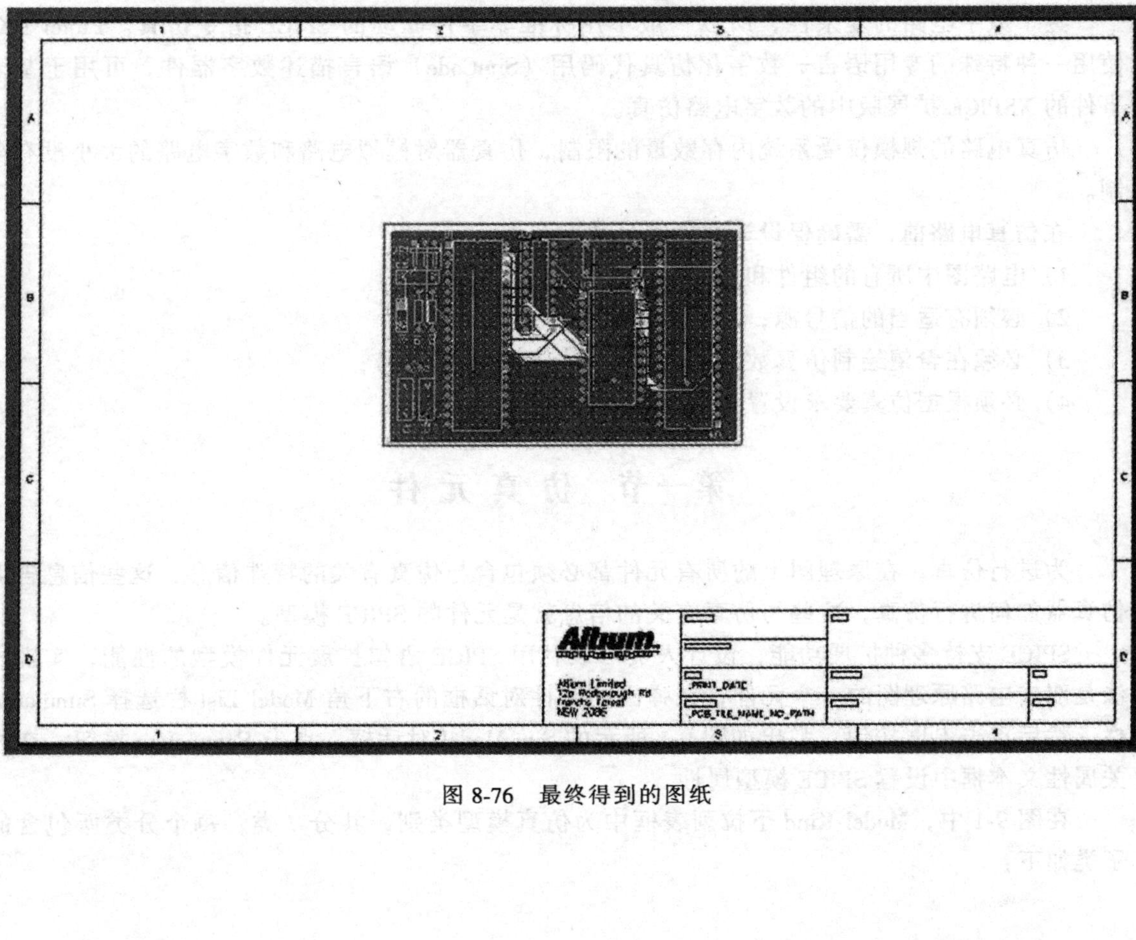

图 8-76　最终得到的图纸

第九章　电路仿真

在传统的电路设计过程中，为了检验所设计电路的性能，必须通过用具体器件搭建电路的方法来检测并联调电路，因此设计的工作量较大。这种方法不仅研制时间长，而且设计质量取决于设计人员的经验。EDA 技术最大的优点之一是可以实现基于程序模型的电路仿真，在设计过程中，可随时随地进行实验仿真和功能验证。

Protel DXP 在早期版本的基础上加强了软件的仿真功能，其仿真模块直接嵌入在软件中而形成一个整体，可提供模拟和数字信号混合仿真。

基于最新的 Spice 3f5 和 XSPICB 仿真内核，数模混合电路仿真与 Protel 的原理图设计紧密结合。在设计输入之后即可仿真，而无需将文件输出到其他模块中进行。仿真引擎除了可以进行一些常规的仿真方法分析之外，还可以进行温度、参数扫描及蒙特卡罗元件容差分析。所有的仿真设置都直观地在同一个对话框中进行，仿真结果在波形观察器中显示，一次可显示多个信号的波形，便于分析对比。

Protel DXP 的模拟/混合信号仿真工具使用 Berkeley SPICE/XSPICB 的增强版本，使用这个工具，设计人员可正确地仿真模拟和数字器件，而不需要人工进行 D/A 或 A/D 转换。

鉴于数字电路的复杂性，所以一般不用标准非事件驱动的 SPICE 指令仿真。Protel DXP 使用一种特殊的专用语言—数字化仿真代码用（SimCode）语言描述数字器件，可用于基于事件的 XSPICE 扩展版中的数字电路仿真。

仿真电路的规模仅受系统内存数量的限制，仿真器对模拟电路和数字电路的大小没有限制。

在仿真电路前，需确保设计文件满足如下条件。

1）电路图中所有的组件和器件必须有相应的仿真模型；

2）必须有适当的信号源；

3）必须在希望绘制仿真数据的电路节点上添加网络标号；

4）必须根据仿真要求设置电路仿真初始条件。

第一节　仿真元件

为进行仿真，在原理图上的所有元件都必须包含与仿真有关的特殊信息，这些信息告诉仿真器如何进行仿真，这些与仿真有关的信息就是元件的 SPICE 模型。

SPICE 支持多种扩展功能，设计人员可以利用 SPICE 语句扩展元件模型的性能，实现方法是双击电路原理图的一个元件，在弹出的属性对话框的右下角 Model List 栏选择 Simulation 栏，然后点击 Edit 按钮，弹出如图 9-1 所示的 Sim Model 对话框，点击 Parameters 按钮，在相关属性文本框中设置 SPICE 模型属性。

在图 9-1 中，Model Kind 下拉列表框中为仿真模型类别，共分 7 类，每个分类所包含的子类如下：

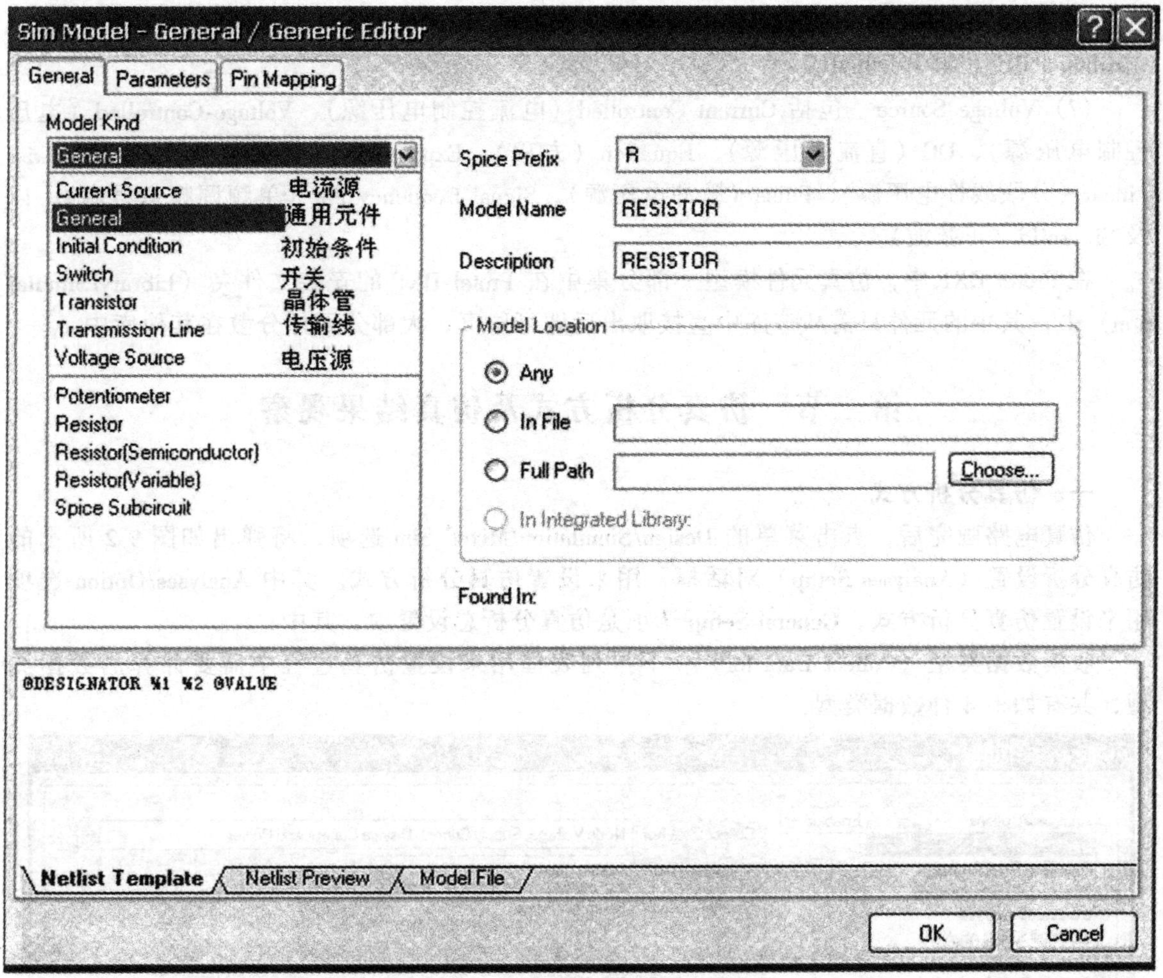

图 9-1　Sim Model 对话框

（1）Current Source　包括 Current-Controlled（电流控制电流源）、Voltage-Controlled（电压控制电流源）、DC（直流电流源）、Equation（方程）、Exponential（指数电流源）、Piecewise Linear（分段线性电流源）、Pulse（脉冲电流源）、Signal frequency FM（单频调频信号源），以及 Sinusoidal（正弦被）。

（2）General　包括 Capacitor（电容）、Capacitor（Semiconductor）电容（半导体）、Coupled Inductors（耦合电感）、Diode（二极管）、Generic Editor（通用编辑器）、Inductor（电感器）、Potentiometer（电位器）、Resistor（电阻器）、Resistor（Semiconductor）电阻器（半导体）、Resistor Variable（可变电阻器），以及 Spice Subcircuit（Spice 支路）。

（3）Initial Condition　包括 Set Initial Condition（设置初始条件）和 Initial Node Voltage Guess（初始节点电压）。

（4）Switch　包括 Current-Controlled（电流控制开关）和 Voltage-Controlled（电压控制开关）。

（5）Transistor　包括 BJT（双极型晶体管）、JFET（结型场效应晶体管）、MOSFET（MOS 场效应晶体管）和 MESFET（MES 场效应晶体管）。

(6) Transmission Line　包括 Lossless（无损耗传输线）、Loss（有损耗传输线）和 Uniform Distributed RC（均匀分布 RC）。

(7) Voltage Source　包括 Current-Controlled（电流控制电压源）、Voltage-Controlled（电压控制电压源）、DC（直流电压源）、Equation（方程）、Exponential（指数电压源）、Piecewise Linear（分段线性电压源）、Pulse（脉冲电压源）、Signal frequency FM（单频调频宿号源），以及 Sinusoild（正弦波）。

在 Protel DXP 中，仿真元件模型一部分集中在 Protel DXP 的安装文件夹（Library/Simulation）中，其中的元件只需从该库中直接取出后即可仿真，大部分元件分散在其他库中。

第二节　仿真分析方式及仿真结果观察

一、仿真分析方式

仿真电路画完后，点击菜单的 Design/Simulation/Mixed Sim 选项，将弹出如图 9-2 所示的仿真分析设置（Analyses Setup）对话框，用来设置仿真分析方式。其中 Analyses/Option 选项用来设置仿真分析方式，General Setup 选项是仿真分析总设置项，其中：

收集数据类型（Collect Data for）一下拉列表框用来设置仿真过程中需要计算的数据类型，共有如下 4 种数据类型：

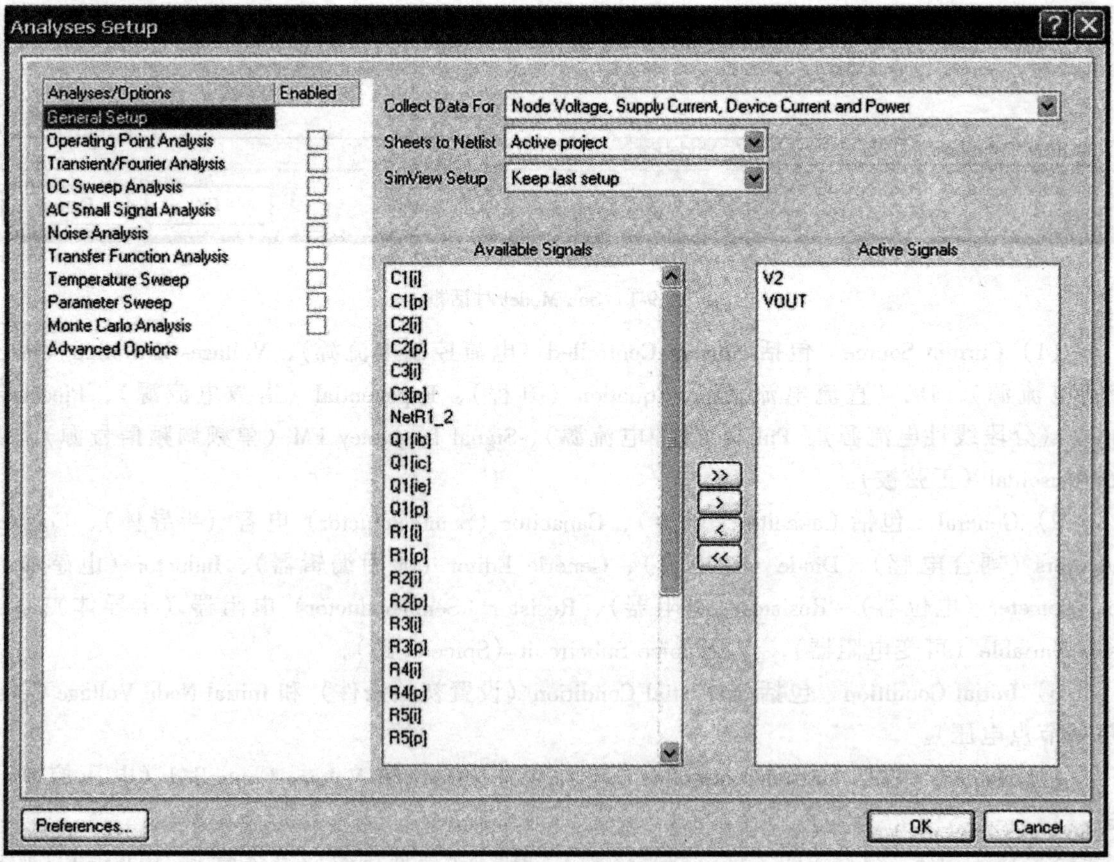

图 9-2　仿真分析设置

Node Voltage and Supply Current：计算所有节点电压和激励源提供的电流信号；

Node Voltage，Supply and Device Current：计算节点电压、激励源和器件电流；

Node Voltage，Supply Current，Device Current and Power：计算节点电压、激励源电流、器件电流和功率；

Node Voltage，Supply Current and Subcircuit：计算节点电压、激励源和子电路电流。

网表范围（Sheet to Netlist）—下拉列表框用来设置仿真过程的网表范围，有两个选项：

Active Sheet：当前原理图图纸；

Active Project：当前项目。

仿真波形窗口设置（SimView Setup）—下拉列表框用来设置要在仿真波形窗口显示的信号，有两个选项：

Keep Last Setup：显示最近处于显示状态的信号；

Show Active Signal：仅显示“激活信号”列表框内的信号。

激活信号（ Active Signals）列表框的编辑：可用如下 4 个按钮实现激活信号的编辑：

“<”按钮的功能是将有效信号（Available Signals）列表框内选中的信号移至激活信号列表框内；

“< <”按钮的功能是将有效信号列表框内所有的信号移至激活信号列表框内；

“>”按钮的功能是将激活信号列表框内选中的信号移至有效信号列表框内；

“> >”按钮的功能是将激活信号列表框内所有的信号移至有效信号列表框内。

仿真分析共有如下几种分析方式：

1. 暂态分析（Transient Analysis）

暂态分析是在指定的时间内输出关于时间的电压或电流变量，在暂态分析之前必须执行静态工作点分析（在没有指定初始条件的情况下）。设置暂态分析在如图 9-3 所示的 Transient/Fourier Analysis 选项卡中完成。暂态分析从时间零点开始，不显示时间零点与起始时间之间的分析结果，而保存并显示从起始时间到停止时间之间的分析结果。步长是在分析中使用的正常时间增量，实际步长值自动变化并收敛。最大步长限制了步长的长度。用户可选中 Use Transient Defaults 复选框采用系统默认值。如果选择 Use Initial Conditions 选项，则暂态分析从设计图中定义的初始条件处开始并忽略静态工作点分析。设置选项参数含义如下：

Transient Start Time：开始显示数据的时间；

Transient Stop Time：停止显示数据的时间；

Transient Step Time：步长；

Transient Maxi Step Time：最大步长；

Use Initial Conditions：使用初始条件；

Use Transient Defaults：使用默认参数；

Default Cycles Displayed：显示循环数；

Default Points Per Cycle：每个循环显示的数据点数；

Enable Fourier：使用 Fourier 分析；

Fourier Fundamental Frequency：基波频率；

Fourier Numbers of Harmonics：谐波次数。

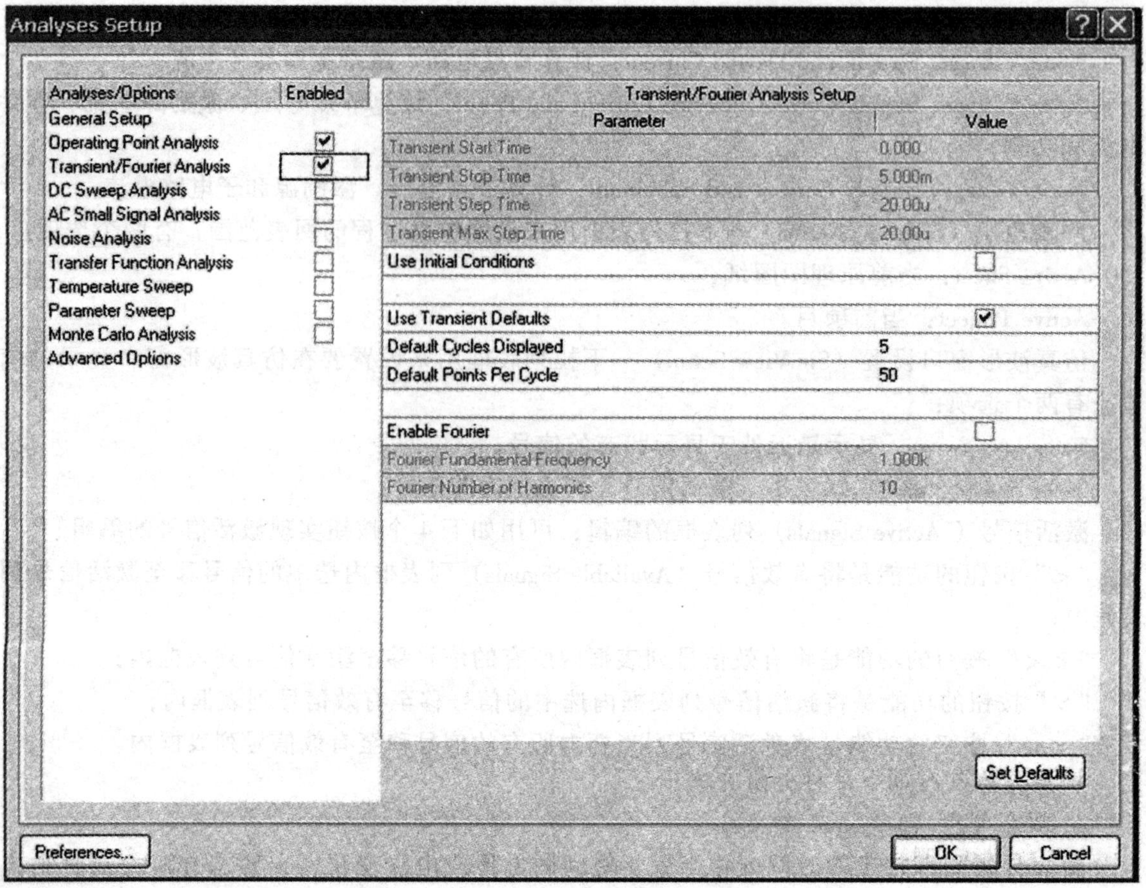

图 9-3　暂态分析设置

2. Fourier 分析（Fourier analysis）

基于暂态分析的最后一个周期可以进行 Fourier 分析，Fourier 分析的设置和暂态分析同窗口。

3. 交流小信号分析（AC Small Signal analysis）

交流小信号分析显示电路的频率响应，该分析首先进行静态工作点分析，然后用等幅正弦波在指定的频率范围内对电路进行分析，分析的输出通常是传递函数。在执行交流小信号分析时电路中至少应有一个交流信号源，分析参数在如图 9-4 所示的 Analyses Setup 对话框中的 AC Small Signal Analysis Setup 选项卡中设置。

Start Frequency：开始分析频率；

Stop Frequency：终止分析频率；

Sweep Type：扫描类型：

Linear：线性扫描；

Decade：十倍频扫描；

Octave：倍频扫描。

Test Points：分析点数

4. 直流扫描分析（DC Sweep Analysis）

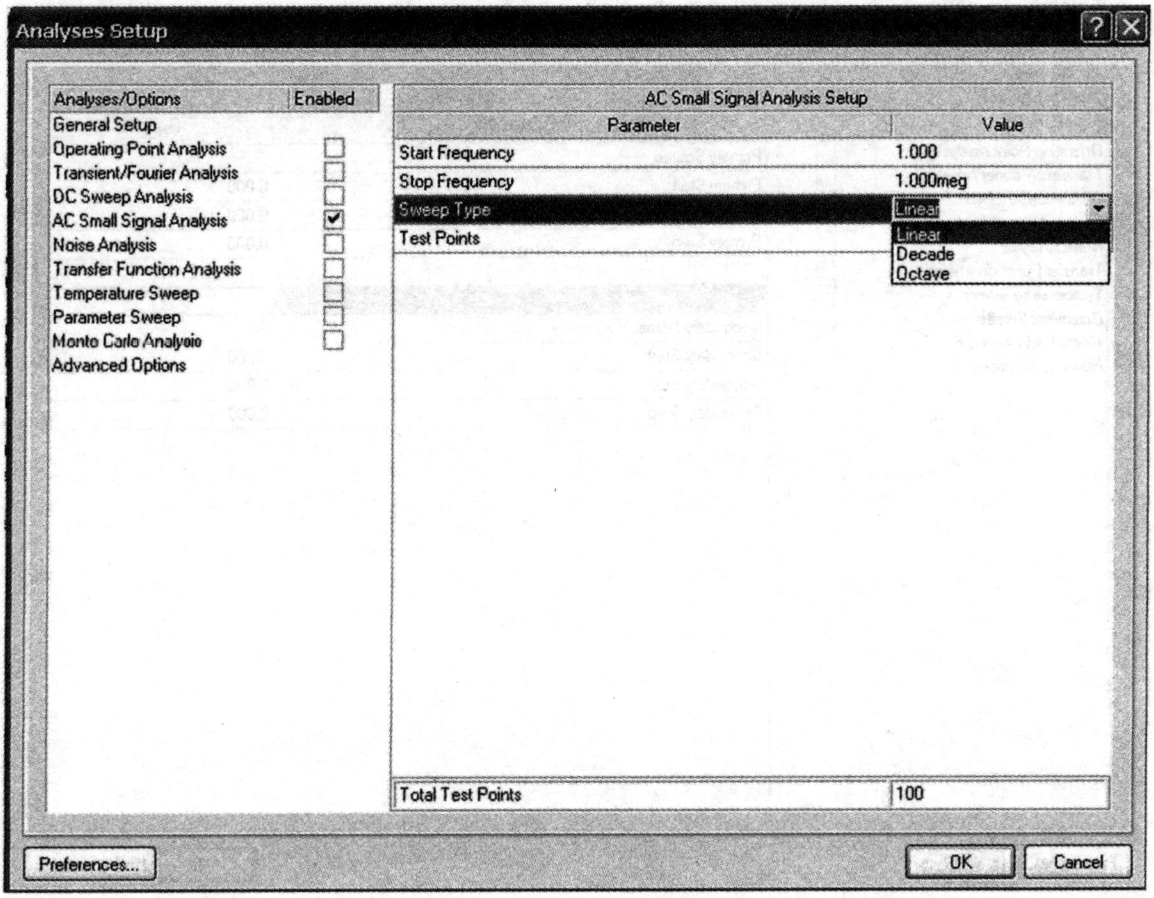

图 9-4　交流小信号分析设置

直流扫描分析对电源的电压/电流进行扫描，输出当电源的电压/电流变化时的各节点的电压和元件电流。该分析设置窗口如图 9-5 所示，图中右侧各选项含义如下：

Primary Source：第一个扫描电源名称，可在其右侧的下拉列表框中选择；

Primary Start：扫描开始值；

Primary Stop：扫描停止值；

Primary Step：扫描步长。

Enabled Secondary：使用第二个扫描电源

Secondary Name：第二个扫描电源名称，可在其右侧的下拉列表框中选择；

Secondary Start：扫描开始值；

Secondary Stop：扫描停止值；

Secondary Step：扫描步长。

5. 传递函数分析（Transfer Function Analysis）

传递函数分析计算直流输入电阻、直流输出电阻和直流增益。

6. 蒙特卡罗分析（Monte Carlo Analysis）

蒙特卡罗分析在元器件模型参数赋给的容差范围内执行各种复杂分析，包括直流分析、交流分析和瞬态分析，这些分析结果用来确定在元件参数变化后电路的技术指标是否满足要

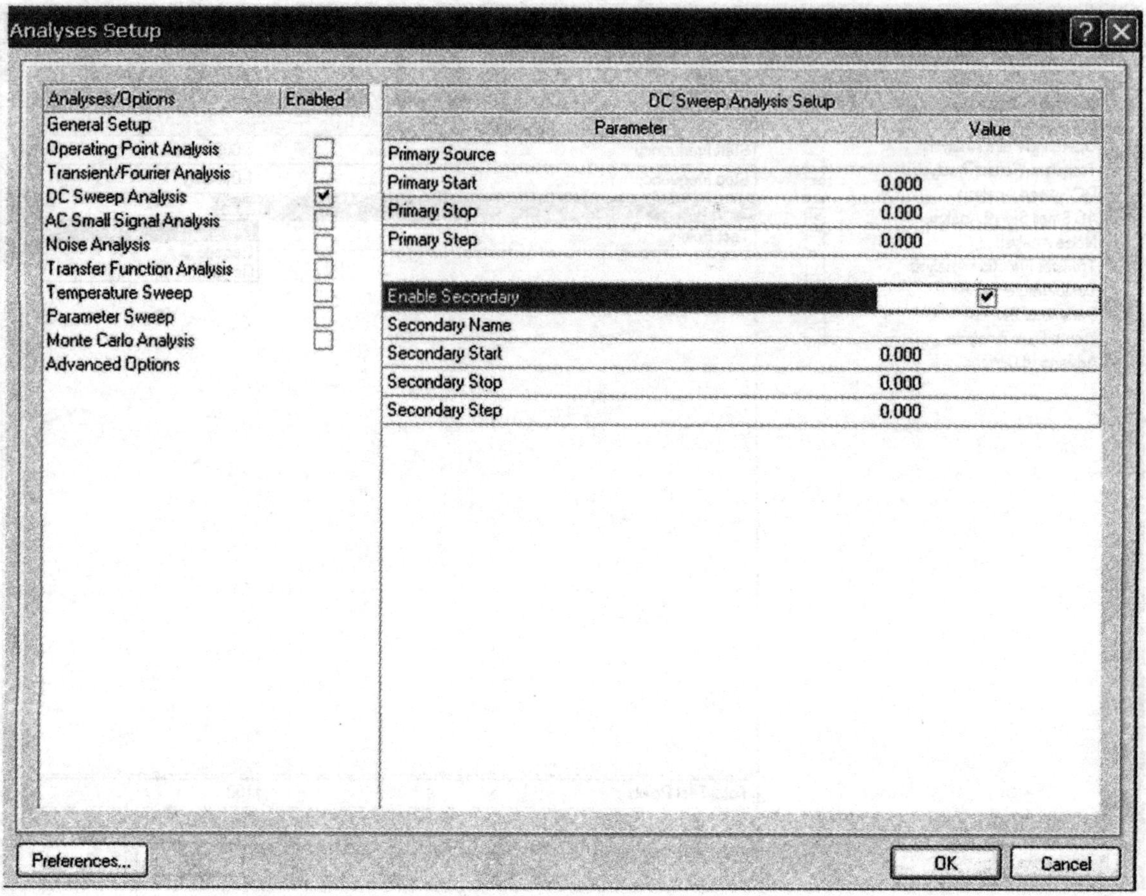

图 9-5　直流扫描分析设置

求。分析参数设置对话框如图 9-6 所示，蒙特卡罗分析在给定电路中各元件容差范围内按特定的随机分布执行取值。图 9-6 中右侧各选项含义如下：

Seed：向随机数发生器输入一个基本数，使每次蒙特卡罗分析的随机数发生都不一样。

Distribution：默认分布，从其下拉列表框中选择一个分布函数以产生随机数，分布规律如下：

Uniform：均匀分布，在指定的误差范围内产生的都是单调分布；

Gaussian：高斯分布，按照高斯函数产生的一种分布；

Worst Case：最坏情况分布，类似均匀分布，但仅使用该范围的结束点。

Default Resistor Tolerance：电阻误差范围；

Default Capacitor Tolerance：电容误差范围；

Default Inductor Tolerance：电感误差范围；

Default Transistor Tolerance：晶体管误差范围；

Default DC Source Tolerance：直流电源误差范围；

Default Digital Tp Tolerance：数字传播延迟误差范围；

Specific Tolerance：用于指定某些元件的误差，点击•••按钮，弹出如图 9-7 所示的对话框，点击 Add 按钮，在 Designator 窗口选择元件，指定各个参数，然后点击 OK 按钮完成该元件的误差设置。

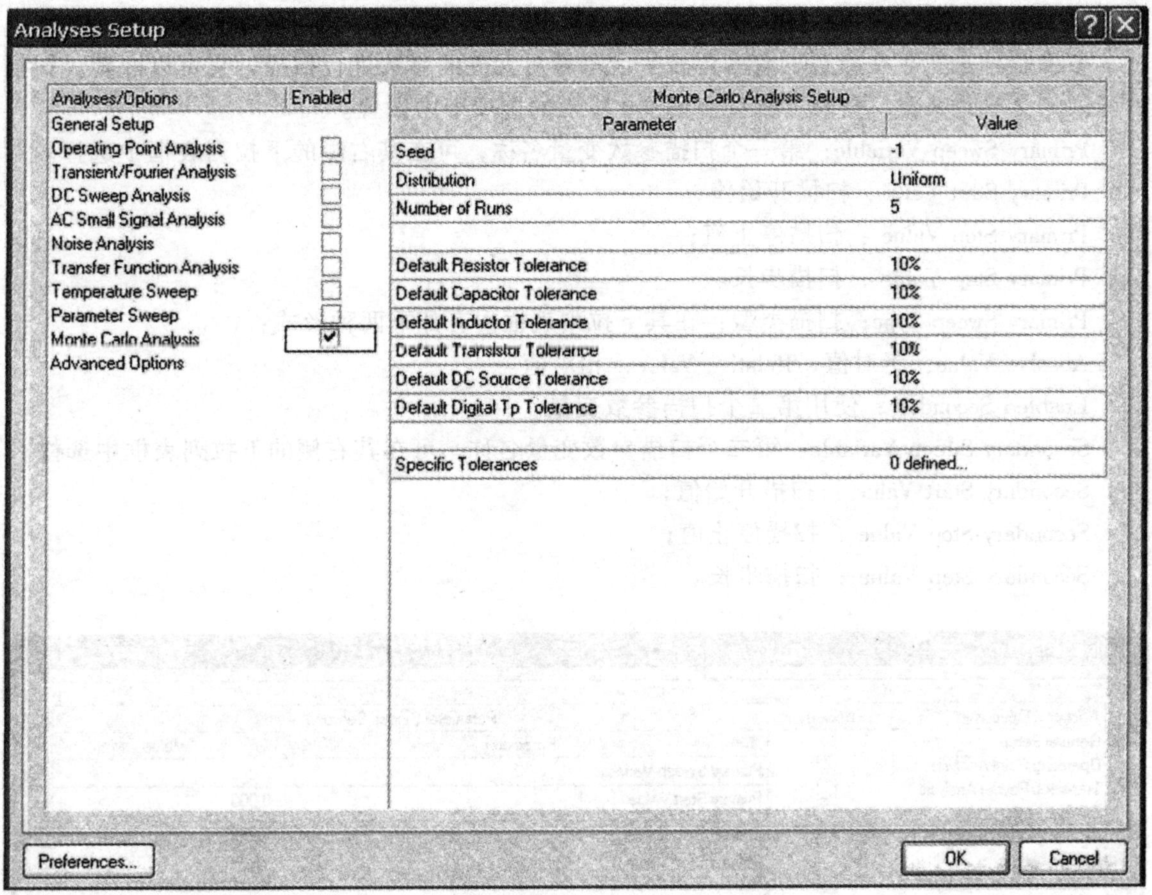

图 9-6　蒙特卡罗分析设置

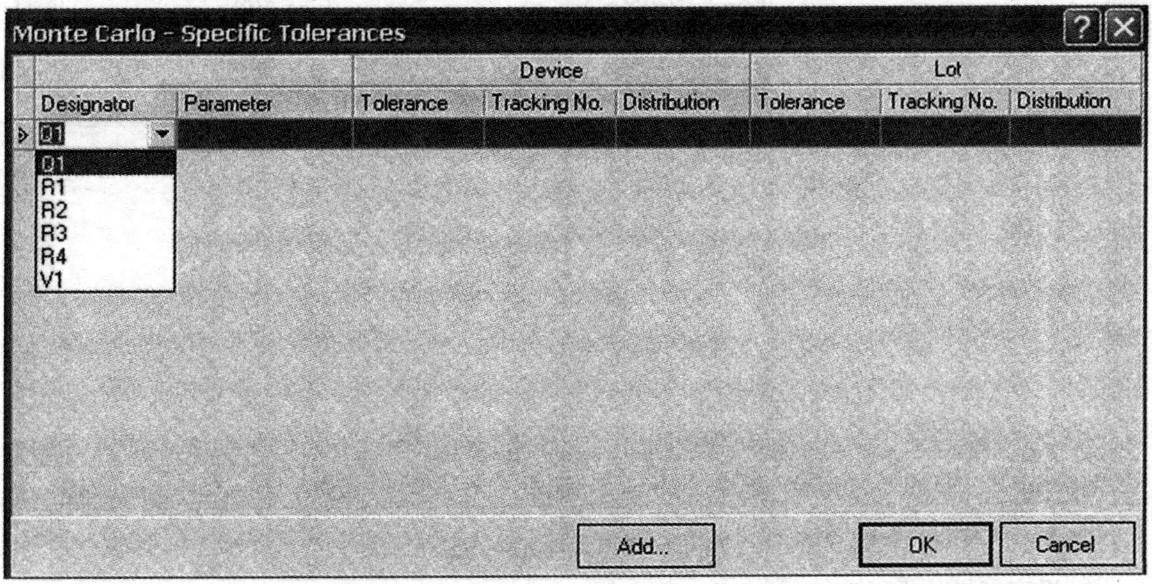

图 9-7　Monte Carlo-Specific Tolerance 对话框

7. 参数扫描分析（Parameter Sweep Analysis）

参数扫描分析可在指定的范围内按一定增量对元件的参数进行扫描，它可以嵌套。扫描时可以定义辅助参数。分析参数在如图 9-8 所示的选项卡中设置。

Primary Sweep Variable：第一个扫描参数变量名称，可在其右侧的下拉列表框中选择。

Primary Start Value：扫描开始值；

Primary Stop Value ：扫描停止值；

Primary Step Value ：扫描步长。

Primary Sweep Type：扫描类型：在其下拉列表框内有如下两种形式：

Absolve Value：绝对值；Relative Value：相对值。

Enabled Secondary：使用第二个扫描参数变量。

Secondary Sweep Variable：第二个扫描参数变量名称，可在其右侧的下拉列表框中选择。

Secondary Start Value ：扫描开始值；

Secondary Stop Value ：扫描停止值；

Secondary Step Value ：扫描步长。

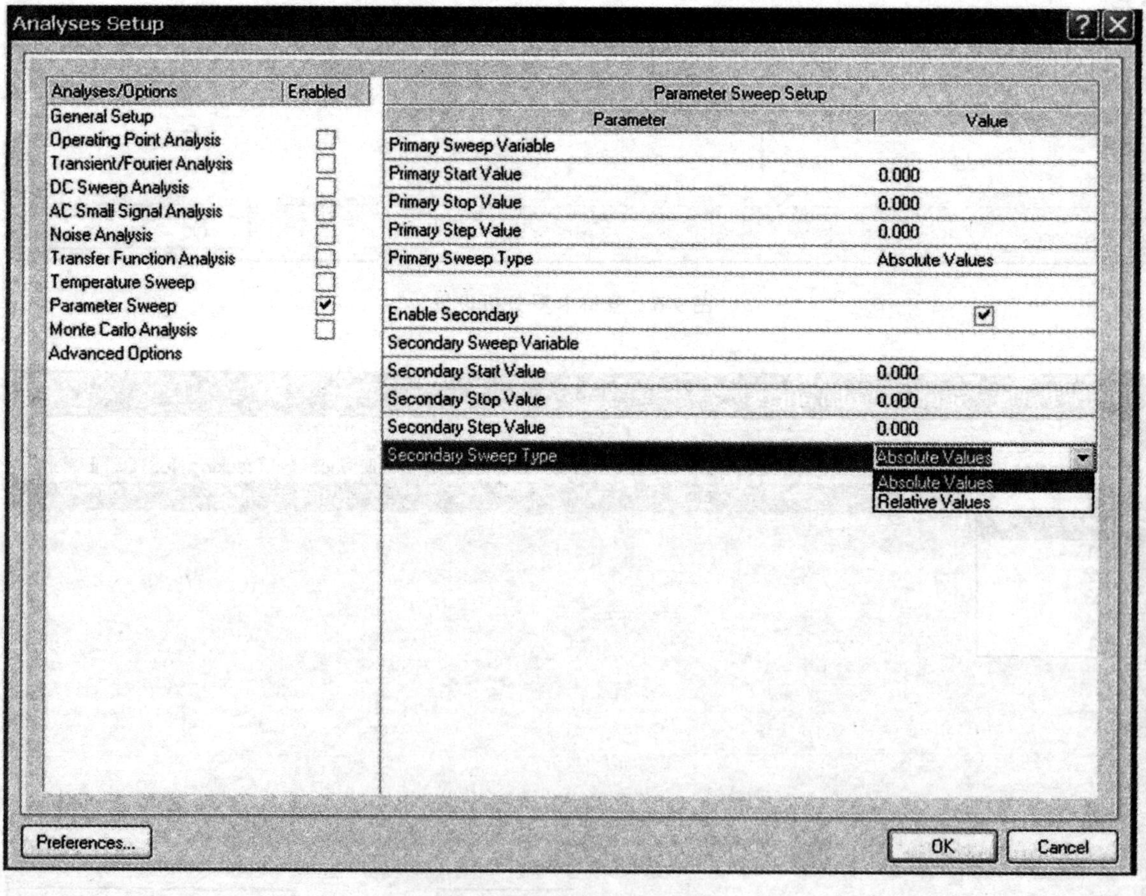

图 9-8 参数扫描分析设置

8. 温度扫描分析（Temperature Sweep）

温度扫描分析可与其他标准分析关联执行，在指定范围内的每一个温度条件下分析电路，并生成相应的曲线。分析参数在如图 9-9 所示的选项卡中设置：

Start Temperature：扫描温度开始值；

Stop Temperature：扫描温度终止值；

Step Temperature：分析步长。

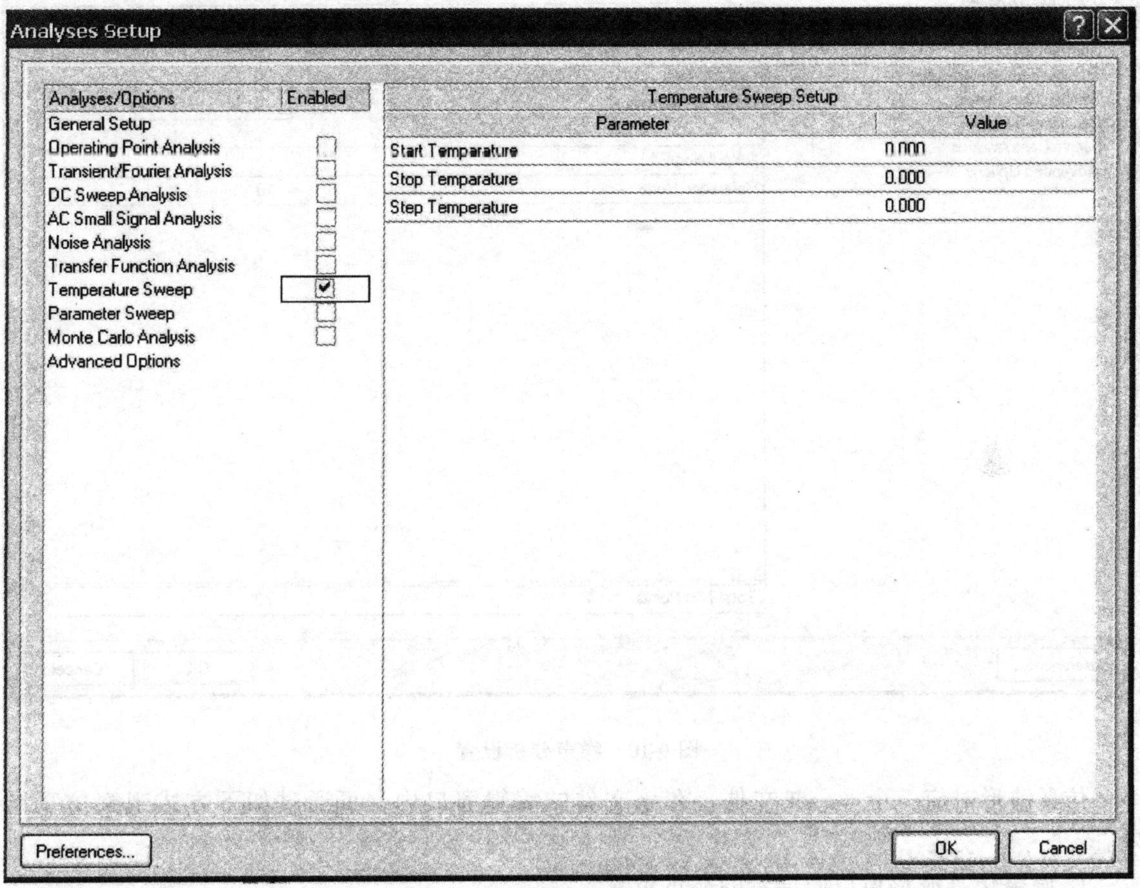

图 9-9 温度扫描分析设置

9．噪声分析（Noise Analysis）

噪声分析通过绘制噪声谱密度测量电阻和半导体的噪声分布，电容/线圈和受控源视为无噪声。噪声分析参数设置对话框如图 9-10 所示：

Noise Source：噪声源；

Start Frequency：分析开始频率；

Stop Frequency：分析终止频率；

Sweep Type：扫描类型；

Test Points：测试点数；

Points Per Summary：输入 0 只计算输入和输出的噪声，输入 1 计算各个元件的噪声分布；

Output Node：输出节点；

Reference Node：参考节点。

二、仿真结果观察

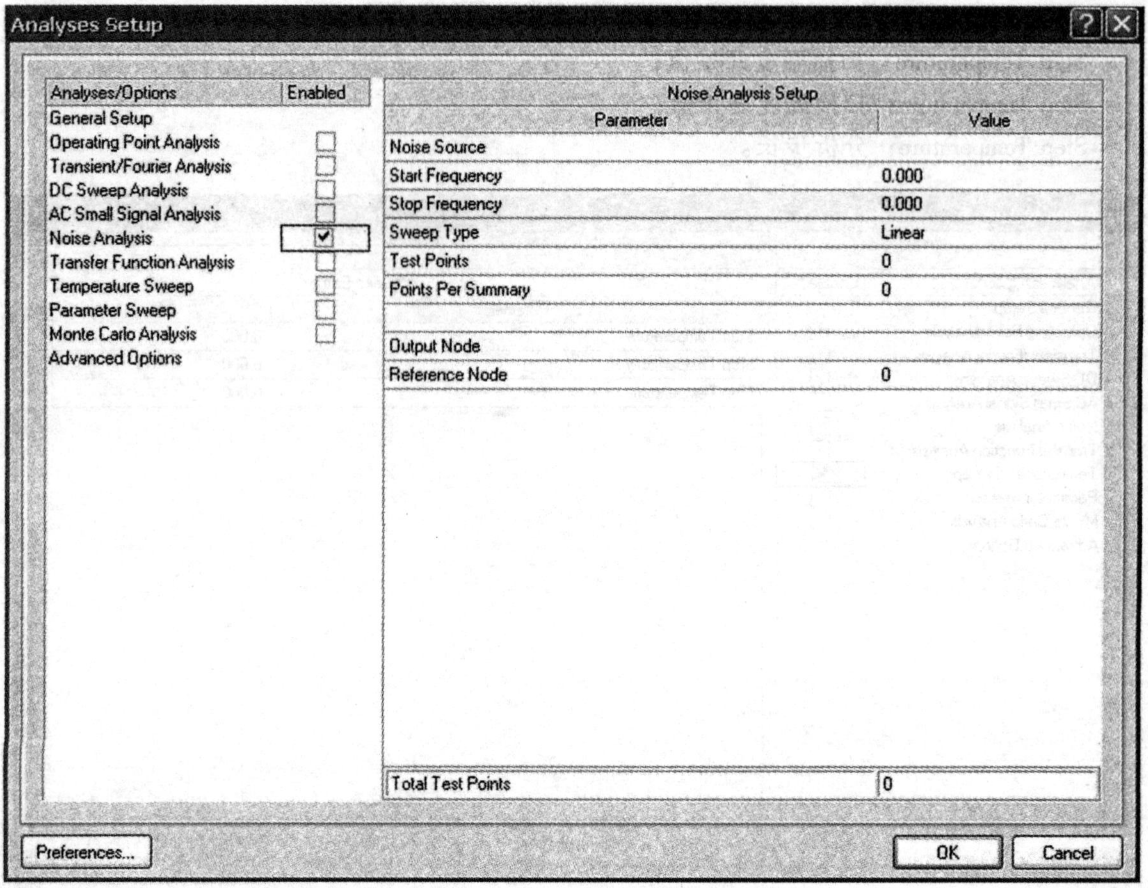

图 9-10　噪声分析设置

仿真波形对应一个 * .sdf 文件，在该文件的编辑窗口内，可通过如下方式观察仿真结果。

1. 调整仿真波形窗口内信号的显示位置

将鼠标移到波形窗口内相应的仿真输出信号名上，按下鼠标左键不放，拖动鼠标，即可发现一个代表信号名的虚线框随鼠标的移动而移动。当虚线框移到另一个信号显示单元格内时松开鼠标，就将两个信号波形显示在同一单元格内，如图 9-11 所示。

通过移动操作可将多个信号显示在同一单元格内。

2. 在仿真波形窗口内添加或删除信号波形

在“Waveforms”（波形列表）窗口内点击需要显示的信号，然后点击 Show 按钮，即可在仿真波形窗口内显示出指定的信号。也可用 Wave/Add Wave 命令在当前单元格内添加波形。选中要删除的信号波形，执行 Wave/Remove Wave 命令即可将该波形从单元格中删除。

3. 波形测量

选中某个信号，点击 Wave/Cursor A 或 Wave/Cursor B 命令，窗口上方就会出现测量标尺 A 或 B。如图 9-12 所示，标尺的颜色和信号的颜色相对应，在 Measurement Cursors 窗口内，“A”和“B”下方显示的是被测信号点 X、Y 值。将鼠标移到标尺上，按住鼠标左键，拖动鼠标，可从 X、Y 坐标上了解波形上任一点的精确值。

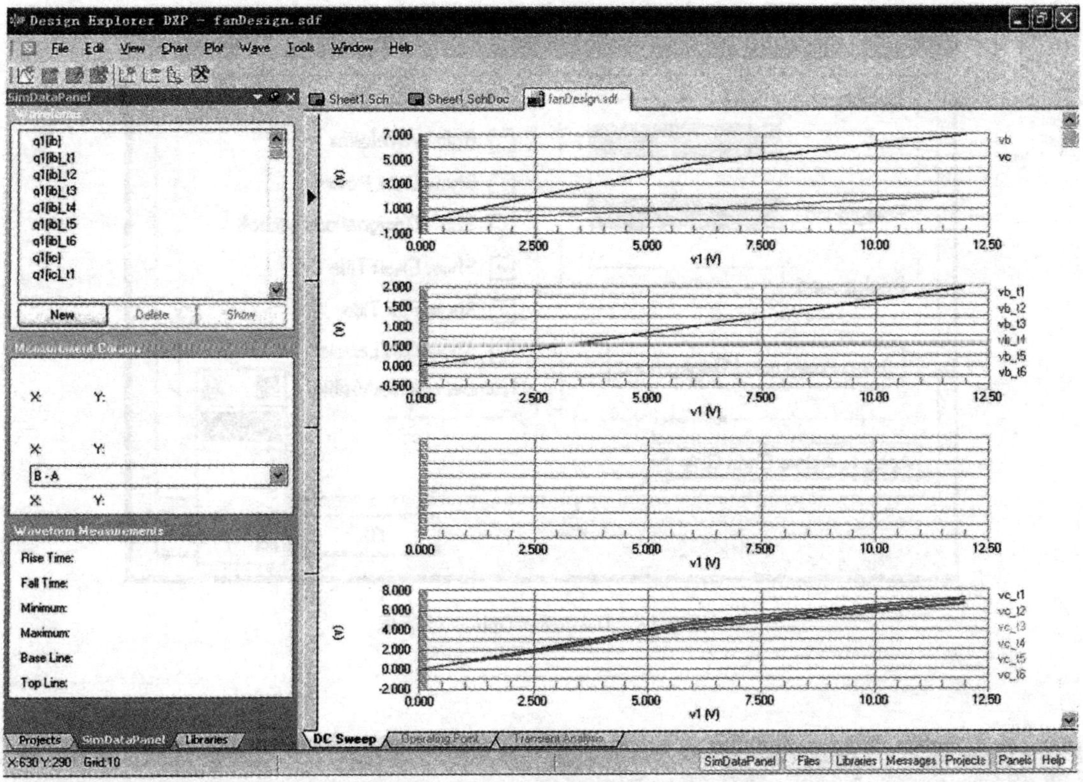

图 9-11　信号波形叠加显示

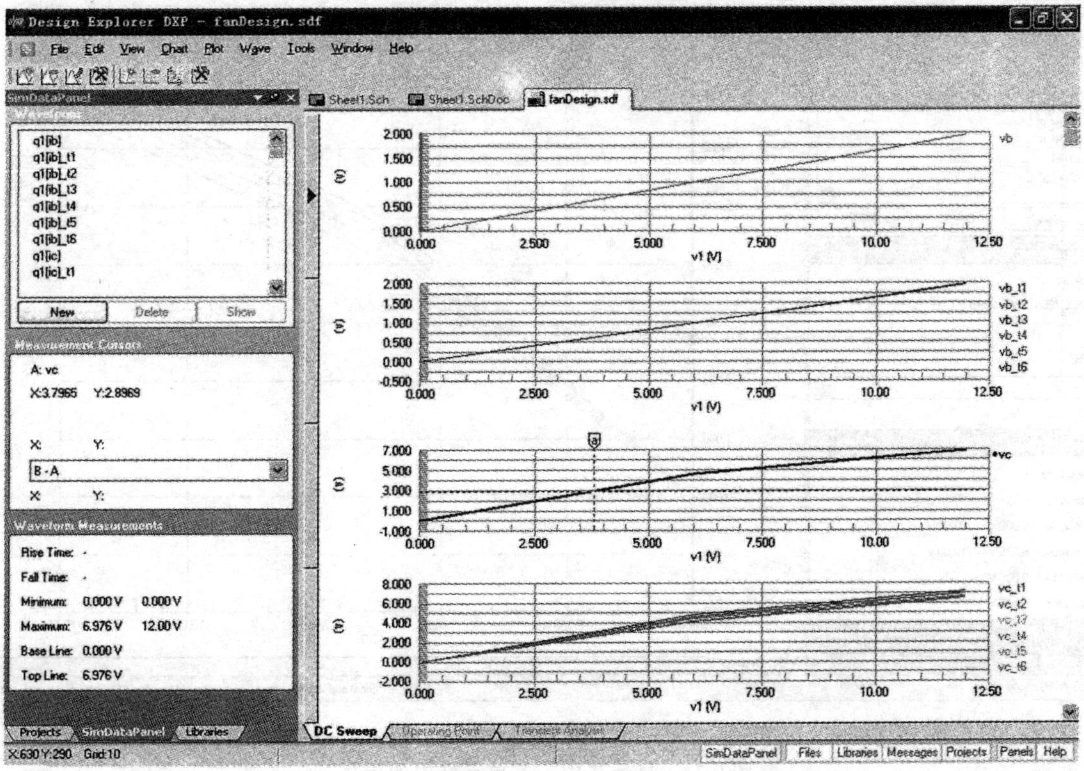

图 9-12　测量标尺

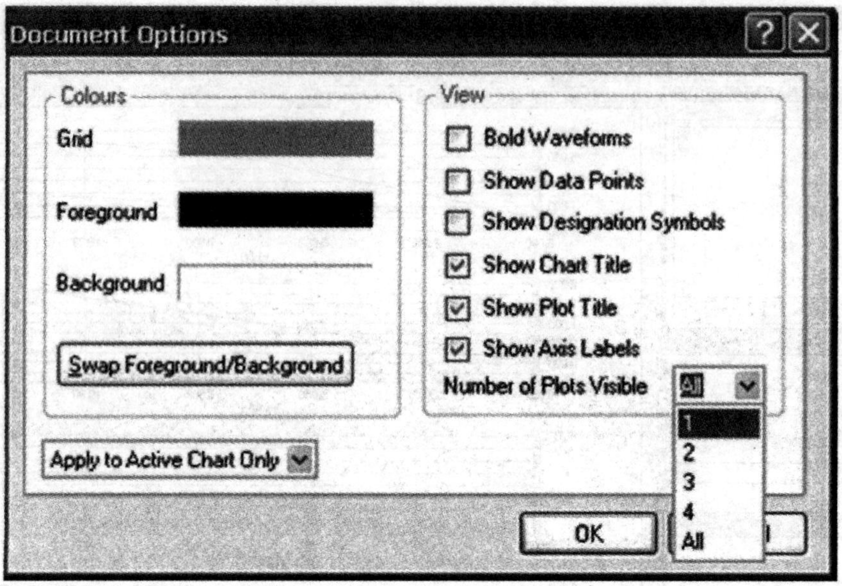

图 9-13　Document Option 对话框

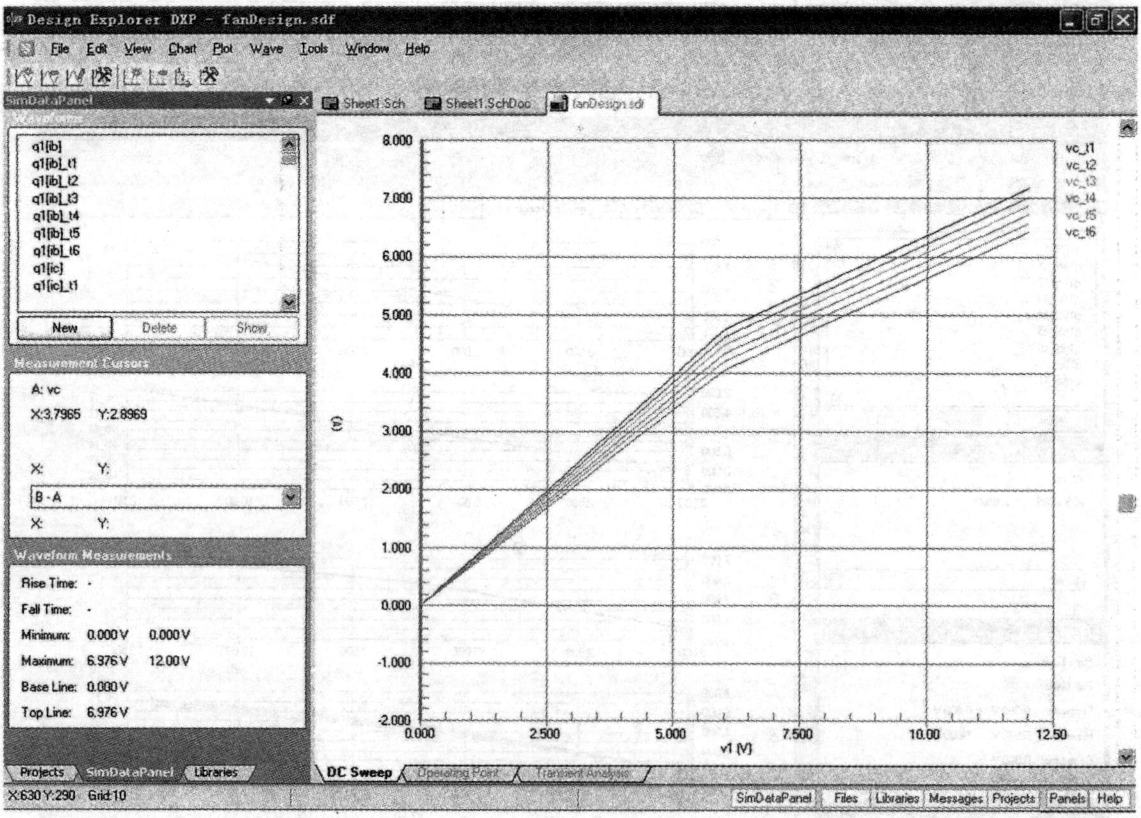

图 9-14　显示其中一个单元格内的信号

若用户将两个标尺都选中，则可同时测量两个信号。在 Measurement Cursors 窗口的下拉列表框中选择 B－A 可测量两个信号两点的差，选择 Minimum A..B 可测量两个信号两点的最小值；Maximum A..B 可测量两个信号两点的最大值；Average A..B 可测量两个信号两点的平均值。

将鼠标移到标尺上，点击鼠标右键，点击弹出的 Cursor Off 快捷菜单，即可将标尺关闭。

4. 只观察一个单元格的内容

执行 View/Option 命令，在弹出的如图 9-13 所示的 Document Options 对话框的 Number of plots Visible 下拉列表框中选择 1，点击 OK 按钮，波形显示窗口将只显示一个信号的波形，如图 9-14 所示。拖动波形窗口右侧的滚动条，可依次显示信号波形。

第三节　仿真电路的设计与运行

电路仿真的一般步骤如下所示：

1）设计仿真电路原理图；

2）设置仿真运行环境；

3）仿真运行；

4）分析仿真结果。

电路仿真是否成功取决于电路原理图。布局合理与视觉美观并不是衡量原理图设计是否合理的依据。仿真是否成功主要取决于元件模型的仿真属性、电路的网表结构以及仿真设置等。

仿真电路原理图的一般设计流程如图 9-15 所示。

下面以图 9-16 所示电路为例说明如何进行电路仿真。

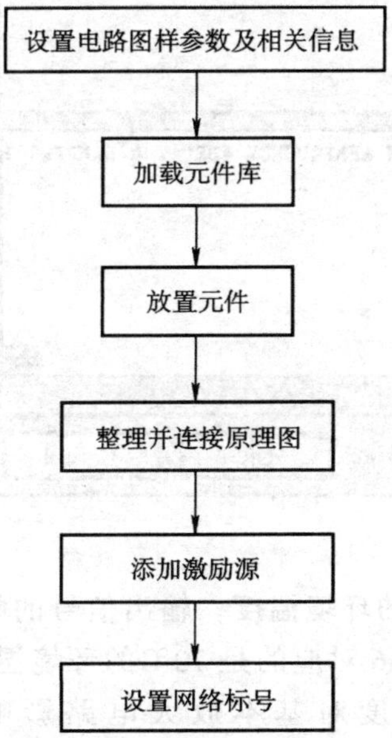

图 9-15　仿真电路原理图设计流程图

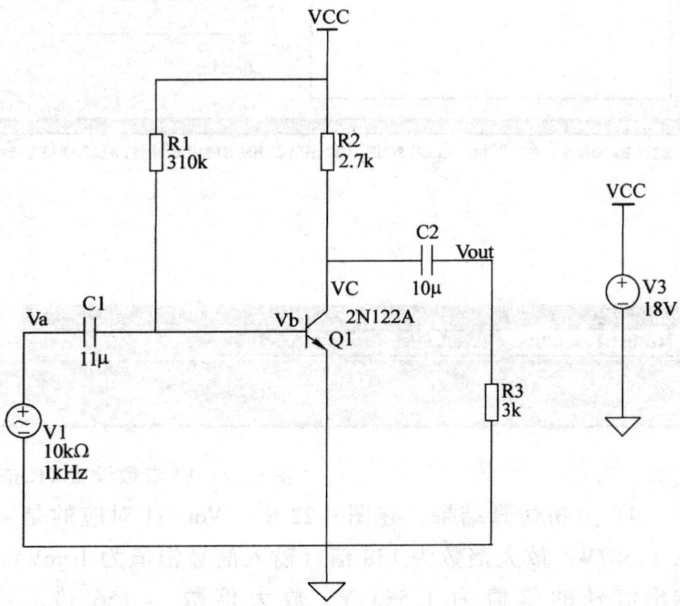

图 9-16　仿真分析电路图例

1）绘制仿真电路原理图。按图 9-15 所示步骤绘制仿真电路原理图。

2）设置仿真环境。在本例中进行暂态分析和温度扫描分析。

暂态分析就是在输入端加入振幅为 10mV，频率为 1kHz 的正弦信号，然后仿真输出端的波形。

电压源 V1 的设置方法如下：

双击 V1 打开其属性对话框，在仿真选项中点击 Edit 按钮，在弹出的对话框中按图 9-17 和图 9-18 进行设置，然后执行 Design/Simulation/Mix Sim 命令，在弹出的 Analysis Setup 对话框中设置 General Setup、Transient/Fourier Analysis Setup 和 Temperature Sweep 参数，分别如图 9-19、图 9-20 和图 9-21 所示。

3）参数设置完成后，点击 OK 按钮，运行仿真，仿真结果如图 9-22 所示。

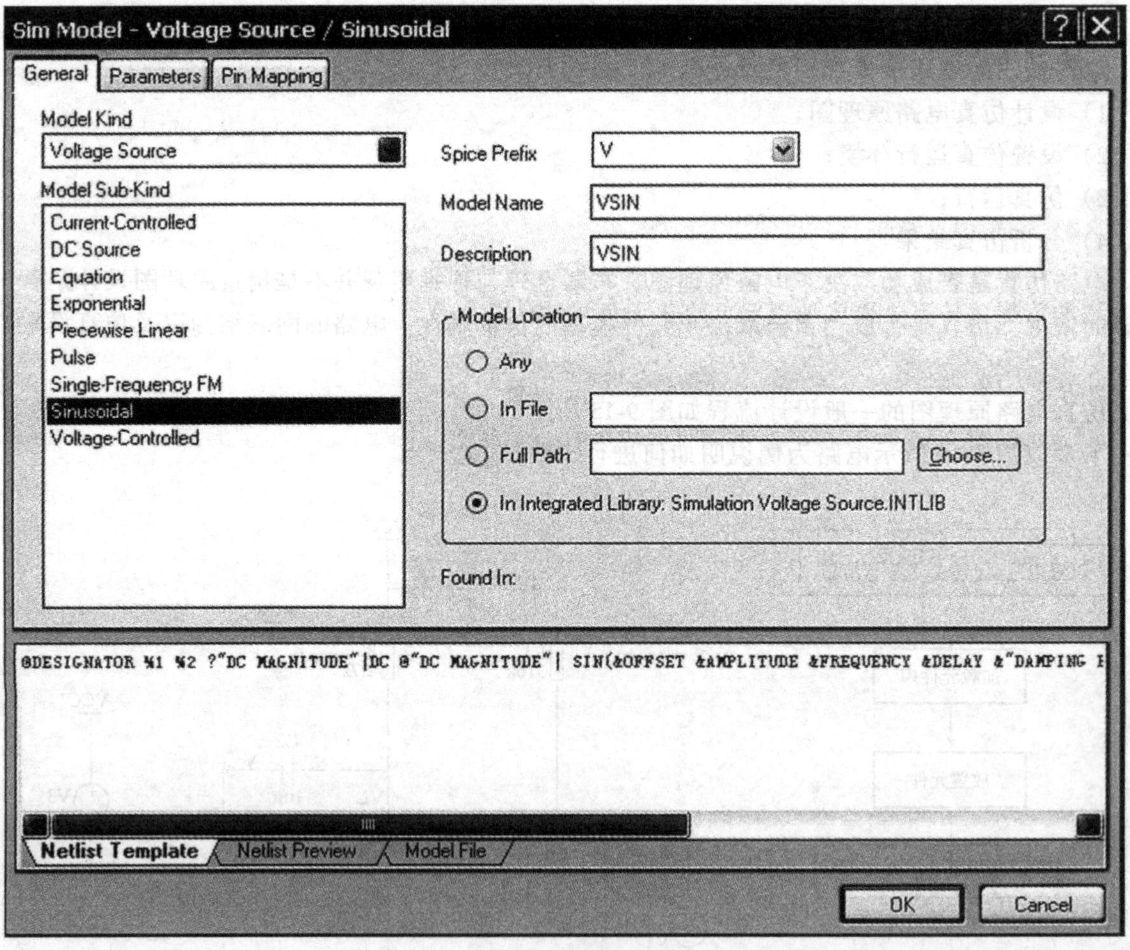

图 9-17　V1 参数设置（General）

4）分析仿真结果。在图 9-22 中，Vout-t1 对应的是 - 20℃的环境温度，输出信号的幅值为 1.387V，放大倍数为 138 倍（输入信号幅值为 10mV），Vout-t6 对应的是 70℃的环境温度，输出信号的幅值为 1.563 V，放大倍数为 156 倍，可见温度对基本放大电路影响较大。

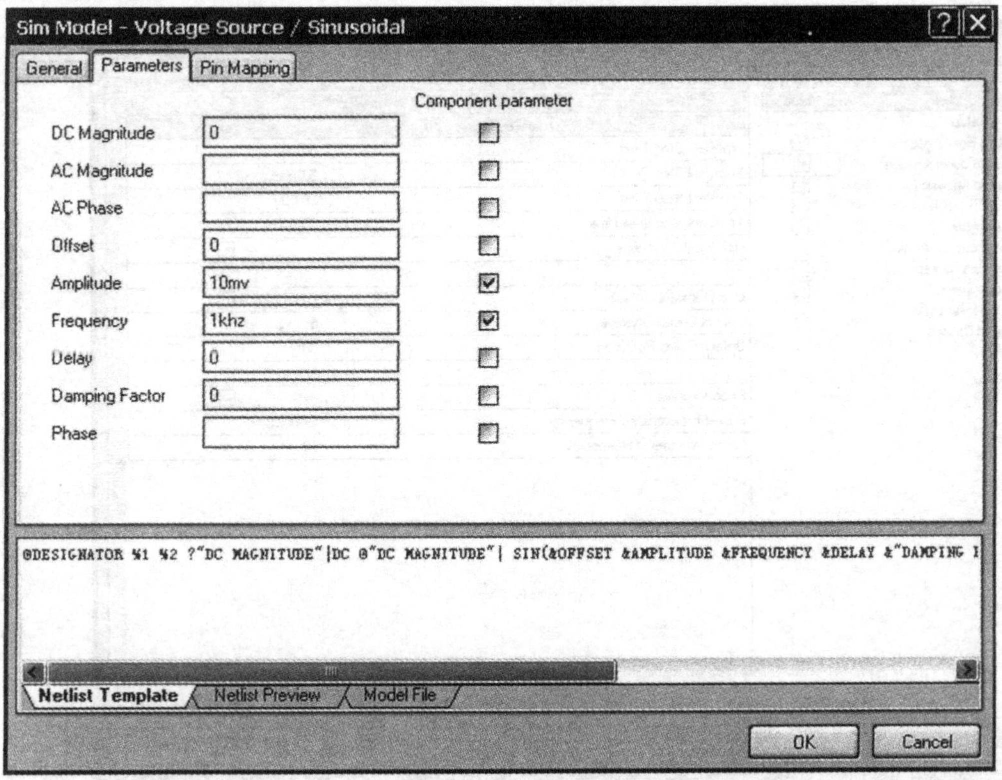

图 9-18　V1 参数设置（Parameter）

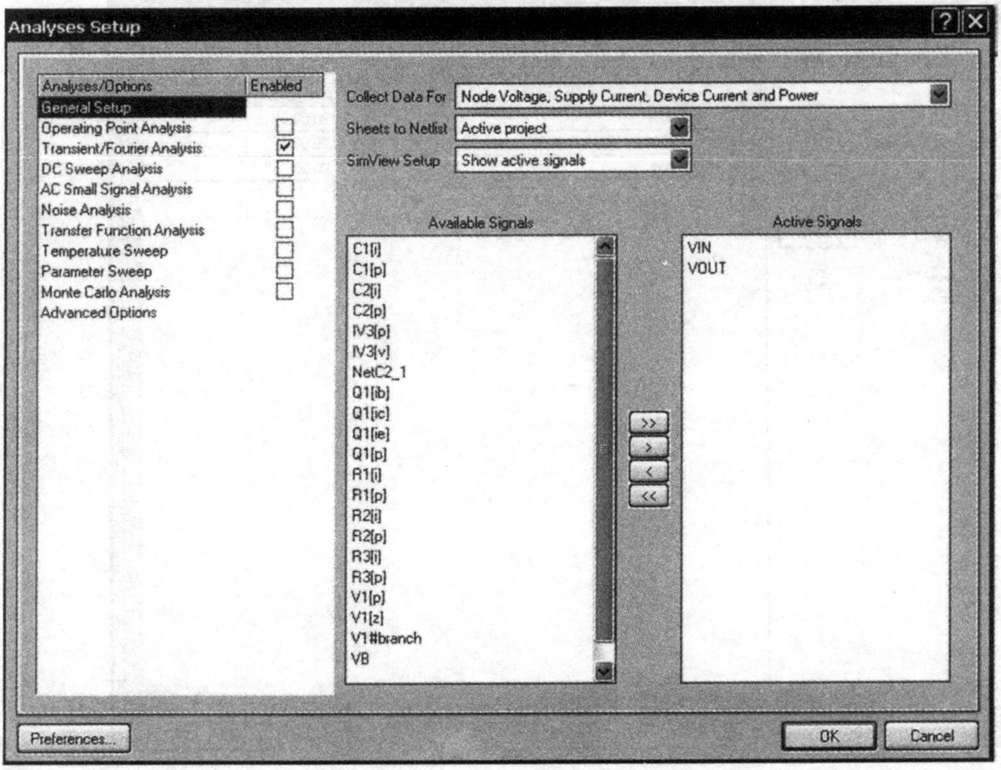

图 9-19　仿真分析参数设置（General）

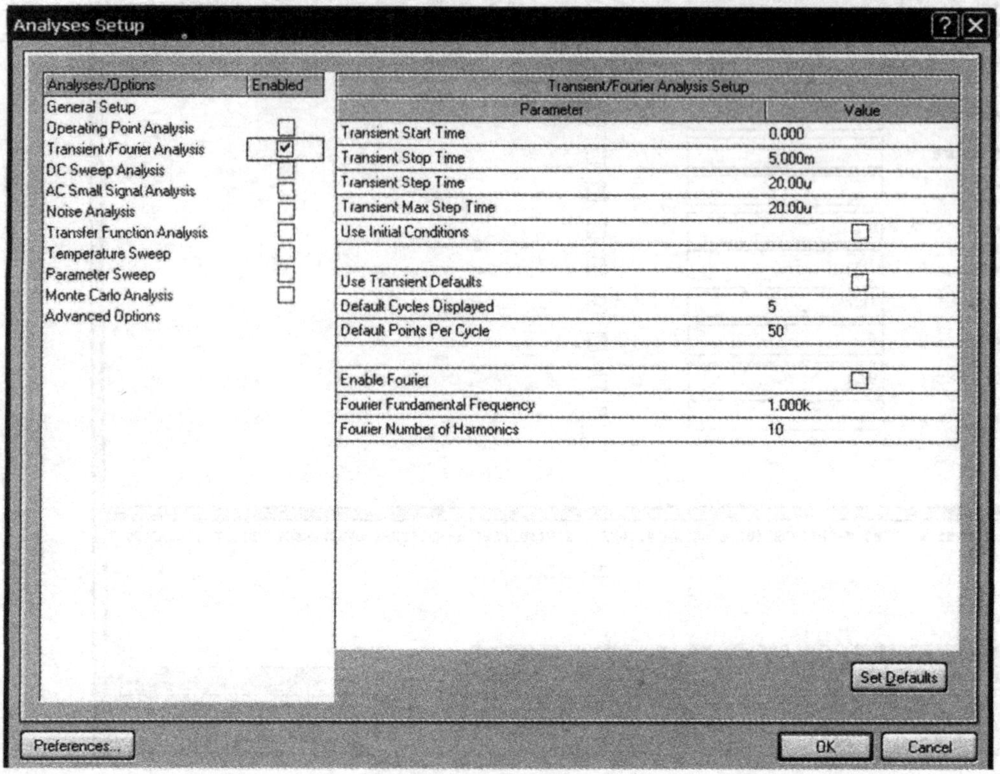

图 9-20　暂态分析参数设置

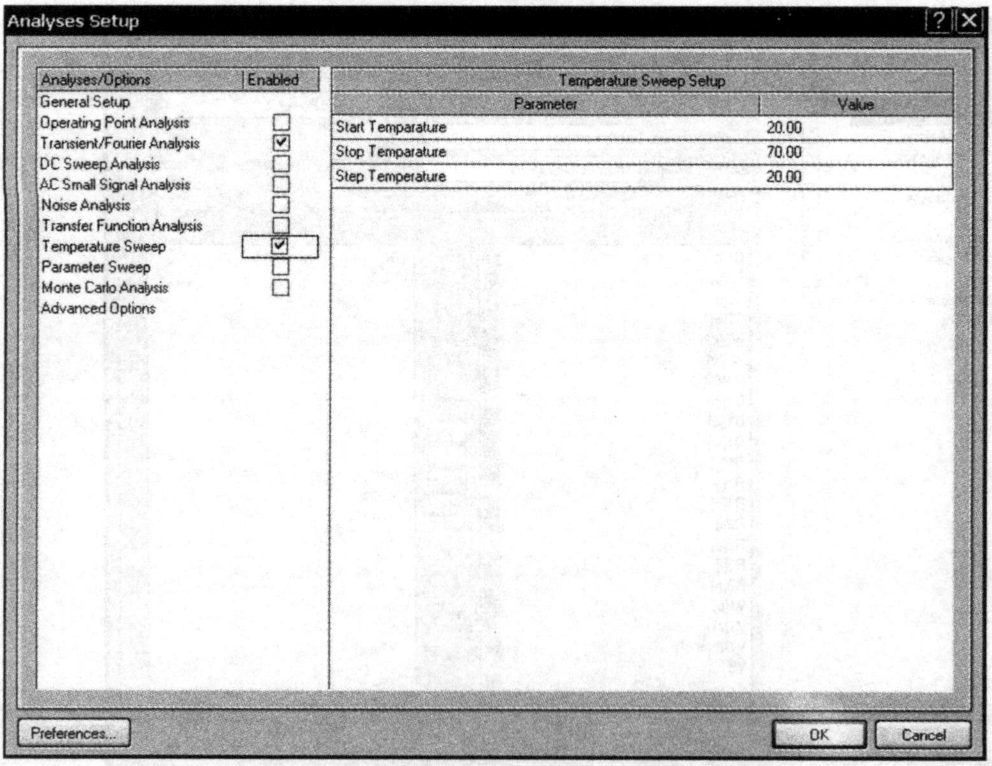

图 9-21　温度扫描分析参数设置

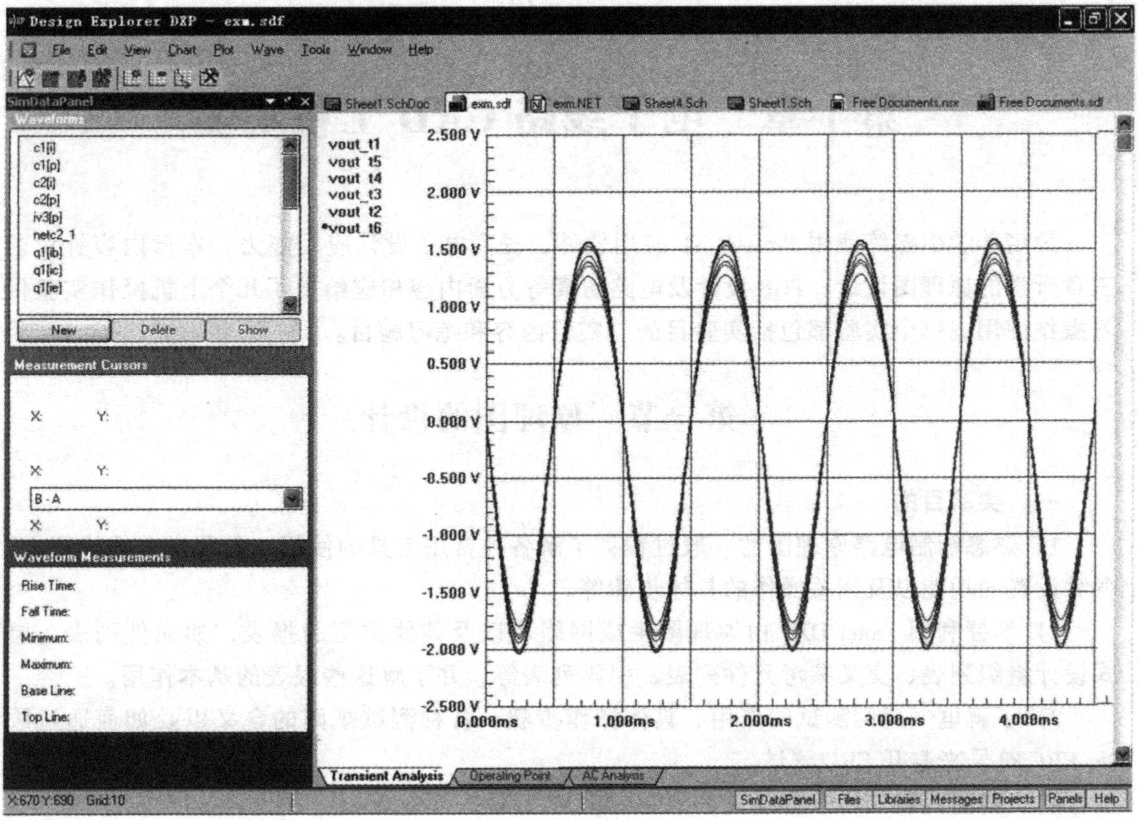
Design Explorer DXP - exm.sdf
File Edit View Chart Plot Wave Tools Window Help
SimDataPanel
Sheet1.SchDoc
exm.sdf
exm.NET
Sheet4.Sch
Sheet1.Sch
Free Documents.nsx
Free Documents.sdf
Waveforms
c1[i]
c1[p]
c2[i]
c2[p]
iv3[p]
netc2_1
q1[ib]
q1[ic]
q1[ie]
New
Delete
Show
Measurement Cursors
X: Y:
X: Y:
B - A
X: Y:
Waveform Measurements
Rise Time:
Fall Time:
Minimum:
Maximum:
Base Line:
Top Line:
vout_t1
vout_t5
vout_t4
vout_t3
vout_t2
vout_t6
2.500 V
2.000 V
1.500 V
1.000 V
0.500 V
0.000 V
-0.500 V
-1.000 V
-1.500 V
-2.000 V
-2.500 V
0.000ms
1.000ms
2.000ms
3.000ms
4.000ms
Transient Analysis
Operating Point
AC Analysis
X:670 Y:690 Grid:10
SimDataPanel
Files
Libraries
Messages
Projects
Panels
Help

图 9-22　仿真结果

第十章　电子线路 CAD 上机实验

为培养学生熟练使用 Protel DXP 应用软件，提高电子设计应用能力，本章内容针对前面三章所学的原理图设计、PCB 设计及电路仿真等方面内容相应给出了几个上机操作实验供练习操作使用，每个实验都包括实验目的、实验内容和练习题目。

第一节　原理图的设计

一、实验目的

1）熟悉绘制电路原理图的一般过程；了解各种常用工具的使用，各种命令的执行方法，各种设置的功能以及相关操作的具体步骤等。

2）掌握利用 Protel DXP 由原理图生成网络表以及其他类型的报表，如元件列表、层次式设计组织列表、交叉参考元件列表、引脚列表等，并了解这些报表的基本作用。

3）了解电气规则测试的作用、具体操作步骤、各种测试规则的含义以及如何通过放置 No ERC 符号来避开 ERC 测试。

二、实验内容

1）原理图的设计步骤：包括放置电路图纸、放置元件、布线、编辑调整、打印输出等，设计原理图时一般按上述步骤进行。

2）界面管理：主要指各种窗口的打开、关闭和切换，各种工具栏的打开、关闭以及绘图过程中工作区域的显示状态等。

3）设置原理图图纸：根据实际情况设置其各种参数和相关信息，如图纸的尺寸、方向、标题栏信息等。

4）装入元件库：在放置元件之前我们必须知道各个元器件所在的元器件库，并把相应的元件库装入到浏览器中，以便从中找到所要放置的元件。

5）放置元件：绘制一张原理图首先是要把有关的元器件从装载的元件库中找到，放置到原理图内。

6）绘制电路原理图：利用 Protel DXP 所提供的各种绘图工具，绘制具有电气意义的线段、符号等图件。

7）文件管理：了解 Protel DXP 中原理图文件的管理方法，包括原理图文件的创建、打开、关闭、保存、删除等操作。

8）生成网络表文件：网络表文件是原理图与 PCB 之间的一条联系纽带，它将直接影响到后面设计印制电路板中自动布线的成败。

三、练习题目

图 10-1 和图 10-2 给出了两张原理图，作为本次上机的实验题目。由于后面 PCB 板上机练习题目也是使用的这两张原理图，所以练习者最好把绘制的原理图保存以备后用。

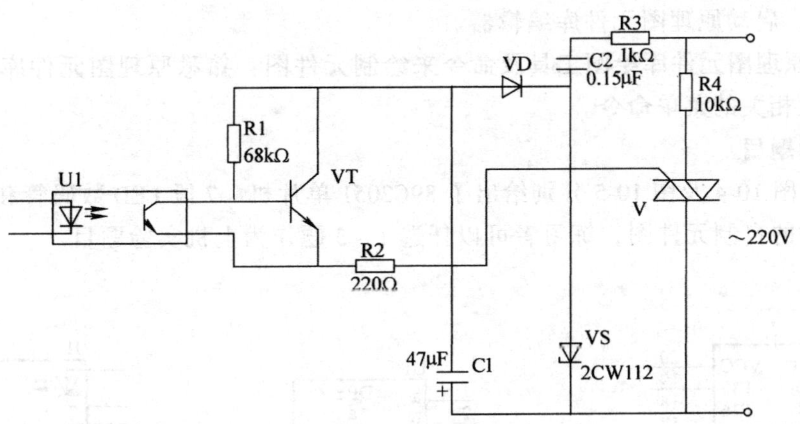

图 10-1　原理图设计练习 1 的原理图

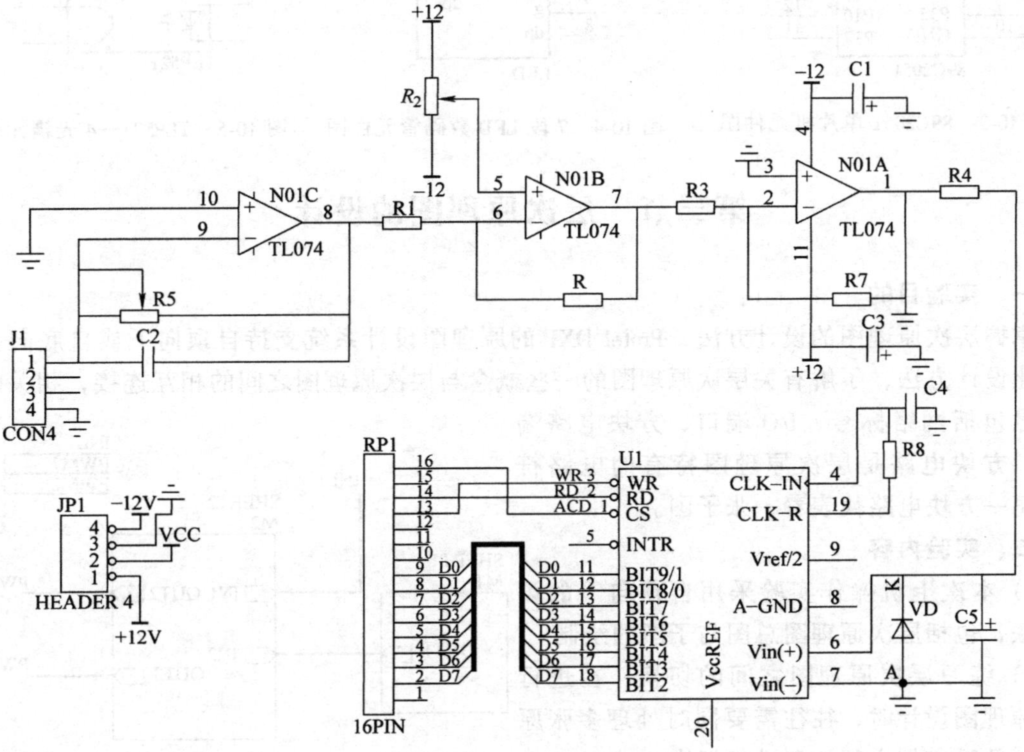

图 10-2　原理图设计练习 2 的原理图

第二节　原理图的元件库设计

一、实验目的

学习如何新建用户自己的元件库文件，并在其中新建自己的新元件。

二、实验内容

1）启动原理图元件库编辑器：了解如何创建新的原理图元件库文件（或者利用已有的

元件库文件)，启动原理图元件库编辑器。

2）使用原理图元件库绘图工具及命令来绘制元件图：熟悉原理图元件库编辑器中有关的绘图工具及相关的菜单命令。

三、练习题目

图 10-3、图 10-4 及图 10-5 分别给出了 89C2051 单片机、7 段 LED 数码管和 TLP521－4 光耦等三种元件的自制元件图，练习者可以任选 1～3 题作为上机实验题目。

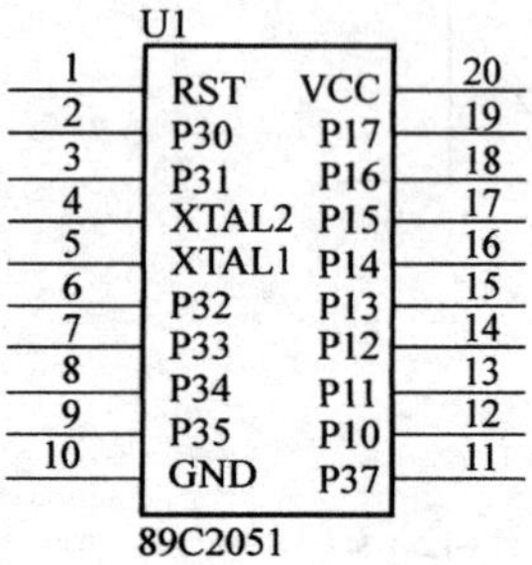

图 10-3　89C2051 单片机元件图

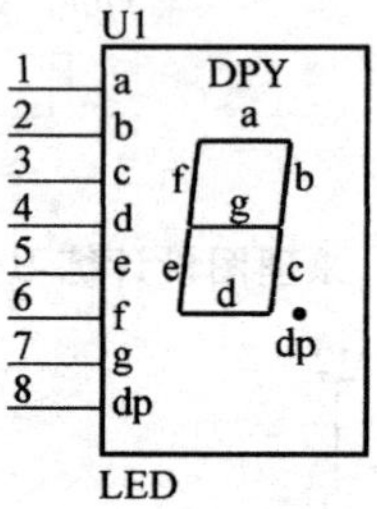

图 10-4　7 段 LED 数码管元件图

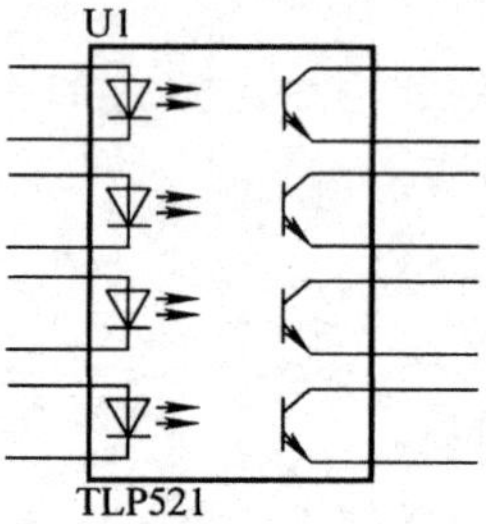

图 10-5　TLP521—4 光耦元件图

第三节　层次原理图的设计

一、实验目的

掌握层次原理图的设计方法，Protel DXP 的原理图设计系统支持自顶向下或自底向上的层次化设计方法，了解有关层次原理图的一些概念与层次原理图之间的相互连接，相关的网络符号包括网络标号、I/O 端口、方块电路端口等，方块电路是层次原理图特有的电路符号，每一方块电路代表着一张子图。

二、实验内容

1）本次上机操作实验采用自顶向下的设计方法，包括层次原理图总图与子图的绘制。

2）练习层次原理图之间的切换：在进行层次原理图设计时，往往需要同时处理多张原理图，熟悉它们之间如何进行切换。

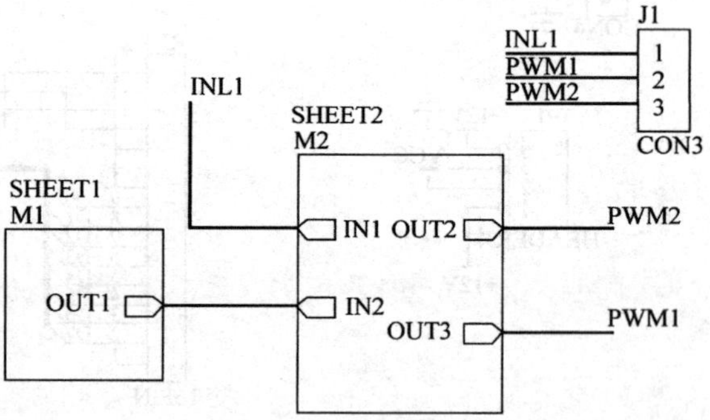

图 10-6　PWM 调制波产生总图

3）练习层次原理图中定义网络识别器的有效范围：网络识别器的有效范围直接关系到层次原理图之间的联系情况，不同的层次原理图模式对应不同的网络符号有效范围。

4）建立网络表文件：掌握由层次原理图产生网络表文件的过程。

三、练习题目

本次练习需要绘制三张图，其中图 10-6 是层次原理图的 PWM 调制波产生总图，图 10-7、图 10-8 分别对应层次原理图子图中 PWM 调制波子图 1-三角波的产生，PWM 调制波子图 2-PWM 波的形成，通过以上三个图的绘制掌握层次原理图的基本绘制方法。

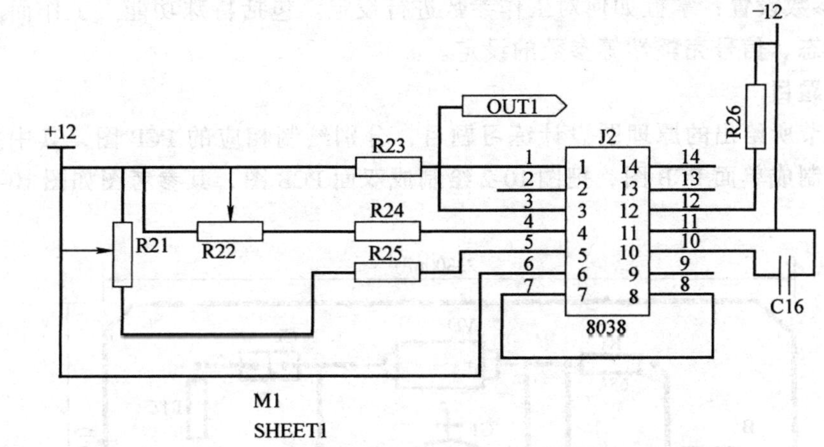

图 10-7　PWM 调制波子图 1-三角波的产生

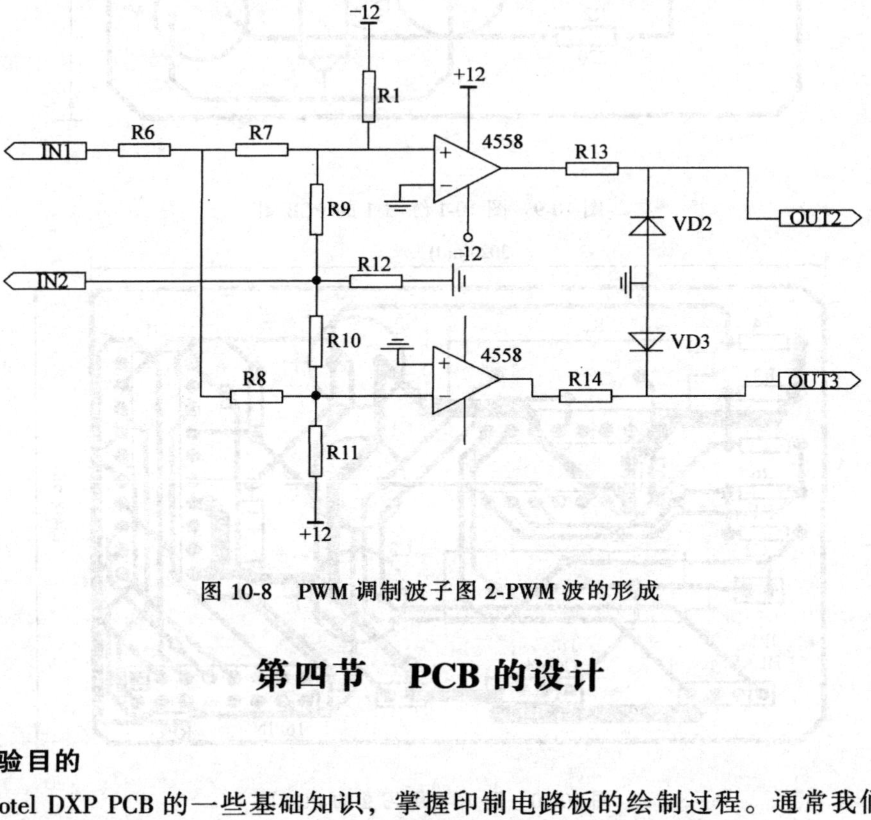

图 10-8　PWM 调制波子图 2-PWM 波的形成

第四节　PCB 的设计

一、实验目的

了解 Protel DXP PCB 的一些基础知识，掌握印制电路板的绘制过程。通常我们将印制电路板的布线流程分为以下步骤：规划印制电路板、设置参数、装入网络表和元件的封装、布置元件、自动布线、手工调整、存盘及打印输出。

二、实验内容

1）Protel DXP 印制电路板编辑器的使用。

2）PCB 编辑器的画面管理，掌握画面的移动、放大、缩小、刷新及工作窗口的各种显示方式。

3）设置印制电路板的工作层面：了解印制电路板的基本结构，掌握如何设置工作层面。

4）工作参数设置：掌握如何对工作参数进行设定。包括特殊功能、工作面颜色、显示/隐藏、默认状态、信号完整性等参数的设定。

三、练习题目

针对第一节所给出的原理图设计练习题目，分别绘制相应的 PCB 图，其中把图 10-1 给出的原理图绘制成单面 PCB 图，把图 10-2 绘制成双面 PCB 图，其参考图如图 10-9 和图 10-10 所示。

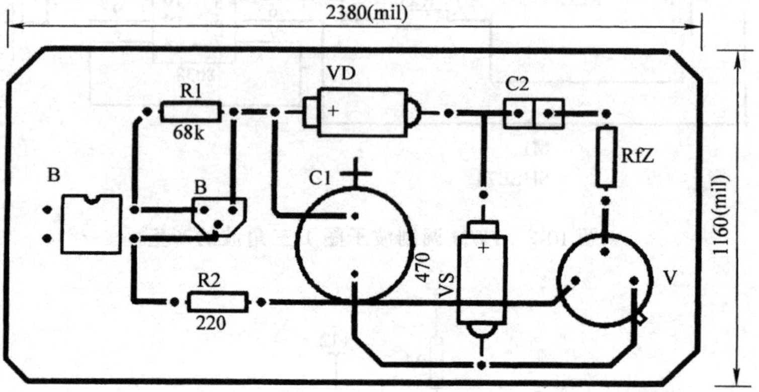

图 10-9　图 10-1 练习 1 的 PCB 图

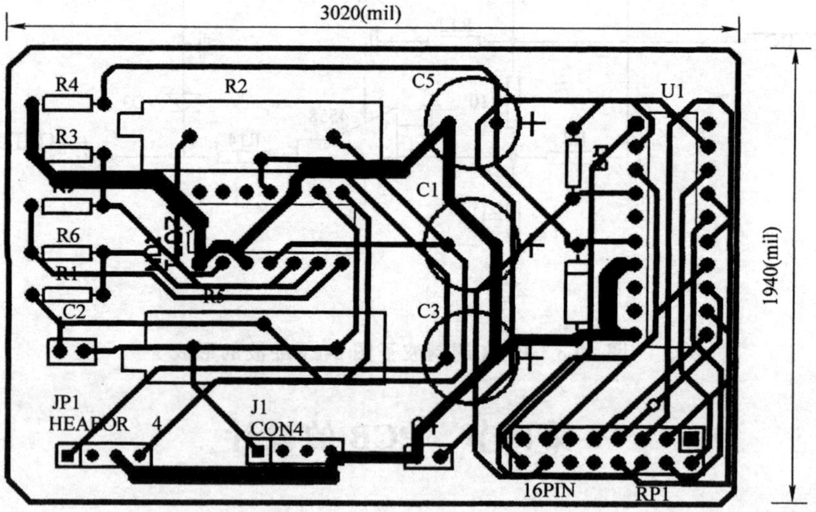

图 10-10　图 10-2 练习 2 的 PCB 图

第五节　PCB 图的元件库设计

一、实验目的

掌握用 PCB 元件库编辑器创建新元件的方法，并且把编辑好的 PCB 元件图加入到 PCB 库里面，以便调用。

二、实验内容

1）启动 PCB 元件库编辑器：元件库编辑器的操作简单直观，通过菜单命令、工具栏按钮以及相应的快捷键就能方便地完成 PCB 元件的设计工作。

2）创建一个 PCB 元件：在 PCB 元件库编辑器中支持手工和使用 PCB 元件向导两种创建新元件的方法，手工创建适用于简单的元件或生僻的元件，使用向导适用于创建符合通用标准的元件。

三、练习题目

1）编辑七段 LED 数码管的 PCB 封装形式，存放于新建的 PCB 库文件里或者添加到原有的库文件里。七段 LED 数码管封装如图 10-11 所示。

2）编辑具有 4 个管脚的按键封装形式，并且存放于新建的 PCB 库文件里或者添加到原有的库文件里。按键封装如图 10-12 所示。

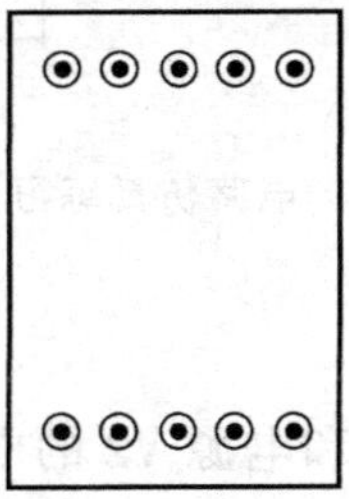

图 10-11　LED 数码管封装图

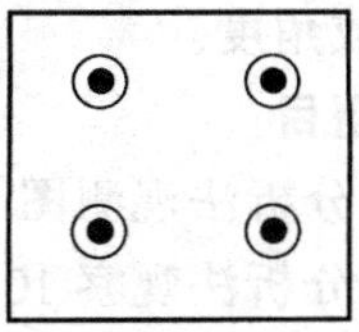

图 10-12　按键封装图

第六节　电路的仿真

一、实验目的

掌握 Protel DXP 中的模拟器通过采用事件驱动的数字器件（TTL/CMOS）行为模型，而不进行 D/A 或 A/D 变换来实现对单个或多个原理图进行数字模拟混合仿真的方法。

二、实验内容

1）仿真元器件的模型：仿真库中的元器件都有一个与之对应的模型放在 Simulation Models 库中。

2）仿真电路：模拟器允许无限制层次的模拟电路和无限制门数的数字电路仿真，电路的大小仅取决于仿真计算机的内存大小。

3）仿真条件：进行一次成功的仿真之前，必须保证原理图文件包含所有的仿真信息，因此应满足以下条件。

①　所有元器件必须有模型。

②　必须有适当的信号源。

③　为辨识节点必须增加适当的网络标记。

4）仿真注意事项

①　集成元件或其他元件中所默认值的 Part Type 字段尽量用星号“＊”。

②　分析单稳态，多谐振荡器时，要加初始条件，但是分析设置时不一定选择初始条件。

③　瞬态分析时，有时不运行直流工作点（.op）分析，可以避免某些错误的发生。

④ 显示时间分度应该大一些。

⑤ 输入元件参数或设置分析时，注意量的单位。

⑥ 当分析中遇到分析错误时，可以在分析中使用初始条件或加入初始条件元件，但是分析时不要使用初始条件。

⑦ 无论何种电源都应注意 AC Magnitude 参数值，该值不能为零。

⑧ 在频率特性分析时，不能直接分析电流的相位，需要串联一个小电阻，测量电阻一端相对电位的方法测量。或者使用瞬态分析方法测量，此时横轴代表时间，而时间差就是相位差，先确定单位时间代表的角度，然后使用光标测量时间，再将时间转换成角度。

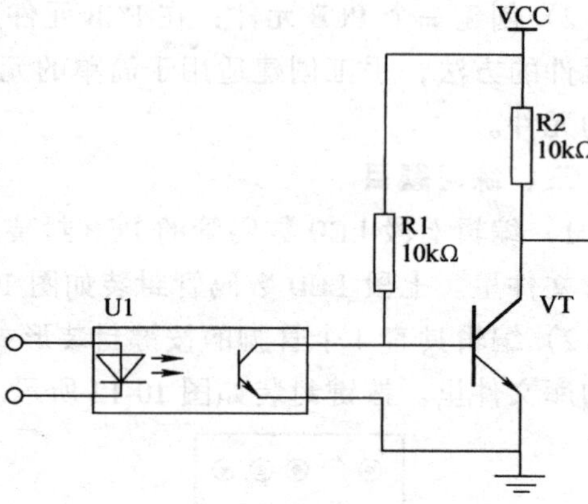

图 10-13 电路仿真练习 1 的原理图

三、练习题目

1）用瞬态分析法观测图 10-13 所示电路的输出波形。

2）用瞬态分析法观察 10-14 所示电路中流过二极管、电阻和电源 V2 的电流波形，观察 CLK、QA、QB、QC、QD 和 SS 点的电压波形。

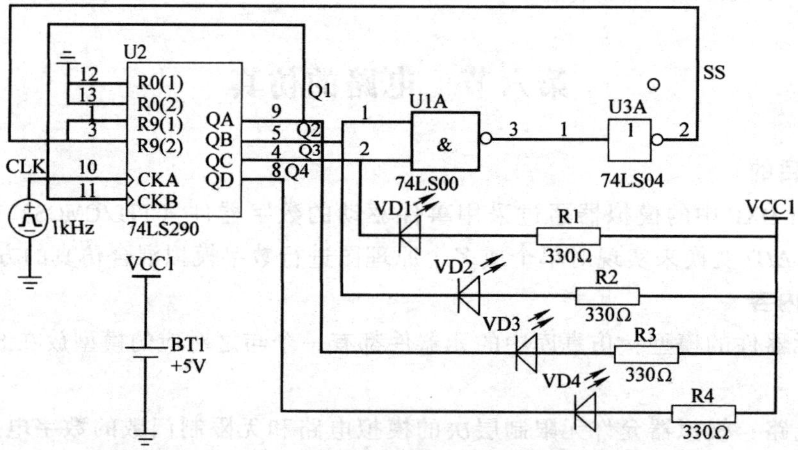

图 10-14 电路仿真练习 2 的原理图

第十一章　电气制图与电子线路CAD课程设计

第一节　电气制图与电子线路CAD课程设计概述

电气制图与电子线路CAD课程设计是自动化、数控专业、测控和电子电气等电专业学生在大学学习阶段一个很重要的实践性教学环节。它是在学生学完机械制图、数字电路、模拟电路和微机原理及应用等课程以后，独立完成的某一个具体课题，通过本课程设计达到培养学生具备电类专业工程技术人员技术能力，培养学生运用课程中所学到的理论与实际紧密结合、独立地解决实际问题能力的目的，同时掌握计算机绘制包括印制板图在内的电气制图技能和相应的计算机仿真技能。

计算机辅助设计技术和EDA（电子设计自动化）技术的飞速发展，使利用大规模、超大规模可编程器件及EDA技术成为现代电子技术设计的潮流。本课程设计的方法主要沿用电子电路的设计方法，利用Protel DXP电路设计进行电路设计、绘制以及仿真等。

第二节　课程设计的目的与步骤

一、目的和要求

电气制图与电子线路CAD课程设计实际上是通过EDA技术用现代化的设计方法和手段设计由若干单元电路构成的小型电子系统，也就是说，学生在这一过程中要根据每个课程设计题目所给定的总体要求，独立设计、绘制和仿真电路，去实现设计任务所要求的小型电子系统。通过这种综合性训练，要求学生达到以下目的和要求：

1）结合课程中所学的理论知识，独立设计方案。

2）学习查阅相关手册与资料，通过查阅手册与文献资料，进一步熟悉常用电子器件及其特性，并掌握合理选用的原则，培养独立分析与解决问题的能力。

3）学会使用常用电子器件（包括中规模芯片、专用芯片和可编程器件）。

4）掌握基本的现代电子技术设计工具和EDA技术。

5）熟悉电路板的加工工艺。

6）认真撰写课程设计报告，培养严谨的作风与科学的态度。

二、步骤

现代电子设计通常采用层次设计的方法，一般分为4个层次，即系统级设计、电路级设计、芯片级设计和印制电路板级设计。相应地对于电气制图与电子线路CAD课程设计，从提出设计要求到完成系统设计，实现步骤可以分为：查阅资料、方案设计、电路设计、系统仿真和印制电路板设计等。

第三节 课程设计报告

课程设计报告是在完成设计、仿真、绘制后，对学生归纳技术文档、撰写科学论文和科研总结报告能力的训练。通过编写课程设计报告，不仅可以将设计、绘制、仿真及技术参数的内容进行全面总结，而且可以把实践内容提升到理论高度。课程设计报告通常包括如下的内容：

1）课题名称。

2）内容摘要。

3）设计内容及技术要求。

4）系统方案，画出系统原理图。

5）单元电路设计，参数计算和元器件选择。

6）画出完整的原理图，并说明电路的工作原理。

7）列出系统所需要的元器件清单。

8）画出系统的 PCB 图。

9）电路的仿真。仿真的内容包括：仿真参数、类别、结果，仿真中出现的故障、原因及排除方法等。

10）总结收获体会：总结设计电路的特点和方案的优缺点，归纳课题核心及其应用价值，提出改进意见。

11）列出参考文献。

第四节 课程设计课题一：电子时钟的设计

一、功能要求

以单片机控制器件实现时钟的显示，调整设置以及具有定时等功能，定时时间到后使扬声器发出声音。

二、原理设计

根据功能要求考虑电子时钟系统方案，设计出系统原理图，并进行参数计算和元器件选择，说明电路的工作原理。

三、绘图设计

1）画出完整的原理图。

2）ERC 电气规则检测。

3）生成网络表及元器件清单。

4）画出所设计电路的 PCB 图，包括规划 PCB 板子大小、元器件布局以及布线，布线方法则可根据具体情况使用自动布（手工调整）或者手工布两种不同的方式。

5）根据具体情况进行电路仿真：仿真参数、类别、结果、仿真中出现的故障、原因及排除方法等。

四、撰写课程设计报告

根据第三节的要求撰写课程设计报告。

五、参考图

电子时钟电路的参考图如图 11-1 所示。

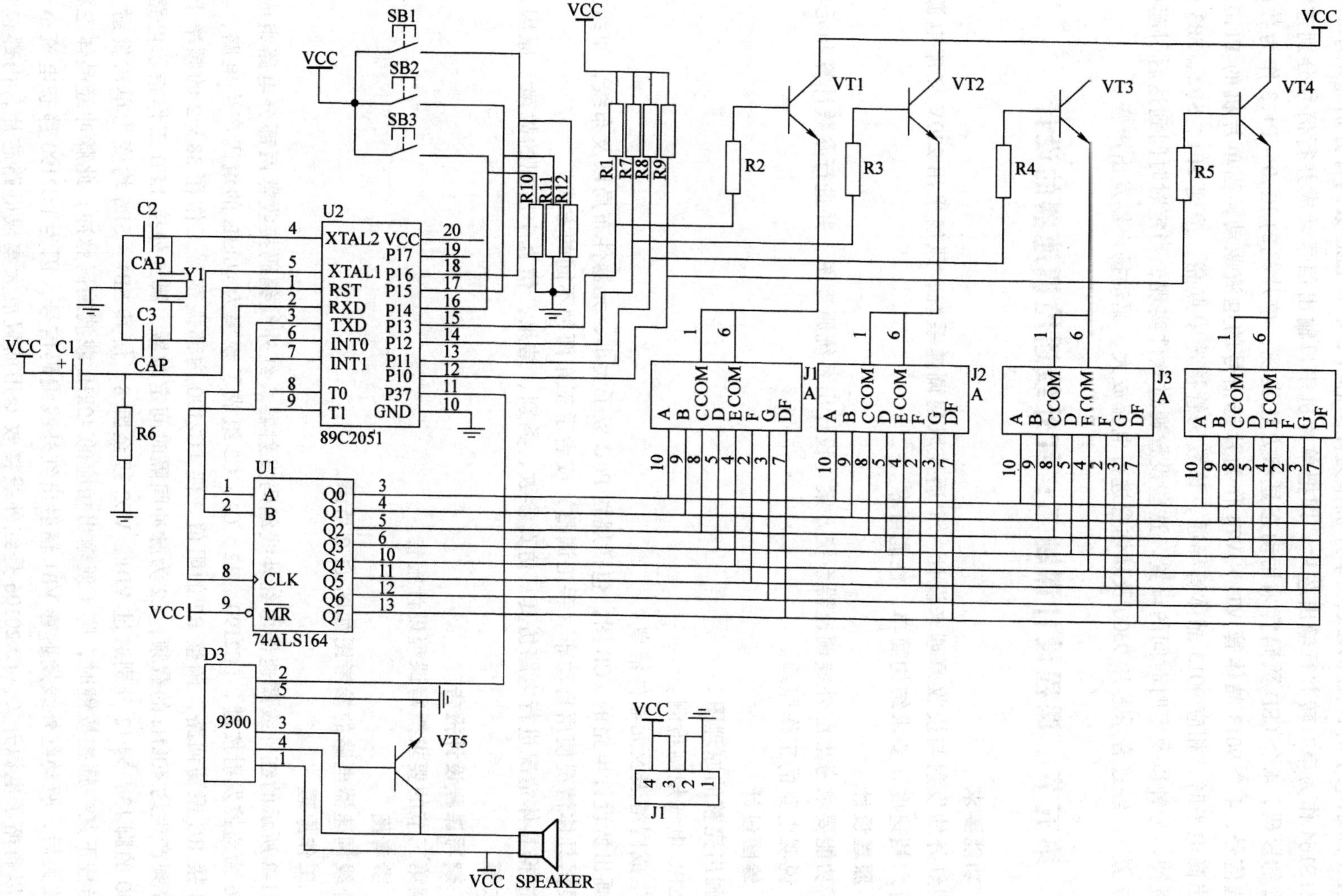

图 11-1　电子时钟原理图

六、工作原理介绍

图 11-1 所示电子时钟用 89C2051 单片机作为控制芯片，4 个 LED 数码管分别显示小时和分钟，74LS164 作为串行转并行输出芯片，即把单片机串口输出信号转成并行信号分别连接到数码管的段码，4 个 LED 数码管采用动态显示方法实现，单片机的 P1.0 ~ P1.3 作为数码管的片选信号，4 个 9013 晶体管 VT1 ~ VT4 作为片选信号的电流驱动，当单片机的 P1.0 ~ P1.3 输出高电平时，相应 9013 晶体管导通，该数码管被选中点亮，按键 SB1、SB2、SB3 分别对应时钟、分钟以及定时时间的设置，这些设置通过软件实现，当定时时间到达后引起中断，P3.7 置 1，经过音乐芯片 9300 及晶体管进行电流放大，驱动扬声器发出声音。

第五节　课程设计课题二：红外线遥控调速器的设计

一、功能要求

利用红外线发射与接收原理来设计一个遥控风扇调速系统，风扇采用 220V 交流电源，风扇共有六档速度，要求结构简单，性能可靠。

二、原理设计

根据功能要求考虑红外线调速器系统方案，设计出系统原理图，并进行参数计算和元器件选择，说明电路的工作原理。

三、绘图设计

1）画出完整的原理图。

2）ERC 电气规则检测。

3）生成网络表及元器件清单。

4）画出所设计电路的 PCB 图，包括规划 PCB 板子大小、元器件布局以及布线，布线方法则可根据具体情况使用自动布（手工调整）或者手工布两种不同的方式。

5）根据具体情况进行电路仿真：仿真参数、类别、结果，仿真中出现的故障、原因及排除方法等。

四、撰写课程设计报告

根据第三节的要求撰写课程设计报告。

五、参考图

红外线调速器电路的参考图如图 11-2 所示。

六、工作原理

图 11-2 所示的红外线调速器由红外线编码发射器、红外线编码接收器两部分电路组成，SB1 ~ SB6 为遥控发射按键，LC2190、R2、C1、C2 组成了频率为 40kHz 的编码产生电路，其中脚 2 外接 RC 振荡回路，调整 R2 的阻值，使 LC2190 内部振荡器工作在 38 × 2 的频率上，再经 2 分频产生约 40kHz 的载频，C2 为脉冲间隔时间定时器，脚 5 外接 LED 工作指示电路，将 LC2190 的脚 13，脚 12 分别通过 VD1、VD2 接至脚 8，使其 SB1 ~ SB6 均变为单次发射方式，即当按下某一遥控按键时，脚 1 便输出相应的 40kHz 载波编码脉冲，此脉冲经晶体三极管 VT1 放大后，驱动红外线发射管 VB1 辐射出红外线编码信号，因为 LC2190 静态电流小于 1μA，所以省略了电源开关。CX20106 是红外线接收专用前置放大集成电路芯片，内部包含了放大、限幅、带通滤波、积分比较等电路，它和红外线接收管 VB2 等组成了放大整形电

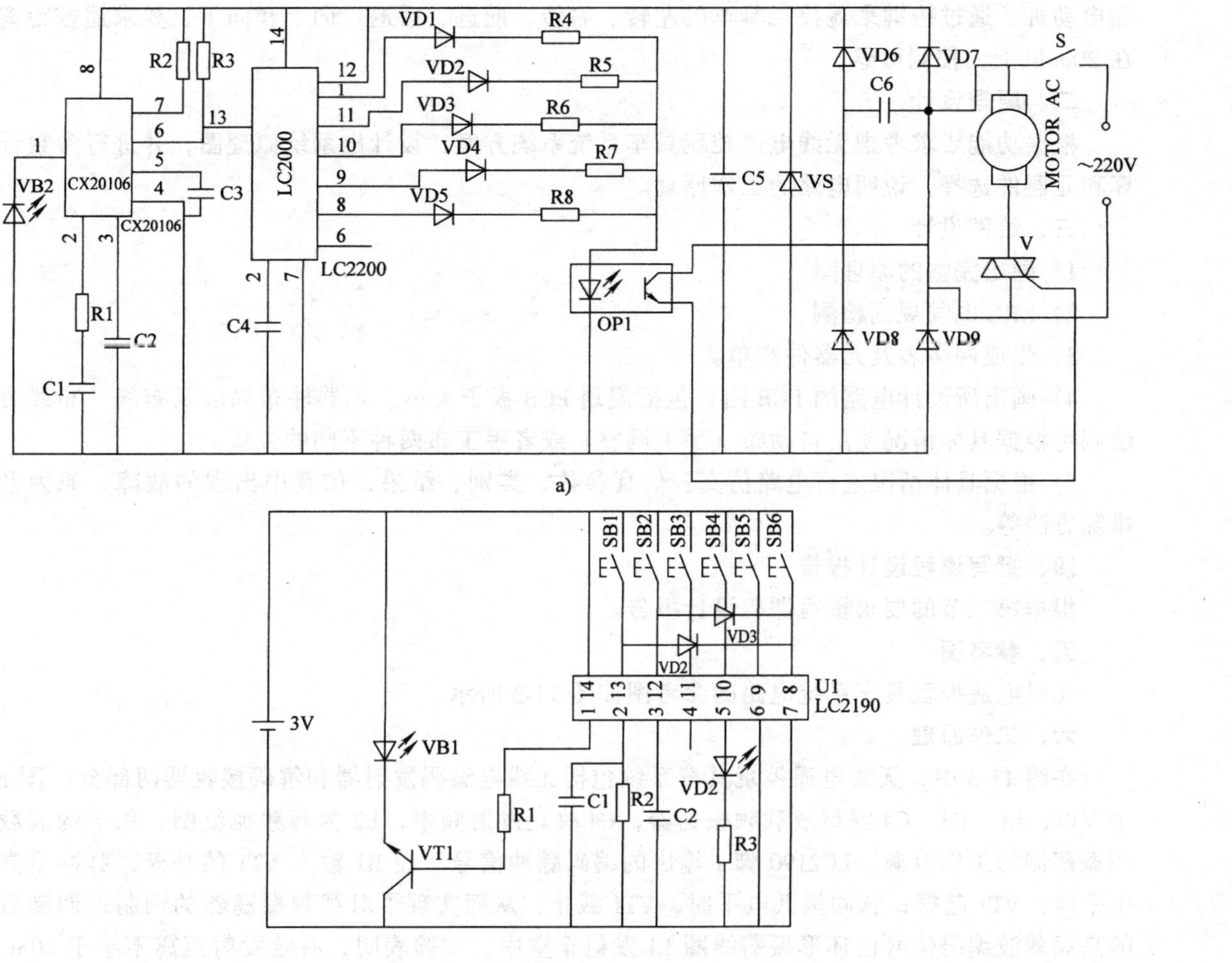

a)

b)

图 11-2　红外线遥控调速器原理图

a）红外线编码接收器电路　b）红外线解码发射器电路

路，把 VB2 所接收的红外编码指令信号变成直流电信号，该电路的特点是用电阻 R2 来调整接收谐振频率，按图中所示元件数值，接收谐振频率约为 40kHz，脚 7 为信号输出端，低电平有效，当 VB2 接收到发射器发来的红外编码信号指令时 CX20106 的脚 7 就将编码脉冲检出送至 LC2200 的信号输入端脚 13，经内部解码后就从脚 1、11、10、9、8、6 输出相应的高电平指令，由于 LC2200 的脚 12 接 VCC 处于互锁输出工作状态，即 6 路输出中任何时候只有一路为高电平，此高电平经电阻降压、限流后送至光耦合器 PC 的输入端，输出的受控信号直接触发双向晶闸硅 V，达到调速的目的，本电路也适用于台灯调光，只要将风扇的电动机换成电灯就可以，由于 LC2200 的脚 6 悬空未接入电路，可作为停止档使用。

第六节　课程设计课题三：无线电遥控玩具车系统的设计

一、功能要求

利用无线电发射与接收原理来设计一个遥控玩具车的系统，玩具车上面有相应动作的控制电动机，通过按键来遥控玩具车的左转、右转、前进、后退、向上和向下，要求遥控距离在 20m 以上，控制可靠。

二、原理设计

根据功能要求考虑无线电遥控玩具车系统系统方案，设计出系统原理图，并进行参数计算和元器件选择，说明电路的工作原理。

三、绘图设计

1）画出完整的原理图。

2）ERC 电气规则检测。

3）生成网络表及元器件清单。

4）画出所设计电路的 PCB 图，包括规划 PCB 板子大小、元器件布局以及布线，布线方法则可根据具体情况使用自动布（手工调整）或者手工布两种不同的方式。

5）根据具体情况进行电路仿真：仿真参数、类别、结果，仿真中出现的故障、原因及排除方法等。

四、撰写课程设计报告

根据第三节的要求撰写课程设计报告。

五、参考图

无线电遥控玩具车系统电路的参考图如图 11-3 所示。

六、工作原理

在图 11-3 中，无线电遥控玩具车系统包括无线电编码发射器和解码接收器两部分。图 b 中 VT1、L1、C3、C4 等组成载频振荡器，C4 决定发射频率，L2 为高频扼流圈，用于沟通载频振荡器的工作电源，LC2190 脚 1 输出的编码脉冲信号，经 B1 输入 VT1 的基极，脉冲呈高电平时，VT1 起振；脉冲呈低电平时，VT1 截止，从而实现了对载频振荡器的调制，调制后的高频载波编码信号由环形振荡线圈 L1 发射至空中，实验表明，有效发射距离不小于 40m，按键没按下时，VT1 失去基极偏压而停振，集电极电流为零，而 LC2190 的静态电流又极微，所以省略了电源开关。图 a 中，VT1 等组成自熄式超再生检波电路，熄灭频率的高低由 L2、L3、C3 等决定，L1、C1 是接收调谐回路，调节 C1 可改变接收频率，VT2 等组成音频放大电路，C6 是高频旁路电容，VT3、VD1、VD2 等组成整流触发电路，VT3 的偏置是利用噪音信号整流后提供，LC2200 等组成 6 路解码驱动电路，脚 12 直接接地，处于自锁输出状态，VT4 ~ VT9 等构成电动机正转与反转驱动电路。当按动发射器上的遥控键 SB1 时，超再生检波电路接收到编码射频信号将后产生特有的噪音信号，经 VT2 音频放大后，通过 C7 耦合至 VD1、VD2 组成的整流电路进行整流，当噪音信号强时，整流后的直流成分高，VT3 导通，其集电极由高电位变为低电位，送至 LC2200 的信号输入端脚 13，经内部输入缓冲解码后，从脚 1 输出高电位，驱动 VT7、VT6、VT9 导通，电动机 M 正转，带动玩具车前进，而当 VT8 导通时，电动机 M 反转，带动玩具车后退，如果在其余脚 11、10、9、8、6 连接上述相同的遥控键 SB2 ~ SB6 即可实现左转、右转、向上、向下等多种动作，互不影响，从而实现电动玩具车的全功能遥控。

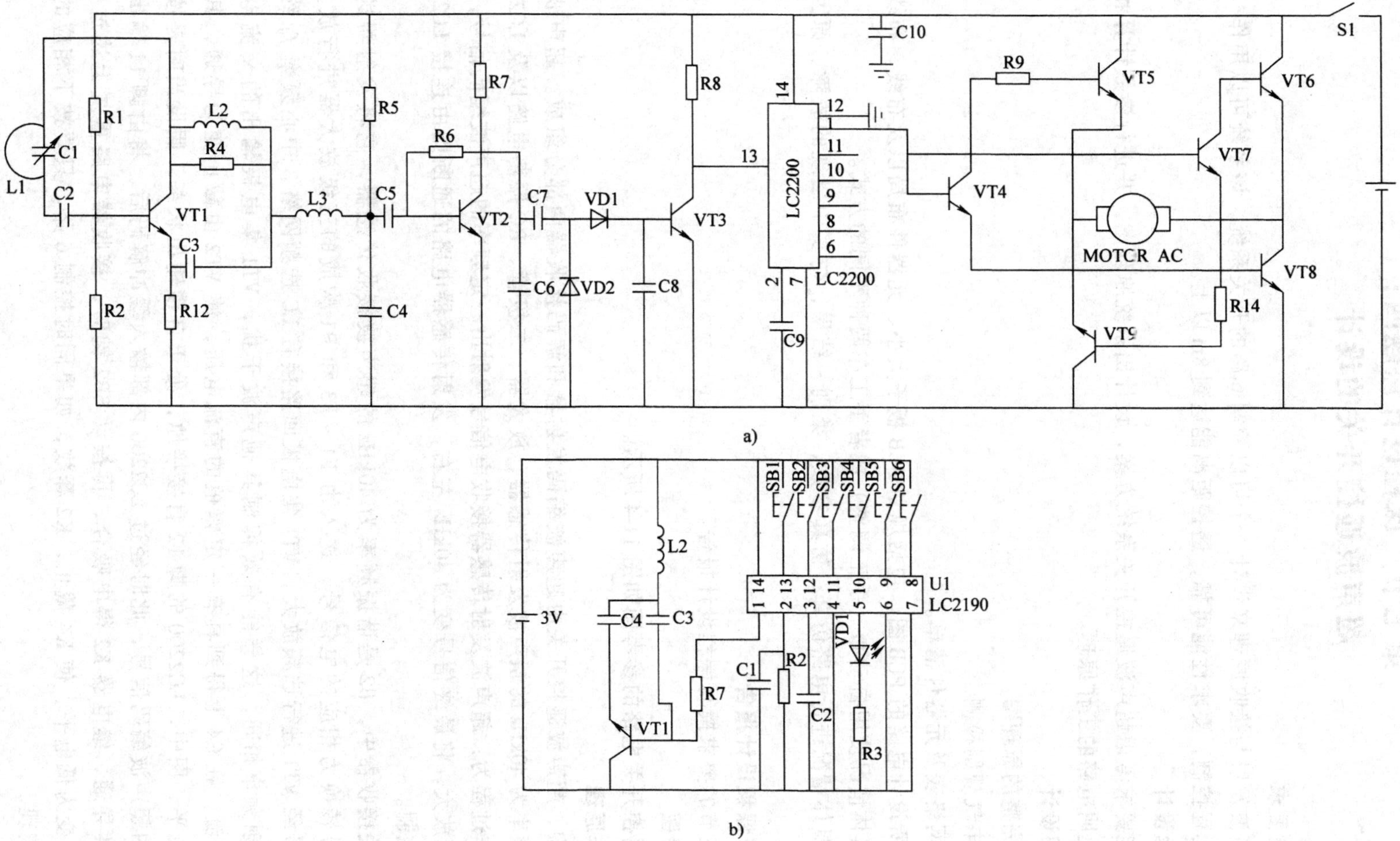

图 11-3 无线电遥控玩具车系统原理图

a)无线电解码接收器电路 b)无线电编码发射器电路

第七节　课程设计课题四：超声波遥控开关的设计

一、功能要求

利用超声波发射与接收原理来设计一个可以控制6路的开关系统，该系统可以用作一些电气设备的远程控制，要求性能可靠，遥控距离能达到8m以上。

二、原理设计

根据功能要求考虑超声波遥控开关系统方案，设计出系统原理图，并进行参数计算和元器件选择，说明电路的工作原理。

三、绘图设计

1）画出完整的原理图。

2）ERC电气规则检测。

3）生成网络表及元器件清单。

4）画出所设计电路的PCB图，包括规划PCB板子大小、元器件布局以及布线，布线方法则可根据具体情况使用自动布（手工调整）或者手工布两种不同的方式。

5）根据具体情况进行电路仿真：仿真参数、类别、结果，仿真中出现的故障、原因及排除方法等。

四、撰写课程设计报告

根据第三节的要求撰写课程设计报告。

五、参考图

超声波遥控开关电路的参考图如图11-4所示。

六、工作原理

图11-4中，超声波遥控开关由超声波编码发射器和解码接收器两部分组成。超声波发射器由谐振频率为40kHz的超声波发射传感器、放大器、二极管、RC振荡电路以及LC2190组成，其工作过程为：超声波发射传感器接收电信号发射出一定频率的超声波编码信号，经VT1进行选频放大，将最终信号变为40kHz左右，发射传感器电路的通断则由连接LC2190的各个开关控制。

遥控开关接收器中，B2是谐振频率为40kHz的超声波接收传感器，它将发射器送来的超声波信号转换为相应的电信号，送入由F1～F3和R1构成的三级放大器进行放大，放大后的信号经VT1进行选频放大，VT1集电极回路接有LC选频网络，中心频率f_0约为40kHz，与发射频率相同，这样能有效抑制其他声波干扰，VT1集电极输出的交流电经VD1，VD2整流，在C4上得到具有一定幅值的直流电压，使VT2由截止变为导通，其集电极输出低电平，图中，LC2200的脚12直接接地，处于自锁输出状态，假设当时是按动键SB2发射的超声波编码信号，此时经过LC2200内部输入缓冲解码后，将由脚11输出高电位，经VT4导通，继电器K2得电吸合，再按动SB2键时，接收器电路重复上述过程，LC2200脚11变为低电平，使K4截止，K2释放，如果同时控制6路，只要按下相应的遥控按键即可实现。

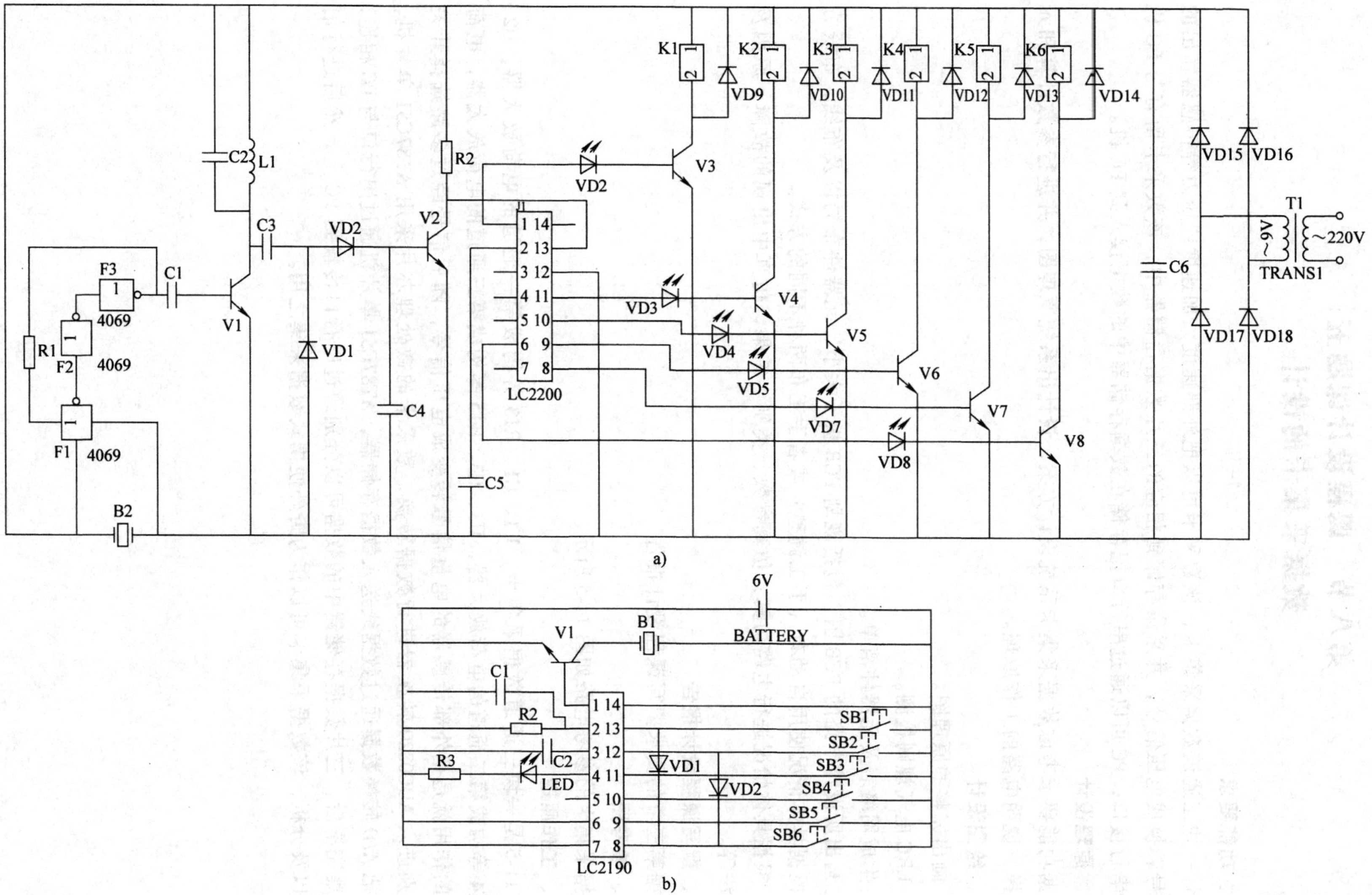

图 11-4　超声波遥控开关设计原理图

a)超声波遥控开关接收器电路　b)超声波遥控开关发射器电路

第八节　课程设计课题五：数据采集卡的设计

一、功能要求

设计一块三通道数据采集卡，该数采卡可以把外部速度、加速度或压力等传感器输出的电量信号转换成电压信号，并采集存储到相应的三片数据存储器中，该数采卡留有与PC机通信的串行接口，PC可以通过串行口把存储在数据存储器中的数据读入到PC机。

二、原理设计

根据功能要求考虑数据采集卡系统设计方案，设计出系统原理图，并进行参数计算和元器件选择，说明电路的工作原理。

三、绘图设计

1）画出完整的原理图。

2）ERC电气规则检测。

3）生成网络表及元器件清单。

4）画出所设计电路的PCB图，包括规划PCB板子大小、元器件布局以及布线，布线方法则可根据具体情况使用自动布（手工调整）或者手工布两种不同的方式。

5）根据具体情况进行电路仿真：仿真参数、类别、结果，仿真中出现的故障、原因及排除方法等。

四、撰写课程设计报告

根据第三节的要求撰写课程设计报告。

五、参考图

数据采集卡的参考电路如图11-5所示。

六、工作原理

图11-5是一块三通道数据采集卡，U1、C1、R13等构成第一通道的电荷放大器，U2、C2、R14等构成第二通道的电荷放大器，U3、C3、R15等构成第三通道的电荷放大器，电荷放大器的作用就是把外部传感器的电量信号转变成电压信号，随后信号经过多路选择开关4051分别进入ADC0820转换器进行数据转换，数采卡的微处理芯片采用AT87C51单片机，单片机把A/D转换数据通过数据线送入数据存储器，AT87C51单片机通过串行口与PC相连，数据采集完毕后，三片数据存储器中的数据可以分别通过串行口传输到PC上，然后进行信号处理以及分析，该数据采集卡可以作为野外便携式数据采集之用。

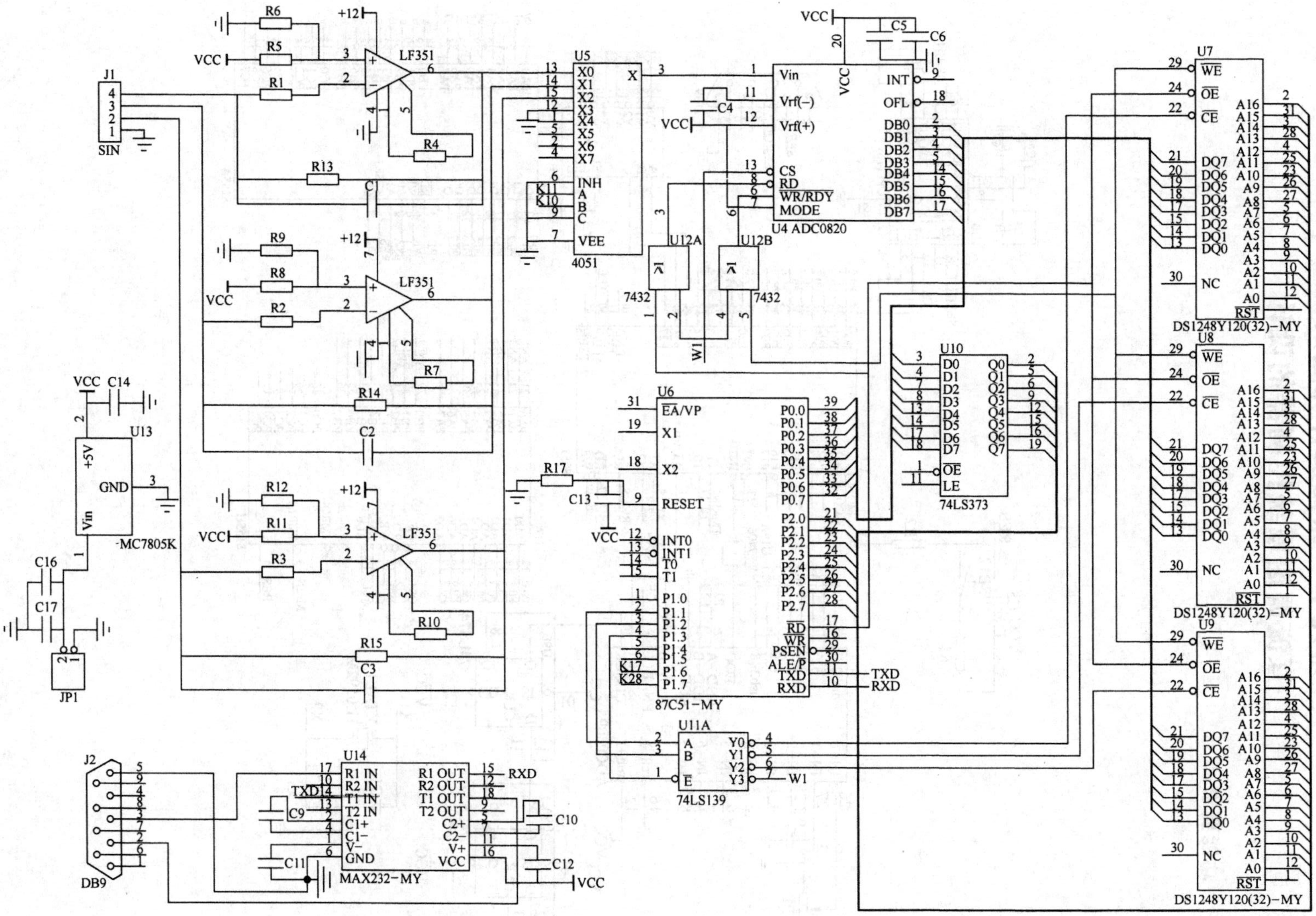

图 11-5　数据采集卡原理图

第九节　课程设计课题六：直流调速系统控制器的设计

一、功能要求

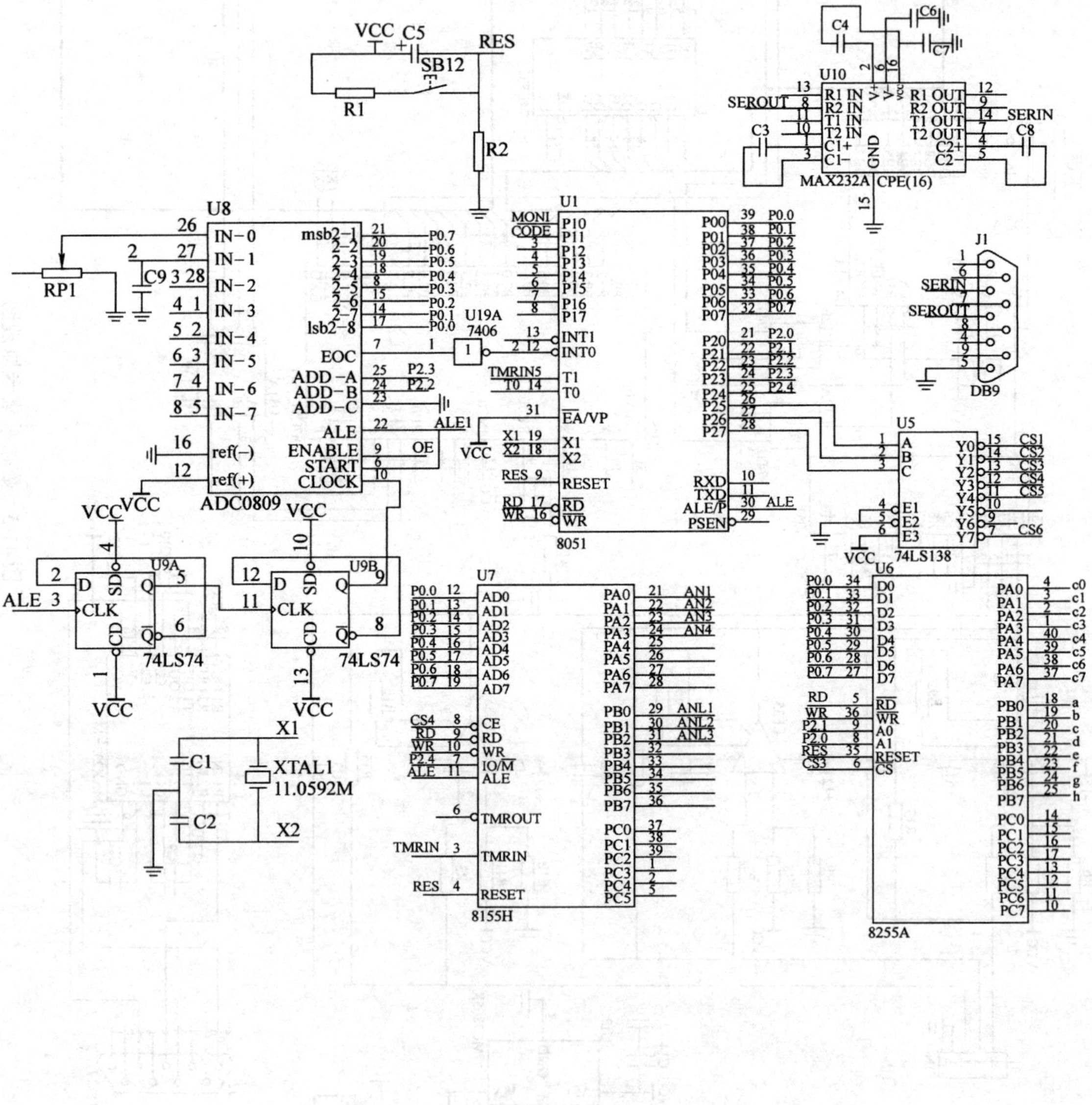

图 11-6　直流调速系统

调速系统电机驱动器的输入信号是 0～10V 的电压量，故设计一个电动机控制器，速度设定值由键盘输入，或者通过接口由 PC 给定，速度反馈值从测速发电机获得，速度的设定值和实际的反馈值通过数码管显示出来，该控制器能使得电动机在负载变化时能稳定在设定值附近，电动机的响应曲线可以通过接口在 PC 上绘出（见图 11-6）。

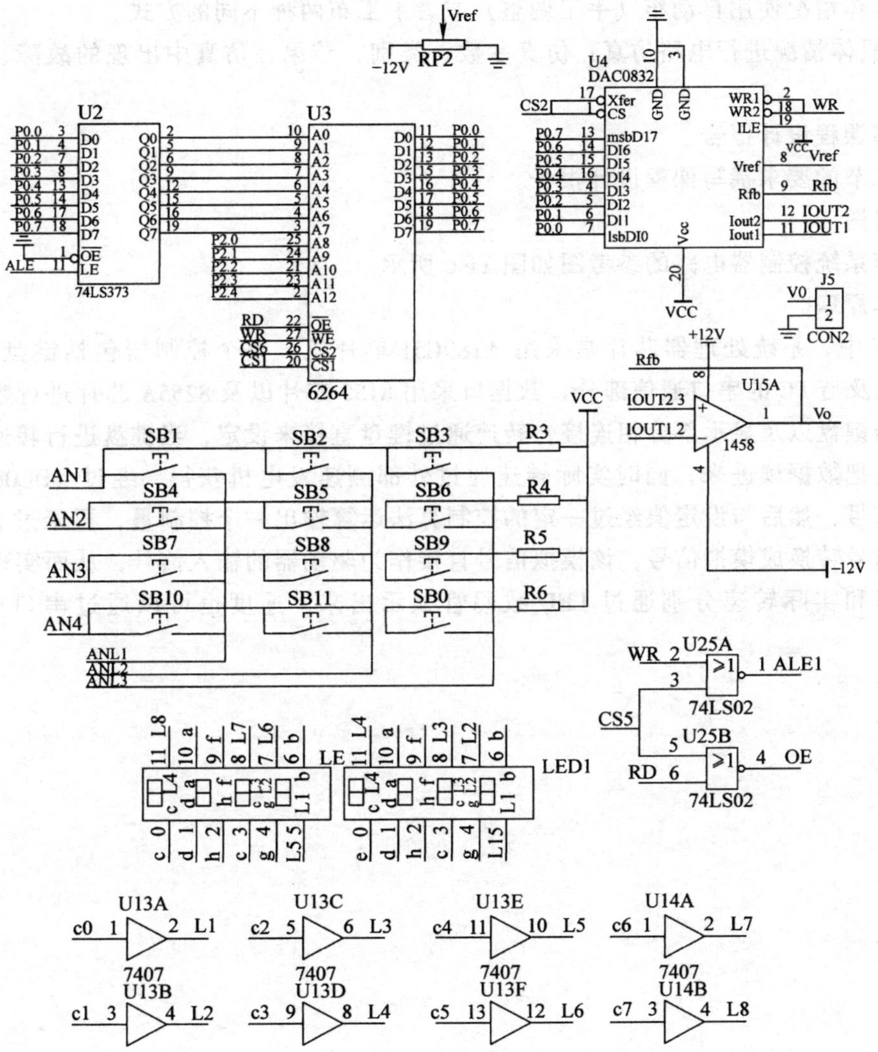

控制器原理图

二、原理设计

根据功能要求考虑直流调速系统控制器系统方案，设计出系统原理图，并进行参数计算和元器件选择，说明电路的工作原理。

三、绘图设计

1）画出完整的原理图。

2）ERC 电气规则检测。

3）生成网络表及元器件清单。

4）画出所设计电路的 PCB 图，包括规划 PCB 板子大小、元器件布局以及布线，布线方法则可根据具体情况使用自动布（手工调整）或者手工布两种不同的方式。

5）根据具体情况进行电路仿真：仿真参数、类别、结果，仿真中出现的故障、原因及排除方法等。

四、撰写课程设计报告

根据第三节的要求撰写课程设计报告。

五、参考图

直流调速系统控制器电路的参考图如图 11-6 所示。

六、工作原理

在图 11-6 中，系统处理器芯片是采用 AT89C51 单片机，整个控制器包括键盘、显示、ADC、DAC 以及与 PC 的串口通信部分，数据口采用 8155 芯片以及 8255A 芯片进行数据口的扩展，分别与键盘以及显示部分相连接，转速通过键盘直接来设定，当键盘进行转速的设定以后，单片机把数据读进来，同时实际转速通过外部测速发电机获得，经过 ADC0809 芯片转换成数字信号，然后与设定值经过一定的控制算法运算输出一个控制量，再经过 DAC0832 芯片把数字信号转换成模拟信号，该模拟信号直接作为驱动器的输入信号，从而实现闭环调速，设定转速和实际转速分别通过 LED 数码管显示出来，速度也可以通过串口由 PC 设定。

第十节　课程设计课题七：直流电动机PWM驱动器的设计

一、功能要求

设计直流电动机（110V）PWM驱动器，要求输入信号是0～10V的电压值，转速与该输入信号成比例，调制波产生电路与后级功率管驱动电路要进行电气隔离。

二、原理设计

根据功能要求考虑直流电动机PWM驱动器系统设计方案，设计出系统原理图，并进行参数计算和元器件选择，说明电路的工作原理。

三、绘图设计

1）画出完整的原理图。

2）ERC电气规则检测。

3）生成网络表及元器件清单。

4）画出所设计电路的PCB图，包括规划PCB板子大小、元器件布局以及布线，布线方法则可根据具体情况使用自动布（手工调整）或者手工布两种不同的方式。

5）根据具体情况进行电路仿真：仿真参数、类别、结果，仿真中出现的故障、原因及排除方法等。

四、撰写课程设计报告

根据第三节的要求撰写课程设计报告。

五、参考图

直流电动机PWM驱动器电路的参考图如图11-7所示。

六、工作原理

图11-7所示的直流电动机驱动器是一个PWM驱动器，其输入信号是一个0～10V的模拟量，图中所示的8038是一个三角波发生器，输入的模拟信号与三角波产生的信号分别进入两组运算放大器进行电压比较，得到具有一定关系的两组调制波，该调制波经过光耦TLP250进行电气隔离，输出信号分别加到H桥中大功率管VT1～VT4的基极，VT1～VT4的导通与断开由调制波相位的改变来控制，VT1～VT4的通断会改变加在电动机两端的电枢电压，从而改变电动机的输出速度，因此电动机输出速度会随着输入电压的改变而线性改变。

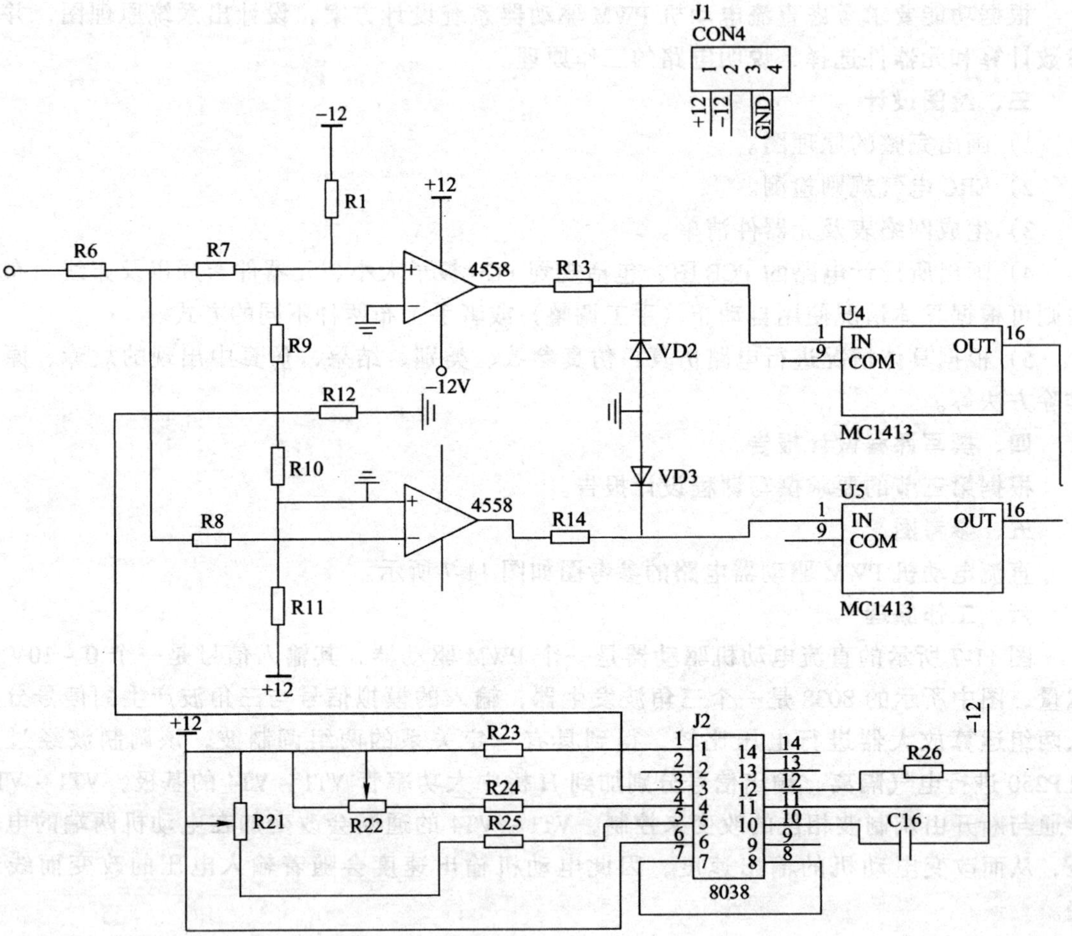

图 11-7　直流电动机 PWM

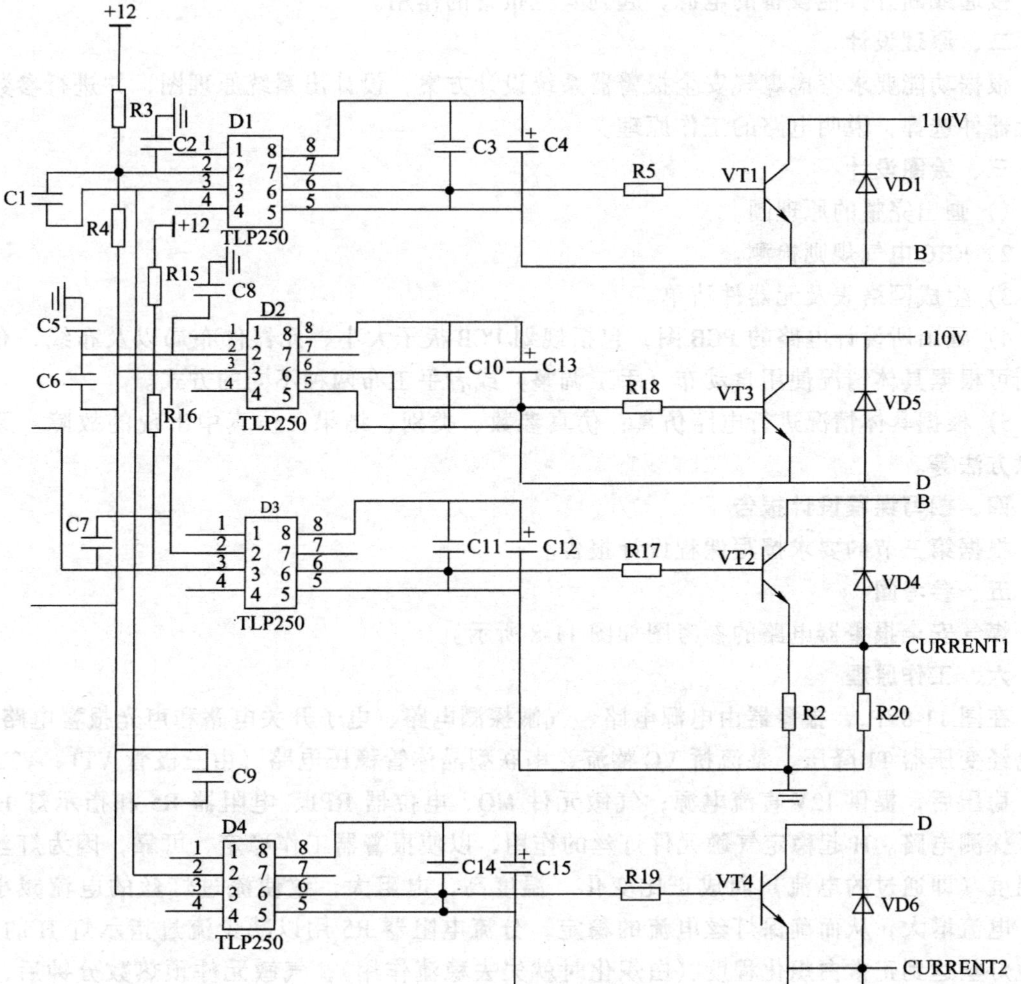

+12
R3
C2
D1
TLP250
C1
R4
+12
R15
C8
C5
D2
TLP250
C6
R16
C7
D3
TLP250
C9
D4
TLP250
C3
C4
C10
C13
C11
C12
C14
C15
R5
R18
R17
R19
VT1
VT3
VT2
VT4
VD1
VD5
VD4
VD6
110V
110V
B
D
B
D
CURRENT1
CURRENT2
R2
R20
R27
R28

驱动器原理图

第十一节　课程设计课题八：煤气安全报警器的设计

一、功能要求

设计一个煤气安全报警器，当煤气泄漏时，气敏元件发生变化，从而控制电子开关电路，接通或断开其他设备的电源，起到安全报警的作用。

二、原理设计

根据功能要求考虑煤气安全报警器系统设计方案，设计出系统原理图，并进行参数计算和元器件选择，说明电路的工作原理。

三、绘图设计

1）画出完整的原理图。

2）ERC 电气规则检测。

3）生成网络表及元器件清单。

4）画出所设计电路的 PCB 图，包括规划 PCB 板子大小、元器件布局以及布线，布线方法则可根据具体情况使用自动布（手工调整）或者手工布两种不同的方式。

5）根据具体情况进行电路仿真：仿真参数、类别、结果，仿真中出现的故障、原因及排除方法等。

四、撰写课程设计报告

根据第三节的要求撰写课程设计报告。

五、参考图

煤气安全报警器电路的参考图如图 11-8 所示。

六、工作原理

在图 11-8 中，报警器由电源电路、气敏探测电路、电子开关电路和声光报警电路组成。市电经变压器 T1 降压、整流桥 VC 整流、串联型晶体管稳压电路（由三极管 VT1、VT2 等组成）稳压后，提供 12V 直流电源；气敏元件 MQ、电位器 RP1、电阻器 R5 和指示灯 H 组成气敏探测电路。H 起稳定气敏元件灯丝的作用，以使报警器工作稳定、可靠，因为灯丝电阻随温度（即通过的电流）而成正比变化。温度高，电阻大，致使流过灯丝的电流减小，反之，电流增大，从而确保灯丝电流的稳定，分流电阻器 R5 用以减少流过指示灯 H 的电流，避免灯丝达到正常白炽化程度（白炽化时就失去稳流作用），气敏元件预热数分钟后，在清洁的空气中，测量极 A-A，B-B 之间的阻值为一个稳定值适当调节电位器 RP2，可使 B-B 端的电压接近为零，（即 RP2 为调零电位器），当气敏元件遇到煤气后，A-A、B-B 之间的阻值相继下降，B-B 端的电位则上升，利用 B-B 端的电位去控制电子开关电路；由 JEC-2 施密特集成电路 A1 和三极管 VT3 组成电子开关电路，当 B-B 端（即 A1 的 7 脚）为的电平时，2 脚输出为高电平，555 时基电路 A2 不工作，此时 VT3 因反偏而截止，当 7 脚为高电平时，A1 电路翻转，2 脚输出的电平，A2 电路被接通，VT3 导通，继电器 KA 得电吸合，其常开触电闭合，接通其他设备的电源，使它投入工作；由 555 时基电路 A2、发光二极管 VD、扬声器 B 及阻容元件等组成报警电路，A2 等组成音频放大器，工作时扬声器发出“嘀”声，VD 发光，当煤气泄漏排除后，电路自动复原。

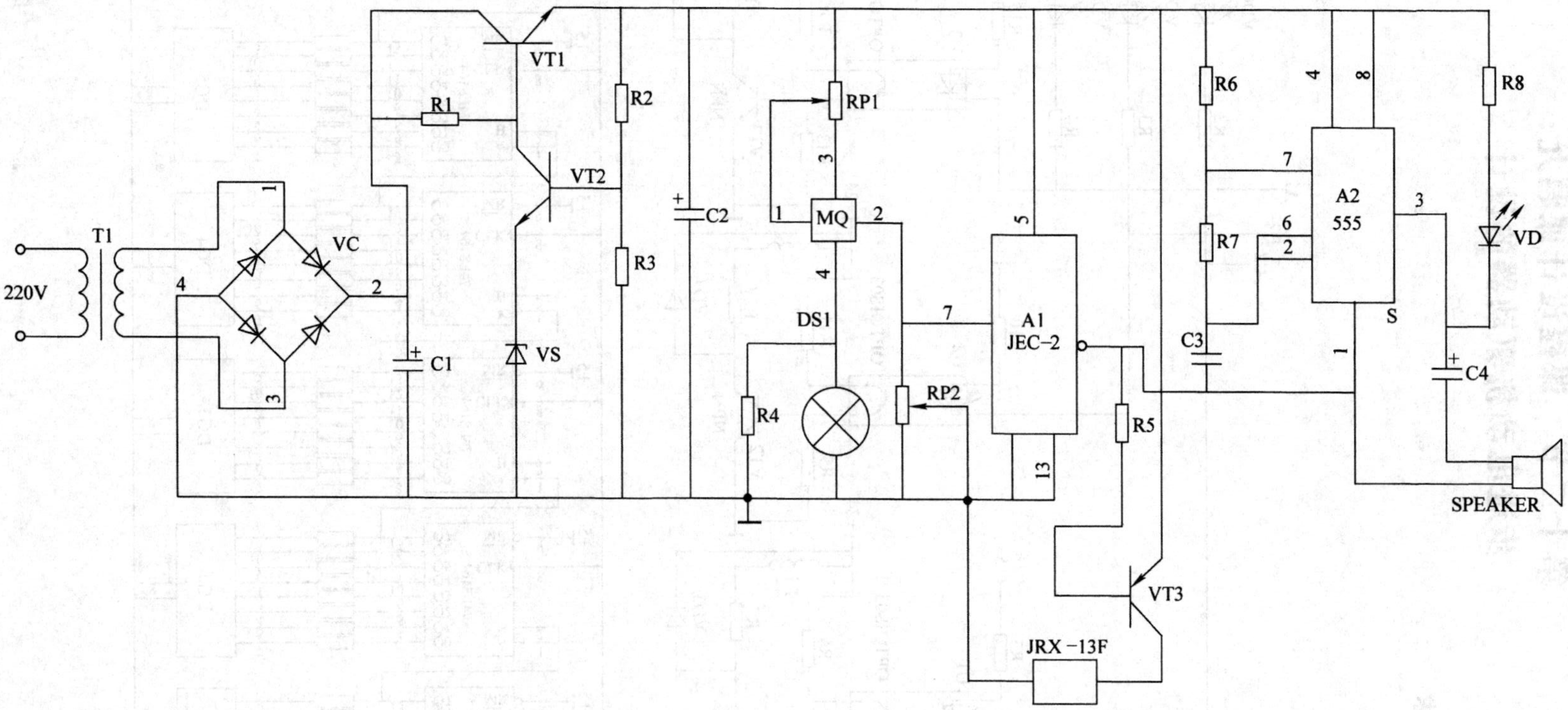

图 11-8 煤气安全报警器原理图

第十二节　课程设计课题九：步进电动机驱动器的设计

一、功能要求

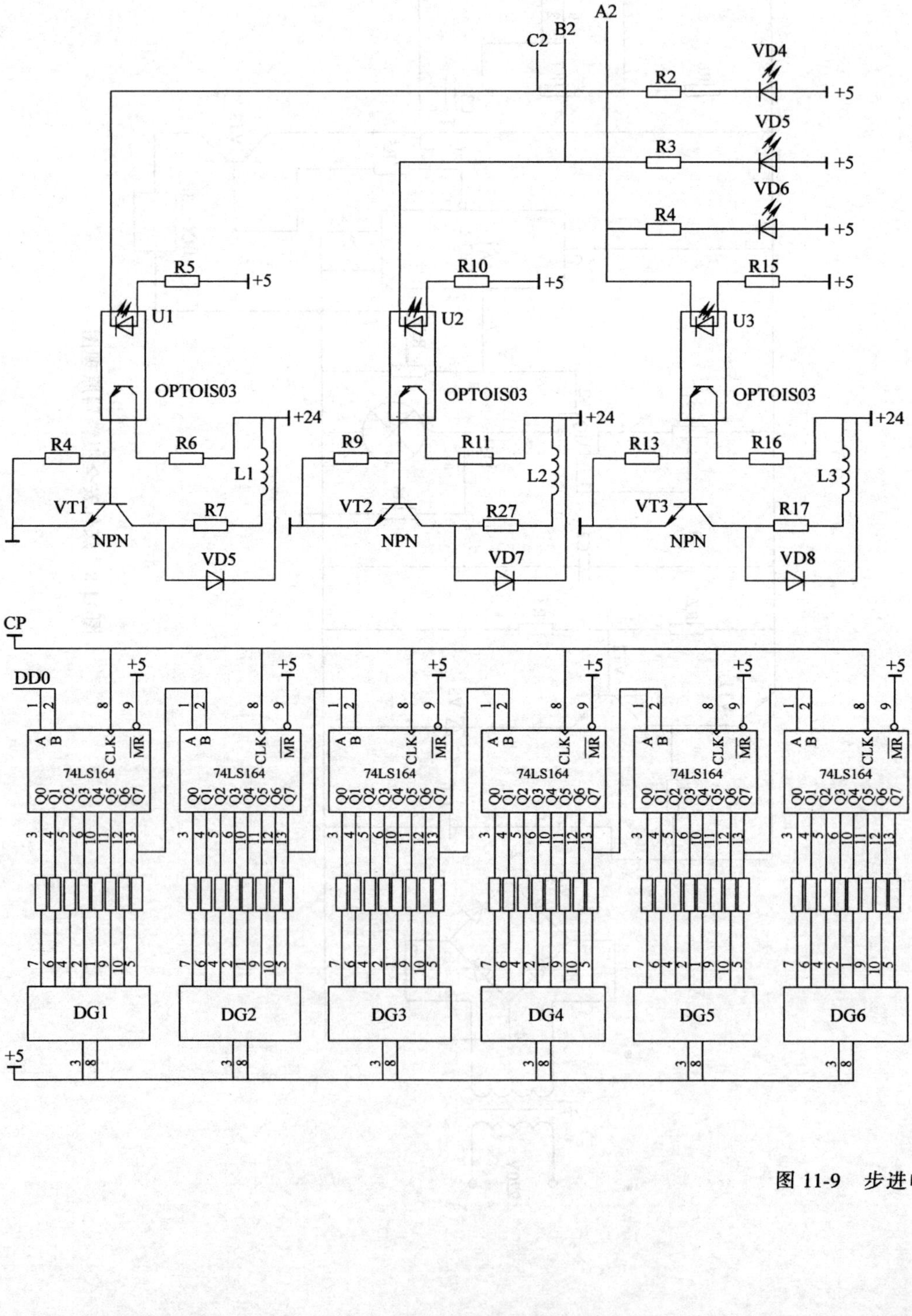

图 11-9　步进电动机

设计一个三相步进电动机实验系统，其中包括键盘接口电路、速度数码显示电路、以及电动机驱动电路，控制芯片与驱动电路要进行电气隔离以防干扰，控制器能实现三相步进电动机步进、步退、正转、反转、三拍、六拍、连续、突变等运行状态（见图 11-9）。

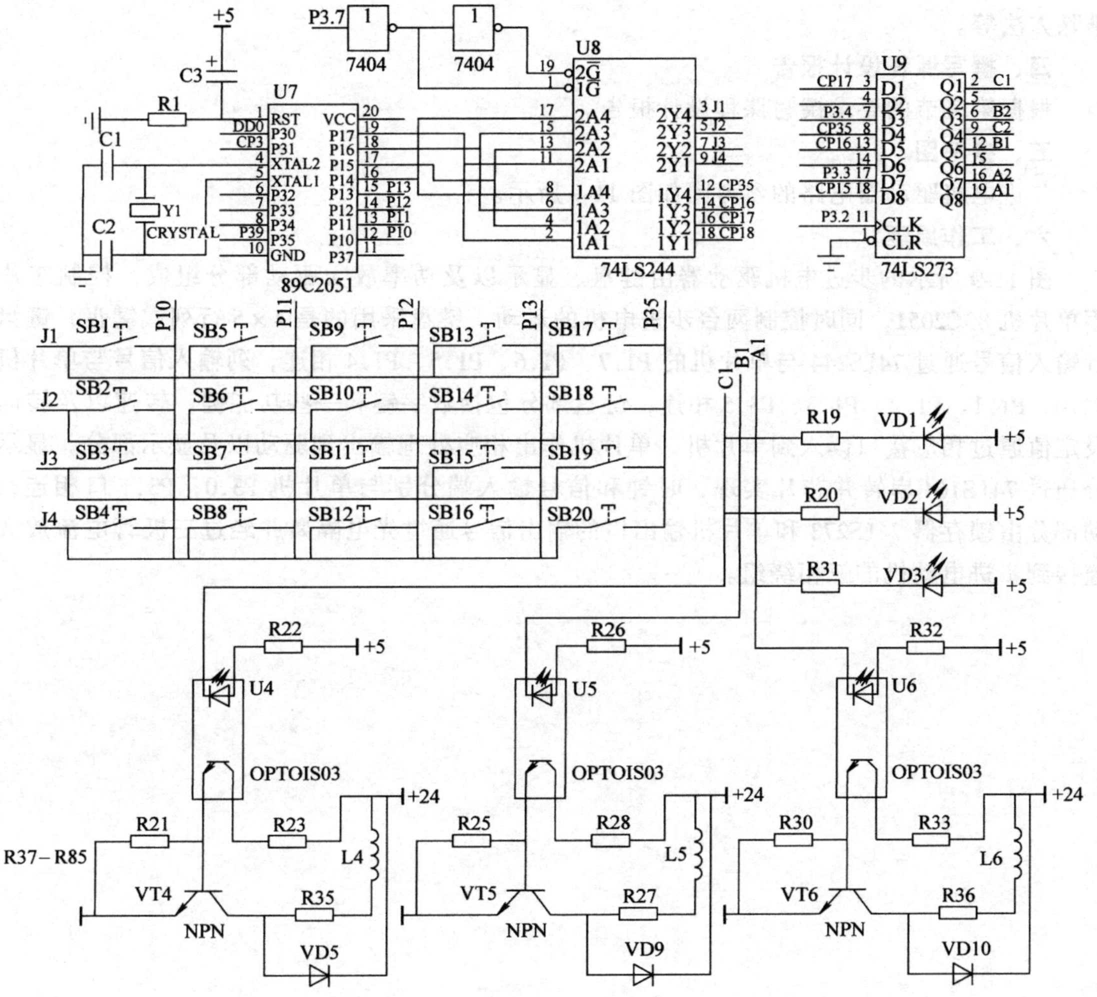

驱动器原理图

二、原理设计

根据功能要求考虑步进电动机驱动器系统方案，设计出系统原理图，并进行参数计算和元器件选择，说明电路的工作原理。

三、绘图设计

1）画出完整的原理图。

2）ERC 电气规则检测。

3）生成网络表及元器件清单。

4）画出所设计电路的 PCB 图，包括规划 PCB 板子大小、元器件布局以及布线，布线方法则可根据具体情况使用自动布（手工调整）或者手工布两种不同的方式。

5）根据具体情况进行电路仿真：仿真参数、类别、结果，仿真中出现的故障、原因及排除方法等。

四、撰写课程设计报告

根据第三节的要求撰写课程设计报告。

五、参考图

步进电机驱动器电路的参考图如图 11-9 所示。

六、工作原理

图 11-9 所示的步进电机驱动器由键盘、显示以及功率放大驱动部分组成，控制芯片采用单片机 89C2051，同时控制两台步进电机的运动，键盘采用的是 4×5 行列式键盘，键盘的行输入信号通过 74LS244 与单片机的 P1.7、P1.6、P1.5、P1.4 相连，列输入信号与单片机的 P1.0、P1.1、P1.2、P1.3、P3.5 相连，键盘部分包括数字键和一些功能键，转速以及转向等设定值通过相应接口读入到单片机，单片机作出相应处理输出到驱动以及显示部分，显示部分通过 74LS164 串转并芯片实现，时钟和信号输入端分别与单片机 P3.0，P3.1 口相连，驱动部分由锁存器 74LS273 和单片机输出口的输出信号通过光电隔离并经过三极管电流放大后连接到步进电动机的三相绕组。

第十三节　课程设计课题十：直流无刷电动机驱动系统的设计

一、功能要求

设计一个三相无刷直流电机驱动实验系统，使用专用控制芯片以及电子测速芯片来构建闭环调速系统，从而了解三相无刷直流电机的驱动方式。

二、原理设计

根据功能要求考虑直流无刷电动机驱动系统的系统设计方案，设计出系统原理图，并进行参数计算和元器件选择，说明电路的工作原理。

三、绘图设计

1）画出完整的原理图。

2）ERC 电气规则检测。

3）生成网络表及元器件清单。

4）画出所设计电路的 PCB 图，包括规划 PCB 板子大小、元器件布局以及布线，布线方法则可根据具体情况使用自动布（手工调整）或者手工布两种不同的方式。

5）根据具体情况进行电路仿真：仿真参数、类别、结果，仿真中出现的故障、原因及排除方法等。

四、撰写课程设计报告

根据第三节的要求撰写课程设计报告。

五、参考图

直流无刷电动机驱动系统电路的参考图如图 11-10 所示。

六、工作原理

图 11-10 所示的直流无刷电动机驱动系统主要由驱动芯片 MC33035、电子测速芯片 MC33039、IR2103 驱动芯片以及一些稳压电路等组成。其中 MC33035 是 MOTOROLA 公司生产的高性能无刷直流电动机控制器专用集成电路芯片，电动机速度可以通过 MC33035 的 18 脚的输入电压来设定，电动机转子位置传感器信号转换成六路驱动输出信号，三个上侧驱动输出是集电极开路 NPN 晶体管，三个下侧驱动输出是推挽输出，三个输出分别经过功率管驱动芯片 IR 2103，控制 MOSFET 管 V1、V2 开关，从而控制电动机两端电压，电动机速度通过 MC33039 反馈获得，它是利用三相直流无刷电动机转子位置传感器三个输出信号，经过 F/V 转换后从 5 脚输出一个脉宽信号，该信号直流分量正比于电动机速度，它连接至 MC33035 的 13 脚形成一个闭环反馈电路，该电路整流稳压部分未在图上画出。

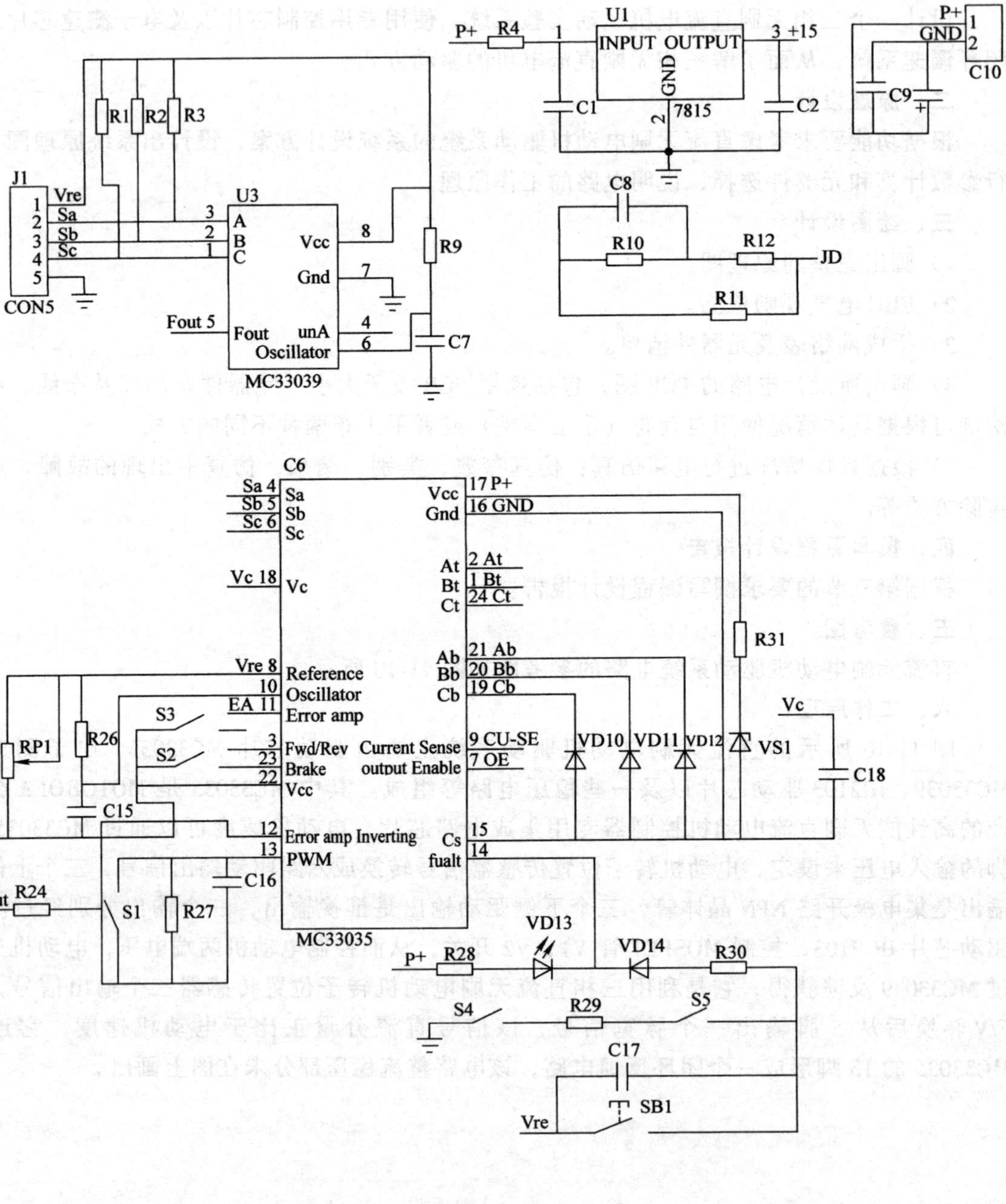

图 11-10 直流无刷电动机

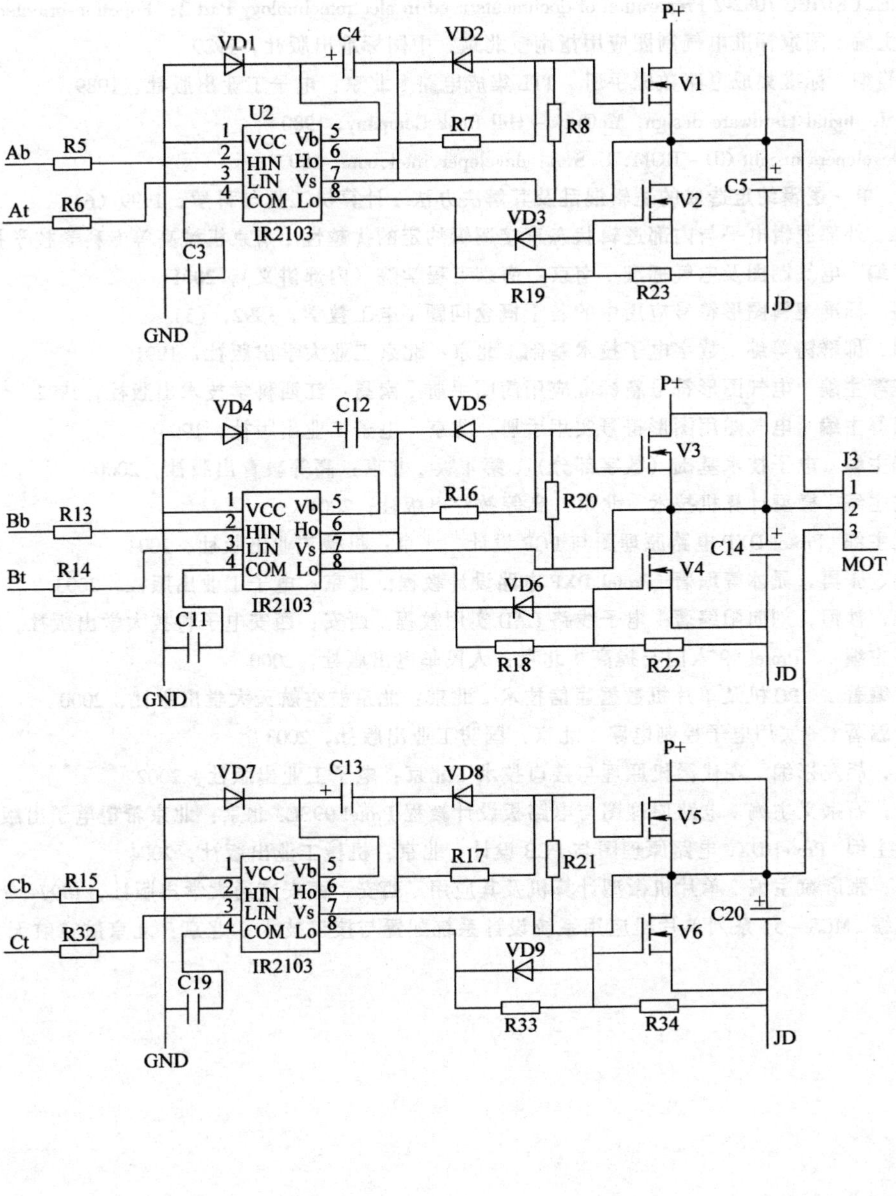
VD1
C4
VD2
P+
V1
U2
R7
R8
Ab
R5
1 VCC Vb 5
2 HIN Ho 6
3 LIN Vs 7
4 COM Lo 8
C5
At
R6
IR2103
V2
VD3
C3
R19
R23
JD
GND
P+
VD4
C12
VD5
V3
J3
Bb
R13
R16
R20
1 VCC Vb 5
2 HIN Ho 6
3 LIN Vs 7
4 COM Lo 8
1
2
3
C14
V4
MOT
Bt
R14
IR2103
VD6
C11
R18
R22
JD
GND
P+
VD7
C13
VD8
V5
Cb
R15
R17
R21
1 VCC Vb 5
2 HIN Ho 6
3 LIN Vs 7
4 COM Lo 8
C20
Ct
R32
IR2103
V6
VD9
C19
R33
R34
JD
GND

驱动系统原理图

参考文献

1 中国标准出版社编．电气制图国家标准汇编．北京：中国标准出版社，2001
2 中国标准出版社编．电气简图用图形符号国家标准汇编．北京：中国标准出版社，2001
3 国家标准局编．电气制图及图形符号国家标准汇编．北京：中国标准出版社，1989
4 IEC & CEI CEI/IEC 1082-2 Preparation of documents used in electrotechnology Part 2：Function-oriented diagrams1993
5 贺天枢主编．国家标准电气制图应用指南．北京：中国标准出版社，1989
6 童本敏等编．标准集成电路数据手册－TTL 集成电路．北京：电子工业出版社，1989
7 Peatman J. digital Hardware design. McGraw－Hill Book Company，1980
8 Intel Developers insight CD－ROM. U.S.A：developer.intel.com，1997
9 邵群涛．单一逻辑约定造成的逻辑混乱及其解决办法．计算机工程与科学，1999（6）
10 邵群涛．外部逻辑电平与内部逻辑状态直接逻辑约定的优越性．南京机械高等专科学校学报，1999（1）
11 邵群涛编．电气制图及电气标准．南京：南京工程学院（内部讲义），2001
12 何荣超．标准逻辑图形符号应用中的若干概念问题．电工教学，1992，(3)
13 何荣超，邵群涛等编．数字电子技术基础．北京：北京工业大学出版社，1991
14 陈晓华等主编．电气图形符号新标准应用简明手册．南昌：江西科学技术出版社，1992
15 胡传国等主编．电气图用图形符号实用手册．北京：电子工业出版社，1994
16 康华光主编．电子技术基础（数字部分）．第 4 版．北京：高等教育出版社，2000
17 孙德文主编．微型计算机技术．北京：高等教育出版社，2001
18 郝文化主编 .Protel DXP 电路原理图与 PCB 设计．北京：机械工业出版社，2004
19 李东生、张勇，晁冰等编著 .Protel DXP 电路设计教程．北京：电子工业出版社，2003
20 潘永雄，沙河，刘向阳编著．电子线路 CAD 实用教程．西安：西安电子科技大学出版社，2001
21 高鹏等主编． Protel 99 入门与提高．北京：人民邮电出版社，2000
22 李朝青编著． PC 机及单片机数据通信技术．北京：北京航空航天大学出版社，2000
23 方大千编著． 实用电子控制电路．北京：国防工业出版社，2003
24 杨全胜，胡友彬编．现代微机原理与接口技术．北京：电子工业出版社，2002
25 夏路易，石宗义主编．电路原理图与电路板设计教程 Protel 99SE. 北京：北京希望电子出版社，2002
26 郝文化主编 .Protel DXP 电路原理图与 PCB 设计．北京：机械工业出版社，2004
27 薛钧义，张彦斌主编．单片机微型计算机及其应用．西安：西安交通大学出版社，1997
28 何立民编 .MCS－51 系列单片机应用系统设计系统配置与接口技术．北京：北京航空航天大学出版社，1990